铝合金成形技术与表面处理工艺

曲立杰 赵艳 马春力 编著

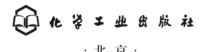

化学工业出版社

·北京·

内容简介

中国是产铝大国，也是消费铝合金的大国，铝合金产量仅次于钢铁。铝应用非常广泛，在航空航天、电力、船舶、电子等领域发挥着不可替代的作用。本书详细介绍了铝的电解、熔炼、再生，铝合金的挤压、锻造、焊接等成形工艺以及热处理、表面阳极化、化学镀等表面处理工艺，同时简要介绍了其在各个领域的应用。

本书适宜铝合金加工领域的技术人员阅读，也可供机械、汽车、船舶、电子等相关行业人员参考。

图书在版编目（CIP）数据

铝合金成形技术与表面处理工艺/曲立杰，赵艳，马春力编著 . —北京：化学工业出版社，2022.10
ISBN 978-7-122-42007-7

Ⅰ.①铝⋯　Ⅱ.①曲⋯②赵⋯③马⋯　Ⅲ.①铝合金-成型加工②铝合金-金属表面处理　Ⅳ.①TG292②TG178

中国版本图书馆 CIP 数据核字（2022）第 148371 号

责任编辑：邢　涛　　　　　　　文字编辑：郑云海　陈小滔
责任校对：王　静　　　　　　　装帧设计：韩　飞

出版发行：化学工业出版社（北京市东城区青年湖南街 13 号　邮政编码 100011）
印　　刷：三河市航远印刷有限公司
装　　订：三河市宇新装订厂
787mm×1092mm　1/16　印张 19　字数 465 千字　2023 年 3 月北京第 1 版第 1 次印刷

购书咨询：010-64518888　　　　　售后服务：010-64518899
网　　址：http://www.cip.com.cn
凡购买本书，如有缺损质量问题，本社销售中心负责调换。

定　　价：128.00 元

前　言

铝是有色金属中产量最高、应用最广的金属材料，用途十分广泛，是最经济实用的材料之一。在金属结构材料中，它的产量仅次于钢铁。我国铝土矿资源丰富，《中国矿产资源2020》显示，2018年和2019年我国铝矿产资源分别新增1.2亿吨和2.8亿吨，2019年电解铝的产量为3504.4万吨，2020年铝材产能4210万吨，其中铝挤压材总产能2138万吨，铝型材产能2082万吨，经表面处理的铝挤压材产量为1575万吨。同时我国是铝消耗大国，铝消耗量占全球近50%。

铝重量轻、耐腐蚀，可制成各种铝合金，如硬铝、超硬铝、防锈铝、铸铝等。这些铝合金广泛应用于飞机、汽车、火车、船舶等制造工业。此外，火箭、航天飞机、人造卫星也大量使用铝合金。铝合金的开发与应用对于国家实现"两碳"目标具有重要意义。铝的导电性仅次于银、铜和金，虽然它的电导率是铜的2/3，但其密度只有铜的1/3，所以输送同量的电，所需铝线的质量只有铜线的一半。铝表面的氧化膜不仅有耐腐蚀的能力，而且有一定的绝缘性，所以铝在电器制造工业、电线电缆工业和无线电工业中有广泛的用途。铝是热的良导体，它的导热能力比铁大3倍，工业上可用铝制造各种热交换器、散热材料和炊具等。铝有较好的延展性（它的延展性仅次于金和银），在100～150℃时可制成薄于0.01mm的铝箔。同时，铝合金表面处理方式丰富，全国拥有铝合金表面处理生产线1200多条。再生铝产量越来越大，铝合金材料正朝着高性能、低成本化、绿色回收方向发展。

本书共分七章。第1章主要介绍铝的特点、铝合金的分类及铝合金加工产业化。第2章主要介绍铝合金的液态成形方法，包括电解铝、铝合金的熔炼与铸造。第3章主要介绍铝合金的固态成形方法，包括铝合金的挤压成形、轧制成形、锻造成形、板料成形及焊接等。第4章主要介绍铝合金的热处理方法，包括铝合金热处理分类、热处理工艺及装备等。第5章主要介绍铝合金的表面处理，包括铝合金的表面预处理、化学转化处理、阳极氧化、微弧氧化和化学镀等。第6章主要介绍铝合金在各个领域中的应用。第7章主要介绍再生铝资源及铝生产环境保护等。

本书的编写得到福建省一流本科专业建设（编号：SJZY2020004）、福建省本科高校教育教学重大改革研究项目（编号：FBJG 20200116）、福建省一流本科课程（项目编号：SJYLKC）、武夷学院教育教学研究项目（项目编号：ZY202230SC，ZY202233SX）的支持，一并致谢。

本书由曲立杰、赵艳、马春力编写，其中赵艳编写第 1 章和第 6 章，曲立杰编写第 2~5 章，马春力编写第 7 章。全书由曲立杰定稿。

本书可供铝加工及生产、表面处理、腐蚀与防护等领域的工程技术人员和生产人员参考使用，也可作为高等院校相关专业的本科生和硕士研究生的教学参考书。由于编者水平有限，书中不妥之处敬请读者批评指正，在此表达真诚感谢。

曲立杰

目 录

铝及铝合金资源

1.1 铝简介

铝自发现至今仅有二百年左右的历史，但由于它具有资源丰富、性能优异的特点，随着科技发展、生产成本的降低，铝成为应用最为广泛的有色金属材料之一。

1.1.1 铝资源

铝元素在地壳中的含量仅次于氧和硅，居第 3 位，是地壳中含量最丰富的金属元素，丰度约为 8.2%。因铝的化学性质活泼，与氧亲和力大，所以在自然矿物中不存在金属铝，而主要以铝硅酸盐矿石的形式存在，其次是铝土矿和冰晶石，其它还有高岭土、刚玉等。

生产金属铝的原料是铝土矿，主要由 $Al_2O_3 \cdot 3H_2O$ 和 $Al_2O_3 \cdot H_2O$ 组成，其蕴藏量在金属中居第 2 位，仅次于钢铁。铝土矿中还含有杂质 SiO_2 和 Fe_2O_3，是金属铝中杂质元素硅和铁的主要来源。中国为全球最大的原铝生产国，每年都要从海外进口大量的铝土矿和氧化铝。

(1) 世界铝矿资源分布情况

世界铝土矿资源比较丰富，美国地质调查局 2015 年数据显示，世界铝土矿资源量为 550 亿～750 亿吨。世界铝土矿已探明储量约为 280 亿吨，主要分布在非洲（32%）、大洋洲（23%）、南美及加勒比海地区（21%）、亚洲（18%）及其他地区（6%）。

从国家分布来看，铝土矿主要分布在几内亚、澳大利亚、巴西、中国、希腊、圭亚那、印度、印尼、牙买加、哈萨克斯坦、俄罗斯、苏里南、委内瑞拉、越南等国家。其中几内亚（已探明铝土矿储量 74 亿吨）、澳大利亚（已探明铝土矿储量 65 亿吨）和巴西（已探明铝土矿储量 26 亿吨）三国已探明储量约占全球铝土矿已探明总储量的 60%。

(2) 我国铝矿资源分布情况

《中国矿产资源 2014》显示，截至 2014 年，我国铝土矿查明资源储量为 42.3 矿石亿吨。我国铝矿、铝矾土资源储量分布较为集中，主要分布在山西、贵州、广西和河南四省或自治区（山西 41.6%、贵州 17.1%、河南 16.7%、广西 15.5%），共占全国总储量的

90.9%；其余拥有铝土矿的 15 个省、自治区、直辖市的储量合计仅占全国总储量的 9.1%。《中国矿产资源 2020》显示，2018 年和 2019 年我国铝矿产资源分别新增 1.2 亿吨和 2.8 亿吨，图 1-1 为我国铝资源自 2010 年至 2019 年的变化情况，其中 2019 年电解铝的产量为 3504.4 万吨，截至 2020 年上半年中国铝材产量达到 2645.8 万吨，累计增长 7.8%。原铝（电解铝）产量达到 1788.9 万吨，累计增长 1.7%。

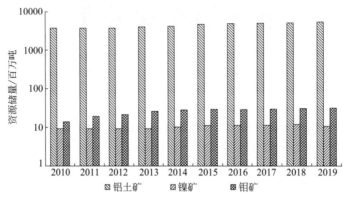

图 1-1　我国铝土矿资源储量变化

1.1.2　铝的一般性质

（1）物理性质

铝是一种银白色轻金属，元素符号为 Al，元素英文名称为 Aluminum，原子序数为 13。相对原子质量是 26.98，摩尔质量是 27g/mol，标准状态下质量密度为 2.70g/cm³，约为纯铁密度的 1/3，熔融状态（960℃）下质量密度为 2.3g/cm³，熔点为 660.37℃，沸点为 2467.0℃。电导率（99.99% 纯铝，20℃）为 37.67MS/m，热导率（99.99% 纯铝，20℃）为 237W/(m·K)。

（2）化学性质

铝是一种电负性金属，它的电极电位为 $-3.0 \sim -0.5V$，虽然在空气中容易氧化，易与许多氧化性介质发生反应，但是由于发生氧化时铝表面可以形成一层致密牢固的氧化膜，所以它具有很高的稳定性。在不同环境介质中，铝发生反应如下：

铝与酸反应：$2Al + 3H_2SO_4（稀）＝＝Al_2(SO_4)_3 + 3H_2 \uparrow$

$$2Al + 6HCl＝＝2AlCl_3 + 3H_2 \uparrow$$

$$2Al + 3H_2SO_4（浓）＝＝3H_2O + 3SO_2 + Al_2O_3$$

铝与碱反应：$2Al + 2H_2O + 2NaOH＝＝2NaAlO_2 + 3H_2 \uparrow$

铝与非金属反应：$4Al + 3O_2 \xrightarrow{（点燃）} 2Al_2O_3$

$$4Al + 3O_2＝＝2Al_2O_3$$

$$2Al + 3Cl_2＝＝2AlCl_3$$

铝与水反应：$2Al + 6H_2O \xrightarrow{（250℃以下）} 2Al(OH)_3 + 3H_2$

$$2Al（高温铝液）+ 3H_2O＝＝Al_2O_3 + 6[H]$$

（3）物态结构

铝在固态时属于面心立方结构晶体。在常压下从 4K 至熔点温度范围内，晶体结构是稳定的，无同素异构转变。用衍射法测得纯铝的液态和固态结构为：

液态：配位数 $10\sim11$，原子间距 2.96×10^{-10} m。

固态：配位数 10，原子间距 2.86×10^{-10} m。

纯度为 99.99% 的工业纯铝，晶体的点阵常数与温度的关系见表 1-1。

表 1-1　工业纯铝（99.99%）点阵常数与温度的关系

温度/℃	点阵常数/m	温度/℃	点阵常数/m
-262.8	4.03186×10^{-10}	25.5	4.04960×10^{-10}
-204.9	4.03191×10^{-10}	47.0	4.05165×10^{-10}
-228.8	4.03201×10^{-10}	50.0	4.05187×10^{-10}
-218.1	4.03219×10^{-10}	100	4.05668×10^{-10}
-207.2	4.03239×10^{-10}	150	4.06159×10^{-10}
-198.2	4.03271×10^{-10}	200	4.06680×10^{-10}
-187.5	4.03314×10^{-10}	300	4.07792×10^{-10}
-167.0	4.03412×10^{-10}	400	4.08984×10^{-10}
-158.0	4.03462×10^{-10}	600	4.11700×10^{-10}
-148.2	4.03528×10^{-10}	650	4.12451×10^{-10}
0	4.04731×10^{-10}		

当加热固态铝时，用电子显微镜直接观察晶界结构的变化情况。研究结果表明，加热到高温时晶界结构变成无序。不同研究者都发现了两种类型的无序化。其一是晶界保持了它的基本结晶度，但变成局部高缺陷结构；其二是在高温接近 $0.7T_m\sim0.8T_m$（熔点）时，晶界熔化并转变成无序液层状。在室温下，晶界是一种用电子显微镜容易观察的含有局部再生晶界位错排列的有序结构。在加热过程中，再生晶界位错的消失代表晶界熔化的开始。

（4）力学性能

纯铝的结构为面心立方结构，因而具有很好的塑性、较低的强度，经过轧制并退火后的高纯铝的抗拉强度为 58.8MPa，布氏硬度值为 25，断面收缩率为 25%，具有良好的延展性，易于加工，可以制成各种型材、板材。纯铝还具有很好的低温塑性，$-253℃$ 时塑性和韧性不降低。由于其硬度较低，因而不适宜做结构件。

1.1.3　铝的特性及其应用

铝及铝合金以其质轻、良好的导电和导热性能、高反射性和耐氧化性而被广泛使用。铝的应用已经从初期的贵重物品，到早期的航天军工，发展到如今的各行各业，早已深入人们的日常生活。铝及其合金的基本特性与主要应用领域如表 1-2 所示。

表 1-2　铝的特性及其应用

特性	特点	应用
重量轻	密度只有铜、铁的 1/3。铝制品或用铝制造的物品重量轻，可以节省搬运费和加工费用	飞机、汽车、船舶、轨道车辆、移动容器等
高强度	铝的力学性能不如钢铁，但是它的比强度高，经合金化及热处理强化，强度可与特殊钢相近	飞机、桥梁、压力容器、建筑结构件、小五金等
美观	金属铝呈银白色，经过阳极氧化、着色、喷涂等处理，可呈现各种色泽的表面	标牌、幕墙、装饰品、门窗、建筑壁板、器具装饰、汽车和飞机蒙皮、电子产品外壳及室内外装饰材料等
耐蚀性好	表面生成致密氧化膜，阻止进一步腐蚀	门窗、船舶、屋面、石油化工、化学品包装、厨房器具等
优良的导电性	约为铜的 65%，仅次于银、铜、金	电线、母线接头、电子元件等

续表

特性	特点	应用
优良的导热性	为钢铁的 4～5 倍,仅次于银、铜、金	锅、散热器、热交换器
反射能力强	对光、热、电波的反射能力强,高纯度抛光铝对光的反射率为 94%,对热辐射和电波有很好的反射性能	照明器具、反射镜、屋面板、抛物面天线、冷暖气的隔热材料、冷藏冷冻库等
无磁性	非磁性体	船用罗盘、天线、电气设备屏蔽材料等
吸音性	可吸收声波	室内天花板等
耐低温	无低温脆性,且随着温度降低,强度提高	空气分离装置、冷藏冷冻库、南极雪上车辆、氧及氢的生产装置等
无毒	铝本身没有毒性,它与大多数食品接触时溶出量很小	食品包装、餐具、医疗器械等
气密性好	不透光不透气	食品包装、药用包装等
成形性好	良好的延展性,通过合金化,可用于铸、锻、压延、挤压、接合、切削、拉拔、冲压、弯曲等加工成形	门窗、模具、面板、结构件、易拉罐、轮毂、形状复杂的精密零件等

1.1.4 铝及氧化铝的生产

生产金属铝第一步先要生产氧化铝,生产 1t 金属铝大约需要 2t 氧化铝。从矿井中开采的氧化铝杂质很多,需要化学法提纯,以获得高纯氧化铝粉,然后再供给电解铝厂。世界上的氧化铝几乎都是用碱法生产的,分为拜耳法、烧结法和拜耳-烧结联合法,其生产特点见表 1-3。拜耳法是一种工业上广泛使用的利用铝土矿生产氧化铝的化工过程,世界上 95% 的铝业公司都在使用拜耳法生产氧化铝,该方法是 1887 年由奥地利工程师卡尔·约瑟夫·拜耳发明。

表 1-3 氧化铝生产方法及其特点

生产方法	特点	产品质量
拜耳法	流程简单,能耗低,处理优质铝土矿时产品成本最低,消耗价格比较昂贵的苛性碱,对赤泥的处理比较困难;适合处理优质铝土矿	产品质量好,含硅量低
烧结法	流程比较复杂,能耗大,单位产品的投资和成本较高,产品质量一般不如拜耳法,但只消耗价格便宜的碳酸钠;适合处理高硅铝土矿	产品质量较差,含硅量高
联合法	兼收两种方法的优点,取得较拜耳法或烧结法更好的经济效果,同时使铝土矿资源得到更充分的利用;流程相当长,设备繁多,很多作业过程互相牵制	产品质量有好有差,混合后则质量适中

拜耳法基本原理是用浓氢氧化钠溶液将氢氧化铝转化为铝酸钠,通过稀释和添加氢氧化铝晶种使氢氧化铝重新析出,剩余的氢氧化钠溶液重新用于处理下一批铝土矿,实现了连续化生产,生产工艺流程如下,生产流程见图 1-2。

① 原料工序:选矿、配矿。
② 溶出工序:对矿石进行高压或低压溶出,即

$$Al_2O_3 \cdot 3H_2O + 2NaOH \longrightarrow 2NaAl(OH)_4$$

③ 沉降工序:对上一工序处理的物料进行杂质分离。
④ 分解工序:$NaAl(OH)_4 \longrightarrow Al(OH)_3 + NaOH$
⑤ 焙烧工序:将分解来的料浆进行液固分离得到氢氧化铝,最终将氢氧化铝进行高

温焙烧得到氧化铝，即

$$2Al(OH)_3 \longrightarrow Al_2O_3 + 3H_2O$$

⑥ 蒸发工序：对整个工艺流程所用水、碱的处理。

⑦ 煤气站：对拜耳法氧化铝工艺最后一道工序焙烧工序所用燃气的供给。

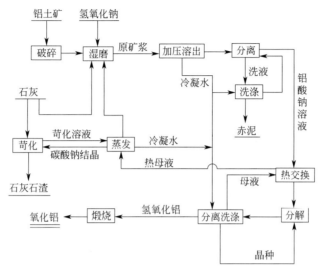

图 1-2　拜耳法生产氧化铝基本流程

目前工业化生产原铝的方法只有电解法。电解法以氧化铝为原料、冰晶石为熔剂组成电解质，通过高温电解还原氧化铝，获得纯净的金属铝液。高温金属铝液经过适度精炼，铸造成重熔用的小铝锭，或者高温金属铝液可以直接经过冷料添加、精炼、除气除渣，铸造成粗坯或普通压延用扁锭、铸轧卷。国家统计局工业产品产量统计显示，2020 年我国原铝（电解铝）产量达到 3708.00 万吨。

1.1.5　铝合金成形加工方法

铝及铝合金拥有优良的压力加工、机加工、接合等特性。铝材的压力加工方法主要有轧制、挤压、拉拔、锻造、旋压等，见图 1-3。变形铝合金具有优良的车、铣、锯、钻等可加工性，但不同合金不同状态，其机加特性变化较大。通过合金化及热处理工艺，可使铝合金拥有良好的切削性能。铝还可通过熔焊、电阻焊、钎焊、铆接等方法进行连接。

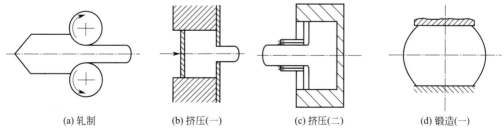

(a) 轧制　　　　　(b) 挤压(一)　　　　(c) 挤压(二)　　　　(d) 锻造(一)

图 1-3

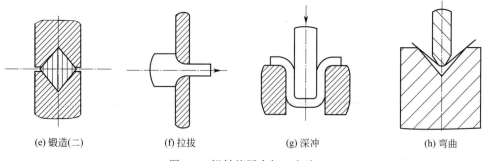

(e) 锻造(二)　　　　(f) 拉拔　　　　(g) 深冲　　　　(h) 弯曲

图 1-3　铝材的压力加工方法

1.2　铝合金的分类及牌号

铝及铝合金根据成分和加工方式特点，可分为变形铝合金和铸造铝合金，进一步可分为热处理可强化铝合金和热处理不可强化铝合金，变形铝合金按合金组元和用途，可继续细分，具体见图 1-4。铝及铝合金在国内过去统一采用拼音加顺序号的表示方法，该方法自 1996 年起停用，目前使用的是国际四位字符和四位数字的表示方法。

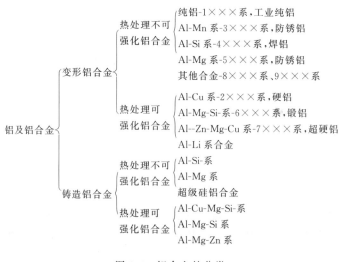

图 1-4　铝合金的分类

1.2.1　变形铝合金

变形铝合金是通过冲压、弯曲、轧制、挤压等工艺使其组织、形状发生变化的铝合金。经熔融法制锭，再经金属塑性变形加工，制成各种形态的铝合金。有热处理可强化铝合金，包括硬铝合金、超硬铝合金、锻造铝合金；还有热处理不可强化的铝合金，主要是各种防锈铝合金。变形铝合金在航空、汽车、造船、建筑、化工、机械等各工业领域有广泛应用。我国关于变形铝及铝合金牌号表示依据标准 GB/T 16474—2011《变形铝及铝合金牌号表示方法》制定，该标准适用于变形铝及铝合金加工产品及其坯料。铝合金的牌号有四位数字和四位字符两种体系。

在四位字符体系牌号中第一、三、四位为阿拉伯数字，第二位为大写字母（C、I、L、N、O、P、Q、Z 字母除外）。牌号的第一位数字表示铝及铝合金的组别，牌号中的第二位字母表示原始纯铝或铝合金的改型情况，最后两位数字用以表示同一组中不同的铝合金或表示铝的纯度。牌号系列按主要合金元素的分类如表 1-4 所示。

表 1-4　变形铝合金牌号系列

组别	牌号系列
工业纯铝[w(Al)≥99.00%]	1×××系
Cu	2×××系
Mn	3×××系
Si	4×××系
Mg	5×××系
Mg+Si	6×××系
Zn	7×××系
其他元素	8×××系
备用系	9×××系

除了改型合金外，铝合金组别按主要合金元素（6×××系按 Mg_2Si）来确定。主要合金元素指极限含量算数平均值最大的合金元素。当有一个以上的合金元素极限含量算术平均值同时为最大时，应按照 Cu、Mn、Si、Mg、Mg_2Si、Zn、其他元素的顺序来确定合金组别。铝含量不低于 99.00% 时为纯铝，其牌号为 1×××系。最后两位数字表示最低铝含量。当最低铝合金百分含量精确到 0.01% 时，牌号的最后两位数字就是铝含量中小数点右边的两位数字。牌号的第二位的字母表示原始纯铝的改型情况。如果第二位字母为 A，则表示为原始纯铝；如果是 B~Y 的其他字母，则表示为原始纯铝的改型，与原始纯铝相比，其他元素含量略有改变。

四位数字体系表示方法，其中：第一位代表合金的系列，如第一位数字为 1，则代表为纯铝系列，第一位数字为 2~8，则代表不同系列的铝合金。1×××组表示纯铝，其最后两数字表示最低铝百分含量中小数点后面的两位。牌号的第二位数字表示合金元素或杂质极限含量的控制情况，如果第二位为 0，则表示其杂质极限含量无特殊控制，如果是 1~9，则表示对一项或一项以上的单个杂质或合金元素极限含量有特殊控制。2×××系~8×××系牌号中的最后两位数字没有特殊意义，仅用来识别同一组中的不同合金，其第二位表示改型情况。如果第二位为 0，则表示为原始合金，如果是 1~9，则表示是改型合金。例如，四位数字体系中 1060 是最低铝含量为 99.60%（质量分数，下同）的工业纯铝。第二位数字表示对杂质范围的修改。若是零，则表示该工业纯铝的杂质范围为生产中的正常范围；如果为 1~9 中的自然数，则表示生产中应对某一种或几种杂质或合金元素加以专门的控制。例如 1350 工业纯铝是一种铝含量应不小于 99.50% 的电工铝，其中有 3 种杂质应受到控制，即 w(V+Ti)≤0.02%、w(B)≤0.05%、w(Ga)≤0.03%。

在 2×××系~8×××系中牌号的最后两位数字无特殊意义，仅表示同一系列中的不同铝合金。第二位数字表示对合金的修改，如为零则表示原型铝合金，如为 1~9 中的任一整数，则表示对合金的修改次数。对原型铝合金的修改仅限于下列情况之一或同时几种：

① 对主要合金元素含量范围进行变更，但最大变更量与原型合金中铝合金元素的含量关系是，原型铝合金中合金元素质量分数的

算术平均值范围/%	允许最大变化量/%
≤1.0	0.15

>1.0~2.0	0.20
>2.0~3.0	0.25
>3.0~4.0	0.30
>4.0~5.0	0.35
>5.0~6.0	0.40
>6.0	0.50

② 增加或删除了极限含量算术平均值不超过 0.30% 的一个合金元素，或增加或删除了极限含量算术平均值不超过 0.40% 的一组合金元素形式的合金元素。

③ 用作用相同的一种合金元素代替另一种合金元素。

④ 改变杂质含量范围。

⑤ 改变晶粒细化剂含量范围。

⑥ 使用高纯金属，将铁、硅含量最大极限值分别降至 0.12%、0.10% 或更小。

1.2.2 铸造铝合金

铸造铝合金是以熔融金属充填铸型，获得各种形状零件毛坯的铝合金。具有低密度、比强度较高、耐蚀性和铸造工艺性好、受零件结构设计限制小等优点。分为 Al-Si 和 Al-Si-Mg-Cu 为基的中等强度合金、Al-Cu 为基的高强度合金、Al-Mg 为基的耐蚀合金、Al-Re 为基的热强合金四种。大多数需要进行热处理以达到强化合金、消除铸件内应力、稳定组织和零件尺寸等目的。用于制造梁、燃气轮机叶片、泵体、挂架、轮毂、进气唇口和发动机的机匣等。还用于制造汽车的气缸盖、变速箱和活塞，仪器仪表的壳体和增压器泵体等零件。

铸造铝合金根据合金成分及含量的不同，主要分为四类铸造铝合金：

① 铝-硅系合金，有良好铸造性能和耐磨性能，热胀系数小，是铸造铝合金中品种最多、用量最大的合金，含硅量在 4%~13%。添加 0.2%~0.6% 镁的硅铝合金，广泛用于结构件，如壳体、缸体、箱体和框架等。添加适量的铜和镁能提高合金的力学性能和耐热性。此类合金广泛用于制造活塞等部件。

② 铝-铜合金，含铜 4.5%~5.3%，合金强化效果最佳，适当加入锰和钛能显著提高室温、高温强度和铸造性能。主要用于制作承受大的动、静载荷和形状不复杂的砂型铸件。

③ 铝-镁合金，密度最小（2.55g/cm³）、强度最高（355MPa 左右）的铸造铝合金，含镁 12%，强化效果最佳。该合金在大气和海水中的耐腐蚀性能好，室温下有良好的综合力学性能和可切削性，可用于制作雷达底座、飞机的发动机机匣、螺旋桨、起落架等零件，也可作装饰材料。

④ 铝-锌系合金，为改善性能常加入硅、镁元素，常称为"锌硅铝镁"。在铸造条件下，该合金有淬火作用，即"自行淬火"。不经热处理就可使用，变质处理后，铸件有较高的强度。经稳定化处理后，尺寸稳定，常用于制作模型、型板及设备支架等。

铸造铝合金具有与变形铝合金相同的合金体系，具有与变形铝合金相同的强化机理（除应变强化外），它们主要的差别在于：铸造铝合金中合金化元素硅的最大含量超过多数变形铝合金中的硅含量。铸造铝合金除含有强化元素之外，还必须含有足够量的共晶型元素（通常是硅），以使合金有相当的流动性，易于填充铸造时铸件的收缩缝。目前基本的合金只有以下 6 类：Al-Cu 合金、Al-Cu-Si 合金、Al-Si 合金、Al-Mg 合金、Al-Zn-Mg 合金、Al-Sn 合金。

中国铸造铝合金牌号与国际通用，前面几位用化学符号表示，其后面标注某元素的平均百分含量。如 ZAlSi12Cu2Mg1Ni1，Z 表示铸造，Al 表示基体，Si12 表示该合金中含 12％的硅，Cu2 表示铜含量为 2％，Mg1 表示镁含量为 1％，Ni1 表示镍含量为 1％。此外中国也采用合金代号表示铸造铝合金的牌号，即用拼音字母和数字表示：

ZL—铸铝；

1××—Al-Si 系；

2××—Al-Cu 系；

3××—Al-Mg 系；

4××—Al-Zn 系。

例如 ZL205 表示 Al-Cu 系的一种。字母 ZL 后面的第二、三位两个数字表示顺序号。如果在牌号后面加上字母"A"，则表示该合金为高纯度合金，如 ZL205A 表示优质的 Al-Cu 系合金。表 1-5 为我国常用铸造铝合金的牌号、成分、性能和用途。

表 1-5 常用铸造铝合金的牌号、成分、性能和用途

类别	牌号举例	添加元素（质量分数）/％				力学性能（砂型）			用途
		Si	Cu	Mg	其他	抗拉强度/MPa	伸长率/％	硬度（HBS）	
铝硅合金	ZL101	6.0～8.0	—	0.2～0.4	—	≥160	≥2	≥50	热处理后力学性能较高,可作承受较高动载和静载的气钢体、缸盖、泵壳体、齿轮箱（工作温度<150℃）
	ZL102	10.0～13.0	—	—	—	≥150	≥4	≥50	共晶成分,铸造性能最好,用作薄壁、形状复杂、强度要求不高的铸件和压铸件,如各种仪表的壳体、发动机活塞。用途广泛,可作承受较大载荷面形状复杂的大型铸件,如气缸体、气缸盖、曲轴箱、增压器壳体、航空发动机压缩机匣、承力框架
	ZL104	0.8～10.5	—	0.17～0.3	Mn 0.2～0.5	≥150	≥2	≥50	—
	ZL107	6.5～7.5	3.5～4.5	—	—	≥170	≥2	≥65	承受中等载荷和<250℃工作温度的零件,如汽化器零件、电气设备外壳、砂箱模具等。铸态力学性能较高,适于作压铸合金

续表

类别	牌号举例	添加元素(质量分数)/%				力学性能(砂型)			用途
		Si	Cu	Mg	其他	抗拉强度/MPa	伸长率/%	硬度(HBS)	
铝铜合金	ZL111	8.0～10.0	1.3～1.8	0.4～0.6	Mn、Ti各0.1～0.35	≥210(金属型)	≥2	≥80	较高的力学性能、良好的铸造性能、切削加工性能和焊补性,用作高压下工作的大型零件,如气缸体、压铸水泵叶轮、大型壳体(军工)
	ZL201	—	4.5～5.3	—	Ti 0.15～0.37,Mn 0.6～1.0	≥300	≥8	≥70	力学性能很高,可作承受大的动载和静载荷及在<300℃条件下工作的零件,用途很广
铝镁合金	ZL301			9.5～11.5	—	≥280	≥9	≥60	用于制作在大气和海水中承受大冲击载荷的零件,如雷达底座、发动机机闸、旋桨、起落架、船用舷窗
铝锌合金	ZL401	6.0～8.0		0.1～0.3	Zn 9.0～13.0	≥200	≥2	≥80	在铸铝中比例最大。制作在<200℃条件下工作的零件,如模具、型板和某些设计的支架

1.2.3 高强度铝合金

高强度铝合金是指抗拉强度大于480MPa的铝合金,主要是以Al-Cu-Mg和Al-Zn-Mg-Cu为基的合金,即以2×××(硬铝合金类)和7×××(超硬铝合金类)系为主的可热处理强化的铝合金。前者的静强度略低于后者,但使用温度却比后者高。由于合金的化学成分、熔炼和凝固方式、加工工艺及热处理制度不同,合金的性能差异很大。北美7090铝合金最高强度为855MPa,欧洲铝合金强度为840MPa,日本铝合金强度达到900MPa,而我国报道的超高强铝合金强度为740MPa。

高强度铝合金除了具有高强度和硬度外,还具有良好的热加工性、优良的焊接性能、较好的耐腐蚀性能和较高的韧性,易作承重较大的结构材料,广泛应用于航空航天领域。以ZL205A为代表的高强度铝合金材料,其最主要的特点便体现在强度较高,通常其硬度值不低于100HBS,抗拉强度在440MPa以上,因此适用于对承受荷载要求较高的各种零件,包括汽车轮毂、飞机挂梁、导弹舵面等,被广泛应用于航空工业及民用工业等领域,尤其在航空工业中占有十分重要的地位。近几十年来,国内外学者对高强度铝合金的热处理工艺及其性能等进行了大量的研究,取得了重要进展,并极大地促进了该类材料在航空工业生产中的广泛应用。在近百年的时间里,国内外航空铝合金在飞机设计需求牵引和铝合金自身技术发展的双重推动下,已发展至第五代铝合金。航空铝合金以变形铝合金为主，其强度的提高需要合金化，经过几十年的研究积累，铝锌镁铜系列的超硬高强铝合金系列被广泛地应用到了航空领域，典型的美国牌号有 7075 等，中国已命名为 7A75。

第一代静强度铝合金，主要是为了满足飞机静强度设计需求、伴随着铝合金沉淀硬化技术的发明而研发，典型合金为 2024-T3、2A12-T6、7075-T6、7A04-T6。铝合金应力腐蚀失效引起的飞机失事使飞机设计对高强铝合金提出了耐腐蚀的需求，此时伴随着 T73、T76 等过时效热处理技术的发明，研发了第二代高强耐腐蚀铝合金，典型合金为 7075-T73/T76、7A09-T73/T74 等。飞机强烈的减重需求对铝合金的综合性能提出了越来越高的要求，在合金纯化和微合金化技术进步的推动下，研发了第三代高强、高韧铝合金，典型合金为 7505、7475、2124 等，第四代高耐损伤铝合金 7150-T77、7055-T77、2095/2195、2098/2198、2524-T39 等，以及第五代高强高韧低密度、低淬火敏感性 7085-T76/T74、2099/2199、2050/2060、2039/2139 等铝合金。

20 世纪 80 年代末，飞机设计准则逐渐向损伤容限设计和可靠性设计转变，这对结构材料提出了更高的要求，在精密热处理技术以及主合金成分优化设计与发展的推动下，研发了第四代高性能铝合金，主要包括超高强铝合金、耐损伤铝合金、高强韧低淬火敏感性铝合金等。典型超高强铝合金 7A55、7B50 结合 T77 精密热处理技术，其强度达到了 600MPa 级；典型耐损伤铝合金 2E12，在强度水平与 2024 相当的情况下，疲劳裂纹扩展速率降低了一个数量级，断裂韧度明显提高；高强高韧铝锂合金 2A97，在实现高强韧低密度的同时，具有优异的耐损伤性能；高强低淬火敏感性铝合金 7A85，其最大淬透深度达 300mm，满足了飞机厚大截面零部件的选材要求。在航空装备发展需求的牵引下，随着国内先进铝合金生产装备的配套建设及材料制备关键技术的突破，国内第四代先进航空铝合金已经实现工业化稳定制备并装机应用，国内航空铝合金的研制与生产应用已经达到国际先进水平。通过上述四代航空铝合金的研究，科研人员已基本探究出材料具有超高强、高耐损伤、高强韧性和低淬火敏感性等性能的特征微结构。在研究技术手段方面，基于相图、第一性原理进行成分设计的计算材料学迅速发展，塑性加工、热处理过程仿真模拟及微观组织表征研究逐渐深入，基于"成分—制备工艺—特征微结构—性能"关联性，多尺度特征微结构精细调控技术也不断发展，采用理论计算、模拟、实验相结合的方式，进行特征微结构精确调控。国内外开展了第五代航空铝合金的研发和探索工作，为新一代武器装备设计选材提供技术储备。第五代航空铝合金在保持良好综合性能的前提下，针对承受压缩载荷的支承梁、桁条等高刚度、高强度需求部位，进一步提升合金强度，研发强度 700MPa 以上的超高强度铝合金。

国内超高强铝合金的研究开发起步较晚。我国航空工业和其他国防工业大量应用的高强度铝合金主要仍为类似于 B95 和 7075 合金的 LC4 及 LC9，对 7050 等高强度铝合金进行的研究，大多仍着眼于提高合金的韧性及耐腐蚀性能，而它们的强度则大多仍维持在 7075 T6 的水平上，甚至还有不同程度的降低。

为了进一步提高合金强度，充分发挥高强度合金的减重潜力，20 世纪 80 年代初，东北轻合金有限责任公司和北京航空材料研究所开始研制 Al、Zn、Mg、Cu 系高强高韧铝合金。普通 7××× 系铝合金的生产和应用已进入到实用化阶段，合金主要包括 7075、7175 等，其产品用于各种航空航天器的结构件。

20 世纪 90 年代中期，北京航空材料研究所采用常规半连续铸造法试制成功了 7A55 超高强铝合金及强度更高的 7A60 合金，东北轻合金有限责任公司采用传统方式成功生产出轧制板材用 7055 方铸锭。

近年来，在国家攻关和 863 高技术项目的支持下，北京有色金属研究总院和东北轻合金有限责任公司开展了仿俄罗斯 B96 合金成分的超高强 7×××系铝合金以及具有更高锌含量的喷射成形超高强铝合金的研制开发工作，分别采用喷射沉积和半连续铸造工艺，制成了各种尺寸的（模）锻件、棒材及无缝管材等，合金的抗拉强度已分别达到 800～830MPa 和 630～650MPa，伸长率分别达到 8%～10%和 4%～7%，基本上达到了国外 20世纪 90 年代中期的水平。同时，东北大学等单位进行了低频电磁半连续铸造高合金化超高强铝合金的研究工作，目前已开发出具有自己独立知识产权的低频电磁半连续铸造技术。

高强高韧铝合金研究重点集中在以下几个方面：

① 改进传统的铸锭冶金制备技术（如采用低频电磁半连续铸造、气滑铸造等技术），开发和完善先进的喷射成形制备工艺，通过制备方法的改进和工艺参数的合理选择，结合合金纯度提高、熔体净化，获得高质量的铸锭组织，最终提高合金的韧性、耐蚀性和疲劳强度。

② 研究 Sc、Zr、Ag 等微量元素在 Al-Zn-Mg-Cu 系合金中的存在形式和作用机理，利用了多元合金化产生多重沉淀强化相的共同强化作用，进一步提高合金的强度、韧性和耐蚀性。

③ 深入研究高溶质状态下合金的热处理工艺，研究合金强化固溶处理及多级多重相时效析出的沉淀强化机制，提高合金基体的高过饱和固溶度，提高沉淀相的体积分数，通过 MPt（基体沉淀相）、GBP（晶界沉淀相）和 PFZ（晶界无析出带宽度）的最佳配合，使合金实现高强高韧、良好耐蚀性的优化匹配。

第2章

铝及铝合金的液态成形

世界原铝（包括再生铝）产量的 85% 以上被加工成板、带、条、箔、管、棒、型、线、粉、自由锻件、模锻件、铸件、压铸件、冲压件及其深加工件等铝及铝合金产品，见图 2-1。目前生产铝及铝合金材料的主要方法有铸造法、塑性成形法和深加工法。本章将对原铝及铝合金的液态成形工艺进行系统介绍。

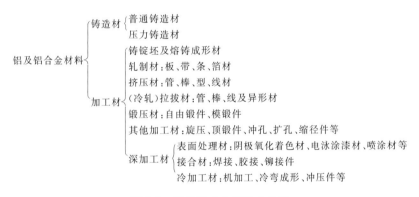

图 2-1　铝及铝合金材料分类图

2.1　铝电解工艺

2.1.1　电解铝

（1）铝电解工艺流程

电解铝就是通过电解得到的铝。目前，在工业中生产铝的方法是把用不同方法由铝矿石中提取出来的 Al_2O_3 溶解在熔融的冰晶石中，在电解槽内通以直流电进行电解，称为熔盐电解法。此法是 1886 年由法国埃鲁和美国霍尔同时提出的，因此又叫埃鲁-霍尔法。至今埃鲁-霍尔法并未做原则上的改动。在扁平的电解槽内，铺砌炭素材料作为阴极，在生产过程中，槽底上有一层熔融的铝，这层铝液的高度在出铝前一般为 25～47cm。这层电介质的高度一般为 $15\sim25cm$。炭阳极底面至铝液上表面的距离称为极距，一般保持在 $4\sim5cm$ 之间。

电介质的基本成分是冰晶石（Na_3AlF_6）、氟化铝和氧化铝。冰晶石是氟化铝与氟化钠的络合盐，它们之间的分子比为 3。冰晶石的熔点为 $1009℃$。当电介质中含有过量的氟化铝时，其分子比小于 3，称为酸性电介质，其熔点随之降低。工业电介质中冰晶石分子比为 $2.6\sim2.8$，氧化铝浓度为 $2\%\sim8\%$。在此范围内电介质的熔点为 $965\sim945℃$。实际上在工业生产中，往往还添加氟化钙和其他盐类，工业槽的电介质的熔点更低些。实际生产中，电介质冰晶石分子比为 $2.6\sim2.8$，MgF_2 含量为 $3\%\sim5\%$，CaF_2 含量为 $2\%\sim4\%$，添加剂总含量不超过 8%，电介质温度在 $950\sim965℃$ 之间。电解槽内的两极上进行电化学反应，即电解，主要通过如下反应进行：

$$2Al_2O_3 + 3C \longrightarrow 4Al + 3CO_2$$

阳极： $$2O^{2-} + C\text{-}4e \Longrightarrow CO_2\uparrow$$

阴极： $$Al^{3+} + 3e \Longrightarrow Al$$

在正常的生产条件下，电解质中的铝离子在阴极铝液上表面得到电子，成为新生的铝原子并沉积于阴极铝液表面上。阳极产物主要是二氧化碳和一氧化碳气体，其中含有一定量的氟化氢等有害气体和固体粉尘。为保护环境和人类健康，需对阳极气体进行净化处理，除去有害气体和粉尘后排入大气。阴极产物是铝液，铝液通过真空抬包从槽内抽出，送往铸造车间，在保温炉内经净化澄清后，浇注成铝锭或直接加工成线坯、型材等。

铝电解生产可分为侧插阳极棒自焙槽、上插阳极棒自焙槽和预焙阳极槽三大类。

自焙槽生产电解铝技术有装备简单、建设周期短、投资少的特点，但却有烟气无法处理、污染环境严重、机械化困难、劳动强度大、不易大型化、单槽产量低等一些不易克服的缺点，已基本淘汰。

世界上大部分国家及生产企业都在使用大型预焙槽，槽的电流强度很大，不仅自动化程度高、能耗低、单槽产量高，而且满足了环保法规的要求。

我国已完成了 180kA、280kA、320kA、400kA、500kA 以及 600kA 的现代化预焙槽的工业试验和产业化。以节能增产和环保达标为中心的技术改进与改造，促进自焙槽生产技术向预焙槽转化，获得了巨大成功。

根据电解铝的生产工艺流程，电解铝的生产成本大致由下面几部分构成：

① 原材料：氧化铝、冰晶石、氟化铝、添加剂（氟化钙、氟化镁等）、阳极材料。

② 能源成本：电力（直流电和交流电）、燃料油。

③ 人力成本：工资及其他管理费用。

④ 其他费用：设备损耗及折旧、财务费用、运输费用、税收等。

（2）低温铝电解工艺概述

相较于传统的铝电解工艺，低温铝电解工艺是一种控制电解生产温度在 $800\sim900℃$ 范围内的电解工艺，是过热度和初晶温度的综合。在具体电解生产中，为了降低电解质温度，所选择的方法有降低电解质初晶温度以及降低过热度两种。铝熔点为 $650℃$，电解质温度达到 $700℃$ 即可实现电解。此种低温铝电解工艺优势鲜明，可以大大提升电解中电流效率，将电解质温度控制在特定范围内，可以起到节能降耗作用。而实现这一目标，需要注重电解铝材料的选用，以氧化铝为主，此种材料成本低、吸水能力强、便于运输和保存，值得推广应用。

2.1.2　原铝及铝锭

原铝是铝加工和铝铸件生产的主要原材料。在电解过程中析出的液体状的铝液，未经过沉淀等处理也称为原铝，电解槽内的原铝始终处于液态。由于生产条件的关系，原铝与铝加工厂熔炼的液态铝有着不同的特点。按照目前普通的熔铸工艺，用液态原铝生产的铸锭与用固态铝重熔后生成的铸锭相比，前者的晶粒较为粗大。

使用出铝抬包以负压方式将电解槽内的铝液吸入抬包内，再用出铝专用车运输到熔铸车间。在出铝和运输过程中，铝液的温度会降低一些。在整个铝工业生产系统中，可以利用液态原铝的高温特点，采取合理的保温措施将液态原铝实现长距离输送，直接供给铝加工厂生产用。

原铝通过进入铸造铝锭模型体内冷却处理可成为铝锭。铝锭按成分不同分高纯铝锭、铝合金锭和重熔用铝锭三种。铝锭进入工业应用之后有两大类：铸造铝合金和变形铝合金。铸造铝及铝合金是以铸造方法生产的铝的铸件；变形铝及铝合金是以压力加工方法生产的铝的加工产品，包括板、带、箔、管、棒、型、线和锻件等几类。国家标准《重熔用铝锭》中按化学成分铝合金分为 8 个牌号，分别是 Al99.90、Al99.85、Al99.70、Al99.60、Al99.50、Al99.00、Al99.7E、Al99.6E（注：Al 之后的数字是铝含量）。"A00"铝，实际上是 99.7％纯度的铝，在伦敦市场上叫"标准铝"。我国在 20 世纪 50 年代的技术标准都来自苏联，"A00"是苏联国家标准中的俄文牌号，"A"是俄文字母，而不是英文"A"字，也不是汉语拼音字母的"A"，和国际接轨称"标准铝"更为确切。标准铝就是含 99.7％铝的铝锭。

我国大多数铝厂的产品用作铝加工厂和铸造厂的产品原料。早期生产的重熔用普通铝锭为 15kg，20 世纪 80 年代以后改为 20kg。浇注铝锭采用的连续铸造机生产能力 $4.5\sim5t/h$，生产厂家以抚顺铝厂为主。80 年代初期贵州铝厂引进日本生产能力为 16t/h 的普通铝锭铸造机，该机组有 162 个 20kg 锭铸模。随后国内设备生产厂也开发出了生产能力为 $16\sim20t/h$ 的铝锭铸造自动生产线，全部工序自动操作，其中包括浇注分配器、铸造机、扒渣、打印、冷却系统、堆垛机、运输机、打捆等，这种机型适合规模较大、产品单一的铝厂使用。针对中小铝厂需要又开发了生产能力为 7.5t/h、9.5t/h 的中型铸机。

2.1.3　电解铝与铝加工结合

目前，大多数铝厂和铝加工厂是各自独立生产的，在生产工艺上是彼此脱节的。电解铝厂只将液态原铝铸成重熔用铝锭。铝加工厂再将这些铝锭重熔，然后加工成材。经多年来铝加工厂的生产统计，重熔 1t 铝锭需要消耗 1500m³ 煤气，铝的烧损及渣损约 1.5％。在重熔用铝锭的生产过程中，铝的渣损设计指标为 0.5％，每生产一吨铝消耗生产用水约 12t。铝厂与铝加工厂叠加的铝烧损及渣损为 2％。根据铝厂多年来的生产统计，将液态原铝直接铸成铝加工用铝锭，其铝的渣损约为 1％。电解槽生产出的原铝，通过真空抬包吸出后运至铸造车间，一般被送到铸造车间后铝液温度仍在 $860\sim890℃$ 之间，而铝锭的浇注温度一般要在 720℃左右，这样在电解铝厂可利用电解槽产出的液态原铝直接铸造出各种坯锭、板锭、棒材、压力加工用的坯料及合金铸件，可以省去用铝液浇注普通铝锭和加工厂二次重熔的工序。因此，在电解铝厂利用液态原铝直接成材或生产出半成品，省去重熔工序，不仅可节省大量的能源、节约生产用水，而且可节省金属铝1%。此外还可减少熔炼过程中产生的废气，有利于环境保护。这样可以提高企业的经济效益和社会效益。为此，应将电解铝厂和铝加工厂进行生产优化组合。在电解铝厂从电解车间生产出的原铝运到铸造车间后，铝液的温度仍高于铸造温度100～150℃，在混合炉内需要扒渣、冷却、静置或倒入敞口抬包内降温。一台40t混合炉内的铝液从850℃自然降温至720℃，夏季需2～2.5h。铝液长时间暴露在空气中，温度越高、停留的时间越长，氧化越严重。如果在保温炉中加入一些加工生产中的废料或冷料，铝液温度可很快降至730℃。每千克铝液可有富余热量约251040J可利用，大约可熔化20%的固态铝。这种方法大大缩短了冷却时间，减少高温氧化损失。以国内铝厂生产实践为例，普通铝锭的铸造损失为0.5%～0.7%，铝锭重熔时金属铝的烧损量为2%～2.5%。如果在电解铝厂用原铝直接生产压力加工用坯料、板带材、铝合金铸件等半成品产品，这部分的金属损耗可以节省下来，并充分利用生产的废料、锯切加工的边角余料直接降低铝液的温度，可以大量节省能源、提高铸件的产品质量，同时节省了建厂、生产设备重复建设的费用。粗略计算每吨产品可减少铝液重熔损失20kg。

2.1.4 铝电解槽中生产铝合金

在铝电解槽中生产铝合金，使电解铝厂与铝加工厂在实现生产优化组合的方向上又迈进了一步。在铝电解槽中生产铝合金时，液态铝合金始终在电解质的覆盖下，隔绝与大气的接触，避免了铝合金的烧损。在重熔铝锭生产合金时，金属烧损比前述数量还要大些。在铝电解槽中生产铝合金，可以采用金属氧化物等作为原料，这也是一个很大的优点。自然界金属多以氧化物形态存在。因此，可用初级原料来生产铝合金。

在电解铝厂，将对掺法与电解法结合起来生产铝合金更为有利。在铝电解槽中生产Al-Si合金，在熔铸车间用对掺法加入组元镁，即生产出Al-Mg-Si合金。对于电位正于铝的金属，可在铝电解槽中生产；对于电位负于铝的金属，可利用液态原铝的高温用对掺法加入到合金中去。对于硅含量不太多的铝合金，可采用廉价的硅钛氧化铝作电解法的生产原料。采用对掺法生产铝合金时，可用固态金属对掺于液态原铝中，也可以用液态合金对掺。

2.2 铝及铝合金的熔炼工艺

合金的熔炼是制备铝合金材料及其部件的重要环节，铝合金的熔体质量直接影响铝部件的最终性能。铝合金的熔炼是将固体炉料加热，使其熔化并熔合成铝液的过程。在这个过程中，炉料由固态转化成液态，它还会与炉气和炉衬等发生一系列物理化学作用，其结果不仅影响合金化学成分，还会造成夹渣、气孔、缩松等缺陷。原材料的品质、熔炼方法和装置都会影响铝合金的熔体质量。因此，熔炼过程中应该确保正确的熔炼工艺和操作，并对熔体进行有效处理使之符合要求。

2.2.1 熔炼的目的及原理

铝熔炼的目的即在熔保炉组内通过铝的熔化、合金化、精炼、静置等一系列工艺操作，生产出符合温度、化学成分和纯净度要求的铝液，为铸造生产提供合格的原料。

铝是活泼的金属元素，在熔炼过程中，随着炉温升高，铝熔体与炉气发生一系列的物理化学作用。同时熔体与炉衬长时间接触，也会相互作用，引起化学成分的变化或炉衬侵蚀。

（1）氢在铝中的溶解

氢是铝及铝合金中最容易溶解的气体。在溶解于铝水内的所有气体中，氢占据 85% 以上，因此，常常将合金的"含气量"等同于"含氢量"。由于氢是结构简单的双原子气体，其原子半径很小，所以易溶于金属中。氢在铝及其合金中的溶解依照吸附→扩散→溶解的进程进行，即：

$$H_2 \rightarrow 2H \rightarrow 2[H]$$

氢与铝不发生化学反应，而是以离子状态存在于晶体点阵的间隙内，形成间隙式固溶体。氢在固相和液相中的溶解度相差很大（如图 2-2），这导致了铝在凝固时，氢原子从金属中析出成氢分子，从而使铸锭结晶时容易形成气孔和缩松。

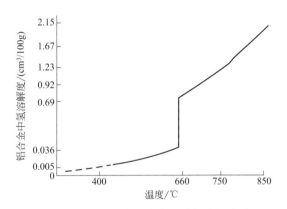

图 2-2　温度对铝合金中氢的溶解度的影响

（2）铝熔体的氧化作用

熔炼时铝及其合金的熔体与炉壁（或坩埚）、炉气、熔渣等接触，由于这些物质中存在氧或氧化物，比如炉气中含有水蒸气、氧气或一氧化碳等，因此可能会与熔体发生反应生成氧化物，产生夹杂。熔体如果产生强烈的氧化作用而生成氧化铝，将造成不可挽回的损失，这种损失即通常所说的烧损。氧基本不溶于铝及铝合金，若铝熔体中存在氧，则极易生成氧化产物，并以氧化夹杂的形式存在，其反应式如下：

$$4Al + 3O_2 \longrightarrow 2Al_2O_3 \qquad (2-1)$$

由于金属铝发生氧化时形成的氧化膜对金属具有保护作用，故金属铝能否持续被氧化与其生成的氧化膜的特性有关：

① 氧化膜无保护作用。

② 氧化膜厚度达到一定程度后可以起到保护作用。

③ 氧化膜可以起到保护作用，但是氧化速度随时间延长而降低。

熔体条件下，Al_2O_3 的分解压和炉气中氧的分解压的大小决定了氧化反应能否发生。当炉气中氧的分解压大于 Al_2O_3 的分解压时，反应无法进行，氧化铝夹杂不会产生；反之，则可能形成。从热力学角度进行分析，金属元素都会氧化。对铝而言，其分解压极小但氧化生成热很大，即铝和氧的亲和能力大，此外氧化铝又十分稳定，所以铝极易氧化。

（3）铝熔体与水的作用

以分子状态存在的水蒸气并不容易被金属吸收，但在高温环境下，水会与铝熔体发生反应生成氢、氧化铝。氢溶解于熔体中，氧化铝则形成杂质。熔体中的水分来源主要有空气中大量的水蒸气、原材料中带入的水分、耐火材料内或表面吸附的水分三种。

固态铝在空气中与水蒸气接触，若温度低于250℃，则会发生如下反应：

$$2Al+6H_2O \longrightarrow 2Al(OH)_3+3H_2 \tag{2-2}$$

反应生成的 $Al(OH)_3$，是一种白色粉状物质，容易受潮。露天放置的铝锭经常能在其表面看到这种现象，也称其为"铝锈"。"铝锈"中一般含有70%的 $Al(OH)_3$，13%的水。如果熔炼的铝锭表面含有"铝锈"，则铝熔体中的含气量将明显增多。

当温度高于400℃时，铝与水蒸气发生反应如下：

$$2Al+3H_2O \longrightarrow Al_2O_3+6[H] \tag{2-3}$$

反应生成游离态［H］原子，这种原子溶于铝液中是导致铝液吸氢的主要原因之一。

高温下，粉状的 Al（OH）$_3$ 也会发生分解反应：

$$2Al(OH)_3 \longrightarrow Al_2O_3+H_2O \tag{2-4}$$

反应生成的 H_2O 又会和铝发生反应生成游离态的［H］原子，加剧了铝液的吸氢倾向。因此，熔炼用的铝锭或其他铝原料若长期露天放置，熔体中含气量和夹杂将会明显增多。

熔体与水蒸气接触，一方面会导致夹杂和吸氢现象的产生，另一方面由于此反应极其剧烈，极易导致爆炸事故的发生，因此，铝及其合金熔炼前应进行彻底烘干。

铝合金中若含有 Mg、Na 等元素，这些元素也会和水蒸气发生反应：

$$Mg+H_2O \longrightarrow MgO+2[H] \tag{2-5}$$

铝熔体与炉气、空气中的水蒸气和氧气接触面积越大，环境温度越高，保持时间越长，铝液被氧化程度和吸气量就会越高。控制好熔炼、保温和浇注环节，即防止熔体过热、缩短熔炼、保温和浇注时间，可有效地减少铝液的氧化和吸气现象。因此，在铝及其合金进行熔化时，首先要防止气体进入熔体内部，其次是排除熔体中的气体和氧化夹杂，彻底净化熔体。

（4）铝溶体与有机物的反应

油脂与某些有机涂层等是复杂结构的碳氢化合物，与铝熔体接触反应会产生氢气，是氢的来源之一：

$$8mAl+6C_mH_n \longrightarrow 2mAl_4C_3+3nH_2 \tag{2-6}$$

（5）夹杂的来源及减少夹杂的途径

① 杂质来源　原铝中含有一系列金属和非金属杂质。原铝中的杂质最主要的是铁和硅。金属及其合金中存在的非金属化合物是夹杂或夹渣。氧化物、硫化物、氮化物、硅酸盐等都可以称为夹杂。夹渣是夹杂的一种，这些夹杂一般以独立相的形式存在，对金属及其合金的力学性能和物理化学性质都会有比较大的影响。金属中的杂质除了来自金属炉料外，还可能来自熔炼过程中的炉衬、炉渣或炉气及与操作工具的相互作用。一旦在铝及其合金的熔体中形成氧化物夹杂，由于其熔点偏高，化学稳定性高，密度较小，因此很难将它们从溶液中分离出去，凝固以后，这些夹杂的大小、数量、分布形式都会对铝合金的力学性能、耐蚀性、抗疲劳性能以及加工性能等产生重要的影响。表2-1为铝合金液中夹杂物的名称、形状及特点。

表 2-1　铝合金液中夹杂物的名称、形状及特点

类别	名称	形态	尺寸/μm	主要特征
氧化物类	Si_2O	块状或粒状	$d=10\sim1000$	黑色、透明
	Al_2O_3	皮膜状的集合体	$t=0.1\sim5$ $d=10\sim1000$	暗灰色、黑色、黄褐色透明
		块状或粒状	$d=1\sim3000$	
	MgO	粒状	$d=0.2\sim1$	黑色
		皮膜状	$t=1\sim8$ $d=10\sim1000$	深黑色、红绿色
	Al_2MgO_4	角形粒子	$d=0.1\sim5$	透明、茶灰色
		厚皮膜	$t=0.1\sim6$	深褐灰色
		粒子群体	$d=10\sim1000$	
	硅酸盐	块状或球状	$d=10\sim1000$	明灰色(Ca)、褐色(K)
	FeO	皮膜状群体	$t=0.1\sim1$	深红色
	Fe_2O_3	块状	$d=50\sim100$	
	Al-Si-O	块状或球状	$d=10\sim1000$	黑灰色、透明
	复合氧化物	厚皮膜	$t=10$ $d=50\sim1000$	暗灰色、透明
碳化物类	Al_4C_3	矩形	$t<1$	灰色
	Al_4C_4C	六角形	$d=0.5\sim25$	
	石墨碳	长形粒子	$d=1\sim50$	褐灰色
硼化物类	AlB_2	六角形或矩形板块	$t<1$	暗褐色
	AlB_{12}		$d=20\sim50$	灰色
	TiB_2	六角形或矩形板状	$d=1\sim50$	灰褐色
	VB_2	六角形或矩形板块	$d=1\sim20$	灰色
其他	Al_3Ti	针状	$l=1\sim30$	明灰色
	Al_3Zr	针状或粒状	$d=1\sim50$	明灰色
	$CaSO_4$	针状或粒状	$l=1\sim5$	灰色
	AlN	皮膜状	$t=0.1\sim5$ $d=10\sim50$	黑色

注：t 表示厚度；d 表示直径；l 表示长度。

② 夹杂物分类　根据来源不同，夹杂物大致分为三种：熔炼用的原材料带入的，在熔炼过程中形成的，制备工艺不严格导致的。如铝锭或铝中间合金锭表面存在"铝锈"但仍然直接装炉熔炼，熔炼时使用的坩埚或炉衬与铝发生反应，搅拌、扒渣等操作不当，对熔体进行精炼和变质处理时选用的材料质量不合格或熔体处理方式不正确，均会导致夹杂增多。

③ 减少杂质途径　根据熔炼金属化学性质的不同，选用化学稳定性高的耐火材料，铝合金选用高铝耐火炉衬；所有与金属接触的工具，尽量选用不会引入杂质的材料制作，且用适量的涂料进行保护；注意辅助材料的选用；加强炉料管理，杜绝混料现象。

2.2.2 熔体的净化及原理

（1）熔体净化目的

铝及其合金在熔炼、浇注过程中会吸气和产生夹杂，降低合金熔体的纯度，从而导致其流动性降低，进而使得铸件或铸锭中产生气孔、疏松等铸造缺陷，影响其力学性能和加工工艺性能，以及气密性、耐蚀性、抗氧化性及表面质量等。通常在浇注前在熔体中通以气体或加入固体熔剂进行精炼处理以除气、除渣、除有害金属杂质，获得高纯洁度的铝合金熔体。

（2）除气除渣净化原理

① 除气原理

a. 分压差脱气原理。利用精炼气体与铝液中氢存在分压差，使溶于金属中的氢不断扩散进气泡中，直至气泡内外氢分压平衡。气泡浮出液面后，H_2 也随之逸出。

b. 预凝固脱气原理。利用不同温度和形态下气体溶解度不同的特性，让熔体缓慢冷却到凝固，使熔体中的大部分气体自行扩散析出，然后再快速重熔，重熔时注意防止熔体重新吸气。

c. 振动脱气原理。液体分子在极高频率的振动下发生移位运动，移位后液体内部产生无数显微真空空穴，熔体中的气体很容易扩散到这些空穴中去，结合成分子态，形成气泡上升逸出。一般用 5000～20000Hz 的频率，可使用声波、超声波、交变电流或磁场等为振动源。

② 除渣原理

a. 澄清除渣原理。利用一般金属氧化物与金属熔体存在密度差来除渣，如静置。但部分金属氧化物液态时密度和铝熔体接近，因此这不是除渣的最佳方法，但为一种基本方法。

b. 吸附除渣原理。利用精炼剂的表面吸附作用，杂质被吸附在精炼剂表面。精炼剂改变了杂质颗粒的物理性质，使杂质随精炼剂一起被除去。

c. 过滤除渣原理。是一种有效的除渣方法。可分机械除渣和物理化学除渣两种。机械除渣主要是靠过滤介质的阻挡、摩擦力或流体的压力使杂质沉降及堵滞，从而净化熔体；物理化学除渣主要是靠介质表面的吸附和范德瓦尔斯力的作用。过滤介质的空隙越小，厚度越大，金属熔体流速越低，过滤效果越好。

（3）炉内净化

① 惰性气体吹洗　对惰性气体的要求：不与熔融铝及溶解的氢起化学反应，不溶于铝。通常用氮气或氩气。除气原理是分压差脱气。在除气的同时，吸附于气泡表面的氧化物夹杂也随气泡上浮到熔体表面。但吸附只发生于气泡与熔体接触的界面上，除渣效果有限。但精炼气体气泡愈多，气泡半径愈小，分布愈均匀，吹入的时间愈长，除气除渣效果愈好。

② 活性气体吹洗　主要是氯气，其本身不溶于铝液，且与铝及铝液中的氢都迅速发生反应：

$$Cl_2 + H_2 \longrightarrow 2HCl \tag{2-7}$$

$$3Cl_2 + 2Al \longrightarrow 2AlCl_3 \tag{2-8}$$

HCl 和 $AlCl_3$（沸点 183℃）都是气态，不溶于铝液（如图 2-3），它们和未参加反应的氯一起起精炼作用，也可除钠。缺点是对人体有害，污染环境，易腐蚀设备及加热元件，且易使合金铸锭结晶组织粗大，使用时应注意通风及防护。

③ 混合气体吹洗　惰性气体和活性气体混合，如 N_2-Cl_2、N_2-Cl_2-CO。相较于单一气体或 N_2-Cl_2，N_2-Cl_2-CO 三种气体联合精炼的效果更好。熔体将发生如下反应：

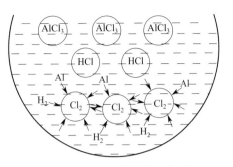

图 2-3　活性气体精炼示意图

$$2Al_2O_3 + 6Cl_2 \longrightarrow 4AlCl_3 \uparrow + 3O_2 \quad (2\text{-}9)$$

$$3O_2 + 6CO \longrightarrow 6CO_2 \uparrow \quad (2\text{-}10)$$

$$Al_2O_3 + 3Cl_2 + 3CO \longrightarrow 2AlCl_3 \uparrow + 3CO_2 \uparrow$$

$$(2\text{-}11)$$

反应后生成的 $AlCl_3$、CO_2 都是上浮气泡，都起吸附精炼作用，还能分化部分 Al_2O_3 夹杂，故其精炼效果很明显，其精炼时间比通氯气节省一半。由于使用了 N_2，减少了氯气对人体及设备的伤害，改善了劳动条件。也可用 CO_2 代替 CO，让 CO_2 通过高温的石墨管，使之生成 CO，然后将它们一起通入合金液内，其精炼效果一样。混合气体的比例为 $Cl_2 : CO : N_2 = 1 : 1 : 8$，此法对劳动条件有所改善。实践证明，$80\% N_2 + 20\% Cl_2$ 的混合气精炼效果较好，操作也比较简单。可利用上述 3 种方法的优点，克服其缺点。目前国内多个铝型材厂均已采用。

④ 氯盐净化　许多氯化物在高温下可与铝反应，生成挥发性的 $AlCl_3$。不是所有的氯盐都能发生反应，常用的有 $ZnCl_2$、$MnCl_2$、C_2Cl_6、CCl_4、$TiCl_4$ 等。氯盐易吸潮，使用时要注意脱水和保持干燥。

⑤ 无毒精炼剂　主要由硝酸盐等氧化剂和碳组成，反应产生的 N_2 和 CO_2 起精炼作用。特点是不产生有刺激气味的气体，并有一定的精炼作用。

2.2.3　熔炼用的金属材料

熔炼用金属材料又称炉料或原材料，熔炼用非金属材料又称辅助材料。

熔炼用金属材料包括新鲜金属（纯铝锭/块、预制合金锭/块）、中间合金、纯金属、回炉料（浇口、冒口、浇道及各种成分合格的废铝料）及重熔铝炉料等，是直接用来配制合金，对合金的工艺性能、力学性能、产品质量有重大影响的材料，必须严格要求，高度重视。

（1）新鲜金属

① 购入的纯铝锭、预制合金锭必须符合国家标准（或部颁标准），有标明出产厂家、牌号、规格、重量、生产日期、炉号等内容的质量保证单或进厂复检报告。

② 在专业铝合金冶炼厂家订制预制合金锭时，要按照所生产的产品的要求，从成分、规格、含气量、含夹杂物量、货物外观色泽、货物样式、合金料块识别标记等技术要求方面签订合同。成分规格应明确主要成分范围、不纯物的上限；气体和杂质含量要符合所生产的产品的实际要求规定的指标、分析和检测办法和试验报告内容等；货物外观应颜色正常、表面无脏物、无渣瘤（按标样）；货物样式包括锭块的形状、重量、捆包高度及方法、识别标记、收货人姓名地址等。为了防止因混入异物和货堆的崩散而混料，要用聚丙烯带或钢带捆牢；要在料块一头或捆带一头涂上双方商定的识别色记、批次号及材料规格，然

后才能切断捆包带投入使用。

③ 严格注意防止原材料的遗传效应 遗传效应是由于原材料的成分和质量不同所引起的，在相同合金成分、铸造方法和凝固结晶条件下，铸件上的金相组织和力学性能却产生差异（一般为 10% 左右）的现象。其实质是影响产品力学性能的原材本身金相组织遗传，和影响产品性能和外观的原材料本身的纯度（含气体和氧化夹杂物量的多少）遗传。通常采取下列办法避免：

a. 根据所生产的产品的不同质量要求，选择可以提供冶金质量好的合金锭的专业冶炼厂家长期订货，并建立质量档案，不随意更换厂家和向质量不可靠的厂家订货，以确保产品质量的稳定。

b. 对低质量的原材料要进行重熔处理，改善其质量。重熔前要去掉表面的氧化皮等脏物，并严格控制重熔过程中的精炼、浇注工艺和温度。

c. 采用过热和掺和处理办法，即把合金液过热到液相线以上 250～300℃，使得高熔点的杂质熔化或颗粒变小、分散，使得合金液各个部位的成分均匀，然后掺入一部分温度相近的铝合金液，并轻轻搅拌，使其混合均匀，然后将其掺和液降温到浇注温度，马上浇注，以改善其金相组织和力学性能。

d. 少量搭配（根据遗传效应情况的轻重，搭配 15%～20% 以下）使用有遗传效应的原材。

④ 对预制合金锭的技术要求

a. 预制合金锭的表面应整洁、无油污、无腐蚀斑点、无熔渣及非金属夹杂物。

b. 断口应组织致密，无夹渣、气孔、缩孔渣瘤等非金属夹杂物。

c. 锭块的重量偏差每块不得超过 10%。

d. 针孔按 HB 963—2005《铝合金铸件规范》的针孔低倍图片验收，在整个铸锭的横截面上应不超过三级。针孔低倍组织检查应从距离铸锭浇口一头约 2/3 的部位取样进行检查。

e. 对于有特殊要求的高纯度铸造铝合金或变形铝合金锭，还须检查其含气量。

表 2-2 为砂型、金属型、熔模铸造用铸造铝合金锭的化学成分，表 2-3 为砂型、金属型、熔模铸造用铸造铝合金锭杂质允许含量。

表 2-2 砂型、金属型、熔模铸造用铸造铝合金锭的化学成分（HB 5372—2014）

单位：%

序号	合金代号	Si	Cu	Mg	Mn	Ni	Ti	Zr	Zn	其他元素	Al
1	ZLD101	6.5～7.5	—	0.30～0.45	—	—	—	—	—	—	余量
2	ZLD101A	6.5～7.5	—	0.30～0.45	—	—	—	—	—	—	余量
3	ZLD102	10.0～13.0	—	—	—	—	—	—	—	—	余量
4	ZLD104	8.0～10.5	—	0.20～0.35	0.2～0.5	—	—	—	—	—	余量
5	ZLD105	4.5～5.5	1.0～1.5	0.45～0.65	—	—	—	—	—	—	余量
6	ZLD105A	4.5～5.5	1.0～1.5	0.50～0.65	—	—	—	—	—	—	余量
7	ZLD114A	6.5～7.5	—	0.55～0.75	—	—	0.08～0.25	—	—	—	余量

续表

序号	合金代号	Si	Cu	Mg	Mn	Ni	Ti	Zr	Zn	其他元素	Al
8	ZLD116	6.5~8.5	—	0.4~0.6	—	—	0.1~0.3	—	—	Be0.15~0.40	余量
9	ZLD116A	6.5~8.5	—	0.45~0.65	—	—	0.1~0.2	—	—	Be0.15~0.40	余量
10	ZLD117	19~22	1.0~2.0	0.5~0.8	0.3~0.5	—	—	—	—	RE0.6~1.5	余量
11	ZLD201	—	4.5~5.3	—	0.6~1.0	—	0.15~0.35	—	—	—	余量
12	ZLD201A	—	4.8~5.3	—	0.6~1.0	—	0.15~0.35	—	—	—	余量
13	ZLD203	—	4.0~5.0	—	—	—	—	—	—	—	余量
14	ZLD204A	—	4.6~5.3	—	0.6~0.9	—	0.15~0.35	—	—	Cd 0.15~0.25	余量
15	ZLD205A	—	4.6~5.3	—	0.3~0.5	—	0.15~0.35	0.05~0.20	—	Cd 0.15~0.25 B0.01~0.06 V0.05~0.30	余量
16	ZLD206	—	7.6~8.4	—	0.7~1.1	—	0.10~0.25	—	—	RE1.6~2.3	余量
17	ZLD207	1.6~2.0	3.0~3.4	0.20~0.30	0.9~1.2	0.2~0.3	—	0.15~0.25	—	RE4.5~5.5	余量
18	ZLD208	—	4.5~5.5	—	0.2~0.3	1.3~1.8	0.15~0.25	0.1~0.3	—	Co0.1~0.4 Sb0.1~0.4	余量
19	ZLD210A	—	4.5~5.1	—	0.35~0.80	—	0.15~0.35	—	—	Cd0.07~0.25	余量
20	ZLD211A	—	4.5~5.0	—	0.5~0.9	—	0.15~0.35	0.05~0.25	—	Cd0.04~0.12	余量
21	ZLD301	—	—	9.8~11.0	—	—	—	—	—	—	余量
22	ZLD303	0.8~1.3	—	4.8~5.5	0.1~0.4	—	—	—	—	—	余量
23	ZLD401	6.0~8.0	—	0.20~0.35	—	—	—	—	7.5~12.0	—	余量

注：1. "Z""L"和"D"分别为"铸""铝"和"锭"汉语拼音的第一个字母，带"A"的为优质合金锭。

2. 表中所列元素均为每熔炼炉必检元素。RE 按 Ce 检验，Ce 含量按 RE 规定的 45% 以上检验。

3. RE 为混合稀土总量不少于 98%，且其含铈量不少于 45% 的混合稀土金属。

表 2-3　砂型、金属型、熔模铸造用铸造铝合金锭杂质允许含量（HB 5372—2014）

序号	合金代号	Si	Cu	Mg	Mn	Ni	Ti	Zr	Zn	Sn	Pb	Be	Fe	其他杂质元素	
														单个	总量
1	ZLD101	—	0.2	—	0.5	—	0.15	Ti+Zr 0.15	0.2	0.01	0.05	—	0.4	0.05	0.15
2	ZLD101A		0.1	—	0.05	0.05	0.2	—	0.05	0.01	0.05	—	0.1	0.05	0.1
3	ZLD102	—	0.3	0.1	0.5	—	—	0.1	0.1	—	—	—	0.6	0.1	0.4
4	ZLD104		0.3	—	—	—	0.15	Ti+Zr 0.15	0.2	0.01	0.05	—	0.4	0.05	0.15
5	ZLD105			—	0.5	—	0.15	Ti+Zr 0.15	0.2	0.01	0.05	—	0.4	0.05	0.15

续表

序号	合金代号	Si	Cu	Mg	Mn	Ni	Ti	Zr	Zn	Sn	Pb	Be	Fe	其他杂质元素 单个	其他杂质元素 总量
6	ZLD105A	—	—	—	0.05	—	0.2	—	0.05	0.01	0.05	—	0.1	0.05	0.1
7	ZLD114A	—	0.1	—	0.1	—	—	—	0.1	—	—	0.05	0.1	0.05	0.1
8	ZLD116	—	0.3	—	0.1	—	—	0.2	0.2	0.01	0.01	B0.10	0.4	0.05	0.15
9	ZLD116A	—	0.1	—	0.1	—	—	0.2	0.1	0.01	0.01	B0.10	0.1	0.05	0.1
10	ZLD117	—	—	—	—	—	0.2	0.1	0.1	0.01	0.05	—	0.5	0.05	0.4
11	ZLD201	0.2	—	0.05	—	0.1	—	0.2	0.2	—	—	—	0.2	0.05	0.15
12	ZLD201A	0.05	—	0.05	—	0.05	—	0.15	0.1	—	—	—	0.08	0.05	0.1
13	ZLD203	1.0	—	0.03	—	—	0.2	—	—	0.01	0.01	—	0.4	0.1	0.4
14	ZLD204A	0.05	—	0.05	—	0.05	—	0.15	0.1	—	—	—	0.08	0.05	0.1
15	ZLD205A	0.05	—	0.05	—	0.05	—	—	0.05	—	—	—	0.08	0.05	0.1
16	ZLD206	0.3	—	0.2	—	—	0.05	—	0.4	—	—	—	0.4	0.05	1.0
17	ZLD207	—	—	—	—	—	—	—	0.2	—	—	—	0.4	0.05	0.15
18	ZLD208	0.3	—	—	—	—	—	Ti+Zr 0.5	—	—	—	Co+Sb 0.6	0.4	0.05	0.15
19	ZLD210A	0.2	—	0.05	—	—	—	0.15	—	—	—	—	0.08	0.05	0.15
20	ZLD211A	0.2	—	0.05	—	—	—	—	0.1	—	—	—	0.08	0.05	0.15
21	ZLD301	0.3	0.1	—	0.15	—	0.15	0.2	0.1	—	—	0.05	0.2	0.05	0.15
22	ZLD303	—	0.1	—	—	—	0.2	—	0.2	—	—	—	0.3	0.05	0.15
23	ZLD401	—	0.5	—	0.5	—	—	—	—	—	—	—	0.6	0.1	0.2

注：表中所列元素均为每熔炼炉必检元素。

压铸用铸造铝合金锭的化学成分及杂质含量分别见表 2-4 和表 2-5。

表 2-4　压铸铝预制合金锭的化学成分主要元素含量（HB 5372—2014）　单位：%

合金代号	Mg	Si	Cu	Mn	Zn	Al
ZLD102Y	—	10.0~13.0	—	—	—	余量
ZLD104Y	0.2~0.35	8.0~10.5	—	0.2~0.5	—	余量
ZLD112Y	—	7.5~9.5	2.5~4.0	—	—	余量
ZLD113Y	—	9.6~12.0	2.0~3.5	—	—	余量
ZLD303Y	4.6~5.5	0.8~1.3	—	0.1~0.4	—	余量
ZLD401Y	—	6.0~8.0	—	—	9.5~12.0	余量

注：表中所列元素均为每熔炼炉必检元素。

表 2-5　压铸铝预制合金锭的杂质允许含量（HB 5372—2014）　单位：%

合金代号	Fe	Mg	Cu	Mn	Zn	Zr	Ti	Sn	Pb	Ni	其他杂质元素 单个	其他杂质元素 总个
ZLD102Y	0.9	0.1	0.3	0.4	0.1	0.1	—	—	—	—	0.05	0.15
ZLD104Y	0.7	—	0.3	—	0.1	Zr+Ti 0.15	0.15	0.01	0.05	—	0.05	0.15
ZLD112Y	0.7	0.3	—	0.6	1.0	—	0.2	0.2	0.3	0.5	0.05	0.15
ZLD113Y	0.7	0.3	—	0.5	0.8	—	—	0.2	—	0.5	0.05	0.15
ZLD303Y	0.9	—	0.1	—	0.2	0.15	—	—	—	—	0.05	0.15
ZLD401Y	0.9	0.05	0.5	0.4	—	—	—	—	—	—	0.05	0.15

注：1. "Y" 为 "压" 汉语拼音的第一个字母。

2. Fe 为每熔炼炉次必检元素，其他元素可定期分析。

3. 表中数据为最大值。

（2）中间合金

① 外购中间合金必须符合国家标准或部颁标准，并有质量保证单或产品合格证，为

可靠厂家生产的。

　　② 自己配置的中间合金应经过化学、物理分析，确认达到国家或部级标准。

　　③ 铝合金熔炼用中间合金的牌号及化学成分见表 2-6。

表 2-6　铝基中间合金的化学成分（HB 5371—1987）　　　　单位:%

名称	牌号	Cu	Si	Mg	Mn	Ti	Ni	Cr	Fe	Zn	Pb	其他	合金锭特性
Al-Cu中间合金	AlCu50	48~52	0.2	—	—	—	—	—	0.3	0.1	—	—	脆性
Al-Si中间合金	AlSi26	0.1	24~28	—	—	—	—	—	0.3	—	—	—	
Al-Si中间合金	AlSi12	Cu+Zn 0.15	11~13	—	0.3	0.15	—	—	0.5	—	—	—	
Al-Mg中间合金	AlMg10	0.1	—	10~11	0.15	0.15	—	—	0.3	—	—	—	
Al-Mn中间合金	AlMn10	—	0.2	—	9~11	—	—	—	0.3	—	—	—	
Al-Ti中间合金	AlTi5	—	0.2	—	—	4~6	—	—	0.3	0.1	—	—	易偏析
Al-Ni中间合金	AlNi10	—	0.2	—	—	—	9~11	—	0.3	—	0.1	—	
Al-Cr中间合金	AlCr2	—	0.2	—	—	—	—	2~3	0.3	0.1	—	—	易偏析
Al-Zr中间合金	AlZr4	—	0.2	—	—	—	—	—	0.3	0.1	0.1	Zr 3~5	易偏析
Al-V中间合金	AlV4	—	0.2	—	—	—	—	—	0.3	—	—	V 3~5	易偏析
Al-Sb中间合金	AlSb4	—	0.2	—	—	—	—	—	0.3	—	—	Sb 3~5	易偏析
Al-Fe中间合金	AlFe20	—	0.2	—	—	—	—	—	18~22	—	—	—	
Al-Ti-B	AlTi4B	—	0.2	—	—	3~5	—	—	0.3	0.1	—	B 0.6~1.2	易偏析
Al-Re中间合金	AlRE10	—	0.2	—	—	—	—	—	0.3	0.1	—	Re 9~11	
Al-Be中间合金	AlBe3	—	0.2	—	—	—	—	—	0.25	0.1	—	Be 2~4	
Al-Co中间合金	AlCo5	—	0.2	—	—	—	—	—	0.3	0.1	—	Co 4~6	易偏析

（3）回炉料

回炉料是指铸造、机械加工、铝材加工等生产过程中的废料及社会上回收的铝及铝合金废料。

① 一级回炉料　这是一种化学成分合格的废料，包括铸造车间报废的铸件及浇注系统、压力加工车间的边角余料和不合格产品（指形状、尺寸、表面的不合格）。这类废料要按合金牌号来分类管理，只要确认没有混料，即可直接作为炉料来使用，无须重做化学成分的分析。但对因保管不善或其他客观原因致牌号不明或相混的，则不能直接使用，而要经过重熔、精炼、化验分析等工序，确认其品位（化学成分、纯度等）后才能酌情使用，其回用量可达到 80%。

② 二级回炉料 含有较多杂质、气体，但成分合格的铸造碎片、飞溅屑、带有过滤网的浇道和浇口杯；冲压车间的边角余料；化学成分不合格的铸件，带有铜、钢或其他材料的镶嵌套或化学成分不明的报废铸件或机器零件等。这些都要经过重熔、精炼、化验分析等工序确认其品位后才能酌情使用。其回用量可以达到70%。

③ 杂烩废料 来自机械加工车间的铝及铝合金切屑、铝材使用单位的边角余料和废料回收部门回收的各种铝及铝合金废料、铝合金锯屑、合金液表面拔出的含铝的浮渣、炉底或浇包上含有的铝的剩余熔渣等。其状态和成分相当复杂，为各种铝及铝合金废料的大杂烩，也是品位最低、遗传效应最严重的废料。这类回炉料用量在25%～30%以下。

2.2.4 熔炼方法

（1）分批次熔炼法

分批次熔炼法是一个熔次一个熔次地熔炼。即一炉料装炉后，经过熔化、扒渣、调整化学成分，再经过精炼处理，温度合适后出炉，炉料一次出完，不允许有余料，然后再装下一炉料。这种方法适用于铝合金的成品，它能保证合金化学成分的均匀性和准确性。

（2）半分批次熔炼法

半分批次熔炼法与分批次熔炼法区别在于出炉时炉料不是全部出完，而是留下五分之一到四分之一的液体料，随后装入下一熔次炉料进行熔化。此法的优点是所加入的金属炉料浸在液体料中，从而加快了熔化速度，减少烧损；可以使沉于炉内的夹杂物留在炉内，不致混入浇注的熔体之中，从而减少铸锭的非金属夹杂；同时炉内温度波动不大，可延长炉子寿命，有利于提高炉龄。此法的缺点是炉内总有余料，而且这些余料在炉内停留时间过长，易产生粗大晶粒而影响铸锭质量。半分批次熔炼法适用于中间合金以及产品质量要求较低、裂纹倾向较小的纯铝生产。

（3）半连续冶炼法

半连续冶炼法与半分批次熔炼法相仿，每次出炉量为三分之一到四分之一，即可加入下一熔次炉料。与半分批次熔炼法所不同的是，留于炉内的液体料为大部分，每次出炉量不多，新加入的料可以全部投入熔体之中，每次出炉和加料互相连续。此法适用于双膛熔炼碎屑。由于加入炉料进入液体中，不仅可以减少烧损，而且还使得熔化速度加快。

（4）连续熔炼法

连续熔炼法加料连续进行，间歇出炉。连续熔炼法灵活性小、仅适用于纯铝的熔炼。对于铝合金熔炼，熔体在炉内停留时间要尽量缩短。因为延长熔体停留时间，尤其在较高的熔炼温度下，大量的非自发晶核复活，引起铸件晶粒粗大，而且增加金属吸气，使熔体非金属夹杂和含气量增加，再加上液体料中大量地加入固体料，严重污染金属，为铝合金熔炼所不可取。

因此，分批熔炼法是最适合铝合金生产的熔炼方法。

2.2.5 熔炼的工艺流程

铝合金的一般熔炼工艺过程如下：熔炼炉的准备→装炉熔化→扒渣与搅拌→调整成分→出炉→清炉。

熔炼工艺的基本要求是：尽量缩短熔炼时间，准确地控制化学成分，尽可能减少熔炼烧损，采用最好的精练方法以及正确地控制熔炼湿度，以获得化学成分符合要求且纯洁度高的熔体。熔炼过程的正确与否关系到铸锭的质量及以后加工材的质量。铝及铝合金的熔炼工艺流程见表 2-7。

表 2-7　铝及铝合金的熔炼工艺流程

序号	工序	简介
1	配料	根据合金成分,计算各种原材料需要的数量,如新铝、废料、中间合金及纯金属等
2	备料	根据配料结果,准备相应的原材料
3	装炉	将准备好的原材料装入熔化炉内,根据炉子大小,可一次性或分批加入
4	熔化	冷料装炉完成后升温熔化,若熔化炉配置磁力搅拌,可开启搅拌加快冷料熔化
5	扒渣	冷料全部熔化后,通过机械扒渣装置或人工扒渣扒净熔体表面的浮渣
6	取样分析	对熔体进行取样分析,如果全部采用新铝(铝锭、电解铝)可以不分析
7	调整成分	根据取样分析结果及合金成分控制要求,对成分进行调整
8	取样分析	对熔体进行取样分析,确认成分在控制范围内,如果超标,进行补料或冲淡
9	炉内精炼	成分合格且温度达到精炼温度时,进行炉内精炼,一般采用喷粉精炼
10	扒渣	精炼完成后,扒净熔体表面浮渣
11	转炉	成分和温度均符合工艺要求后,将熔体转入保温炉(保持炉、静置炉)
12	炉内精炼	温度达到精炼温度时,进行炉内精炼,一般采用喷粉精炼
13	扒渣	精炼完成后,扒净熔体表面浮渣
14	炉内除气	若配置炉底除气系统,则进行炉内除气
15	熔体静置	便于熔体内部夹杂的成分上浮或沉淀,同时调整熔体温度在铸造要求范围内
16	扒渣	将熔体表面的浮渣扒干净,避免卷入熔体
17	在线晶粒细化	熔体自炉子流出后,在流槽内加入晶粒细化剂,如铝钛棚、铝钛碳等
18	在线除气	熔体通过在线除气装置的过程中,该装置将熔体中的氢和部分杂质除去
19	在线过滤	熔体通过在线过滤装置的过程中,该装置将熔体中的夹杂除去

2.3　铝及铝合金的铸造工艺

挤压型材是铝合金的主要应用形式之一。熔炼出成分符合要求的金属液并浇注出成分与组织均匀、夹杂少的铸锭是挤压型材质量控制的首要环节。

液态原铝的特点之一是高温。虽然在熔炼的过程中已经进行降温和晶粒细化处理，但还不能完全保证达到铸锭或铸件质量的要求。为此，还要在铸造过程中根据不同产品和不同的铸造方法采取相应的工艺制度，以确保产品质量。

铸造就是铸锭或者铸件成形的过程，是将符合铸造要求的液态金属通过一系列转注工具浇入到一定形状的铸模中，冷却后得到一定形状和尺寸铸锭的过程。要求所铸出的铸锭化学成分和组织均匀、冶金质量好、表面和几何尺寸符合技术标准。图 2-4 为铝合金的铸造方法分类。

铸锭质量的好坏不仅取决于液态金属的质量，还与铸造方法和工艺有关。目前，国内外铝合金铸锭的生产正朝着大规模、多品种、增大重量及尺寸规格的方向发展，部分先进的生产工厂和装备制造商（如美国 Wagstaff 公司等）陆续展示了一些合金系列的超大规格铸锭（圆锭直径 $\phi1320\text{mm}$、扁锭截面 $1000\text{mm}\times2670\text{mm}$、空心圆锭外径 $\phi820\text{mm}$），生产如此规格的铸锭，与选用的铸造工艺方法和采用的装备密切相关。目前，生产铝合金铸锭的铸造技术主要有不连续铸造（锭模铸造）、连续铸造和半连续铸造等方法。

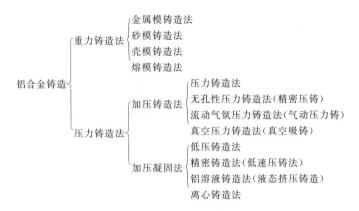

图2-4　铝合金铸造方法分类

2.3.1　铝合金铸锭铸造技术

（1）锭模铸造

锭模铸造按其冷却方式可分为铁模和水冷模。铁模是靠模壁和空气传导热量而使熔体凝固；水冷模则是中空的，靠循环水冷却，通过调节进水管的水压控制冷却速度。锭模铸造按浇注方式可分为干模、垂直模和倾斜模三种。锭模的形状有对开模和整体模。目前国内应用较多的是垂直对开水冷模和倾斜模两种，其结构如图2-5和图2-6所示。

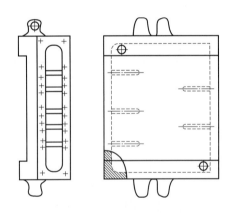

图2-5　垂直对开水冷模

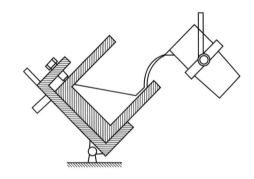

图2-6　倾斜模

锭模铸造是一种比较原始的铸造方法，铸锭晶粒粗大，结晶方向不一致，中心疏松程度严重，不利于随后的加工变形，只适用于产品性能要求低的小规模制品的生产，但锭模铸造操作简单、投资少、成本低，因此在一些小加工厂仍广泛应用。

（2）连续铸造和半连续铸造

连续铸造是以一定的速度将金属液浇入到结晶器内并连续不断地以一定的速度将铸锭拉出来的铸造方法。如只浇注一段时间，把一定长度铸锭拉出来再进行第二次浇注，叫半连续铸造。与锭模铸造相比，连续（半连续）铸造的铸锭质量好、晶内结构细小、组织致密，气孔、疏松、氧化膜废品少，铸锭的成品率高。缺点是硬合金大断面的铸锭裂纹倾向大，存在晶内偏析和组织不均匀等现象。

连续铸造技术与半连续铸造技术相比，铸锭规格受限制，产品单一，灵活性也不高，对于需要生产低成本、高质量、规格范围广的铸锭产品，选用周期式的半连续铸造技术，能够更好地满足市场和灵活生产的需要。

半连续铸造是生产变形铝合金铸锭的主要方法。

2.3.2　铸造装置

（1）供流槽

静置炉向净化装置或分流盘供应铝液的通道。要求保温性能好，内衬不与铝起反应，不沾铝，流程尽可能短。

（2）流盘

向结晶器供应铝液的通道。要求保温性能好，内衬不与铝起反应，不沾铝，流程尽可能短。

（3）控流装置

控制铝液流量和流速的液流转注装置。

（4）成形工具

包括结晶器，是成形和决定铸锭质量的关键部件。要求结构简单、安装方便，有一定强度、刚度，耐热冲击，具有高的导热性和良好的耐磨性。

（5）水冷系统

对铸锭进行冷却。

（6）润滑装置

减少铸锭与结晶器间的阻力，改善铸锭表面质量，延长结晶器的使用寿命。润滑剂有油类、石墨粉等。石墨润滑主要是自润滑。油类润滑有人工润滑与自动润滑两种。

（7）底座

铸造开始时起成形和牵引作用，铸造过程中起支承作用。

2.3.3　铸造的工艺流程及操作

铸造准备→在线细化→在线除气→在线过滤→铸造→收尾→吊锭标识

第 3 章

铝及铝合金固态成形

铝及铝合金通过熔炼和铸造生产出的铸锭内部结晶组织粗大而且很不均匀。铸锭本身的强度较低、塑性较差，在很多情况下不能满足使用要求。因此，在大多数情况下，铸锭都要进行塑性加工变形，以改变其断面的形状和尺寸，改善其组织与性能。

铝及铝合金材料固态成形方法包括塑性成形法和深加工法。塑性成形法就是利用铝及铝合金的良好塑性，在一定的温度、速度条件下，施加各种形式的外力，克服金属对于变形的抵抗，使其产生塑性变形，从而得到具有各种形状、规格尺寸和组织性能的产品。铝及铝合金的主要塑性成形法有轧制法、挤压法、拉拔法、锻压法、冲压法等，其加工方式见第 1 章图 1-3。

深加工法就是将铸造法或塑性成形法所获得的半成品进一步通过表面处理或表面改性处理、机械加工或电加工、焊接或其他接合方法、剪断、冲切、拉伸、弯曲或其他冷加工方法、复合或腐蚀等方法加工成成品零件或部件的方法。本章重点介绍铝合金固态成形工艺及铝合金的焊接。

3.1 塑性变形理论与方法

按工件在加工时的温度特征和工件在变形过程中的应力-应变状态对铝合金塑性成形进行分类。按工件在加工过程中的温度特征，铝及铝合金加工方法可分为热加工、冷加工和温加工三种；按工件在变形过程中的受力与变形方式（应力-应变状态），铝及铝合金加工可分为轧制、挤压、拉拔、锻造、旋压、成形加工及深度加工等几种。

3.1.1 金属塑性变形理论

常温下，金属的塑性变形主要是通过晶体滑移进行，即通过金属内部的位错运动实现。图 3-1 是位错运动实现金属塑性变形的基本过程。在金属晶体中，位错中心上面的原子列在切应力作用下向右做微量位移，同时下面的原子列向左做微量位移。保持切应力不变，位错将持续运动，从晶体的一侧移动到晶体另一侧，使晶粒产生一个原子间距的塑性伸长量，晶粒的大小、位向、晶界等因素都会影响其塑性变形量的大小。

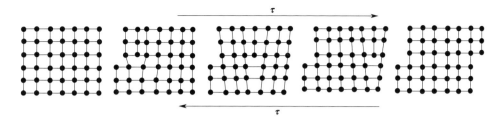

图 3-1　位错运动产生晶体滑移示意图

3.1.2　冷塑性变形

冷塑性变形是指在不产生回复和再结晶的温度以下所完成的塑性成形过程。冷塑性变形的实质是冷加工和中间退火的组合工艺过程。冷加工的相对温度低，材料的氧化程度低，因此可得到表面光洁、尺寸精确、组织性能良好且能满足不同性能要求的最终产品。最常见的冷加工方法有冷挤压、冷锻压、管材冷轧、冷拉拔、板带箔冷轧、冷冲压、冷弯、旋压等。

金属材料经过塑性变形后，不仅宏观上会发生形状、尺寸的变化，还会导致其内部组织发生一定程度的变化，最终使材料的性能发生改变。变形方式不同，这一影响也不同：

（1）形成纤维组织

金属材料冷变形后，内部晶粒的形状和尺寸会发生一定的变化，形状的变化趋势大致与金属的宏观变形一致，当宏观变形量达到一定程度后，晶粒会被打碎，晶粒尺寸变小。较大的变形会导致变形方向上晶粒及金属中夹杂物被拉长，晶粒呈现为一片纤维状条纹，称为纤维组织。此时金属的性能呈现各向异性，顺纤维方向比横纤维方向的力学性能高很多。

（2）产生加工硬化

金属材料的强度和硬度随着冷塑性变形程度的增加而提高，但其塑性和韧性不断下降的现象称为加工硬化。随着塑性变形的进行，金属内部的晶粒不断变形、破碎，并形成亚晶。亚晶界的存在阻止位错的运动，使金属表现出强度、硬度增高。

3.1.3　热塑性变形

热塑性变形是指铝及铝合金锭坯在再结晶温度以上所完成的塑性成形过程。热加工时锭坯的塑性较高，而变形抗力较低，可以用吨位较小的设备生产变形量较大的产品。为了保证产品的组织性能，应严格控制工件的加热温度、变形温度、变形速度、变形程度、变形终了温度和变形后的冷却速度。常见的铝合金热加工方法有热挤压、热轧制、热锻压、热顶锻、液体模锻、半固态成形、连续铸轧、连铸连轧、连铸连挤等。

金属发生塑性变形后，吸收了部分变形功，内能增高，结构缺陷增多，处于不稳定的状态，当条件满足时，就有自发恢复到原始低内能状态的趋势。室温下，原子的扩散能力低，这种亚稳状态可以保持，一旦温度升高，原子扩散能力增强，当温度升高到一定程度，原子获得足够扩散能力时，就将发生组织、结构以及性能的变化。随着温度升高，冷变形金属内部依次发生回复、再结晶与晶粒长大过程，如图 3-2 所示。

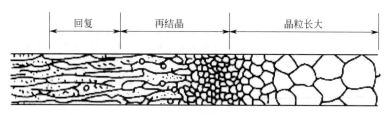

图 3-2 回复、再结晶与晶粒长大示意图

（1）回复

冷塑性变形金属内部原子在较低的加热温度下活动能力较小，不发生明显的显微组织变化。此时虽然强度、硬度略有下降，但是塑性、韧性有所回升，存在较明显的内应力降低现象，即回复阶段。在实际生产中若希望保持冷塑性变形金属因加工硬化而提高的强度、硬度，同时使残余内应力下降或消除，则可以利用回复阶段的低温加热处理来实现，这种方法也称为去应力退火。

（2）再结晶

当加热温度高于回复阶段的温度时，金属内部的原子扩散能力随着温度的升高而增强，破碎的、被拉长和压扁的晶粒将向均匀细小的等轴晶粒转化，使金属内部的组织结构出现显著变化。此时伴随着强度、硬度的明显下降，金属的塑性、韧性显著提高。各项性能与冷塑性变形前的基本一致，由于这个过程是通过晶粒的形核和长大完成的，类似于结晶过程，因此称为再结晶。晶粒的晶格类型和化学成分在再结晶前后不发生变化，只有晶粒的形状发生改变，因此再结晶过程不属于相变。在冷塑性变形过程中（如冷冲压）利用再结晶过程消除加工硬化现象，以使其能够继续变形，这种处理称为再结晶退火或中间退火。

（3）晶粒长大

再结晶完成后，金属内部组织处于较低的能量状态。如果温度等条件允许，细小晶粒合并成较大的晶粒会使总的界面面积减小，界面能降低，从能量角度来看，晶粒长大后的组织越发稳定。因此，再结晶完成后，或延长加热时间，晶粒必然会继续长大。

（4）热塑性变形特点

热塑性变形过程中金属同样会产生加工硬化现象，但是由于变形温度高于再结晶温度，因此其变形过程中产生的加工硬化被再结晶软化抵消，金属塑性仍较高，变形抗力较低。热塑性变形工艺包括自由锻、热模锻、热轧等，虽然毛坯件成形较容易，但其表面因高温作用而形成的氧化皮会降低尺寸精度和表面质量，因此热塑性变形常常用于形状复杂、厚大毛坯件的制造。

3.1.4　温塑性变形

温塑性变形是指介于冷、热加工之间的塑性成形过程。温加工大多是为了降低温度，方法有温挤、温轧、温顶锻等。发生温塑性变形后，金属内部的晶粒形状发生变化，并与最大变形趋势一致。由于位错的运动，也会发生位错的缠结，晶粒内部形成亚结构。变形量较大时，会产生纤维组织与变形织构，使金属产生各向异性。在同一变形温度下，随着变形量的增加，金属内部晶粒细化现象越发明显，当变形量一旦超过某一临界点，温变形金属内部则开始发生再结晶。变形后，金属内部晶粒呈等轴状态，加工硬化现象消失。生产中可通过增加变形程度、降低变形温度来获得细小的温塑性变形晶粒。

3.2 挤压成形

随着科学技术的不断进步和国民经济的飞速发展，使用厂家对铝合金型材的尺寸精度、外观造型及表面粗糙度等质量指标提出新的要求。挤压是最重要的压力加工方法之一，在产量和用途上，铝挤压材（管、棒、型、线材）一直是仅次于铝轧制材（板、带、条、箔材）的铝合金材料。在结构、装饰和功能方面，铝合金挤压材，特别是铝合金型材是一种"永不衰败"的材料。各种合金、品种、规格和高精度、复杂的实心和空心铝合金型材以及管材、棒材、线材在建筑工程、航空航天、交通运输、现代汽车、电子电器、石化能源、机械制造等部门已广泛应用。特别是在急需轻量化的现代交通及其他领域方面，铝合金大中型工业型材，在近年来获得了高速发展。

挤压成形是对放在模具型腔或挤压筒内的金属锭坯从一端施加外力，强迫其从特定的模孔中流出，获得所需要的断面形状和尺寸的制品的一种塑性成形方法。挤压成形基本原理示意图如图 3-3 所示。

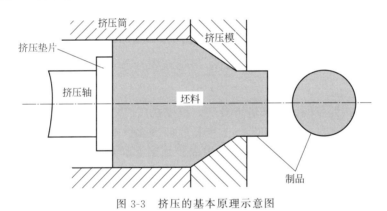

图 3-3 挤压的基本原理示意图

3.2.1 挤压成形特点

（1）挤压成形优点

① 具有最强烈的三向压应力状态：在挤压过程中被挤压金属在变形区能获得比轧制、锻造更为强烈和均匀的三向压应力状态，可以充分发挥被加工金属本身的塑性。因此用挤压法可以加工那些用轧制法或锻造法加工有困难、甚至无法加工的低塑性、难变形的金属或合金。对于某些必须用轧制或锻造法进行加工的材料，如 5A06、7A04 等合金的锻件，也常用挤压法先对铸锭进行开坯，以改善其组织，提高其塑性。目前，挤压仍然是用铸锭直接生产产品的最优越的方法。

② 生产范围广，产品规格、品种多：挤压法不但可以生产截面形状简单的管、棒、型、线产品，而且可以生产截面变化、形状极其复杂的型材和管材，如阶段变化截面型材、渐变截面型材、带异形加强肋的整体壁板型材、形状极其复杂的空心型材和变截面管材、多孔管材等。这类产品用轧制法或其他压力加工方法是很难加工的，甚至是不可能加工的。异形整体型材可以简化冷成形、铆焊、切削、镗铣等复杂的工艺过程，这对于减少

设备投资、节能、提高金属利用率、降低产品的总成本具有重大的社会经济效益。

③ 生产灵活性大，适合小批量生产：只要更换模具等挤压工具即可在一台设备上生产形状、规格和品种不同的制品，更换挤压工具的操作简单快捷，费时少，工效高。这种加工方法对订货批量小、品种规格多的轻合金材料加工生产厂最为经济适用。

④ 产品尺寸精度高，表面质量好：随着工艺水平的提高和模具质量的改进，现在已经能生产壁厚为 $0.6mm\pm0.1mm$，表面粗糙度达到 $Ra1.6\sim0.8\mu m$ 的超薄、超高精度、高质量表面的型材。这不仅大大减少总工作量和简化后步工序，同时也提高被挤压金属材料的综合利用率和成品率。

⑤ 设备投资少，工艺流程简单：工艺流程简短，生产操作方便，一次挤压即可获得比热锻模或成形轧制等方法的产品面积更大的整体结构部件，设备结构紧凑、占地少、基础设施费用少，操作简单，维修易行。相对于穿孔轧制、孔型轧制等管材与型材生产工艺，挤压成形具有工艺流程短、设备数量与投资少等优点。

⑥ 易实现自动化生产：对操作人员需求少且其劳动强度不大，目前在先进的挤压设备上已经实现人机对话和计算机程序控制。

（2）挤压成形缺点

① 挤压废料损失大：在挤压过程中产生的废料占了整个坯料的 $12\%\sim15\%$。

② 挤压速度低，辅助时间长：具有比轧制工艺低的生产效率。

③ 工具损耗大，成本高：由于坯料与挤压筒内孔壁间的摩擦力大，工具磨损较大。

3.2.2 挤压类型

挤压的方法可按照不同的特征进行分类，根据挤压筒内金属的应力应变状态、挤压方向、润滑状态、挤压温度、挤压速度、工模具的种类或结构、坯料的形状或数目、产品的形状或数目等的不同，挤压的分类方法也不同，如图 3-4 所示，分类方法并非一成不变，许多分类方法可以作为另一种分类方法的细分。例如，当按照挤压方向来分时，一般认为有正向挤压（正挤压）、反向挤压（反挤压）、侧向挤压等三种，而正向挤压、反向挤压又可按照变形特征进一步分为平面变形挤压、轴对称变形挤压、一般三维变形挤压等。这些分类方法中最常见的有六种方法，正向挤压、反向挤压、侧向挤压、连续挤压、玻璃润滑挤压和静液挤压。最基本的方法为正向挤压和反向挤压。

图 3-5 所示为工业上广泛应用的几种主要挤压方法，即正挤压法、反挤压法、侧向挤压法、玻璃润滑挤压法、静液挤压法、连续挤压法的示意图。这几种方法的主要特征如下。

（1）正向挤压

是金属的流动方向与挤压杆（挤压轴）的运动方向相同的挤压生产方法。将坯料放在挤压筒内，挤压杆的压力作用使金属通过模孔流出，获得与模孔尺寸形状相同的挤压制品。

正向挤压技术具有工艺操作简单、生产灵活性大、产品表面质量好等优点，广泛用于加工铝及铝合金材料。正向挤压可以在任何加压设备上使用，可生产各种挤压制品。

正向挤压技术有很多不足之处：①变形金属与挤压筒壁之间有相对运动，二者之间有很大的滑动摩擦，这种摩擦在大多数情况下是有害的，会使金属流速的均匀性下降，使得挤压制品的不同部位、同一个部位的不同厚度处的组织性能差异性增大，降低制品的品质；②增加挤压能耗，挤压筒内表面上的摩擦能耗在一般情况下为挤压总能耗的 $30\%\sim40\%$，甚至更高；③摩擦发热降低了铝及铝合金等低熔点合金的挤压速度，加速工模具的磨损。

图 3-4　挤压方法的分类

（2）反向挤压

金属的流动方向与挤压杆（或模轴）的相对运动方向相反的挤压生产方法。铝及铝合金（尤其是高强度铝合金）的管材和型棒材热挤压成形、各种铝合金材料零部件的冷挤压成形常常使用反向挤压成形方法。

反向挤压主要特点是：①变形金属与挤压筒壁之间无相对运动，二者之间无外摩擦；②挤压力小，金属变形流动均匀，挤压速度快；③制品表面较正挤压差，外接圆尺寸较小；④设备造价较高；⑤辅助时间较长。反向挤压在与正向挤压的相同设备上进行挤压能获得更大的变形，或对挤压变形的抗力更高。

反向挤压的技术缺陷：工艺和操作较为复杂；比正向挤压有更长的间隙时间；较差的制品表面；需要专用的挤压设备和工具。但是近年来，铝合金的反向挤压技术在专用反向挤压机和工模具技术的快速发展下得到了广泛应用。

（3）侧向挤压

金属挤压时产品流出方向与挤压轴运动方向垂直的挤压，称为侧向挤压，如图 3-5（c）

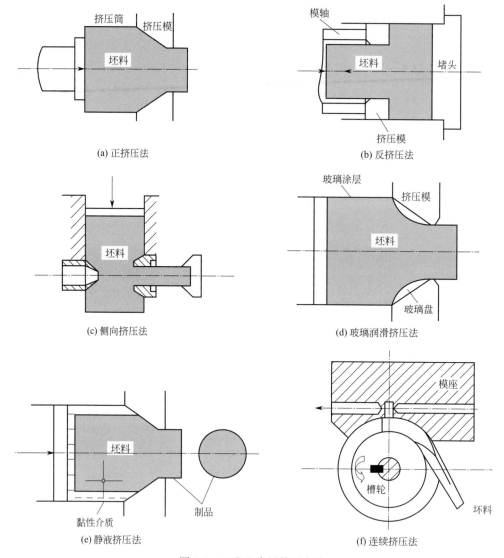

(a) 正挤压法　　　　　　　　　　　(b) 反挤压法

(c) 侧向挤压法　　　　　　　　　　(d) 玻璃润滑挤压法

(e) 静液挤压法　　　　　　　　　　(f) 连续挤压法

图 3-5　工业上常用挤压方法

所示。由于其设备结构和金属流动特点，侧向挤压主要用于电缆电线行业各种复合导线的成形，以及一些特殊的包覆材料成形。但近年来，有关通过高能高速变形来细化晶粒、提高材料力学性能的研究受到重视，因而利用可以附加强烈剪切变形的侧向挤压法制备高性能新材料成为研究热点之一，如侧向摩擦挤压、等通道侧向挤压等。

（4）玻璃润滑挤压

玻璃润滑挤压主要用于钢铁材料以及钛合金、钼金属等高熔点材料的管棒材和简单型材的成形，如图 3-5(d) 所示。其主要特征是变形材料与工具之间隔有一层处于高强性状态的熔融玻璃，以减轻坯料与工具间的摩擦，并起到隔热作用。根据所用玻璃润滑剂的种类不同，其使用温度范围一般为 600～1200℃。由于施加润滑剂、挤压后脱润滑剂等操作的缘故，玻璃润滑挤压工艺通常较为繁杂，对生产率的影响较大。

（5）静液挤压

与正挤压、反挤压等方法不同，静液挤压时金属坯料不直接与挤压筒内表面产生接触，二者之间介以高压介质，施加于挤压轴上的挤压力通过高压介质传递到坯料上而实现挤压，如图 3-5(e) 所示。因此，静液挤压时坯料与挤压筒内表面之间几乎没有摩擦存在，接近理想润滑状态，静液挤压流动均匀。同时，由于坯料周围存在较高的静水压力，有利于提高坯料的变形能力。由于这些特点，静液挤压主要用于各种包覆材料成形、低温超导材料成形、难加工材料成形、精密型材成形等方面。但是，由于使用了高压介质，需要进行坯料预加工、介质充填与排放等操作，降低了挤压生产成材率，增加了挤压循环周期时间，静液挤压的应用受到了很大限制。

（6）连续挤压

上述挤压方法均是不连续生产技术，需要在坯料前后挤压的间隙辅助进行分离压余和填充坯料等操作，降低挤压生产效率，无法用于长尺寸制品的连续生产。

连续挤压（Conform）是挤压成形技术中一项较新的技术。以连续挤压技术为基础发展起来的连续挤压复合、连续铸挤技术为有色金属管、棒、型、线及其复合材料的生产提供了新的技术手段和发展空间。20 世纪 70 年代人们开始致力于挤压生产的连续性研究。1971 年，英国原子能局的 D. Green 发明了 Conform 连续挤压方法。图 3-5(f) 是 Conform 连续挤压法示意图。

Conform 挤压法是依靠变形金属与工具之间的摩擦力实现的挤压成形。此方法以颗粒料或杆料为坯料，巧妙地利用了变形金属与工具之间的摩擦力。旋转的挤压轮上的矩形断面槽和固定模座所组成的环形通道起到普通挤压法中挤压筒的作用，当挤压轮旋转时，借助于槽壁上的摩擦力不断地将杆状坯料送入而实现连续挤压。连续挤压时坯料与工具表面的摩擦发热较为显著，因此，对于低熔点金属，如铝及铝合金，不需进行外部加热即可使变形区的温度上升 400～500℃而实现热挤压。

在常规的正挤压中，变形是通过挤压轴将所需的挤压力直接施加于坯料上来实现的，由于挤压筒的长度有限，要实现无间断的连续挤压是不可能的。一般来讲，要实现连续挤压需满足以下两个条件：不需借助挤压轴的直接作用，即可对坯料施加足够的力实现挤压变形；挤压筒应具有无限的连续工作长度，以便实现无限长度的坯料供给。

Conform 连续挤压适合于铝包钢电线等包覆材料、小断面尺寸的铝及铝合金线材、管材、型材的成形。采用扩展模挤压技术，也可用于较大断面型材的生产，如各种铜排、铜带的生产等。

3.2.3 挤压设备

挤压设备主要是指挤压机及其配套装置，是反映技术水平的重要指标。粗略统计，世界各国已装备有不同类型、结构、用途、吨位的挤压机达 7000 台以上，其中美国 600 多台、日本 400 多台，德国 200 多台，俄罗斯 400 多台，中国 3800 余台，大部分为 15～25MN 之间的中小型挤压机。随着大型运输机、轰炸机、导弹、舰艇等军事工业和地下铁道、高速列车等现代化交通运输业的发展，需要大量的整体壁板等结构部件，故挤压机向着大型化的方向发展。早在 20 世纪 50 年代，美国空军用政府资金建造了一系列的重型挤压和锻压机，美空军的“重型压机计划”原拟定制造 17 台大型压机，后削减到 9 台，其中 350MN 立式锻压-挤压机一台，120MN 和 80MN 铝合金卧式挤压机各两台。经过几十年的发展，目前全世界已正式投产使用的 80MN 级以上的大型挤压机约 30 台，拥有的国家是美国、俄罗斯、中国、日本和西欧部分国家。最大的是苏联古比雪夫铝加工厂的200MN 挤压机，美国于 2004 年将一台 125MN 水压挤压机改造为当时世界最大的 150MN 双动油压挤压机，日本 20 世纪 60 年代末期已建造了一台 95MN 自给油压机，德国 VAW 波恩工厂 1999 年投产了一台 100MN 的双动油压挤压机，意大利于 2000 年建成投产了一台 130MN 的铜、铝油压挤压机。据报道，国外几个工业发达的国家都在研制压力更大、形式更为新颖的挤压机，如 270MN 卧式挤压机以及 400～500MN 级挤压大直径管材的立式模锻-挤压联合水压机等。截至 2016 年 4 月，中国生产出一大吨位挤压机，即 6.8 万吨挤压和模锻双功能重型压机，生产出的钢管长达 12.8m，直径 630mm，壁厚 110mm。设备的生产潜力则为：长度 18m、外径 1.5m。这台超级设备也为其他领域的技术进步创造了条件，它可挤压生产高合金、难变形、大口径厚壁新型管材，也可锻造出航空、航天工业等领域大型和特大型钛合金、高温合金、超高强度金属等难变形锻件。我国 75MN 及以上大挤压机主要分布情况如表 3-1 所示。

表 3-1　我国 75MN 及以上大挤压机主要分布情况

序号	企业名称	地址	挤压机	数量/台
1	南山集团	山东省龙口市	150MN	1
			90MN	1
			82MN	2
2	青海国鑫铝业有限公司	青海省西宁市	110MN	1
3	山东裕航特种合金装备有限公司	山东省邹平市	125MN	1
			90MN	1
			75MN	1
4	山东克矿轻合金有限公司	山东省邹城市	150MN	1
			100MN	1
			82MN	1
5	吉林麦达斯铝业有限公司（含洛阳分公司）	吉林省辽源市 河南省洛阳市	110MN	1
			95MN	1
			75MN	2
6	西南铝业集团有限公司	重庆市	125MN	1
7	湖南晟通科技集团有限公司	湖南省长沙市	80MN	1
			75MN	1
8	吉林利源铝业有限公司	吉林省辽源市	100MN	1
			160MN	1
9	中铝萨帕特种铝型材有限公司	重庆市	100MN	1
10	丛林集团	山东省龙口市	100MN	1
			90MN	1
			80MN	1
11	广东坚美铝型材厂(集团)有限公司	广东省佛山市	90MN	1

在挤压机本体方面，近年来国外发展了钢板组合框架和预应力"T"形头板柱结构机架及预应力混凝土机架，大量采用扁挤压筒、固定挤压垫片、活动模架和内置式独立穿孔系统。在传动形式方面发展了自给油机传动系统，甚至 100～150MN 挤压机上也采用了油泵直接传动装置，液压系统达到了相当高的水平。

现代挤压机及其辅助系统的工作都采用了 PLC（可编程逻辑控制器）系统和 CADEX 等控制系统，即实现了速度自动控制和等温-等速挤压、工模具自动快速装卸乃至全机自动控制。挤压机的机前设备（如长坯料自控加热炉、坯料热切装置和锭坯运送装置等）和机后设备（如铝合金挤压成形设备牵引机、精密水雾气在线淬火装置、前梁锯、活动工作台、冷床和横向运输装置、拉伸矫直机、成品锯、人工时效炉等）已经实现了自动化和连续化生产。挤压设备正在向组装化、成套化和标准化方向发展。

3.2.4　铝合金挤压工艺流程

铝合金挤压工艺最主要的特点之一是具有模锻的特性（有成形模）。首先在挤压前将铝棒加热软化，并置于挤压机的盛料筒中，然后在挤压杆的作用下将加热变软的铝合金从模具孔中挤出成形，获得所需要的产品形状，其工艺流程见图 3-6。

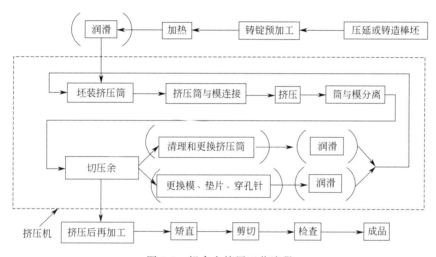

图 3-6　铝合金挤压工艺流程

括号中为非必要项，可根据生产需要选择

① 铝锭铸成铝棒：通过铸棒炉将铝锭铸造成各种规格的铝棒。铝棒是铝锭经过熔铸而成，称之为工业铝型材原材料，而原材料将直接影响工业铝型材产品性能。

② 锯棒：根据不同的型材断面锯切相应长度的铝棒，以提高挤压型材的成品率。

③ 铝棒及工具加热：对铝棒及挤压工具进行预热，使固态的铝棒变软。根据不同合金成分决定铝合金棒的加热时间、温度。控温加热铝棒，温度过高或者过低都会直接影响最后成品的硬度，所以在加热和冷却过程中都必须严格控制温度。典型的预热温度为 375～500℃，盛锭筒的温度保持在 380～430℃之间。

④ 挤压：根据客户所需断面形状加工出模具，在挤压机上进行挤压成形。通过挤压杆对铝棒施加压力，挤压杆的压力决定了挤压机能生产的制品的大小。目前 6063-T5 工业铝型材所使用的挤压机标准在 1300～1600t，就可以满足 6063-T5 系列工业铝型材正常生产。

⑤ 淬火：在盛锭筒内，约有 10% 的铝棒剩余，这些剩余的铝棒可以回收利用。将挤压产品从模具处切下来进行淬火，冷却方式有强制风冷、雾冷和直接水冷三种。

⑥ 矫直：通过拉直机将挤出的型材拉直校正。铝型材挤压成形之后会有一定的偏差，成形之后要利用拉直机进行拉直校正。

⑦ 时效处理：挤压机挤出的型材状态接近半固态，在冷却介质中冷却成固态。铝镁系或铝锰系等非热处理强化合金依靠自然时效和冷加工提高强度，铝铜系、铝锌系和铝镁硅系等热处理强化型合金依靠能影响合金组织结构的热处理方式提高强度和硬度。

⑧ 表面处理或深加工车间或捆包运输给客户：铝型材的包装方法有很多，包装好的型材应避免出现表面损坏、扭曲和其他伤害。

3.2.5 铝合金挤压型材应用

铝及铝合金挤压产品（型材、管材、棒线材）被广泛应用于建筑、交通运输、电子、航空航天等领域。近年来，由于对汽车空调设备小型化、轻量化的要求越来越高，热交换器用管材及空心型材中铝挤压产品的比例迅速增加。据资料介绍，挤压加工产品中铝及铝合金产品占 70% 以上，其余为铜系挤压产品。以 6063 为代表的 6000 系铝合金由于具有优秀的可挤压性、良好的耐蚀性和表面处理性，其挤压产品被广泛应用于建筑、交通、装饰和家用电器等领域。表 3-2 为各种铝合金挤压产品的性能与用途。

表 3-2 铝合金挤压产品的材料性能及主要用途

合金	产品形状			材料特性	主要用途
	棒/线	管	型		
1050 1070	√	√		高纯铝，导电导热性、耐蚀性优良，富有光泽	导电材料，热交换器，化工管道，装饰材料
1100 1200	√	√	√	一般纯铝，耐蚀性、加工性优良	热交换器，化工装置，厨房用品，建筑材料
2011	√			强度高，切削性好，但耐蚀性较差	切削加工用材料
2014 2017 2117 2024	√ √ √ √	√ √ √	√ √ √	高强度硬铝合金，热加工性良好，但耐蚀性较差	一般结构材料，飞机材料，锻造材料，汽车、摩托车用结构材料，体育用品材料(2024)
3003 3203	√	√ √	√ √	强度略高于纯铝，耐热性、耐蚀性良好	热交换器，复印机感光辊筒，建筑材料
5052	√	√	√	中等强度，耐蚀性、焊接性良好	化工装置管道，机械零部件
5154 5454		√ √		中等强度，耐蚀性、焊接性、加工性良好	化工装置管道，机械零部件，车轮(5454)等
5056	√	√		耐蚀性、切削性、表面处理性良好，中上强度	机械零部件，照相机镜筒
5083	√	√	√	5×××中强度最高，耐蚀性与焊接性良好，但加工困难	化工、铁道、船舶等焊接构件
6061	√	√	√	中等强度构件材料，耐蚀性优，加工性良，可焊接	车辆、船舶用构件，建筑材料，体育用品材料
6063		√	√	耐蚀性、表面处理性良好，可挤压性优，占挤压产品大半	建筑、结构、装饰材料等，用途十分广泛
7073	√	√	√	焊接构件用中等强度合金，适合于薄壁材挤压	铁道车辆、汽车、摩托车部件，陆地结构材料
7075	√	√	√	超硬铝，强度最高，但耐蚀性、焊接性较差	飞机、机械等高强度零部件，体育用品材料

3.2.6 铝合金挤压技术发展

铝合金挤压型材是一种应用广泛的材料，正在向大型化、扁宽化、薄壁化、高精化、复杂化、多品种、多用途、多功能、高效率、高质量方向发展。目前世界最大的挤压机为 350MN 的立式反向挤压机，可以生产 ϕ1500mm 以上的管材，俄罗斯的 200MN 立式挤压机可以生产 2500mm 宽的整体壁板。80MN 以上的挤压机，主要生产大型、薄壁、扁宽的空心与实心型材、精密大直径薄壁管材。扁挤压、组合模挤压、宽展模挤压、高速挤压、高效反向挤压等新工艺不断涌现，工模具结构不断创新，设备、工艺技术、生产管理的全线自动化程度不断提高，高速轧管、双线拉拔技术得到进一步发展，多坯料挤压、半固态挤压、连续挤压、连铸挤压等新技术会进一步完善。

3.3　轧制成形

铝轧制材按形状和厚度主要分为铝板、铝带、铝箔三种产品（统称"铝板带箔"）。铝板带箔是一种节能型的新材料，具有重量轻、强度高等特点，有利于减少交通工具的重量，减少尾气排放。同时，为满足节能减排的要求，新能源产业迎来了快速发展，为铝轧制材市场注入了新的活力，推动了电池用铝箔、钎焊用铝板带箔等细分领域的快速发展。与西方成熟经济体的铝轧制材消费结构相比，中国铝轧制材在交通运输领域（汽车、轨道交通、航空、船舶）的消费占比较低，未来市场空间尤为广阔。在节能环保、提高交通工具机动性能的大趋势下，交通工具轻量化大势所趋，这将带动高端铝轧制材的强劲需求。同时因铝板带箔具有质轻、耐蚀、易加工成形、表面美观等优势，正在逐渐向下游应用领域延伸，例如交通领域"以铝代钢"，建筑行业"以铝节木"，包装领域"以铝代塑"等，都取得了积极进展。随着加工工艺的日趋成熟，铝板带箔应用领域将继续扩大。

半连续铸造铝合金，尤其是硬合金的扁锭，表面均不同程度地存在着疏松、缩孔、气孔、夹渣、偏析瘤、冷隔等缺陷，只有通过铣面才能有效地去掉或减少上述缺陷，保证铸锭轧制后的板材质量，避免板带材轧制造成裂边、裂纹、起皮、表面粗糙、表面夹渣、断带等缺陷或废品，特别是用于制造易拉罐、高压锅、电饭锅内胆等需要变薄拉伸以及阳极氧化的民用铝制品的铝合金板带材。如果生产过程中扁锭表面不进行铣削处理，则铝制品无法成形或氧化后色泽不均。

3.3.1　铝及铝合金的铸锭铣面

通过铣刀的旋转运动和相对铸锭的直线运动去除冷铸锭表面外皮的过程称为铣面。

铸锭表层都存在着急冷层（粗晶层）以及表面偏析物或氧化物，一般来说，主要通过平面铣削和侧面铣削方式去除。平面铣削厚度为每面铣 6～15mm，3104 罐体料和 1235 双零铝箔用锭的铣面量常在 12～15mm，而侧面铣削厚度一般为 5～10mm。目前，国内外的铝加工企业已广泛采用侧铣工艺。侧铣能有效防止轧制过程中铸锭边部氧化物或偏析物随铸锭的减薄或滚边而压入板坯边部。在不滚边的情况下，中间板坯每边的边部黑皮宽度约为 35～40mm；而在较大滚边量的条件下，易造成板坯边部氧化物或偏析物朝板坯中部方向转移，使板坯边部黑皮宽度更宽，致使切边量加大。对高表面质量要求的特薄板或铝箔用锭增加侧铣是十分必要的。它不仅能改善产品实物质量，还能减少切边量，因此能明显提高成材率和增加经济效益。

铸锭铣面工艺流程：

① 铸锭由上料辊道通过联轴驱动方式进入铣面工作台；

② 铣第一个面时，铸锭在工作台上完成自动夹紧对中，自动测量铸锭厚度、长度等

铸锭尺寸；

③ 通过与事先输入的 PLC 工艺数据对比，主机工作龙门架上的主铣头及三个侧铣头由电机带动自动进入有效工作状态；

④ 根据 PLC 的自动工作流程的指示，铸锭按照 PLC 内工艺数据的进给速度指令，由夹紧工作台驱动，向工作主机送入进行铣面，铣削铸锭的上平面及侧面；

⑤ 当铸锭铣面完毕后，铣头缩回，夹紧平台根据 PLC 设定的退还指令快速退至原位，夹紧装置自动松开；

⑥ 铸锭由夹紧对中辊道驱动将铸锭送入翻转装置中进行 180°翻转；

⑦ 铸锭完成翻转后进行第二次铣面，第二次铣面的所有工作过程在另一台工作主机进行，铣面过程与第一次相同；

⑧ 第二次铣面完成后，铸锭进入卸料辊道自动完成称重；

⑨ 铣面后的铸锭通过自动天车，由地下通道自动送往热轧。

上述整个工作过程均由 PLC 进行自动控制，PLC 中央数据库具有多种规格合金的铣面工艺储存。

3.3.2 铝及铝合金的轧制成形方法

轧制是生产铝及铝合金的主要工艺。轧制过程中，在摩擦力的牵引下，轧辊与轧件在轧制设备中产生了相互作用，轧件会在牵引力的影响下、在轧辊间旋转的压缩状态下产生塑性变形。轧制主要用来生产型材、板材、管材。

铝合金轧制时借助摩擦力将锭坯拉进旋转的轧辊内，利用轧辊施加的压力，将轧制横断面控制在设计标准范围之内，使其形状改变、厚度减小、长度增加，辅助轧制塑性变形。

依照轧辊旋转方向，轧制技术又可分为横向轧制（横轧）、纵向轧制（纵轧）、斜向轧制（斜轧）三种类型，其基本原理见图 3-7。

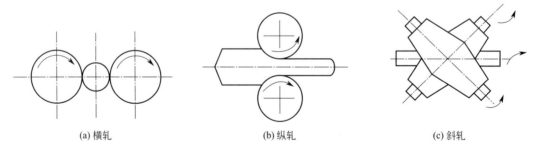

(a) 横轧　　　　　　　　　(b) 纵轧　　　　　　　　　(c) 斜轧

图 3-7　三种轧制基本原理示意图

横轧：在进行铝合金轧制加工过程中，工作轧辊转动方向相同，轧件轴线与轧辊轴线相互平行，轧件变形后运动方向与轧辊轴线方向一致。可以成形圆形断面的各种轴类等回转体。

纵轧：工作轧辊转动方向相反，轧件轴线与轧辊轴线相互垂直，过程就是金属在两个旋转方向相反的轧辊之间通过，并在其间产生塑性变形的过程。主要成形型材、线材、板材和带材等。此种轧制加工方式在铝合金板带生产制造期间的应用次数很少，应当结合铝合金构件具体生产要求，合理规划横轧加工流程。

斜轧：工作轧辊转动方向相同，轧件的纵轴线与轧辊轴线之间形成一定倾斜角度。此种轧制方式被更多应用在铝合金管材以及某些异形产品的生产制造过程中，通常也配合双辊或多辊等生产设备。

从坯料的供应方式上，铝及铝合金的轧制方法分为连续铸轧法、铸锭轧制法和连铸连轧法等三种，分类如图 3-8 所示。

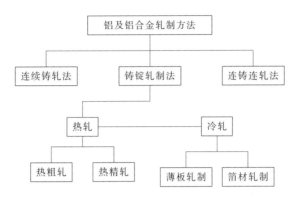

图 3-8　铝及铝合金的轧制方法分类

连续铸轧法简称铸轧，铸轧是一种连续铸造、连续轧制的过程，是将金属熔体直接轧制成半成品带坯或成品带材的工艺。两个带水冷的旋转铸轧辊作为结晶器，熔体在其辊缝间在很短的时间内（2～3s）完成凝固和热轧两个过程。该工艺的特点体现在如下几个方面：其一，整个轧制过程不需要对铝锭进行锯切、铣面及加热，从而使得工艺流程大幅度缩短；其二，与热轧相比，铸轧工艺的能耗较低，可以节能 30%～50% 左右；其三，几何损失以及工艺废品均比较少，由此使得轧制成品率获得进一步提升；其四，轧制设备的结构比较简单，占地面积小，前期投资少，适用性较强。

连铸连轧是将铝及铝合金的熔体通过连续铸造机制成具有一定厚度或截面形状的铸锭，然后直接在单机架或多机架热轧机上轧制成冷轧所使用的坯带或其他成品的过程。在此过程中铸造和轧制是两个独立的程序，但在生产过程中二者是在同一条生产线上连续进行的。

连续铸轧与连铸连轧是两种不同的轧制方法，但是存在共同点，即都是在一条生产线上实现熔炼、铸造、轧制过程，有利于生产的连续，使得常规的"熔炼—铸造—铣面—加热—热轧"的间断式生产流程缩短。连续铸轧与连铸连轧虽然省去了铸锭轧制过程中的热轧工序，实现了节能减耗，但是板坯的连铸厚度在一定程度上限制了产品的规格，并且很难对产品的组织和性能进行适时调控，产品的品种也受到限制。目前仅有 1×××系和 3×××系产品适合使用连续铸轧与连铸连轧进行生产。

铝及铝合金的板带材的传统轧制方法是铸锭轧制。根据轧制温度不同分为热轧和冷轧两种。轧制温度高于铝及铝合金的再结晶温度的为热轧，由于高温下金属具有良好的塑性变形性，因此具有较大的加工率、较高的生产率和成品率。轧制温度低于再结晶温度的称为冷轧，冷轧会产生加工硬化现象，增加金属的强度和变形抗力，降低其塑韧性。热轧与冷轧是上道工序和下道工序的区别，热轧产品是冷轧产品的原料，冷轧将经过酸洗处理的热轧钢卷上机使用辊式轧机进行轧制，主要将厚规格的热轧板轧制成符合规格的冷轧板。冷轧根据轧制成品厚度的不同还可细分为薄板轧制和箔材轧制。其中薄板轧制即通常所说的冷轧；箔材轧制简称箔轧，其轧制成品厚度一般小于 0.2mm。

冷轧工艺特点：①由冷轧轧制出来的铝及铝合金产品的结构组织与性能都相对较为均匀，由此使产品具备了良好的力学性能和再加工性能；②冷轧生产出来的铝及铝合金产品的尺寸精度较高，并且表面质量和板形也都非常好；③通过对加工率的有效控制，并配合热处理工艺，能够获得各种状态的产品；④冷轧可以生产出比铸轧和热轧更薄的铝及铝合金产品。

热轧工艺特点：①与冷轧工艺相比，热轧的能耗更低一些；②可以进一步改善加工工艺性能，在对铝及铝合金进行热轧的过程中，可使组织发生变化，即由低塑性铸态向高塑性铸态转变，随着粗大的晶粒全部破碎，使得产品的缺陷随之消除；③能够对体积较大的铸锭进行加工，有助于生产率的进一步提升。图3-9和图3-10分别为铝箔一般常用的生产流程、用半连铸锭坯轧制铝合金板、带材常用的生产流程图。

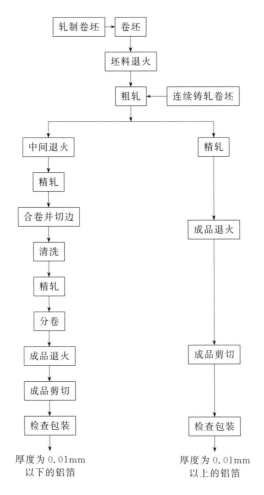

图 3-9 铝箔一般常用的生产流程

3.3.3 铝及铝合金的轧制过程

铝合金的轧制过程在一个轧制道次里可以分为咬入、搜入、稳定轧制和轧制终了（抛出）4个阶段。

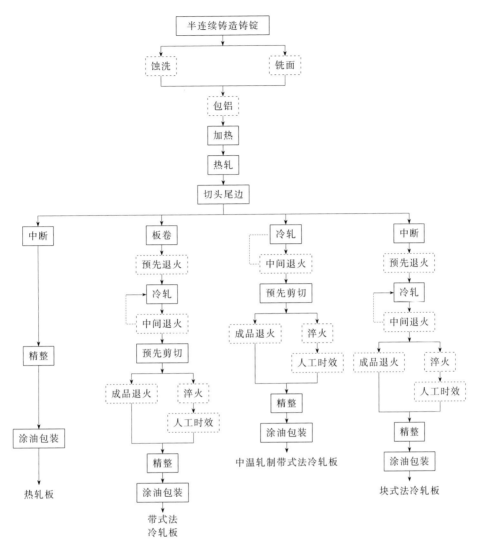

图 3-10　用半连铸锭坯轧制铝合金板、带材常用的生产流程图
实线为常采用的工序，虚线为可能采用的工序

（1）咬入阶段

咬入阶段是从轧件前端与轧辊接触的瞬间起到前端达到变形区的出口断面（轧辊中心连线）结束。轧件在开始接触到轧辊时受到轧辊的摩擦力的作用，因此会被轧辊"咬入"，开始咬入阶段是在一瞬间实现的，如图3-11所示。

在此阶段的某一瞬间有如下特点：

① 轧件的前端在变形区有三个自由端（面），仅后面有不参与变形的外端（或称刚端）；

② 变形区的长度由零连续地增加到最大值，变形区内的合力作用点、力矩皆不断变化；

③ 轧件对轧辊的压力 P 由零值逐渐增加到该轧制条件下的最大值；

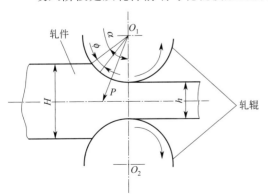

图 3-11　轧制时的咬入阶段

④ 变形区内各断面的应力状态不断变化。

由于此阶段的变形区参数、应力状态与变形都是变化的，是不稳定的，因此称为不稳定的轧制过程。

（2）拽入阶段

一旦旋转的轧辊咬入轧件后，轧件受到的轧辊作用力就在不断改变，轧件逐渐被拽入辊缝中，直到轧件前端到达两个辊连心线位置，即完全充满辊缝，这个阶段时间也很短，并且轧制变形、几何参数、力学参数等因素都在变化。

（3）稳定轧制阶段

从轧件前端离开轧辊轴心连线开始，到轧件后端进入变形区入口断面止，这一阶段称为稳定轧制阶段。轧件前端从辊缝出来后，整个轧件均在辊缝中承受变形，轧制过程连续不断地稳定进行。变形区的大小、轧件与轧辊的接触面积、金属对轧辊变形区内各处的应力状态等都是均衡的，这就是此阶段的特点。因此称此阶段为稳定轧制阶段。

（4）轧制终了阶段

从轧件后端进入入口断面到轧件完全通过辊缝（轧辊轴心连线），称为甩出阶段。轧件与轧辊在轧件后端进入变形区开始逐渐脱离接触，变形区随着轧制的进行而逐渐变小，直到轧制后端完全脱离轧辊。这个阶段时间也很短，各种参数也在不断变化。

这一阶段的特点类似于第一阶段，即：

① 轧件的后端在变形区内有三个自由端（面），仅前面有刚端存在；

② 变形区的长度由最大变到最小——零；

③ 变形区内的合力作用点、力矩皆不断地变化；

④ 轧件对轧辊的压力由最大变到零；

⑤ 变形区内断面的应力状态不断地变化。

3.3.4 实现轧制过程的条件

（1）咬入条件

为了实现轧制过程，首先必须使轧辊咬着轧件，然后才能使得金属充填于辊缝之间。所谓咬入是指轧辊对轧件的摩擦力把轧件拖入辊缝的现象。在实际生产中，咬入是否顺利，对轧件的正常操作和产量有直接影响。压下量大了咬不进，压下量小了，虽然容易咬入，但又降低了轧制效率，这是一个矛盾。为了解决这个矛盾，必须了解咬入的实质。

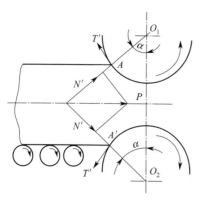

如图 3-12 所示，在辊道的带动下轧件移至轧辊前，使轧件与轧辊在 A 和 A' 两点接触，轧辊在两接触点受轧件的径向压力 N 的作用，并产生与 N' 垂直的摩擦力 T'。因轧件企图阻止轧辊转动，故 T' 的方向应与轧辊转动方向相反。

根据牛顿定律，两个物体相互之间的作用力与反作用力大小相等、方向相反，并且作用在同一条直线上。因此，轧辊对轧件将产生与 N' 力大小相等、方向相反的径向力 N，以及在 N 力作用下产生与 T' 方向相反的切向摩擦力 T，如图 3-13 所示。径向力 N 有阻止轧件继续运动的作用，切向摩擦力 T 则有将轧件拉

图 3-12 轧件对轧辊的作用力

入轧辊辊缝的作用。

在分析咬入条件以前，需要了解一下摩擦力、摩擦系数和摩擦角的关系（图 3-14）。随斜面 OA 倾角的增加，当重力 P 沿 OA 方向的下滑分力 P_x 等于与其作用方向相反的摩擦阻力 T_x 时，该物体即产生下滑运动的趋势。此刻总反力 F 与法向反力 N 之间的夹角 β 称为摩擦角。

物体下滑的分力 $P_x = P\sin\beta$。

摩擦阻力 $T_x = \mu P\cos\beta$。

当 $P_x = T_x$，$\mu = \tan\beta$，即摩擦角的正切值等于摩擦系数。

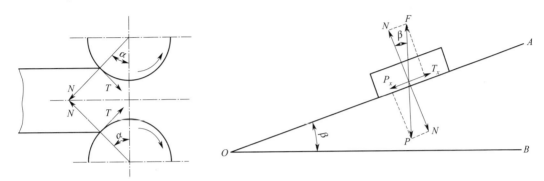

图 3-13　轧辊对轧件的作用力　　　　　图 3-14　确定摩擦角

用力表示咬入条件：

在生产实际中，有时因压下量过大或轧件温度过高等原因，轧件不能被咬入。而只有实现咬入并使轧件继续顺利通过辊缝才能建立轧制过程。

作用力与摩擦力分解见图 3-15。作用力 N 与摩擦力 T 分解为 N_y、N_x 和 T_y、T_x。垂直分力 N_y、T_y 对轧件起到压缩作用，使得轧件产生塑性变形，有利于轧件被咬入；N_x 与轧件运动方向相反，阻碍轧件咬入；T_x 与轧件运动方向一致，有利于将轧件拉入辊缝中。所以 N_x 与 T_x 之间的关系是轧件能否咬入的关键，具体有以下三种情况：

如果 $N_x > T_x$，轧件不能咬入；

如果 $N_x < T_x$，轧件能咬入；

如果 $N_x = T_x$，轧件处于平衡状态，是咬入的临界条件，若轧件原来水平运动速度为零，则不能咬入，如果轧件初速度不为零，则在惯性的作用下可以咬入。

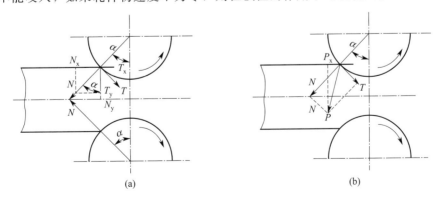

(a)　　　　　　　　　　　　　　　(b)

图 3-15　作用力与摩擦力的分解

（a）正压力 N 和摩擦力 T 的分解；（b）正压力 N 和摩擦力 T 的合力

用角度表示咬入条件：

由图 3-16 可知，α 为咬入角，β 为摩擦角。

有 $T_x = T\cos\alpha = \mu N\cos\alpha$，$N_x = N\sin\alpha$。

当 $T_x > N_x$ 时，$\mu N\cos\alpha > N\sin\alpha$，$\mu > \tan\alpha$，$\tan\beta >$ $\tan\alpha$，$\beta > \alpha$，轧件能咬入；

当 $T_x < N_x$ 时，$\beta < \alpha$，轧件不能咬入轧机；

当 $T_x = N_x$ 时，$\beta = \alpha$ 是咬入的临界条件。

因此，咬入角小于摩擦角是咬入的必要条件，咬入角等于摩擦角是咬入的极限条件，如果是咬入角大于摩擦角则不能咬入。

（2）稳定轧制条件

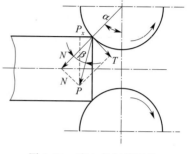

图 3-16　咬入角与挤压角

轧件一旦进入开始咬入阶段，会多出来一半以上的摩擦力，这些摩擦力称为剩余摩擦力。一部分剩余摩擦力会推动前滑区金属流动，使其速度大于轧辊的线速度；另一部分在后滑区用来平衡前滑区的摩擦力，前滑区与后滑区见图3-17。稳定轧制阶段 α 和 β 的关系见图 3-18。

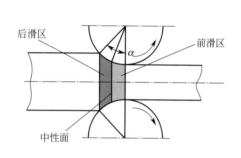

图 3-17　前滑区与后滑区

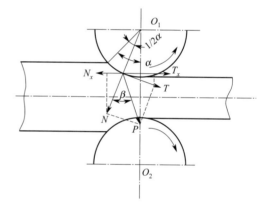

图 3-18　稳定轧制阶段 α 和 β 的关系

轧件完全充填辊缝后进入稳定轧制状态。如图 3-18 所示，此时径向力的作用点位于整个咬入弧的中心，剩余摩擦力达到最大值。继续进行轧制的条件仍然为 $T_x \geqslant N_x$，$T\cos\dfrac{\alpha}{2} \geqslant N\sin\dfrac{\alpha}{2}$，而$\dfrac{T}{N} \geqslant \tan\dfrac{\alpha}{2}$，即 $\beta \geqslant \dfrac{\alpha}{2}$ 或 $\alpha \leqslant 2\beta$。

上式在稳定轧制条件建立后，可强制增大压下量，使得最大咬入角时，轧制仍可以继续进行。这样可以利用剩余摩擦力提高轧机的生产率。

但是实践和理论都已经证明，这种认识是错误的，这种观点忽略了前滑区内摩擦力的方向与轧件运动方向相反这一根本转变。在前滑区内摩擦力发生了由咬入动力转变成咬入阻力的质的变化。大量实验研究还证明，在热轧情况下，稳态轧制时的摩擦系数小于开始咬入时的摩擦系数，产生该现象的原因为：

① 由于轧件端部与轧辊接触，并受冷却水作用，加之端部的散热面也比较大，轧件端部温度较其他部分低，因而使咬入时的摩擦系数大于稳定轧制阶段的摩擦系数。

② 由于咬入时轧件与轧辊接触和冲击，易使轧件端部的氧化铁皮脱落，露出金属表面，所以摩擦系数提高，而轧件其他部分的氧化铁皮不易脱落，因而保持较低的摩擦系数。摩擦系数降低最主要的因素是轧件表面上的氧化皮。在实际生产中，往往因此造成在

自然咬入后过渡到稳定轧制阶段时发生打滑现象。一般咬入角为 $\alpha = (1.5 - 1.7) \times \beta$。

在冷轧时，可近似地认为摩擦系数无变化。但轧件被咬入后，随轧件前端在辊缝中前进，轧件与轧辊的接触面积增大，在轧制过程中产生的宽展增大，变形区的宽度向出口逐渐扩张，合力作用点向出口移动。所以冷轧情况下，稳态轧制时的最大咬入角 $\alpha = (2 - 2.4) \times \beta$。

（3）改善咬入措施

① 锥形或圆弧形的轧件前端可以使咬入角变小，压入量增大。

② 采用外推力沿着轧制方向对轧件施加水平作用力，如将轧件用工具推入轧辊间，或利用辊道运送轧件的惯性冲力，实现轧件的强迫咬入。轧辊可以在外力作用下将轧件的前端压扁，降低实际咬入角，而且其正压力也会相应增加，提高了轧件和轧辊的接触面积，使得摩擦力增大，从而有利于轧件咬入条件的改善。

③ 将辊缝在轧件咬入时调大，可以减小压下量，进而使得咬入角减小。在建立稳定轧制过程后，将辊缝适当减小，使得压下量增大，并可以充分利用咬入后的剩余摩擦力。

④ 在冷轧薄板轧制时，常常在轧件进入辊缝后再进行压下操作。

⑤ 为了满足大压量轧制的需求，可以通过提高轧辊辊径的方法降低咬入角。

⑥ 减小轧件原始厚度和增加轧出厚度，可以实现道次压下量减小，但相应会减小轧件的变形量，使得生产率降低。

3.3.5　铝合金轧制技术发展

（1）轧制技术装备现状与发展

中国铝轧制行业技术装备水平进步明显，已在全球具有比较大的优势。中国连续铸轧机数量有 500 余台，占全球的 58%；中国拥有全球已建成投产的 11 条（1+4）热连轧生产线中的 3 条，居于全球第一位；中国拥有引进已投产或在建的 CVC4 辊或 6 辊冷轧机 13 台，占到全球 CVC 冷轧机的 50%，位于全球第一位；中国拥有 2000mm 级 4 辊不可逆的现代化宽幅铝箔轧机 43 台，都装有全球先进的板型仪和测厚仪，2000mm 级宽幅铝箔轧机数量占到全球的 64.2%。

铝轧制行业新工艺、新设备不断涌现，加工技术向高效率、低成本、低能耗、短流程方向发展。采用强磁场、超高温、超高压、快速凝固、低温大变形量加工等特殊条件制备新材料将成为开发高性能材料的一个重要途径。轧机的设计制造也向高速、宽幅、大卷重方向发展，轧机速度和生产效率不断提高。随着计算机模拟技术的发展和控制软件的开发，计算机技术在铝轧制行业中的应用将更为广泛，使铝板带箔加工过程逐步向着智能化发展。生产过程向自动化和智能化发展将使加工过程的优化控制得到进一步提高，从而有效保障产品品质的稳定性。

随着节能环保理念深入人心，越来越多的业界人士开始探索如何降低轧制设备的能耗，将污染问题控制在可控范围内，从而满足人与自然和谐发展的要求。与其他材料不同的是，铝及铝合金材料具有轻量化、绿色环保等特点，而这离不开轧制设备的技术以及应用，为此，不断地提升轧制设备的技术水平，切实有效地降低轧制设备的能耗是今后的主要任务之一。

（2）轧制技术发展

高强高韧铝合金厚板是一种非常重要的结构材料，在航天、航空领域有着广泛的应用。在大型客机的制造中，高性能铝合金厚板被广泛用于加工飞机的机身框、隔框、桁条、翼梁、骨架等零件。如空客 A380 机翼加强杆所用的铝合金厚板长、宽分别达到了

6400mm 和 1200mm，厚度超过了 200mm。铝合金特厚板的生产主要采用铸锭热轧法，对于铝合金的热轧，加工率超过 80% 才能将铸造组织转化为加工组织，并保证板材中心变形充分。例如生产 200mm 的铝合金厚板，若按照变形量 80% 的要求，则要求原始坯料的厚度为 1000mm，现有的轧制设备及铸锭熔炼设备很难达到该要求。

异步轧制使板材发生压缩变形的同时发生剪切变形，从而增加板材的总变形，将变形深入到板材中心。异步轧制是指上下工作辊表面线速度不同而进行轧制的工艺过程。

生产特厚板需要先制备出大尺寸的铸锭，而铸锭规格越大，凝固过程中的组织均匀性就越差。由于大铸锭表层和心部的冷却速率差异很大，使铸锭心部存在严重的偏析、疏松、气孔、热裂纹和组织不均等问题，导致热轧后铝合金厚板的强度、硬度以及伸长率在厚度方向分布十分不均匀。为实现高强铝合金厚板组织的均匀化，东北大学轧制技术及连轧自动化国家重点实验室提出了一种高强铝合金特厚板的制备方法，即基于真空搅拌摩擦焊的热轧复合技术。该技术的流程包括：铝合金坯料表面清理，利用自主研发的真空搅拌摩擦焊机进行坯料封装及复合坯料的热轧和热处理，在 0.01Pa 真空度下对 7050 高强铝合金进行焊接封装，然后在 450℃ 和 75% 总压下率下进行轧制复合，最后对复合板进行固溶＋时效处理。该方法可获得具有优异性能的铝合金复合板，从根本上解决偏析问题。

3.4　锻造成形

3.4.1　锻造铝合金的典型应用

锻造生产不但能获得精密的机械零件，而且能改善其内部组织并提高力学性能，是向各个工业行业提供机械零件的主要途径之一。对于力学性能要求高、承受力大的重要机械零件，多数采用锻造方法来制造。在飞机上锻压件的重量占 80%，坦克上锻压件重量占 70%，汽车上锻压件重量占 60%，电力工业中的水轮机主轴、水平叶轮、转子、护环等也都通过锻压而成，锻造生产在工业制造业中占有极重要的地位。

铝合金锻件具有密度小、比强度与比刚度高等一系列优点，因此在航空航天、交通运输、船舶、兵器等领域中的应用极为广泛，已经成为不可或缺的材料之一。力学性能要求较高的零件一般采用锻造的方法加工成形，例如轮毂（特别重型汽车和大中型客车）、底盘悬架系统控制臂、转向节、保险杠、空调压缩机涡旋盘等，如图 3-19 所示。用于汽车

(a) 铝锻整体式轮毂　　　　　　　　(b) 铝锻控制臂

图 3-19　锻造铝合金的典型应用

工业的铝合金锻造原材料一般采用挤压或铸造棒材，典型汽车铝锻零件用的材料牌号以 6 系为主，如 6060、6061、6066、6082 等，也有部分产品需要用到 2 系、4 系、5 系和 7 系的材料，如 2014、4032、5754 和 7075 等。飞机机体中的起落架、接头、框、梁等多采用铝锻件制品。

3.4.2　常用的锻造铝合金

锻造铝合金是一种典型的变形铝合金，锻压生产中常用的锻造铝合金比较见表 3-3。

表 3-3　常用锻造铝合金的牌号、主要特性及适用范围

牌号	特性与适用范围	主要相关标准号
2A02	制造 300℃ 以下的航空发动机压气机叶片	GJB 2351—1995 GJB 2054—1994 HB 5204—1982
2A11	较高的强度和中等塑性，用于制造中等强度的受力构件	GJB 2351—1995 GJB 2054—1994 HB 5204—1982
2A12	经固溶热处理和自然时效或人工时效强化后有较高的强度。该合金的 T3 状态用于制造飞机蒙皮、桁条、隔框、壁板、翼肋、翼梁和尾翼等零部件	GJB 351—1995 GJB 2054—1994 HB 5204—1982 HB 5202—1982
2A14	固溶热处理加人工时效强化。用于制造截面面积较大的高载荷零件	GJB 2351—1995 HB 5204—1982
2A16	固溶热处理加人工时效强化，可在 250～350℃ 下长期工作。该合金无挤压效应，挤压件的纵横向性能很接近	GJB 2351—1995 HB 5204—1982
2A50	固溶热处理加人工时效强化。适于制造形状复杂及承受中等载荷的锻件	GJB 2351—1995 HB 5204—1982
2B50	合金的成分在 2A50 基础上加入少量的铬和钛，其特征用途与 2A50 基本相同	GJB 2351—1995 HB 5204—1982
2A70	固溶热处理加人工时效强化，锻件主要为 T6 状态	GJB 2351—1995 HB 5204—1982
2014 （2A14）	同 2A14	Q/S 818—1992 Q/EL 336—1992
2024 （2A12）	同 2A12	GJB 2920—1997
2124	在 2024 合金基础上，降低铁和硅等杂质的含量，采用特殊工艺生产	Q/6S 789—1990
2214 （2A14）	在 2024 合金基础上，减少杂质铁的含量，韧性得到改善；特征与用途同 2A14 与 2024 基本相同	IGC. 04.32.230
3A21	不可热处理强化变形铝合金，合金的耐蚀性很好，接近纯铝，模锻件和自由锻件的供应状态为自由加工状态（H112）	GJB 2351—1995 HB 5204—1982
5A02	不可热处理强化变形铝合金，合金的耐蚀性好、强度低	GJB 2351—1995 HB 5204—1982
5A03	不可热处理强化变形器合金，强度低，韧性高，时蚀性很好，退火状态切削性能差，建议在冷作硬化状态切削加工	GJB 2351—1995 HB 5204—1982

续表

牌号	特性与适用范围	主要相关标准号
5A05	不可热处理强化变形铝合金,采用冷作硬化提高合金的强度	GJB 2351—1995 HB 5202—1982
5A06	不可热处理强化变形铝合金,中等强度,退火状态腐蚀性能良好	GJB 2351—1995 HB 5204—1982
6A02	经固溶热处理和自然时效或人工时效强化后,具有中等强度和较高的塑性,是耐底蚀较好的结构材料	GJB 2351—1995 HB 5204—1982
7A04	可热处理强化变形铝合金,合金的强度高于硬铝,屈服强度接近断裂强度,塑性低,对应力集中敏感	GJB 2351—1995 HB 5204—1982
7A09	可热处理强化的高强度变形铝合金。该合金综合性能较好,T6 状态的强度最高,T73 状态耐应力腐蚀优,T76 状态抗剥落腐蚀性能好,是我国目前使用的高强度铝合金之一,也是飞机主要受力件的优选材料	GJB 2351—1995 GJB 1057—1990 HB 5202—1982
7A33	可热处理强化的耐腐蚀、高强度结构铝合金,适于制造水上飞机、舰载飞机、沿海使用飞机和直升机的蒙皮和结构件材料	Q/6S 146—1984
7050	可热处理强化的高强度变形铝合金,强度、韧性、疲劳和抗应力腐蚀性能等综合性能优良,淬透性好,适于制造大型锻件,综合性能优于 7075	Q/6S 851—1990 Q/S 825—1990
7075	可热处理强化的高强度变形铝合金,可以制造各种品种和尺寸的产品,是目前应用最广的高强铝合金。有几种热处理状态,如 T6、T73 和 T76,其中 T6 状态强度最高,但断裂韧性偏低	Q/6S 841—1990 Q/S 309—1990
7475	在 7075 合金基础上研制的新型可热处理强化的高强度变形铝合金,提高了合金的纯度,其综合性能更好。用于制造飞机隔框和蒙皮等,进一步提高了飞机的安全可靠性和使用寿命	Q/6S 830—1990 Q/6S 831—1990 Q/6S 791—1990
8090	可热处理强化的变形铝-锂合金,强度水平与2A14 相当,但密度降低 10%,弹性模量提高 10%,用于制造结构件	Q/6SZ 1244—1994

3.4.3　铝合金可锻性

可锻性是衡量金属材料通过塑性加工获得优质零件的难易程度的工艺性能。大多数变形铝合金都有较好的可锻性,可以用来生产各种形状和类别的锻件。铝合金锻件可用现有的各种锻造方法来生产,包括自由锻、模锻、辊锻、辗压、旋压、环轧等方法。

锻造用铝合金主要是复合强化的合金(固溶＋沉淀强化),这些合金的合金化程度高、塑性低,许多属于难变形合金。生产这类合金的锻件,要在充分了解合金的锻造工艺性能后才能制定合理的锻造工艺。高合金化铝合金的工艺塑性介于结构钢和高温合金之间。纯铝和合金化较低的合金在锻造温度范围内一般都有足够的塑性,有些还高于普通钢的塑性,可以在锻压、液压机、机械压力机等常用锻压设备上进行锻造,而合金化较高的合金在锻压温度范围内的塑性较低,一般不可以进行锻造,通常选择在液压机上锻造,也可以在机械压力机和旋压机上进行锻造。

铝合金的可锻性因合金成分的不同而差异较大,图 3-20 所示为 2 系、5 系、6 系和 7系铝合金在可锻造温度范围内锻造性的比较,这些合金属于我国常用的牌号 7075、7050、2014、2618。各种铝合金可锻性相差很大的根本原因在于,各种合金中合金元素的种类和含量不同,强化相的性质、数量级、分布特点也不相同,从而影响合金的塑性及对变形的抵抗能力。从图中可以看出,6 系铝合金的可锻性较好,7 系铝锌合金和 5 系的高镁铝合金的可锻性较差，2 系和 4 系铝合金的可锻性介于两者之间。1 系纯铝和不可热处理强化的铝合金（如 3 系和 5 系的部分合金）的可锻性未标注，但是都比较高。

各种合金的可锻性随着温度的增加而增加，但是温度对各种合金影响程度不同，存在较大差异。对于一些难锻造合金，如 7 系合金，流动应力随着温度而发生的变化更大些，这就是锻造温度范围相对较窄的根本原因。锻造铝合金时，获得和保持适当的金属温度是锻造工艺的关键，当达到适合的锻造温度时，模具温度和变形速度将起到关键作用。

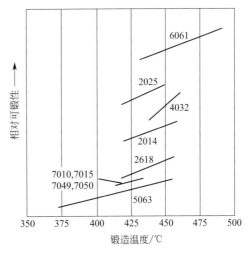

图 3-20　几种铝合金可锻性的比较

3.4.4　铝合金锻压成形原理及分类

锻造是塑性加工的重要分支，即利用材料的可塑性，借助外力（锻压机械的锤头、砧块、冲头或通过模具对坯料施加压力）的作用使其产生塑性变形，获得所需形状尺寸和一定组织性能锻件的材料加工方法。目前国际上习惯将塑性加工分为两类：一类是以生产板材、型材、棒材、管材等为主的加工，称为一次塑性加工；另一类是以生产零件及其毛坯为主（包括锻件和冲压件）的加工，称为二次塑性加工。大多数情况下，二次加工都是使用经过一次塑性加工所提供的原材料进行再次塑性加工。但是，大型锻件多以铸锭为原材料，直接锻造成锻件。对于粉末锻造则是以粉末为原料。

锻造成形主要是指二次塑性加工，即以一次塑性加工的棒材、板材、管材或铸件为毛坯生产零件及其毛坯。锻造成形又称为体积成形，受力状态属三向压应力状态。铝合金锻造成形的基本原理见图 3-21。

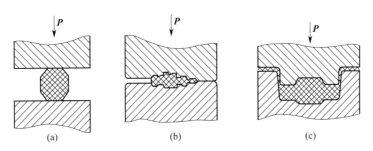

图 3-21　铝合金锻压成形的基本原理图
（a）自由锻；（b）开式模锻；（c）闭式模锻

通常，锻造主要按成形方式和变形温度进行分类。锻造按成形方式可分为自由锻、模锻、冷锻、径向锻造、辊锻、辗压等，见表 3-4 和图 3-22。坯料在压力下产生的变形基本不受外部限制的，称为自由锻，也称开式锻造；其他锻造方法的坯料变形都受到模具的限制，称为闭模式锻造。辊锻、旋锻、辗压等的成形工具与坯料之间有相对的旋转运动，对坯料进行远点、渐线的加压和成形，故又称为旋转锻造。

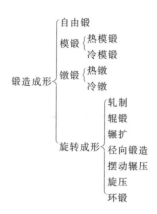

图 3-22　锻造成形的主要方式

表 3-4　按照成形方式的分类的锻造

分类与名称	自由锻造		模锻	辊锻	楔横轧	辗压
	镦粗	拔长				
图例						

根据坯料的移动方式，锻造可分为自由锻、镦粗、挤压、模锻、闭式模锻、闭式镦锻六类。闭式模锻和闭式镦锻由于没有飞边，材料的利用率就高，用一道工序或几道工序就可能完成复杂锻件的深加工。由于没有飞边，锻件的受力面积就减少，所需要的荷载也减少。但是，应注意不能使坯料完全受到限制，为此要严格控制坯料的体积，控制锻模的相对位置和对锻件进行测量，努力减少锻模的磨损。根据锻模的运动方式，锻造又可分为摆辗、摆旋锻、辊锻、楔横轧、辗环和斜轧等方式。摆辗、摆旋锻和辗环也可用精锻加工。为了提高材料的利用率，辊锻和楔横轧可用作细长材料的前道工序加工。与自由锻一样的旋转锻造也是局部成形的，它的优点是与锻件尺寸相比，在锻造力较小情况下也可实现成形。包括自由锻在内的这种锻造方式，加工时材料从模具面附近向自由表面扩展，很难保证精度，所以，将锻模的运动方向和旋锻工序用计算机控制，就可用较低的锻造力获得形状复杂、精度高的产品，例如生产品种多、尺寸大的汽轮机叶片等锻件。

锻造按变形温度可分为热锻、冷锻、温锻和等温锻等四类。热锻是在金属再结晶温度以上进行的锻造。提高温度能改善金属的塑性，有利于提高工件的内在质量，使之不易开裂。温度高还能减小金属的变形抗力，降低所需锻压机械的吨位。但热锻工序多，工件精度差，表面不光洁，锻件容易产生氧化。冷锻是在低于金属再结晶温度下进行的锻造，通常所说的冷锻多指在常温下的锻造，而将在高于常温但又不超过再结晶温度下的锻造称为温锻。温锻的精度较高，表面较光洁，变形抗力不大。在常温下冷锻成形的工件，其形状和尺寸精度高，表面光洁，加工工序少，便于自动化生产。许多冷锻件可以直接用作零件或制品，而不再需要切削加工。但冷锻时，因金属的塑性低，变形时易产生开裂，变形抗力大，需要大吨位的锻压机械。等温锻是在整个成形过程中坯料温度保持恒定值。等温锻是为了充分利用某些金属在某一温度下所具有的高塑性，或是为了获得特定的组织和性能。等温锻需要将模具和坯料一起保持恒温，所需费用较高，仅用于特殊的锻压工艺，如超塑性成形。

在低温锻造时，锻件的尺寸变化很小。因此，只要变形能在成形能范围内，冷锻容易得到较好的尺寸精度和表面粗糙度。只要控制好温度和润滑冷却，温锻也可以获得很好的精度。热锻时，由于变形能和变形阻力都很小，可以锻造形状复杂的大锻件。要得到高尺寸精度的锻件，可用热锻加工。另外，要注意改善热锻的工作环境。锻模寿命（热锻5000～8000 个，温锻 2 万～3 万个，冷锻 3 万～5 万个）与其他温度域的锻造相比是较短的，但它的自由度大，成本低。

3.4.5　铝合金锻压成形过程

金属在锻压成形过程中，坯料会发生明显的塑性变形，有较大量的塑性流动。通过锻造变形能消除金属坯料的铸态组织（如疏松、柱状晶和粗大晶粒等），焊合孔洞，大大提高塑性和力学性能。因此，在机械零部件中，需要承受高载荷、工作条件苛刻的重要结构材料，除了形状较简单的可用轧制的板材、型材、棒材、管材或焊接件外，大多采用自由锻件或模锻件。图 3-23 为金属锻压成形的基本工序图。

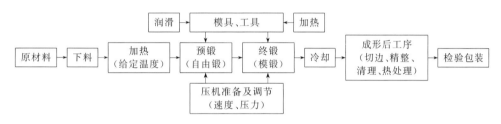

图 3-23　锻压成形基本工序

（1）原材料准备

铸锭、锻坯和挤压棒材都可以作为铝合金锻造坯料使用。在自由锻中，铝合金铸锭可以作为锻件和锻坯的坯料。在锻造前，需要对铸锭进行均匀化退火，以细化铝合金铸锭的晶粒，减轻区域偏析，提高合金塑性。铸锭必须先经过自由锻制成内部组织均匀的锻坯后才能用于大型模锻件的制备。

铝合金的下料可以使用锯床、车床或剪床完成，但是不能使用砂轮切割下料，否则会降低切割的断面质量。

（2）预热

铝合金所需的锻造温度低、范围窄，因此可用电阻炉对其进行预热，将强迫空气循环的装置装在电阻炉可以保证炉温均匀。此外，温度自动控制和测温仪表也需装在电阻炉中，控制炉温偏差在 ±10℃ 以内。在装炉前，需要去除铝合金坯料表面的油污和其他脏物，防止炉气受到污染而导致合金的晶界中渗入硫等有害杂质。铝合金导热性良好，可将坯料在高温下直接装炉。坯料在炉中不宜装过多，并且相互之间需要保持一定的距离，坯料与炉墙距离应大于 50mm，以便所有的坯料均能获得相同的加热温度。相对于钢铁材料，铝合金的加热时间应适当延长，使合金中的强化相有足够的时间溶解，得到具有均匀单相组织的材料，以提高其可锻性。根据生产经验，铝合金的加热速度按照坯料每毫米直径（或厚度）1.5～2min 进行计算，合金的元素含量低或者坯料的尺寸较小时，取下限值。当加热到一半时间时，最好将大截面的坯料进行翻转。铸锭必须在加热到锻造温度后保温；若锻造时坯料出现裂纹，则需对锻坯和挤压棒材进行保温，否则也可不用保温。

（3）自由锻

铝合金具有狭窄的锻造温度和较高的裂纹敏感性，高温下坯料的表面摩擦系数高，易黏附在模腔壁上，因此，铝合金在自由锻造操作时需要注意以下问题，以避免出现废品：尽可能地减少热量损失，钳口、上下砧面等操作模具必须预热到 250℃ 以上；须在静止空气中进行锻造，避免锻坯在流动空气的作用下过快冷却；迅速准确地操控锻造过程，应既轻又快地锤击坯料，随时在坯料拔长时进行倒棱，防止棱角部因过快散热而出现裂纹；在模具表面涂以润滑剂以保证其光滑度，降低铝合金在高温时的黏附力。在对铝合金锻件进行冲孔时，很难除去黏附在冲头表面的铝屑，导致锻件在扩孔时出现裂纹和折叠缺陷，因此，最好将需冲孔件的内孔进行粗加工后再进行扩孔。

（4）模锻

在对铝合金材料进行模锻时，锻模的设计原则与钢锻件的有所不同：一般采用固定锻模生产铝合金模锻件，由于铝合金具有锻造温度范围窄、流动性差等特点，因此多采用单模腔锻模，多用自由锻对形状复杂的锻件进行制坯；在终锻模腔加放适当的收缩率，根据经验，当锻模工作温度低于 250℃ 时收缩率取 1%，当锻模工作温度超过 300℃ 时收缩率取 0.8%；与钢锻件相比，铝锻件锻模的毛边槽桥部高度和圆角半径应适当增大 30%；铝合金模锻的模槽表面粗糙度很高，一般应抛光到 0.2～0.1μm；常用 5CrMnMo 或 5CrNiMo 钢作为铝合金模锻的锻模材料，其热处理后的硬度稍低于模锻钢件的锻模材料，硬度（HRC）为 36～40。

锤上模锻时的锤击力度遵循从轻到重的原则，一旦形成毛边，锻件的应力状态较好，可不用控制变形程度。压力机上模锻一般有预锻和终锻两道工序，之所以选择两道工序，是因为大量金属在压力机一次行程的变形程度大于 40% 时会挤向毛边，无法充满模腔。这两道工序对模具的要求相对较低，但必须在两道工序间施加毛边切除、酸洗并清除表面缺陷等操作。

模具在铝合金模锻时应预热到 150～200℃。润滑剂可采用水与胶状石墨的混合物，也可采用机油加石墨。通常在热的模具上涂抹或喷涂润滑剂。模具在铸锭的局部锻造后还需进行再次润滑，有时需要在锻造前将预热至 100～150℃ 的锻坯放入水基或油基石墨中浸渍一次，使石墨润滑层均匀覆盖在坯料表面。含水的胶态石墨可对较低温度的模具进行润滑，并改善工作环境。在生产中，模具的工作面应被极薄的润滑剂涂层均匀且完全覆盖。应对黏附到铸件上的浓稠石墨沉积物进行清理，一般采用喷砂法清除而不使用酸洗。

（5）冷却、切边清理和修伤

铝合金锻件在锻造完成后一般要进行空冷。除了超硬铝锻件外，都是在冷态下对铝合金锻件进行切边。通常采用带锯切割大型模锻件的毛边。

铝合金锻件在模锻工序之间、终锻之后以及在检查之前都要酸洗。残余的润滑剂和氧化薄膜在酸洗前必须清除，以便能清晰地显示出缺陷。腐蚀后的铝合金表面无光泽，其腐蚀流程如下：

① 在 60～70℃ 的碱溶液中（水中加入 50～70g NaOH 或 KOH）腐蚀 2～5min；

② 在流动冷水中漂洗 3～5min；

③ 在硝酸溶液中（HNO_3 与水的比例为 1:1）发亮，溶液温度为室温。

利用特殊工具（如风动砂轮机、风动小铣刀、电动小铣刀或扁铲等）将锻件表面的裂纹、折叠等缺陷去除的工艺称为修伤，是铝合金模锻工艺中的重要一环。修伤处的宽度应为深度的 5～10 倍，且需圆滑过渡。

3.4.6 铝合金锻压工艺方案及工艺流程

锻压件的工艺方案就是根据所要制造机器零件的形状、尺寸和性能要求，结合生产批量和实际条件，拟出用什么规格的金属原材料，选用哪一种锻压设备，采用哪些工步和工艺装备，把需要的锻压件制造出来的工艺流程。

工艺流程由不同的工步组成。工步是锻压加工时采用一种模具或工艺装备，在锻压设备动力作用下，使金属坯料产生一种方式的变形，经过锻压设备一次或多次的动作，坯料得到一定的外观变形量的一个步骤，如镦粗、拔长、冲孔、滚压、模锻等。工步是锻压件整个加工过程的一个阶段。一个坯料如采用不同型腔的模具或工具施加外作用力，就产生不同方式的外观变形。合理地安排不同的工步，就可使原来圆柱体或棱柱体等形状简单的金属坯料经过不同方式的变形后，逐步改变坯料内部金属的分布，转变为形状复杂而尺寸和性能合乎要求的锻压件。拟订工艺方案，就是选择合适的工步绘出工步图，确定制造一个锻压件的工艺流程的过程。

生产一种锻压件，常常可以有几个不同的工艺方案。对不同的工艺方案进行分析比较，选择最佳的方案，进行设计计算，最后投入生产，称为工艺规程。表 3-5 为某工厂用模锻锤锻造汽车发动机连杆的工步和工艺规程。金属棒料首先在剪床上剪切成锻压件的坯料，坯料加热后在模锻锤的锻模上依次进行拔长、滚压、预锻、终锻等工步，最后切去毛边并矫直，制成连杆锻件。拔长是将坯料放在锻模的拔长模腔上逐步送进和翻转后把坯料中间部分截面缩小的过程。滚压是将拔长后的坯料在滚压模腔中一面锻压，一面绕中心轴转动，使经过拔长后的坯料按照滚压模腔的形状进一步变形，得到一个横截面沿轴向的变化和最后锻件截面变化相似的中间坯料的过程。预锻是将滚压所得的中间坯料放在预锻模腔内锻压成形状和锻压件很接近的坯料的过程。

表 3-5　汽车发动机连杆模锻工步

序号	工步简图	工步名称
1		下料加热
2		拔长（杆部、小头和夹钳料头）
3		滚压
4		预锻
5		终锻
6		切边后锻件

锻压件的主要变形工步要根据锻压件和坯料的形状特点来选定。常见锻压件按形状可分为六类，如表 3-6 所示。

表 3-6　不同形状锻压件的变形工序

序号	锻件形状分类	锻件形状简图	推荐采用工步
1	饼形类		镦粗,局部压缩,摆动辗压
2	杆形类		拔长,滚压,局部镦粗,轧锻,正挤压,旋转锻造,精密锻轴
3	圆环形类		扩孔,轧环,翻边
4	圆筒形类		正挤压,拉延,反挤压,旋压,缩口,涨径
5	带中心孔或分叉		冲孔,劈开
6	轴线弯曲或带转角		弯曲,扭转,拉弯

　　根据各类形状特点,可以选出合理的变形工步,绘出工步图。在一般情况下,制造一个锻压件,可以有多种工艺方案。经过分析比较,选择其中最佳的方案,再进行设计和投入生产。工艺方案的好坏决定整个锻压件的生产水平。要拟订好工艺方案,就必须对各种工步的变形特点和设备性能有全面的了解。终锻是将经过预锻的坯料最后放在终锻模腔内锻压,成为形状和尺寸满足要求的锻压件的过程,但锻压件周围还带有毛边,毛边最后在切边模上切去。每一工步都使坯料发生一定量的变形。在生产中,拔长和滚压称制坯工步,预锻和终锻称成形工步。制坯和成形都是主要变形工步,切边和矫直是辅助工步。为了拟订好工艺方案,必须熟悉各种工步的变形特点和相应的工艺装备以及各种锻压设备的性能。

3.4.7　铝合金锻造工艺参数

　　铝合金锻造和模锻时的热力学参数包括变形温度、变形速率、变形程度和应力状态等,它们对合金的可锻性及锻件的组织和性能有重要的影响。为了保证锻件成形并满足组织和性能的要求,应合理选择上述几个热力学参数制订锻造工艺。

　　(1) 确定工艺参数的基本原则

　　选择铝合金锻造热力学参数的主要依据是相图、塑性图、变形抗力图和加工再结晶图。

　　(2) 合理控制金属的加热、冷却和锻压温度

　　加热中应避免过热和过烧,尽量减少氧化。高温下保温时间不宜过长,防止晶粒粗大。始锻温度不宜过高,应在规定终锻温度停锻。若最后一次变形量较小,则应降低始锻温度,以免终锻温度过高、晶粒长大。尽量减少加热次数,合理选定冷却方式及规程,避免锻件内部出现过大的残余应力或裂纹。

　　按照铝合金的固溶体加第二相的组织结构,铝合金的锻造温度范围可根据合金的相图大致确定。一般合金的最高锻造加热温度或变形温度应该低于固相线 $80\sim100℃$,允许的终锻温度应该低于强化相极限溶解温度 $100\sim230℃$。但是,凭借铝合金的相图只能大致确定变形温度范围,确定具体合金的变形温度范围还需要依据相应牌号铝合金的塑性图、应力-应变曲线、再结晶图以及生产经验。

　　对于可热处理强化的铝合金,尽管热处理参数对锻件组织和性能起决定性的作用,但

是，工厂生产实践证明，锻件的锻后组织对锻件热处理（尤其是淬火加人工时效或自然时效）后的组织和性能有直接影响，因此，可热处理强化铝合金的锻造温度仍然是获得最佳锻件组织和性能的重要因素。不可热处理强化的铝合金锻件的晶粒尺寸完全由变形温度决定，因此锻造温度对锻件的组织和性能起极其重要的作用。变形温度对铝合金之所以有如此重要的作用，是因为加热或锻造温度过高（在低于过烧温度情况下），锻件将形成粗晶组织；若锻造温度过低，锻件将产生加工硬化，在随后的热处理过程中，因为加工硬化区的激活能大，将首先产生再结晶，随后该部分晶粒急剧长大形成粗晶，就会降低锻件性能。

几种常用锻压铝合金的锻造温度范围列于表 3-7 中。

表 3-7　典型铝合金锻造温度范围

合金	锻造温度/℃	合金	锻造温度/℃
1070A、1060、1050A	470～380	2A50(铸态)	450～350
5A02	480～380	2A50(变形)	480～350
5A03	475～380	2A80	480～380
3A21	480～380	2A14(铸态)	450～350
2A02	450～350	2A14(变形)	470～380
2A11	480～380	7A04(铸态)	430～350
2A12	460～380	7A04(变形)	450～380
6A02	500～380	7A09(铸态)	430～350
2A70	475～380	7A09(变形)	450～380

（3）合理控制变形程度（变形量）

① 锻压过程中金属变形量的表示方法

a. 压下量。在压缩、镦粗、锻轧等工步中，加工的变形量常取和外作用力平行方向坯料高度的变化率来表示（见图 3-24）。设坯料原来的高度 H_0，压缩后高度为 H_1，高度差 $h = H_0 - H_1$，压下量（％）为 $\varepsilon = \dfrac{\Delta h}{H_0}$。

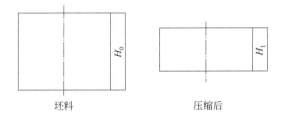

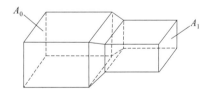

图 3-24　压缩时坯料的变形　　　　图 3-25　坯料拔长时截面面积的变化

例如高 100mm 的坯料压缩到高 50mm 时，压下量为 0.5（或 50％）。ε 称为相对变形量或工程应变。

b. 锻造比。在铸锭开坯锻造或坯料拔长时，变形量常用锻造比表示。设铸锭的平均截面面积为 A_0，锻压后锻坯的平均截面面积为 A_1，则锻造比 K 为 $K = \dfrac{A_0}{A_1}$。坯料拔长时截面的变化如图 3-25 所示。如方坯每边长 200mm，经拔长后，边长为 100mm，则锻造比 $K = \dfrac{200^2}{100^2} = 4$。

c. 断面收缩率。在挤压和辊锻等工艺中，坯料的变形量还常用加工前后截面面积的变化率来表示。设 A_0 为坯料变形前的截面面积，A_1 为挤压后的截面面积，则断面收缩率 $\psi = \dfrac{A_0 - A_1}{A_0} \times 100\%$。如图 3-26 所示，设坯料的截面直径为 100mm，挤压后棒料直径为 50mm，则断面收缩率 $\psi = \dfrac{100^2 - 50^2}{100} \times 100\% = 75\%$。

② 合理控制变形程度　铝合金锻造时，每一工作行程最大的变形程度，可根据该合金的塑性图和锻件的形状确定。为了保证锻件具有细小均匀的晶粒组织，每一工作行程的变形程度，还应小于加工再结晶图上相应温度的临界变形程度，尤其是终锻温度的变形程度均应大于 12%。铝合金每次行程允许变形程度见表 3-8。

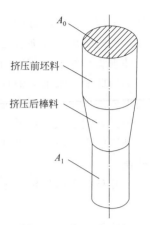

图 3-26　挤压时坯料
截面面积的变化

表 3-8　铝合金每次行程允许变形程度　　　　　　单位：%

合金	液压机 （镦粗）	锻锤、曲柄压力机 （镦粗）	高速锤（挤压）	挤压模锻
3A21、5A02、5A03、6A02、2A50	80～85	80～85	85～90	90
5A05、5A06、2A02、2A70、2A80、2A11	70	50～60	85～90 （5A05、5A06 为 40～50）	
7A04、7A09、2A12、2A14	70	50	85～90	85

铝合金铸锭在锻造过程中的总变形程度，不仅决定了锻件的力学性能，而且决定了锻件的纵向和横向力学性能差异大小，即各向异性大小。对 2A11 铝合金铸锭进行的试验表明，在小变形和中等变形情况下，纵向和横向的强度指标相差不多，但伸长率相差较大（图 3-27）。当铸锭的总变形程度为 60%～70%，合金力学性能最高，性能的各向异性最小。当变形程度超过 60% 以后，随变形程度的增加，横向力学性能由于纤维组织的形成而剧烈下降。所以，在锻造过程的各个阶段，必须避免单方向的大压缩变形（超过60%～70%）。但是，对挤压棒材进行压扁时，结果则同铸锭的相反（图 3-28），对挤压棒材进行压扁，可以明显提高横向性能。为保证锻件具有细小、均匀的晶粒组织，除控制变形温度外，还需控制变形程度。变形程度过大或过小都将导致组织不均匀，从而降低锻件性能。通常，设备每一工作行程的变形程度应大于加工再结晶图上相应温度下的临界变形程度（铝合金的临界变形程度多在 15%～20% 以下），尤其是终锻工序（行程）不应落入相应终锻温度的临界变形程度区域，以免引起晶粒粗大和不均匀；变形程度过大（在塑性允许范围内）时，由于变形能导致的锻件温升太高，也有可能引起晶粒粗大和不均匀。锻件晶粒粗大和不均匀是导致力学性能降低和不稳定的重要因素。铝合金挤压棒坯具有足够高的塑性，可以在拉应力和拉伸变形的应力-应变状态下锻造。但预变形过的高强度铝合金，则应在开式或闭式模中模锻。铝合金宜采用反挤或模锻成形，且每次允许的变形程度为 10%～30%，否则会产生裂纹。可见，铝合金锻件的质量与加工方法有关，应根据具体情况来选用不同的加工方法。

（4）合理选择速度

变形速率不等于设备的工作速度。变形速率不仅与滑块的运动速度有关，而且还取决于坯料的尺寸，其关系如下：

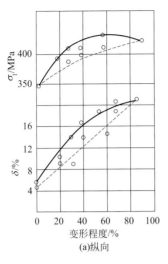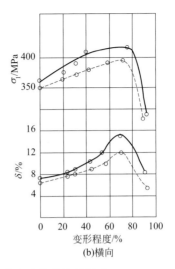

图 3-27　变形程度对 2A11 合金力学性能的影响

实线为从铸锭中心切取的试样，虚线为从铸锭外层切取的试样

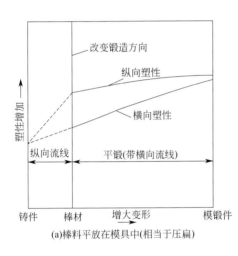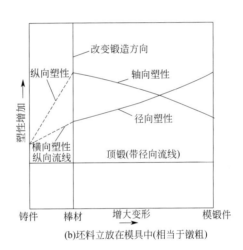

图 3-28　锻造变形程度对挤压棒材横向塑性的影响

$$v = \frac{V}{H_0}$$

式中　V——滑块或工具的运动速度，m/s；

　　　H_0——毛坯的原始高度，m。

由上式可知，在工具运动速度一定时，毛坯高度愈小，变形速率愈小；毛坯尺寸相同，工具运动速度愈大，变形速率就愈大。各种锻压设备上的工具运动速度和合金变形速率的大致范围如表 3-9 所示。

表 3-9　各种设备上铝合金的变形速率

设备名称	材料试验机	液压机	曲柄压力机	锻锤	高速锤
工具运动速度/(m/s)	≤0.01	0.1～0.3	0.3～0.8	5～10	10～30
变形速率/(m/s)	0.001～0.03	0.03～0.06	1～5	10～250	200～1000

变形速率对铝合金的塑性和变形抗力有一定影响，大多数铝合金在变形速率的增大时，在锻造温度范围内的工艺塑性并不发生显著的降低。这是因为变形速率增大所引起的加工硬化速度的增加，没有使它超过铝合金的再结晶速度。但是，一部分合金化程度高的铝合金，随着从静载变形改为动载变形，工艺塑性便要下降，允许的变形程度甚至可以从80%降低到40%。这是由于合金化程度高的铝合金再结晶速度小，在动载变形时加工硬化显著增大所致。此外，当从静载变形改为动载变形时，铝合金的变形抗力增大0.5～2倍。

3.4.8 铝合金锻件缺陷及防止措施

锻造过程中如果锻造温度、变形程度、变形速率等没有得到综合控制，将会出现锻件过烧、表面和内部裂纹、晶粒粗大、折叠以及流线不顺等缺陷。

（1）过烧

铝合金的锻造温度范围很窄，过高的锻造加热温度和固溶处理温度都可能造成材料出现过烧缺陷。因此，在锻造、模具预热和锻件固溶处理时，都要严格遵守工艺操作规程，避免超过温度上限、出现过烧。过烧的锻件表面发暗、起泡，一锻就裂；热处理时出现的过烧锻件的组织特点是：晶界处出现低熔点化合物，晶界发毛、加粗。轻微过烧虽然会略微提高锻件的强度，但会显著降低其疲劳性能；严重过烧则大幅度降低锻件的各项性能，使锻件成为废品。

（2）裂纹

在铝合金锻造时，锻件很容易因为合金较差的塑性和流动性而出现表面和内部裂纹。坯料的种类在一定程度上也可能导致锻件表面出现裂纹。如果坯料为铸锭，则铸锭中较高的含氢量、较严重的内部缺陷（如疏松、氧化夹渣、粗大的柱状晶、组织偏析等）、不充分的高温均匀化处理、存在的表面缺陷（如凹坑、划痕、棱角等）都会在锻造时导致锻件表面出现裂纹。此外，坯料加热不充分、保温时间不够、锻造温度过高或过低、变形程度太大、变形速度太高、锻造过程中产生的弯曲或折叠没有及时消除、再次进行锻造等都可能产生表面裂纹。锻件也会因为挤压坯料的表面存在粗晶环和气泡等缺陷，而在锻造时产生开裂。

在变形时，坯料内部的粗大氧化物夹渣和低熔点脆性化合物会在拉应力或切应力的作用下萌生裂纹并扩展，从而使锻件内部出现裂纹。另外，若锻造时每次的变形量均小于15%，则多次滚圆也会产生内部中心裂纹。

若锻造工具和模具的预热温度不够，锻件也会因为铝合金过窄的锻造温度范围而出现裂纹。

上述是锻件出现表面和内部裂纹的原因，可采取相应的措施进行解决，具体方法如下：

① 提高锻造原坯料的质量，彻底清除坯料表面的各种缺陷。例如，对挤压坯料的表面进行车削加工。锤上锻造时的小棒料用车削加工不方便时，可先轻击表面以打碎粗晶环，然后逐渐增加打击力度。

② 充分的高温均匀化处理铸锭坯料，使残余内应力和晶内偏析消除，金属塑性得到提高。应保证加热温度在锻造加热时达到要求并充分保温。

③ 根据合金种类的不同而选择合适的锻造温度范围。例如，最佳的LC4合金铸锭的锻造温度范围为在440℃左右加热保温，然后缓冷至410～390℃锻造，此时塑性最好。

④ 由于铝合金的流动性较差，因此，需要选择合适的变形程度，且变形速度越低越好，不宜采用滚压等变形激烈的锻造工序。

⑤ 应注意在锻造操作时防止出现弯曲、压折，并对所产生的缺陷进行及时矫正或消除。例如对于滚圆而言，次数不宜过多，单次压下量也要大于 20%。

⑥ 充分预热锻造工具，为了使金属的塑性和流动性提高，一般加热温度设定为与锻造温度接近，为 200~420℃。

（3）晶粒粗大

LD2、LD5、LD7、LD10、2024、2068 等锻铝和 LY11、LY12 等硬铝在锻造时，锻件变形程度小而尺寸较厚的部位、变形程度大和变形激烈的区域、飞边区附近和锻件表面均易产生粗大的晶粒。之所以会出现晶粒粗大，一方面是变形程度过小或变形程度过大、变形激烈、不均匀造成的；另一方面，过多的加热和模锻次数、过高的加热温度和过低的终锻温度也是其形成的原因。而锻件的表面之所以会出现粗晶层，一是因为锻造时将挤压坯料表层的粗晶环锻入锻件中，二是因为模锻时的模具温度较低、模腔表面太粗糙、润滑不良等增加了表面接触层的剪切变形程度。因此，可采取以下对策避免铝合金锻件中出现粗大晶粒：

① 必须合理设计模具结构和选择坯料，确保锻件变形均匀；

② 缩短材料的高温加热时间，LD2 等容易出现晶粒长大的合金淬火加热温度应取下限；

③ 减少模锻次数，力求一火锻成；

④ 保证终锻温度；

⑤ 采用良好的工艺润滑剂以将模腔的表面粗糙度提高到 0.4μm 以上。

采用等温模锻工艺也可有效解决铝合金晶粒粗大的问题，即在液压机慢速的条件下，将模具加热至合金的实际变形温度并保持。合适的变形温度和变形程度可确保锻件具有完全再结晶组织，经固溶处理后可得到细小晶粒。

（4）折叠

导致铝合金模锻件报废的主要原因之一是折叠，由此产生的废品约占总废品的 70%以上。金属在模锻时会发生对流，使某些金属出现重叠，然后在压力的作用下形成折叠。折叠在工字形断面的锻件中较多且不易消除。折叠产生的主要原因如下：

① 金属在锻造时的流动过于复杂，比如同一锻件不同位置处的截面形状和尺寸变化太大，或腹板与筋交角处的连接半径太小、腹板太薄、筋太窄太高、筋间距太大等，都会影响金属流动。

② 太大或太小、形状不合理的坯料都会影响金属的分配。

③ 锻件形状过于复杂，制坯和预锻模腔设计不合理，没有制坯和预锻模等。

④ 工艺操作不规范，润滑剂过多或润滑不均匀，放料不正，一次压下量太大，加压速度太快等。

⑤ 用于模锻的锻坯棱角太尖，或每次修伤不完全，都会在后续模锻时发展成折叠。

（5）流线不顺

铝合金模锻件还可能出现涡流和湍流等流线不顺缺陷。流线不顺的形成原因类似于折叠，但程度没有折叠严重，它也是由金属对流或流向紊乱造成的。涡流和湍流能显著降低锻件的疲劳性能、力学性能（尤其是塑性）和耐蚀性能等。

可采用以下对策避免铝合金锻件出现折叠、流线不顺等缺陷：

① 锻件各断面的变化要尽量平缓，在进行锻件设计时，应避免出现太高太窄的筋、太大的筋间距、太薄的腹板以及过小的筋与腹板连接的圆角半径。

② 可采用多套模具进行多次模锻，使坯料由简单的形状逐步过渡到复杂的锻件，确保整个过程中均匀的金属流动。

获得质量合格的铝合金锻件需要根据不同合金特点制定合理的锻造工艺方案，表 3-10 为常见铝合金的锻造工艺参数。

表 3-10　常用铝合金的锻造工艺参数

牌号	变形温度/℃	允许变形程度/%	备注
2A02	模锻：450～350 挤压：460～400	压力机：80　锻锤：50～60	过烧温度：510℃
2A11	压力机：470～420 锻锤：450～380	压力机：70　锻锤：60	
2A12	450～350	压力机：60　锻锤：50	
2A14	450～350	底力机：≤80　锻锤：≤60 铸锭：≤50	
2A16	压力机：470～420 锻锤：450～380	压力机：80　锻锤：60	临界变形程度：2%～9%
2A50	模锻：470～380 铸锭：450～380		临界变形程度：2%～20%
2B50	模锻：470～420		
2A70	锻造和模锻：450～350		
2014	440～320		
2024	450～350		
2124	450～320		
2214	450～320		
3A21	模锻：475～350	压力机：80　锻锤：80	
5A02	475～350	压力机：≤70　锻锤：≤60	
5A03	模锻：430～320		
5A05	模锻：430～320	压力机：≤70　锻锤：≤50	
5A06	加热：460 始锻：420 终锻：350	压力机：≤70　锻锤：≤50	锻造有困难时，应将毛坯表面温度由460℃降低至420℃，以小变形量锻造
6A02	锻造和模锻：470～380	≤70	
7A04	锻造和模锻：430～380	转锭：≤50　压力机：80 锻锤：≤60	可制造复杂形状的模锻件，临界变形程度不大于20%
7A09	加热：440 始锻：400 终锻：320		将毛坯表面温度由440℃降低至400℃后，以小变形量锻造，锻造时温度高易产生热脆，锻锤时更明显
7A33	450～350		
7050	加热：440 始锻：400 终锻：280		
7075	加热：440 始锻：400 终锻：320		同7A09
7475	加热：440 始锻：400 终锻：320		同7A09
8090	锻造：450～380 挤压：480～420 轧制：500～250		

3.4.9　铝合金锻造行业发展概况

2020 年，中国铝锻件与冲挤件的产量约 34 万吨，铝材产量 3600 万吨，锻件产量占铝材总产量的 0.94％，比美国的 1％稍低一些，因为中国航空航天锻件的产量比美国的少，但也说明中国铝材的结构很合理，锻件占的比例与发达国家的很接近，可以说中国与美国的铝合金锻件在铝材总产量中的占比几乎相等。2020 年，中国铝合金锻件产量约占全球总产量的 48％，美国的产量只有中国产量的 68％。中国稳居世界铝合金锻件与冲挤件产量第一位，美国第二，日本第三，德国第四，俄罗斯第五。俄罗斯航空航天锻件的产量虽比日本和德国的多，但其他锻件却少得多。

3.5　板料成形

板料冲压是利用装在冲床上的冲模冲压金属板料，使之产生分离或变形，从而获得所需形状和尺寸的毛坯或零件的加工方法。这种加工方法通常在室温下进行，所以又称冷冲压，只有当板料厚度超过 8～10mm 时，才采用热冲压。

冲压生产中常用的设备是剪床和冲床。剪床用来把板料剪切成一定宽度的条料，以供下一步的冲压工序用。冲床用来实现冲压工序，以制成所需形状和尺寸的成品零件。冲压生产的基本工序有分离工序和变形工序两大类。分离工序是使坯料的一部分与另一部分相互分离的工序，如落料、冲孔、切断和修整等。变形工序是使坯料的一部分相对于另一部分产生位移而不破裂的工序，如拉深、弯曲、翻边、成形等。

3.5.1　铝合金的冲裁成形

将板料的一部分从整体分离以获得所需形状的毛坯或零件的工艺称为冲裁成形。冲裁工艺既能用以加工复杂轮廓形状的平面零件，也能为零件进行修边、切口等处理。冲裁工艺是冲压生产的主要工艺方法之一，冲裁过程如图 3-29 所示。

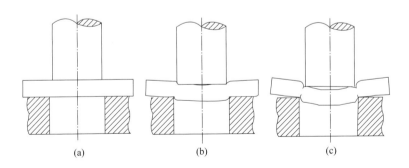

　　　　　(a)　　　　　　　　　　(b)　　　　　　　　　　(c)

图 3-29　板料被冲裁过程

（a）弹性变形阶段；（b）塑性变形阶段；（c）分离阶段

冲裁成形的工艺过程如下：凸模和凹模刃口在冲裁凸模与板料接触时开始切入金属，将切口邻近的金属带入间隙中形成塌角；随着刃口的继续压入，金属受到模具侧面的挤压而形成称为光亮带的表面；随着压入的进一步进行，板材萌生裂纹并贯穿全部厚度，使零件或坯料分离，在这个过程中，会形成粗糙的断裂带；在裂纹萌生时会产生毛刺，毛刺与刃口接触的侧面形成于刃口压入金属的过程，另一个侧面形成于裂纹的萌生过程。

3.5.2 铝合金的弯曲成形

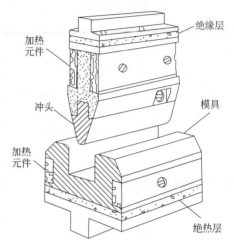

图 3-30　典型的弯曲模具示意图
可对冲头和模具进行加热处理

　　将材料弯曲成一定的角度和形状的工序称为弯曲。在弯曲过程中，坯料所受的作用力在一开始就使材料出现弹性变形，当作用力增大到某一临界值时，坯料产生塑性变形。除去此作用力后，坯料的塑性变形部分无法恢复而呈现模具的形状。板材、棒材、管材和型材等材料均可进行弯曲成形。典型的弯曲模具如图 3-30 所示，弯曲件的基本类型见表 3-11。

　　曲柄压力机、液压机、摩擦压力机等传统的压力机和弯板机、弯管机、滚弯机、拉弯机和自动弯曲机等专用设备都可进行弯曲加工。按照制件和所用设备特点的不同，弯曲可分为压弯和滚弯两大类，弯曲件的基本类型有敞开式、半封闭式、封闭式、重叠式等几种。

表 3-11　弯曲件的基本类型

类型	简图	弯曲方法
敞开式	∨ ⋁⋁ ⊔ ⊔ ⎍	用模具在压力机上压弯
半封闭式	⌂ ⌐ ⊔	用模具在压力机上压弯
封闭式	○ σ б ⊂⊃	批量较小的大型制作可在折弯机上折弯
重叠式	⊤ ⌐ ⌐ ⊐	批量较小的大型制作可在折弯机上折弯

　　V 形件弯曲是一种很普通的板料弯曲，其弯曲过程如图 3-31 所示。在开始弯曲时，板料的弯曲内侧半径大于凸模的圆角半径。随着凸模的下压，板料的直边与凹模 V 形表面逐渐靠紧，弯曲内侧半径逐渐减小，即 $r_0 > r_1 > r_2 > r$，同时弯曲力臂也逐渐减小，即 $l_0 > l_1 > l_2 > l$。当凸模、板料与凹模三者完全压紧，板料的内侧弯曲半径及弯曲力臂达到最小时，弯曲过程结束。

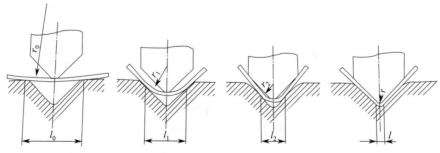

图 3-31　V 形件弯曲过程

3.5.3　铝合金的拉深成形

冲头推压放在凹模上的平板板料，通过凹模完成杯状工件的工序称为拉深。拉深属于一维成形，拉深产品的表面品质与原材料接近。拉深需要材料的塑性足够大，若工件的变形程度较大，还需要进行中间退火处理。

液压机、机械压力机等机械设备均可用于铝合金的拉深成形。根据拉深温度的不同，可将拉深分为冷拉深和热拉深两种。其中，瓶盖、仪表盖、罩、机壳、食品容器等各种壳、柱状和棱柱状、杯状的工件可用冷拉深成形；桶盖、短管等厚壁筒形件可用热拉深生产。图 3-32 为不同拉深件结构示意图。

图 3-32　多种拉深件结构示意图

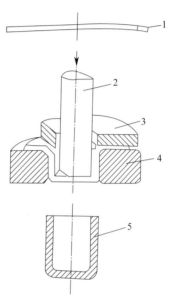

图 3-33　平板料拉深过程示意图
1—坯料；2—凸模；3—压边圈；4—凹模；5—工件

凸模和凹模之间的平板坯料进行拉深时，为了避免坯料在厚度方向上出现变形，需要用压边圈适度压紧坯料。金属坯料受到凸模的推压力作用而进入凹模，并成形为筒状或匣状的工件。图 3-33 为平板料拉深过程示意图。

拉深用的模具构造类似于冲裁模，不同之处为：凸模和凹模在工作部分的间隙不同，拉深的凸、凹模上没有锋利的刃口。一般来说，凸模与凹模之间的间隙 z 应比板料厚度 s 大，通常 z 为 $(1.1\sim1.3)\times s$。若 z 过小，工件会因为模具与拉深件间的摩擦增大而出现裂纹和擦伤，使模具的寿命下降；若 z 过大，工件易起皱，导致其精度降低。凸模和凹模端部边缘处的圆角半径应适当，一般取 $r_{凹}\geqslant(0.6\sim1)\times r_{凸}$，否则产品会因过小的圆角而出现拉裂现象。

从图 3-33 中可以看出，工件的底部在拉深过程中不变形，但工件的周壁部分塑性变形程度明显，加工硬化作用显著。材料的加工硬化作用随工件直径 d 与坯料直径 D 比值的增大而增强，导致拉深过程中的变形阻力也相应增大。将工件直径 d 与坯料直径 D 的比值 m 称为拉深系数，一般 m 取 $0.5\sim0.8$。塑性较高的金属可取较小的拉深系数 m。若较大直径的坯料在拉深系数的限制下无法一次成形，则可采用多次拉深的方法拉成较小直径的工件。多次拉深过程中对金属进行适当的中间退火，也可使塑性变形产生的加工硬化消除，有利于下一次拉深的进行。在拉深过程中，通常采用加入润滑剂的方法使摩擦减小，从而使拉深件壁部的拉应力下降，模具的磨损降低，使用寿命提高。

3.5.4 铝合金的旋压成形

将板料毛坯或空心板料毛坯固定在胎具上，在板料毛坯随同胎具转动的同时，用赶棒碾压板料毛坯，使其逐渐贴紧胎具，从而获得所要求的旋转体制件，此种成形工艺称为旋压，如图 3-34 所示。旋压能加工各种形状复杂的旋转体制件，如图 3-35 所示，从而可替代这些制件的拉深、翻边、缩口、胀形、弯边和叠缝等工序。旋压所用的设备和工具都较简单，旋压机床还可由车床改造。当生产量少、制件精度要求不高时，还可采用硬木胎模代替金属胎模。旋压广泛应用于铝制品的生产中。旋压工艺多为手工操作，这种工艺要求操作者的技艺水平较高，而且劳动强度大，产品质量不够稳定，生产率较低。因而多用于中、小批量生产。如果遇到用成形模经济性差和制造周期长问题时，也可用旋压的方法代替。

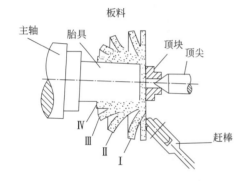

图 3-34　旋压成圆筒形制件（Ⅰ～Ⅳ为旋压轮）

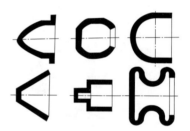

图 3-35　各种旋压制件

3.5.5 铝合金冲压工艺难点及常见缺陷

与钢材相比，铝合金的成形性能较低，而影响其成形的主要因素包括温度、模具圆角、压边力大小、摩擦润滑等。与钢不同，铝合金板表面氧化层塑性较差，易碎且附着性强，在冲压成形中不像钢板表面氧化层具有润滑作用。铝的弹性模数小，只有钢的三分之一，成形后会产生回弹，影响板材质量。在成形技术方面，铝合金板与钢板成形有较多相似，但是在实际生产中仍然存在很多问题。研究表明，要很好地掌握及运用材料之间成形性能之间的差异是很困难的，如何大批量生产铝合金合格产品、提高产品合格率已经成为汽车工业必须解决的问题。

铝合金冲压工艺难点与缺陷如下：

① 成形性差；

② 延伸性差，容易引起严重的起皱倾向，与钢板相比，铝合金起皱倾向严重；

③ 回弹量大，零件精度控制困难；

④ 包边性差，易开裂和产生"橘皮"缺陷；

⑤ 板材表面氧化层黏性强，影响模具使用寿命，铝合金板表面氧化层在板料拉延过程中与模具表面摩擦较大，易剥落并粘在模具表面造成模具损伤；

⑥ 修边后毛刺较大并且碎屑堆积严重，零件面品受到影响且模具维护成本增加。

区别于一般金属板料的冲压加工，铝合金型材在冲压加工时必须注意以下几点：

① 需对被加工件采取特别的保护措施。铝合金比一般金属软，因此，为防止型材变形，在冲压加工时，需要对被加工件进行精确、平稳和可靠定位，生产中可通过设置定位套等方法来加以保证。同时，在冲压过程中，也需采用弹性压料装置，使被加工产品始终在约束条件下进行。

② 选择合理的工艺参数。进行冲裁时，冲裁间隙比普通金属的冲裁间隙要小。切头（单边冲）比封闭式冲裁的间隙要小。模具的刃口要求锋利。

③ 留有足够的变形区。铝合金冲压加工时，其变形区带来的影响比普通金属冲压时的要大。因此，在进行相关工艺时要留有足够的区域，以防止变形带来的不良后果。

在铝合金型材冲压加工中，除需注意前面所述的防型材变形、取较小的冲裁间隙外，尤其需要注意冲压方向，控制好卸料、定位、防反、导向及预压等问题。其模具结构一般主要由上下垫板、冲头固定板、卸料板、弹性推件装置、防反装置等构成。同时，为了保证冲压精度，除常用的导柱外，一般还设有辅助导柱对模具内部的运动零件进行导向。

3.5.6　铝合金板成形仿真技术应用

铝合金与钢材相比，在伸长率、塑性比以及常温成形性能方面都存在差距，其冲压成形充满挑战：

① 成形极限低于钢材，容易导致加工过程中铝合金应变集中区出现破裂；② 铝合金的弹性模量比较低，这样在接受冲压的零部件一旦出模就会出现较明显的回弹，抗性减低。

铝合金与钢材等传统合金材料性能差别较大，不能直接运用钢板冲压成形模拟规律。国内外学者从各个方面对铝合金板材温热成形数值模拟应用进行了研究，包括材料屈服模型问题、板材接触问题、回弹分析、工艺及模具参数等方面。

板料成形有限元模拟技术已经成为评估板材成形和模具设计准确性的有效工具，经过二十几年的发展，从 20 世纪 70 年代后期开始，板料成形有限元模拟技术已经走向成熟，国外制造业高度重视 CAE 板材成形分析软件的应用及更新，部分已经用于汽车车身板的开发及生产。市场上出现的商业化软件主要包括三种：美国 Dynaform、瑞士 Autoform及 PAM-STAMP。冲压成形仿真技术的应用使得国内外汽车厂商产品生产时间缩短、产品合格率增加，提高了相应品牌的市场竞争力。

Dynaform 软件是专业的薄板材料冲压成形与模具设计 CAE 工具，有处理单元与求解单元两大组群，而处理单元可具体分解为前、后处理器。这样的构造能够对不同金属板材接受冲压工艺后所诱发的破裂、起皱、回弹等缺陷进行合理监测，并科学地确定位置，能对整个板材成形工艺提供较为准确的参考，为板料成形及模具设计提供计算机辅助操作的帮助。

铝合金板件的有限元模拟中，首先利用专业三维软件 Solidworks 建立铝合金板件的成形极限三维数学模型，将建模后产生的文件导入 Dynaform 软件数据库，然后 Dynaform 会利用自生网格功能标识实体模具与胚料的网格，利用常规设置的灵活性完成相关凸模设置，并确定胚料与模具的参数取值，最后提交至处理器中进行求解。通过前期的建模与设置参数可知，影响板材成形的参数主要是温度与速度。在软件的模拟试验中，只能对板材的变形温度或模具的温度进行控制。

除保证材料性能参数的输入精度，冲压仿真的其它参数也需要在准确性和正确性上深入研究。主要包括：仿真软件的选用，工艺型面和板料的有限单元网格划分，有限单元（膜单元和壳单元等）的类型选取和积分点的确定，单元网格自适应性划分的参数设置，模具型面在冲压过程中的运动关系和参数设定，压边力和成形吨位的预测方法，板料形状尺寸的优化方法。铝合金板与模具型面的摩擦系数在冲压成形仿真中通常定义为 0.2，而钢板则取值 0.125～0.15。

随着铝合金板材在汽车车身上的应用，温成形下铝合金板材成形模拟问题成为近年来研究的热点。

3.5.7　铝合金冲压件的典型应用

几乎在一切制造金属成品的工业领域中，都广泛地应用着冲压。特别是在汽车、拖拉机、航空、电气、仪表及国防等工业中，冲压占有极其重要的地位。板料成形较为复杂的模具、较高的设计和制作费用、较长的周期，都使其只在有大批量生产时才能表现出较高的优越性。

现在铝合金广泛应用于新能源乘用车车身中，相对于传统钢制车身，可以实现减重率 30%～40%。国内的蔚来汽车 ES8、众泰汽车开发完成的某大型 SUV 车型的铝合金发盖，具有成形性好、耐蚀性强、强度高和耐高温等性能，所开发的铝合金发盖较钢制发盖的质量降低了 10.5kg，减重率高达 42.2%。表 3-12 为铝合金冲压件应用案例。

表 3-12　为铝合金冲压件应用案例

零部件名称	车型	牌号
机盖外板	长城 VV7	5182
车门外板	宝马 7 系	AC170PX
车门内板	奔驰 S 级	5182
后背门外板	捷豹路虎发现者 4	AC170PX
后背门内板	捷豹路虎发现者 4	5182
侧围	凯迪拉克 CT6	AC170PX
A 柱/B 柱/C 柱	捷豹路虎	6111
地板、前围板	捷豹路虎	5754

3.6　铝及铝合金的焊接

铝及铝合金的焊接工艺起步较晚，但发展极为迅速，目前已拥有完善的焊接技术，使铝及其合金的应用范围进一步提高。铝及其合金的焊接技术既可用于不可热处理强化的合金，也能用于可热处理强化的高强度硬铝合金。铝及其合金的焊接方法较多，如熔化焊、电阻焊、钎焊、脉冲氩弧焊、等离子弧焊、钨极氩弧焊、真空及气体保护钎焊、真空电子束焊、扩散焊以及搅拌摩擦焊等。普通焊接设备和工艺即可完成铝及其合金的焊接，特殊的设备和工艺能实现有特殊要求的合金焊接。

3.6.1　铝及铝合金的焊接性

虽然目前铝及铝合金的焊接工艺应用十分广泛，但其具有的独特焊接性还是有一定的限制。一般来说，纯铝和非热处理强化的变形铝合金焊接性较好，热处理强化型的合金焊接性略差。铝及其合金的焊接性主要表现在以下几个方面：

① 极易氧化。铝与氧的亲和力很强，在空气中极易与氧结合生成致密而结实的 Al_2O_3 薄膜，厚度约为 $0.1\mu m$，熔点高达 2050℃，远远超过铝及铝合金的熔点，而且密度很大，约为铝的 1.4 倍。在焊接过程中，氧化铝薄膜会阻碍金属之间的良好结合，并易造成夹渣。氧化膜还会吸附水分，焊接时会促使焊缝生成气孔。这些缺陷，都会降低焊接接头的性能。为了保证焊接质量，焊前必须严格清理焊件表面的氧化物，并防止在焊接过程中再氧化，对熔化金属和处于高温下的金属进行有效的保护，这是铝及铝合金焊接的一个重要特点，具体的保护措施是：

a. 焊前用机械或化学方法清除工件坡口及周围部分和焊丝表面的氧化物；

b. 焊接过程中要采用合格的保护气体进行保护；

c. 在气焊时，采用熔剂，在焊接过程中不断用焊丝破坏熔池表面的氧化膜。

② 容易形成气孔。焊接接头中的气孔是铝及铝合金焊接时极易产生的缺陷，尤其是纯铝和防锈铝的焊接。氢是铝及铝合金焊接时产生气孔的主要原因，除此之外还有氮气孔、一氧化碳气孔和氧气孔。氢的来源是弧柱气氛中的水分、焊接材料及母材所吸附的水分，其中焊丝及母材表面氧化膜的吸附水分，对焊缝气孔的产生作用较明显。铝及铝合金的液体熔池很容易吸收气体，在高温下溶入大量气体后，熔体由液态凝固时溶解度急剧下降，在焊后冷却凝固过程中气体来不及析出，而聚集在焊缝中形成气孔。为了防止气孔的产生，以获得良好的焊接接头，对氢的来源要严格控制，焊前必须严格限制所使用焊接材料（包括焊丝、焊条、熔剂、保护气体）的含水量，使用前要进行干燥处理。清理后的母材及焊丝最好在 2～3h 内焊接完毕，最多不超过 24h。TIG 焊时，选用大的焊接电流配合较高的焊接速度。MIG 焊时，选用大的焊接电流、慢的焊接速度，以提高熔池的存在时间。Al-Li 合金焊接时，加强正、背面保护，配合坡口刮削，清除根部氧化膜，可有效地防止气孔。

③ 较大的热裂倾向和变形。铝及铝合金的线胀系数约为钢的 2 倍，凝固时体积收缩率达 6.5％～6.6％，因此易产生焊接变形。防止变形的有效措施除了选择合理的工艺参数和焊接顺序外，采用适宜的焊接工装也是非常重要的，焊接薄板时尤其如此。另外，某些铝及铝合金焊接时，在焊缝金属中形成结晶裂纹的倾向性和在热影响区形成液化裂纹的倾向性均较大。由于过大的内应力而在脆性温度区间内产生热裂纹，这是铝合金，尤其是高强铝合金焊接时最常见的严重缺陷之一。在实际焊接现场中防止这类裂纹出现的措施主要是改进接头设计，选择合理的焊接工艺参数和焊接顺序，采用适应母材特点的焊接填充材料等。

④ 需要采用大的焊接热输入。铝及铝合金的热导率、比热容都很大，比钢大 2～4 倍，在焊接过程中大量的热能被迅速传导到基体金属内部，为了获得高质量的焊接接头，必须采用能量集中、功率大的热源，有时需采用预热等工艺措施，才能实现熔焊。

⑤ 易烧穿和下塌。铝及其合金从固态转变为液态时的颜色变化不明显，较难确定焊接时的熔池温度，难以观察焊接缝坡口的熔化程度，熔池常因为温度过高出现下塌或下漏烧穿，焊接过程中给操作者带来不少困难。因此要求焊工掌握好焊接时的加热温度，尽量采用平焊，使用引弧或熄弧板。

⑥ 合金元素易蒸发和烧损。在焊接电弧的高温作用下，铝合金中镁、锌、锰等低沸点合金元素极易蒸发和烧损，使焊缝金属的化学成分和性能发生改变，因此，在这类合金进行焊接时最好选用能补充镁、锌、锰等合金元素的焊丝。

⑦ 焊接接头容易软化。焊接可热处理强化的铝合金时，由于焊接热的影响，焊接接头中热影响区会出现软化，即强度降低，使基体金属近缝区部位的一些力学性能变坏。对于冷作硬化的合金也是如此，使接头性能弱化，并且焊接线能量越大，性能降低的程序也

愈严重。针对此类问题，采取的措施主要是制定符合特定材料焊接的工艺，如限制焊接条件、采取适当的焊接顺序、控制预热温度和层间温度、焊后热处理等。对于焊后软化不能恢复的铝合金，最好采用退火或在固溶状态下焊接，焊后再进行热处理，若不允许进行焊后热处理，则应采用能量集中的焊接方法和小线能量焊接，以减小接头强度降低的程度。

3.6.2 铝及铝合金的焊接方法

铝及铝合金的焊接方法很多，但是各种焊接方法的适应性又有不同，选择铝及铝合金的焊接方法时，应考虑产品的结构特点、用途、制造工艺需求、焊件厚度、铝及铝合金类别、牌号及其焊接性、对焊接接头质量及性能的要求，并考虑用户单位的物质、技术、经济等方面的条件，综合决定使用哪一种焊接方法。

焊接件的用途和工作环境，常常决定了铝及铝合金的焊接方法。接头的设计对焊接方法的选择也是非常重要的。如果要求对接焊缝，选择气体保护电弧焊的方法较好，在某些应用场合也可以考虑选用气焊。选择焊接方法，也要根据焊接车间和焊接场地的便利性和焊件能否移动至靠近焊接设备来决定。另外一个考虑的因素，就是焊完后零件的性能，如焊缝强度、冲击韧性、疲劳强度和耐蚀性，以及特殊使用状态下的性能。焊缝附近的基体材料是否允许软化是考虑的另一个主要因素。此外，对在焊缝附近，因受热而影响的耐蚀性也应充分考虑。热量小的焊接方法，有电阻焊、压力焊、超声波焊等三种。熔焊时，总是希望焊缝两边的热影响区的宽度最小，跨越焊缝的性能最高，这就要求使用快速的焊接方法，如气体保护电弧焊就较为理想。在使用的各种焊接方法中，电子束焊的热影响最小。

焊缝的成形也是选择焊接方法时考虑的因素之一。在熔焊工艺中，钨极氩弧焊和熔化极氩弧焊焊缝成形美观；点焊、滚焊和超声波焊会毁坏表面状态；钎焊的焊缝成形良好，很少或不需要修整；电阻对焊会使焊件产生较大的变形，当需要美观的表面形状时就不能用电阻对焊。

在阳极化处理时，硬钎焊件的填充金属会变黑。软钎焊件的填充金属也会变黑，并且会溶解到溶液中去，腐蚀焊缝和污染阳极化溶液。所以在硬钎焊件、软钎焊件的焊缝上彻底清除溶剂的工作，必须要在阳极化处理以前进行。从经济上考虑，包括设备成本、操作技能和对劳动量的要求，以及相对操作成本，如焊前准备和焊后处理等。要求的数量、重复生产的可能性、设备的利用率等都是影响选择焊接方法的因素。对于尺寸和形状相同的组合件，就希望高生产率和自动化生产。

表 3-13 是常用铝及铝合金焊接方法的特点及其适用范围，根据铝合金的牌号、产品结构、焊接件厚度和对焊接性能的要求选择合适的焊接方法。

表 3-13　常用铝及铝合金焊接方法的特点及其适用范围

焊接方法	特点	适用范围
气焊	热功率低，焊件变形大，生产率低，易产生夹渣、裂纹等缺陷	用于非重要场合的薄板对接焊及补焊等
手工电弧焊	接头质量差	用于铸铝件补焊及一般修理
钨极氩弧焊	焊缝金属致密，接头强度高，塑性好，可获得优质接头	应用广泛，可焊接板厚1～20mm
钨极脉冲氩弧焊	焊接过程稳定，热输入精确可调，焊件变形小，接头质量高	用于薄板、全位置焊接、装配焊接及热敏感性强的锻铝、硬铝等高强度铝合金
熔化极氩弧焊	电弧功率大，焊接速度快	用于厚件的焊接，可焊厚度为50mm以下
熔化极脉冲氩弧焊	焊接变形小，抗气孔和抗裂性好，工艺参数调节广泛	用于薄板或全位置焊，常用于厚度2～12mm的工件

续表

焊接方法	特点	适用范围
等离子弧焊	热量集中,焊接速度快,焊接变形和应力小,工艺较复杂	用于对接头要求比氩弧焊更高的场合
真空电子束焊	熔深大,热影响区小,焊接变形量小,接头力学性能好	用于焊接尺寸较小的焊件
激光焊	焊接变形小,生产率高	用于需进行精密焊接的焊件

（1）熔化极氩弧焊

相对于手工钨极氩弧焊，自动、半自动熔化极氩弧焊具有电弧功率大、热量集中、热影响区小等优点，可使生产效率提高 2～3 倍。熔化极氩弧焊可以焊接厚度在 50mm 以下的纯铝及铝合金板，并且板材不需预热。定位焊缝、断续的短焊缝及结构形状不规则的焊件焊接均可采用半自动熔化极氩弧焊，但半自动焊的焊丝直径一般在 $\phi 3mm$ 以下，相对较细，且焊缝具有较大的气孔敏感性。

（2）钨极氩弧焊

在氩气保护下进行的钨极氩弧焊具有热量集中、电弧稳定、焊缝致密等优点，并且焊接接头具有较高的强度和塑性，因此工业应用范围越来越广。钨极氩弧焊可以焊接厚度在 1～20mm 的重要铝结构件，工艺设备完善，但设备较复杂，不宜在室外露天条件下操作。

（3）脉冲氩弧焊

钨极脉冲氩弧焊的焊接过程电流稳定性较好，调节各种工艺参数即可控制电弧功率和焊缝成形。焊件具有较小的变形程度和热影响区，特别适合焊接薄板、对热敏感性强的锻铝、硬铝、超硬铝等材料。熔化极脉冲氩弧焊具有较小的平均焊接电流，较大的参数调节范围，因此焊件的变形及热影响区小，具有较高的生产率和较好的抗气孔及抗裂性，适合焊接厚度在 2～10mm 铝合金薄板。

（4）气焊

气焊一般是指氧-乙炔气焊，这种焊接方式较低的热功率和较分散的热量会增大焊体的变形程度，降低生产效率。一般需要预热较厚的铝焊件，焊缝中的金属在焊后会出现晶粒粗大、组织疏松、氧化铝夹杂、气孔及裂纹等缺陷。此外，这种方法只能焊接厚度范围在 0.5～10mm 的不重要铝结构件或补焊铸件。

（5）电阻点（缝）焊

铝及铝合金能使用电阻点（缝）焊，但其导电性及导热性好，焊接时需大功率电源，一般只用于点（缝）焊厚度为 4mm 以下的铝材薄件，个别的大功率点焊机可用以点焊厚达 7mm 的铝材，点焊过程持续时间短，过程中伴有锻压，对母材热影响小，适于焊接包括硬铝合金在内的各种铝及铝合金。电阻点（缝）焊设备投资大，耗电量大，多用于航空、航天、汽车等铝材结构的焊接。

（6）等离子弧焊

等离子弧是电弧的一种特殊形式，等离子弧焊就是利用压缩电弧进行焊接，其弧温高、能量密度大、穿透力强、加热范围小、焊接效率高、焊接时变形小，适用于焊接厚壁零件及对热敏感的热处理强化铝合金结构及缺陷处的补焊。近代等离子弧焊发展很快，已出现多种方案，焊接电源可为交流或直流，焊缝成形方式有穿孔型和熔入型。

（7）真空电子束焊接

这是一种高能束精密焊接法，一般在整体式固定真空室内进行，室内真空度一般不低于 1.33×10^{-2} Pa，能量密度高，熔透能力强。母材无需开坡口，单层焊可熔透的最大厚度达

150mm。焊缝间隙成形窄而深，焊接速度高，母材热影响区窄。但是焊接设备投资大，焊件尺寸受到真空室尺寸限制。还有一种在组合式真空室内进行铝合金大型构件真空电子束焊的方法，此真空室的底部开口，其内或其上安装电子枪，将这种开口的真空室搬运到大尺寸构件上，其内的空间将包容焊件的焊接部位（纵缝或环缝）及其邻近区域，用真空静密封、真空动密封技术使开口真空室与构件组合成一个"临时"密封的真空室。真空电子束焊后，即可撤去密封，撤离开口真空室。这种真空电子束焊接方法适用于大尺寸构件，设备可自行设计制造。

（8）激光焊

激光焊也是一种高能束的焊接方法，但无需在真空室内进行，仅需用惰性气体保护焊接部位。激光焊能量密度高，深熔能力强，焊接速度高，焊件变形小，是一种使用方便、质优高效的焊接方法。但是，铝材对激光的反射率高（90％左右），焊接时需大功率激光器，或需在铝材表面施加特殊的表面材料，以减小反射率。

（9）搅拌摩擦焊

搅拌摩擦焊是一种板材固态连接技术，相对于传统熔焊，其飞溅和烟尘很少，接头无气孔、裂纹缺陷，也不需要焊丝和保护气体。搅拌摩擦焊能焊接直焊缝并不受轴类零件的限制。铝及其合金的熔点较低，更适于采用搅拌摩擦焊进行焊接。与普通熔焊方法相比，搅拌摩擦焊具有如下突出的优点：

① 固态焊接技术，焊接过程不存在焊接材料熔化的现象；

② 接头质量好，焊缝为细晶锻造组织结构，没有气孔、裂纹、夹渣等缺陷，焊接效率高，在0.4～100mm厚度范围内可以实现单道焊接成形；

③ 不受焊缝位置的限制，可实现多种接头形式的焊接；

④ 焊件中残余应力低，变形小，可以实现高精度焊接；

⑤ 接头强度高、疲劳性能好，冲击韧性优异；

⑥ 焊接成本低，不需要焊接过程消耗，不需要填丝和保护气；

⑦ 焊接操作简单、便于实现自动化焊接。

基于搅拌摩擦焊技术的诸多优越性，自1991年发明至今，搅拌摩擦焊已成功地实现了铝合金、镁合金等多种轻合金金属材料的焊接，并且已经在航天、航空、造船、列车、汽车、电力等多个工业制造领域得到广泛应用。搅拌摩擦焊原理见图3-36。

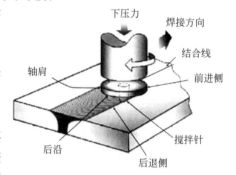

图3-36　搅拌摩擦焊原理示意图

3.6.3　铝及铝合金的焊接材料

（1）焊丝

现在铝及铝合金焊接中大部分的填充金属都是焊丝。焊丝是影响焊缝金属成分、组织、液相线温度、固相线温度、焊缝金属及近缝区母材的抗热裂性、耐蚀性及常温或高温低温下力学性能的重要因素。当铝材焊接性不良，熔焊时出现裂纹，焊接接头力学性能不良或焊接结构出现脆性断裂时，改用适当焊丝而不改变焊件设计和工艺条件常成为必要、可行和有效的技术措施。根据国家标准GB/T 10858—2008，我国铝及铝合金焊丝的牌号及化学成分如表3-14所示。

表 3-14 我国铝及铝合金焊丝的牌号及化学成分

焊丝型号	化学成分代号	化学成分(质量分数)/% Si	Fe	Cu	Mn	Mg	Cr	Zn	Ga,V	Ti	Zr	Al	Be	其他元素 单个	合计
SAl1070	Al99.7	0.20	0.25	0.04	0.03	0.03	铝	0.04	V 0.05	0.03		99.70		0.03	—
SAl1080A	Al99.8(A)	0.15	0.15	0.03	0.02	0.02		0.06	Ga 0.03	0.02		99.80		0.02	—
SAl1188	Al99.88	0.06	0.06	0.005	0.01	0.01		0.03	Ga 0.03 V 0.05	0.01		99.88		0.01	
SAl1100	Al99.0Cu	Si+Fe 0.95		0.05~0.20	0.05		—	0.10		—		99.00	0.0003	0.05	0.15
SAl1200	Al99.0	Si+Fe 1.00		0.05	0.05				—	0.05		99.00			
SAl1450	Al99.5Ti	0.25	0.40	0.05		0.05		0.07		0.10~0.20	—	99.50		0.03	
SAl2319	AlCu6MnZrTi	0.20	0.30	5.8~6.8	0.20~0.40	0.02	铝铜 —	0.10	V 0.05~0.15	0.10~0.20	0.10~0.25	余量	0.0003	0.05	0.15
SAl3103	AlMn1	0.50	0.70	0.10	0.9~1.5	0.30	铝锰 0.10	0.20		Ti+Zr 0.10		余量	0.0003	0.05	0.15
SAl4009	AlSi5Cu1Mg	4.5~5.5	0.20	1.0~1.5	0.10	0.45~0.6	铝硅	0.10		0.20		余量	0.0003	0.15	0.15
SAl4010	AlSi7Mg	6.5~7.5		0.20		0.30~0.45				0.20					
SAl4011	AlSi7Mg0.5Ti	6.5~7.5		0.20		0.45~0.7				0.04~0.20			0.04~0.07		
SAl4018	AlSi7Mg	4.5~6.0	0.8	0.05		0.50~0.8				0.20					
SAl4043	AlSi5	4.5~6.0	0.6		0.05	0.05									
SAl4043A	AlSi5(A)	4.5~6.0	0.6		0.15	0.02									
SAl4046	AlSi10Mg	9.0~11.0	0.50	0.30	0.40	1.0~1.5				0.15					
SAl4047	AlSi12	11.0~13.0	0.8		0.15	0.10				—					
SAl4047A	AlSi12(A)	11.0~13.0	0.6		0.15					0.15					
SAl4145	AlSi10Cu4	9.3~10.7	0.8	3.3~4.7		0.15	0.15	0.20		—	—		0.0003		
SAl4643	AlSi4Mg	3.6~4.6	0.8	0.10	0.05	0.10~0.30	—	0.10		0.15					

焊缝的成分与焊件的力学性能、耐蚀性能，结构的刚性、颜色及抗裂性等因素在焊丝选择时都需要进行考虑。若焊丝的熔化温度低于母材，则焊接热影响区的晶间裂纹倾向会显著降低。对于非热处理型铝合金而言，焊接接头的强度按 $1\times\times\times$ 系、$4\times\times\times$ 系、$5\times\times\times$ 系的次序增大。由于含镁 3% 以上的 $5\times\times\times$ 系合金的应力腐蚀敏感性较高，因此应避免在使用温度高于 65℃ 的结构中采用这种合金焊丝，否则会发生应力腐蚀龟裂。若焊丝的合金含量高于母材，则一般可防止焊缝金属的裂纹倾向。目前，常用的铝及铝合金标准牌号焊丝与基体金属成分相近，若缺少标准牌号焊丝，可用基体金属上切下的狭条进行替代，此狭条的长度为 500~700mm，厚度与基体金属相同。SAlSi-1 是较为通用的焊丝、这种焊丝具有良好的液态金属流动性、较小的凝固收缩率和优良的抗裂性能。在焊丝中加入少量的 Ti、V、Zr 等合金元素作为变质剂，可细化焊缝晶粒、提高焊缝的抗裂性及力学性能。在选用铝及其合金焊丝时，需要注意如下的问题：

① 与母材的化学成分相兼容，例如焊接裂纹倾向。

② 焊缝力学性能要求（需要将焊接热影响区和焊缝金属性能统一计算）。

③ 焊接部件或构件的后续处理，例如表面处理、阳极氧化和表面装饰抛光。

④ 焊缝要求的抗腐蚀能力。

⑤ 焊接接头的使用性能。除母材成分外，焊丝还与接头的几何形状、耐蚀性要求和焊接件的外观要求有关。比如，需要用耐蚀性优异的高纯度铝合金焊丝焊接储存过氧化氢的容器，以防储存产品的污染。

⑥ 具有最佳焊接性。

最终的选择将根据产品实际需要，在上述几方面做综合平衡。表 3-15 提供了各类（1类、3 类、4 类、5 类）铝合金焊丝的相关信息，表 3-16 给出了常见铝合金焊丝和母材匹配关系。

表 3-15　铝合金焊丝相关信息

类别	型号	化学成分	备注
$1\times\times\times$	SAl 1450	Al99.5Ti	Ti 通过晶界强化降低了焊缝金属的裂纹倾向
	SAl 1080A	Al99.8(A)	
$3\times\times\times$	SAl 3103	AlMn1	
$4\times\times\times$	SAl 4043A	AlSi5	该成分焊丝在阳极氧化或暴露于空气中时会变成暗灰色,其强度会随 Si 的增加而提高。该种焊丝焊接后的焊缝颜色和基体金属之间有色差问题。这种专门用于预防由于高稀释及高收缩而形成的凝固裂纹,常用于铸件焊接
	SAl 4046	AlSi10Mg	
	SAl 4047A	AlSi12(A)	
	SAl 4018	AlSi7Mg	
$5\times\times\times$	SAl 5249	AlMg2Mn0.8Zr	当良好耐蚀性和颜色匹配是重要要求时,焊丝的 Mg 含量必须和母材搭配。Mg 含量过高、过低均会造成阳极化后的焊缝色差。当焊缝金属要求屈服强度、伸长率为重要指标时,应使用含 Mg 量为 4.5% 至 5% 的焊丝。Cr 和 Zr 通过晶界强化降低了焊缝金属的裂纹倾向,Zr 降低热裂倾向
	SAl 5754	AlMg3	
	SAl 5556A	AlMg5.2Mn(A)	
	SAl 5183	AlMg4.5Mn0.7(A)	
	SAl 5087	AlMg4.5MnZr	
	SAl 5356	AlMg5Cr(A)	

表 3-16　常用铝合金焊丝和母材匹配表

焊丝	母材
Al99.5Ti	Al99.8、Al99.5、AlMn
AlMg5	Al99.5、AlMg4.5、MnAlMg3、AlMg5、AlMgSi1、AlZn4.5、MgAlCuMg
AlSi5	AlMgSi1、AlZn4.5、MgAlCuMg、G-AlSiMg、G-AlSiCu
AlSi12	G-AlSi12、G-AlSiM、G-AlSiCu

在有的情况下，要求焊接接头与母材基体金属相比，具有某一特殊性，这样就对铝及

铝合金焊丝的选用提出了更高的要求，难度也相对更大一些。当按照不同要求选用铝合金填充金属时可依据表 3-17 进行。

表 3-17 按照特殊性能要求推荐的部分铝合金填充焊丝

材料	特殊性能要求对应的铝合金填充焊丝				
	强度高	塑性好	阳极化处理后颜色匹配	最小裂	耐海水
1100(L5~1)	SAlSi-1	SAl-1	SAl-1	SAlSi-1	SAl-1
2A16(LY16)	SAlCu	SAlCu	SAlCu	SAlCu	SAlCu
3A21(LF21)	SAlMn	SAl-1	SAl-1	SAlSi-1	SAl-1
5A02(LF2)	SAlMg-5	SAlMg-5	SAlMg-5	SAlMg-5	SAlMg-5
5A05(LF5)	LF14	LF14	SAlMg-5	LF14	SAlMg-5
5083(LF4)	ER5183	ER5356	ER5356	ER5183	ER5356
5086	ER5356	ER5356	ER5356	ER5356	ER5356
6A02(LD2)	SAlMg-5	SAlMg-5	SAlMg-5	SAlSi-1	SAlSi-1
6063(LD31)	ER5356	ER5356	ER5356	SAlSi-1	SAlSi-1
7005	ER5356	ER5356	ER5356	X5180	ER5356
7039	ER5356	ER5356	ER5356	X5180	ER5356

注：X5180 焊丝成分（质量分数）为，$Mg=3.5\%\sim4.5\%$，$Mn=0.2\%\sim0.7\%$，$Cu\leqslant0.1\%$，$Zn=1.7\%\sim2.8\%$，$Ti=0.06\%\sim0.2\%$，$Zr=0.08\%\sim0.25\%$。

（2）焊条

铝及铝合金焊条由于熔化速度快，必须采用短弧快焊接，操作比较困难，对焊工操作的熟练程度要求很高，所以，很少采用焊条电弧焊方法焊接铝及铝合金，只是少量地用于纯铝、铝-锰合金、铸铝及部分铝-镁合金结构的焊接和补焊。焊条电弧焊焊接时常出现金属氧化、元素烧损等现象，导致产生气孔裂纹等缺陷。由于焊条药皮主要由碱金属和碱土金属的氟化盐和氯化盐组成，电弧稳定性差，飞溅大，极易受潮，因此焊条须经烘干、焊前工件预热。焊接过程中须注意以下问题：

① 应采用直流反极性焊接。对铝合金厚件的焊接而言，一般应先将母材预热至 $120\sim200$℃以保证焊接熔池具有合适的熔深。在焊接开始时，熔池因为铝的热导率较高而冷却速度极快，预热也可有效防止气孔的产生。预热也有助于减小复杂焊件的变形程度。但是，如果预热温度较高（大于 175℃），6×××系合金焊接接头的力学性能会显著下降。

② 焊接气孔产生的主要原因之一是焊条药皮中存在的水分和污物，母材焊接接口处的脏物和油脂等也会形成气孔，所以需要保证焊条和母材的清洁度。焊条应该在干燥、清洁的地方进行储存，以防止焊条药皮在潮湿空气中发生吸潮。焊条在使用前应在 $175\sim200$℃保温 1h 以进行烘干，烘干后的焊条在 $60\sim100$℃的保温箱内储存。

③ 用于手工电弧焊的母材，其厚度最好不低于 3.2mm，必要时应进行单道手弧焊。较厚的铝材可能需要进行多道焊，在每道焊接后应及时对焊道之间进行清理。焊接接头和工件应在焊接结束后彻底清理以去除残余焊渣。钢丝刷和尖头锤等机械工具能去除大部分的残余焊渣，可用蒸汽或热水冲洗的方法去除其余部分的残余焊渣。

④ 焊缝耐蚀性的好坏在应用时非常重要，故焊条成分应尽量与母材的成分相近。由于气体保护焊焊丝的成分范围较宽，因此推荐采用气体保护焊对需要耐蚀的焊件进行焊接。

⑤ 焊接操作要正确。焊接过程中，焊条要垂直焊件表面，电弧尽可能要短，焊条不

作横向摆动，以提高焊接速度。更换焊条必须快速进行。

⑥ 要控制焊接变形。铝及铝合金线胀系数比铁大一倍，凝固时收缩率比铁大两倍，所以，焊接变形大，应采用适当的焊接工艺措施和必要的工装减少焊接变形和避免产生焊接裂纹。

表 3-18 为铝及铝合金焊条的型号、牌号、规格与用途，表 3-19 为铝及铝合金焊条的化学成分和力学性能。

表 3-18　铝及铝合金焊条的型号、牌号、规格与用途

型号	牌号	药皮类型	焊芯材质	焊条规格/mm		用途
E1100	L109	盐基型	纯铝约 99%	3.2、4.5	345～355	焊接纯铝板、纯铝容器，焊接铝板、铝硅铸件，一般铝合金、锻铝、硬铝(镁铝合金除外)
E4043	L209	盐基型	铝硅合金，Si 5%，Al 余量	3.2、4.5	345～355	焊接纯铝件、铝硅铸件，一般铝合金及锻铝、硬铝，但不宜焊接铝镁合金
E3003	L309	盐基型	铝锰合金，Mn 1.3%	3.2、4.5	345～355	焊接铝锰合金、纯铝及其他铝合金

表 3-19　铝及铝合金焊条的化学成分和力学性能

型号	牌号	药皮类型	电流种类	焊丝化学成分/(质量分数)%	熔敷金属抗拉强度/MPa	焊接接头抗拉强度/MPa
E1100	L109	盐基型	直流反接	Si+Fe≤0.95,Co 0.05～0.20,Mn≤0.05,Be≤0.0008,Zn≤0.10,其他总量≤0.15,Al≥99.0	≥64	≥80
E4043	L209	盐基型	直流反接	Si4.5～6.0,Fe≤0.8,Cu≤0.30,Mn≤0.05,Zn≤0.10,Mg≤0.05,Ti≤0.2,Be≤0.0008,其他总量≤0.15,Al 余量	≥118	≥95
E3003	L309	盐基型	直流反接	Si≤0.6,Fe≤0.7,Cu 0.05～0.20,Mn 1.0～1.5,Zn≤0.10,其他总量≤0.15,Al 余量	≥118	≥95

（3）保护气体

在铝及铝合金的氩弧焊中使用的保护气体主要为氩气、氦气以及氩气与氦气的混合气等。

① 氩气（Ar）是惰性气体，既不与金属起反应又不溶于液态金属，同时能量损耗低，电弧燃烧稳定。在 TIG 焊和 MIG 焊中都能保证没有飞溅或最小飞溅。由于其密度比空气大，所以保护效果非常好。对氩气纯度的要求：在生产实际中，铝合金焊接时，氩气的纯度应大于 99.9%，其中杂质氧和氢含量小于 0.005%，氮含量小于 0.015%，水分控制在 0.02mg/L 以下。否则就会造成合金元素烧损、焊缝出现气孔、表面无光泽、发渣或发黑、成形不良等现象。此外，还会影响电弧的稳定性，导电嘴回烧频率加大，使焊丝与母材熔合不好。焊接铝合金薄板时，主要使用纯氩气保护，这主要是因为纯氩气保护时的热输入量较小、熔深浅。

② 氦气（He）也是惰性气体，焊接过程中吸热小、熔池停留时间长，因此氦气保护焊接时气孔倾向小。但由于纯氦气保护焊接时，存在电弧稳定性差、短路过渡等缺点，故一般不单独使用。

③ 氩-氦混合气体：采用氩气保护时，可使熔滴过渡非常稳定，但采用氩气和氦气混合气体可改善熔深和抗气孔性能。采用氦气混合气可降低预热所需费用或者甚至不用预热。氩-氦混合气体其组成为 70% 的氩气和 30% 的氦气。使用氩-氦混合气体的优势在于它综合了两种保护气体的优点，既有氩气的电弧稳定、能形成射流过渡、保护效果好，又有氦气的热输入量大、抗气孔能力强。如果用于大厚度铝合金板材的焊接或散热系数更大的铜合金的焊接时，可以增加氦气的含量，常用的氦气加入量为 50% 和 70%。目前市场上已经开始使用含有微量 O_2 或 N_2 的氦氩混合气体，其组成通常为 1.5% 氮气（或氧气）、30% 氦气，其余为氩气。虽然 O_2 或 N_2 不能改善焊透性能，但电离状态下，属于发热气体，可以进一步增加焊接热输入量，减小预热温度，改善焊缝成形。

3.6.4　铝及铝合金的焊接工艺

3.6.4.1　焊前准备

（1）接头设计和接头准备

由于铝及铝合金具有许多特殊的物理化学性能，因此对这些金属焊接结构的设计和生产有些特殊的要求。其中主要的要求就是焊接接头的工艺性。对于铝及铝合金，其工艺性就是指保护焊接接头和焊缝反面免受空气作用的可能性及难易程度。焊接时，应保证焊接工具（焊枪、喷嘴、保护罩等）能自由伸入焊接部位。在许多情况下，必须在焊缝反面安装垫板，因为铝及铝合金的表面张力较小，液态时在自重的作用下，容易下流。焊接结构必须避免焊缝过分集中，在焊接时如有条件的话，尽可能采用机械化焊接。机械化焊接可使焊接接头在结构变形很小时，获得比较高的质量，而且还能改善劳动条件，避免焊工吸入过多有毒气体。

熔化焊焊接铝及铝合金，主要采用对接接头。虽然搭接和 T 形接头连接装配也比较简单，但焊接时保护比较困难，特别是保护焊缝反面更加困难。此外，搭接和 T 形连接接头的牢固性比对接接头差，特别是在脉动载荷情况下更是如此。铝及铝合金不适于采用角接接头。角接和搭接接头的电弧不易穿透焊缝根部，因此氧化膜常常残留在焊缝中。铝及铝合金焊接接头的强度常常低于母材，为了获得与母材同等强度的对接接头，应增大焊缝区金属的厚度。

为了防止产生冷裂纹，焊接结构必须避免有产生应力集中的部位，否则应尽可能使焊缝远离应力集中部位。在焊接不同厚度的工件时，应使厚件与薄件实现平滑过渡。随着铝及铝合金焊接新方法的不断出现，可设计的焊接接头范围大大扩大了，例如，采用电子束焊（电子束横截面小，能量传递的距离大，熔融金属的面积小，焊缝窄）可以焊接与过去根本不同的焊接接头。

铝及铝合金焊接前，需要按照设计要求准备良好的接头。机械或热切割法均可用于铝材焊前的接头准备。正确的接头准备对于焊出高质量的焊缝非常重要，可使焊缝质量均匀而且经济。铝及铝合金很容易机械加工，在实际焊接准备中，常常使用剪、切、锯割、车削、铣削和仿形铣等方法，具体采用哪种方法要根据设计要求和材料而定。关于坡口的准备工作，原则上同结构钢焊接时并无不同。薄板焊接时一般不开坡口（手弧焊时在板厚 3～4mm 以内，自动焊时板厚在 6mm 以内），如果采用大功率焊接时不开坡口，可熔透的厚度还可以增大。厚度小于 2mm 时，还可以采用卷边接头，主要的问题是如何充分去除氧化膜。厚板焊接时，为了保证熔透，需要适当开坡口，具体形式根据焊件结构形式、板厚、焊接方法及强度要求等共同决定。

（2）铝及铝合金的清理

焊前铝合金的清理可以采用机械清理和化学清理的方法。化学清理法具有较高效率且质量稳定，可用于焊丝以及尺寸不大、批量生产工件的清理。表3-20为化学清理去除铝表面的氧化膜的方法。一般采用浸洗法对小型工件进行清理。机械清理时首先将零件表面的油污用丙酮或汽油擦洗干净，然后根据零件形状的不同使用风动或电动铣刀、刮刀等工具对其表面进行切削。若零件表面的氧化膜较薄，则可用不锈钢的钢丝刷进行清理，不宜采用纱布、砂纸或砂轮打磨。若工件在表面清理后装配不及时，则会重新生长氧化膜，尤其在潮湿的环境以及被酸碱蒸汽污染的环境中生长更为迅速。

表 3-20　去除铝表面氧化膜的化学清理方法

溶液	浓度	温度/℃	容器材料	工艺	目的
硝酸	50%水，50%硝酸	18~24	不锈钢	浸15min，在冷水中漂洗，然后在热水中漂洗，干燥	去除薄的氧化膜
氢氧化钠	5%氢氧化钠，95%水	70	低碳钢	浸10~60s，在冷水中漂洗，然后热水中漂洗，干燥	去除厚氧化膜，适用于所有焊接方法和钎焊方法
硝酸	浓硝酸	18~24	不锈钢	浸30min，在冷水中漂洗，然后在热水中漂洗，干燥	
硫酸铬酸	15%硫酸，5% CrO_2水	70~80	衬铝的钢罐	浸2~3min，在冷水中漂洗，然后在水中漂洗，干燥	去除因热处理形成的氧化膜
磷酸铬酸	75%磷酸，6.5% CrO_2水	93	不锈钢	浸5~10min，在冷水中漂洗，然后在热水中漂洗，干燥	去除阳极化处镀层

（3）焊前预热

热影响区的宽度会因为预热而加大，使某些铝合金焊接接头的力学性能下降，因此焊前最好不进行预热。但是，为了防止厚度超过5~8mm的厚大铝件在焊接时出现变形、未焊透和气孔缺陷，需要对其进行焊前预热。90℃的预热即可保证始焊处的熔深足够，一般预热温度不应超过150℃，含4.0%~5.5%Mg的铝镁合金的预热温度不应超过90℃。

3.6.4.2　铝及铝合金的气焊

气焊是利用气体火焰作为热源将两个工件的接头部分熔化，并熔入填充金属，熔池凝固后使之成为牢固整体的一种熔化焊接方法。气焊所用到的气体可分为两类，即助燃气体（氧气）和可燃气体（乙炔等）。可燃气体与助燃气体混合燃烧时，放出大量的热，形成热量集中的高温火焰（火焰中的最高温度可达2000~3000℃），可将金属加热和熔化。气焊是最早用来焊接铝及铝合金的方法之一，通常所用的气焊即是大家所熟知的氧乙炔焊。气焊设备简单，操作灵活，价格低廉，且焊接时无需电源。特别是对于一些铝薄板的焊接，使用气焊是经济和实用的。气焊的缺点是：焊接热效率低，热量输入分散，工件受热面大，热影响区较宽，焊接过程中焊件变形较大，接头区晶粒粗大，综合力学性能较差。焊接时需采用焊剂，焊后残存的焊剂会形成潜在的腐蚀源，在多焊道中会形成焊接缺陷，所以必须仔细清除焊剂残渣。目前，气焊主要应用在少数或临时需要焊接的地方，比如一些焊接质量要求不高的薄件，焊接厚度较小、没有弧焊电源或弧焊电源不能达到的场所。

（1）接头及坡口形式

气焊铝及铝合金接头形式主要取决于焊件的结构形式、焊件厚度、强度要求和施工条件等，一般气焊时接头的主要类型是对接接头。坡口形式则主要取决于铝及铝合金板材的厚度。

板厚在 1.5～2mm 以下时，可采用卷边接头，这时可不用焊丝，只需用火焰将其卷边部分熔化即可，在卷边焊时背面必须焊透、焊匀，如背面有坑，容易残留熔剂和焊渣；厚度小于 3～5mm 的铝板，不需要特殊的坡口准备，在接头处留 1mm 左右的间隙即可。板厚大于 5mm 时可开 Y 形坡口，大于 6mm 也可开 X 形坡口或 U 形坡口带钝边。对于简单的对接焊缝，可以留不等间隙。

板厚在 3～5mm 以下的薄铝板焊接接头形式推荐如图 3-37。铝及铝合金气焊时，一般不推荐采用搭接接头和 T 形接头，因为这些接头容易残留熔剂、焊渣，且不易清除，随后有发生焊件腐蚀的可能性。不能使用单搭接焊缝，因为这时实际上不能除去包在缝中的熔剂。

如果在气焊的时候必须采用搭接接头和 T 形接头，搭接接头一定要采用双搭接焊缝（见图 3-38）。两个端边的整条焊缝，应该全部焊接。其余两边最好也应该密封焊，否则潮气会进入两个板材的接缝之间。由于隔开了潮气和空气，溶剂腐蚀的机会就大为降低。常采用的气焊铝及铝合金焊缝的坡口形式与尺寸见表 3-21。

表 3-21　气焊铝及铝合金焊缝坡口形式与尺寸

板厚(δ) /mm	坡口名称	坡口形式	坡口尺寸		
			间隙(b) /mm	钝边(P) /mm	角度(α) /(°)
<2	卷边		<0.5	4～5	—
2～3	卷边		<0.5	5～6	—
<5	I 形坡口		0.5～3	—	—
5～12	Y 形坡口		2～4	1～3	65±5
12～20	Y 形坡口		4～6	3～5	65±5
6～12	X 形坡口		2～4	1.5～3	65±5

续表

板厚(δ)/mm	坡口名称	坡口形式	坡口尺寸		
			间隙(b)/mm	钝边(P)/mm	角度(α)/(°)
12～20	双面Y形坡口		0～3	3～5	65±5

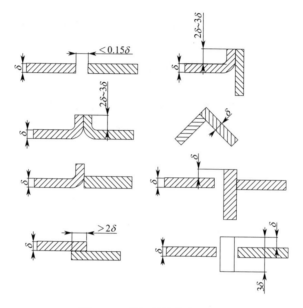

图 3-37　薄铝板的接头形式

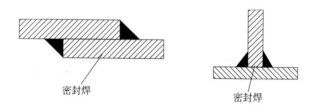

图 3-38　气焊搭接接头和 T 形接头工艺

（2）气焊熔剂的选用

若气焊时不使用熔剂，则熔化的铝件表面会漂浮一层黑色的皱皮隔层，这层隔层会影响焊丝熔滴与基体金属熔体的熔合，从而导致无法焊接成形。这层皱皮即熔点高达 2050℃的 Al_2O_3 氧化膜，普通的气焊火焰很难将其熔化。在气焊时加入熔剂可除去铝表面的氧化膜及其他杂质，保证焊接过程的进行并提高焊缝质量。气焊熔剂又称为气剂，是气焊时的助熔剂。气焊熔剂能将气焊过程中生成在铝表面的氧化膜去除，使母材的润湿性能得到改善，最后获得致密的焊缝组织。熔剂在铝及铝合金的气焊中必须使用，其加入方式如下：焊前直接把熔剂撒在被焊工件坡口上，或沾在焊丝上加入到熔池中。

　　将钾、钠、钙、锂等元素的氯化盐及氟化盐进行粉碎过筛后，即可按一定比例配制成铝及铝合金的熔剂。1000℃时铝冰晶石（Na_3AlF）可以熔解氧化铝，氯化钾（KCl）等也能将难熔的氧化铝转变为熔点为183℃的氯化铝。这些熔剂具有低熔点和优异的流动性，能使熔化的金属流动性得到改善，促进焊缝的成形。按照铝及铝合金气焊熔剂是否含有锂（Li），可将其分为含 Li 熔剂和无 Li 熔剂两大类。在气焊时加入含 Li 熔剂的氯化锂，能使熔渣的物理性能得到改善，熔渣的熔点和黏度降低，氧化膜能较好地去除，适用于薄板和全位置焊接，但氯化锂的吸湿性强且价格昂贵。无 Li 熔剂具有高熔点、大黏度和较差的流动性，焊缝易产生夹渣，主要用于焊接厚大件。表 3-22 是常用铝用气焊熔剂的化学成分、用途及焊接注意事项。

表 3-22　常用铝用气焊熔剂的化学成分、用途及焊接注意事项

牌号	名称	熔点/℃	熔剂成分/%	用途及性能	焊接注意事项
CJ401	铝气焊熔剂	560	KCl 49.5～52 NaCl 27～30 LiCl 13.5～15 NaF 7.5～9	铝及铝合金气焊熔剂，起精炼作用，也可用作气焊铝青铜熔剂	焊前将焊接部位及焊丝洗刷干净，铝焊丝涂上用水调成糊状的熔剂，或焊丝一端以微热状态蘸取适量的干溶剂立即施焊，焊后必须将焊件表面的熔剂残渣用热水洗刷干净，以免引起腐蚀

　　将粉状熔剂和蒸馏水按照2:1的比例调成糊状后，然后按照0.5～1.0mm的厚度涂在焊件坡口和焊丝表面上；或者将熔剂的干粉直接涂在灼热的焊丝上，以减少由于水分导致的气孔缺陷。需要在12h内将调制好的溶剂用完。

　　为了避免铝及铝合金气焊熔剂受潮失效，需要将其密封在瓶中。在使用时随调随用，不宜长期存放。

　　（3）焊嘴和火焰的选择

　　焊嘴的大小可由焊件厚度、焊接位置、坡口形式和焊工技术水平进行确定。气焊时焊件厚度、焊炬型号、焊嘴号码、焊嘴孔径、焊丝直径及乙炔消耗量等数据如表3-23所示。

表 3-23　气焊时焊件厚度、焊炬型号、焊嘴号码、焊嘴孔径、焊丝直径及乙炔消耗量

焊件厚度/mm	1.2	1.5～2.0	3.0～4.0	5.0～7.0	7.0～10	10.0～20.0
焊炬型号	H01～6	H01～6	H01～6	H01～12	H01～12	H01～20
焊嘴号码	1	1～2	3～4	1～3	1～4	4～5
焊嘴孔径/mm	0.9	0.9～1.0	1.1～1.3	1.4～1.8	1.6～2.0	3.0～3.2
焊丝直径/mm	1.5～2.0	2.0～2.5	2.0～3.0	4.0～5.0	5.0～6.0	5.0～6.0
乙炔消耗量/(L/h)	75～150	150～300	300～500	500～1400	1400～2000	2500

　　铝及铝合金的氧化性和吸气性很强。可以采用中性焰或微弱碳化焰加热熔池，形成还原性气氛以避免铝的氧化；不能使用氧化焰，否则铝会出现剧烈氧化而阻碍焊接；也不能使用乙炔过多的火焰，否则熔池会溶入大量的游离氢，导致焊缝产生气孔和疏松缺陷。

　　（4）定位焊缝

　　在焊前对焊件进行点固焊，可防止焊接过程中焊件的尺寸和相对位置变化。由于铝的传热速度快、线胀系数和气焊加热面积大，所以铝件的定位焊缝相比钢定位焊缝所用的焊丝与焊接产品时使用的相同，但焊缝间隙需要涂覆一层气剂，此外，定位焊的火焰功率也略大于气焊。表 3-24 为各种厚度铝及铝合金定位焊的参考数据。图 3-39 为起焊点的选择示意图。

表 3-24　各种厚度铝及铝合金定位焊的参考数据

焊件厚度/mm	<1.5	1.5～3	3～5	5～10	10～20
定位焊间距/mm	10～30	30～50	50～80	80～120	120～240
定位焊缝长度/mm	5～8	8～10	10～20	20～40	40～60
焊点高度/mm	1～1.2	1.2～2.5	2.5～3	3～5	5～8

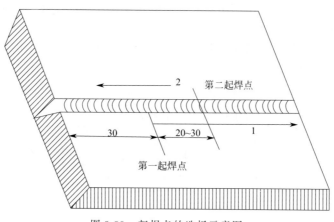

图 3-39　起焊点的选择示意图

（5）气焊操作

焊接铝及其合金时，无法从颜色上直接判断焊接温度的大小，但可通过以下现象决定是否施焊。

① 工件表面的颜色由光亮银白色变为暗淡的银白色，加热处的金属存在波动且此处的氧化膜有皱皮出现，此时可以施焊。

② 用蘸有熔剂的焊丝端头对母材金属进行试焊，若焊丝和母材均能熔化，则可进行焊接。

③ 焊丝接触母材后，母材被加热处的棱角软化倾倒，则可进行焊接。

在气焊薄板时，焊丝应位于焊炬的前面，此时火焰指向未焊的冷金属部分，消耗一部分热量对板材进行预热，防止熔池过热和热影响区的晶粒粗化；在气焊母材厚度大于5mm 的板材时，焊丝应位于焊炬的后面，此时火焰指向焊缝，增大加热区的熔深，提高加热效率。焊炬倾角在气焊厚度小于 3mm 的薄件时为 20°～40°；在气焊厚件时，焊炬倾角为 40°～80°，焊丝与焊炬夹角为 80°～100°。争取一次完成铝及其合金的气焊，否则二次气焊会导致焊缝中出现夹渣等缺陷。

（6）焊后处理

气焊焊缝表面的残留焊剂和熔渣会腐蚀接头，导致铝及其合金在使用中失效。因此，需要将残留的熔剂、熔渣在气焊后 1～6h 内清洗干净，避免焊件出现腐蚀。气焊的焊后处理工序为：

① 最好用 40～50℃的流动热水浸渍焊件，将焊缝及焊缝附近所残留的熔剂和熔渣用工具清理干净。

② 采用硝酸溶液浸渍焊件，15%～25%浓度的溶液在 25℃以上时的浸渍时间为 10～15min，20%～25%浓度的溶液在 10～15℃时的浸渍时间为 15min。

③ 将焊件重新放入流动热水中浸渍 5～10min。

④ 将焊件用冷水冲洗 5min。

⑤ 将焊件自然晾干或烘干。

3.6.4.3 铝及铝合金的 TIG 焊

铝及铝合金的 TIG 焊，也称为钨极惰性气体保护电弧焊（GTAW），属于非熔化极焊接。在 TIG 焊中，安装在电极夹上的纯钨或活化钨（钍钨、铈钨）电极，在电极和母材之间形成交流或直流电弧，利用电弧产生的大量热量熔化待焊处，并填充焊丝把母材金属连接在一起，从而获得牢固的焊接接头。电极及焊缝区域由安装在电极夹上的喷嘴中喷出的惰性气体屏蔽保护。惰性气体可用氩气、氦气或二者的混合气体，它们阻止了焊接金属和周围空气之间的任何反应，惰性气体也保护着焊缝邻近的未熔化的金属。铝及铝合金的 TIG 焊焊接过程如图 3-40 所示。

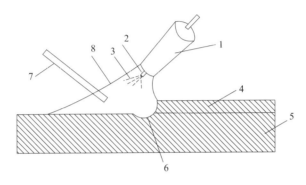

图 3-40　铝及铝合金 TIG 焊示意图

1—喷嘴；2—钨极；3—电弧；4—焊缝；5—铝及铝合金焊件；6—熔池；7—焊丝；8—惰性气体保护气流

铝及铝合金 TIG 焊是铝及铝合金较完善的焊接方法，主要适用于铝及铝合金薄板的焊接。它的能量较为集中，热影响区小。由于在电弧燃烧过程中电极不熔化，故易于维持恒定的电弧长度，焊接过程稳定。焊接时，焊缝金属主要靠惰性气体保护，所以 TIG 焊时，可以不用熔剂，从而避免了焊后残渣对焊接接头的腐蚀，也免除了焊后清渣，而且接头形式也可以不受限制。TIG 焊时，惰性气体在电弧周围形成保护气层，使熔融金属、钨极端头和焊丝不与空气接触，因此在焊接过程中被焊金属和焊丝中的合金元素不易烧损。此外，保护气体不溶于金属，故在焊缝中不形成气孔。焊接时保护气体对焊接区域的冲刷使焊接接头加快冷却，从而改善了接头的组织和性能，并减少焊接变形。所以 TIG 焊时，焊接接头的质量比气焊要高得多，接头强度一般可达母材强度的 90%～100%。但是由于 TIG 焊时不用熔剂，所以焊前清理的要求要比其他焊接方法严格。由于铝及铝合金 TIG 焊焊接质量好、操作技术容易掌握，所以在目前铝及铝合金焊接当中被广泛应用。

铝及铝合金 TIG 焊可分为手工和自动两种。手工 TIG 焊操作灵活、方便，因此应用极为普遍，特别适用于铝及铝合金的中、薄板结构、热交换器管子与管板的焊接以及铝及铝合金铸件的焊补等。自动 TIG 焊主要用于外形较规则，并且是成批量生产的直线焊缝及环缝的焊接。

（1）铝及铝合金 TIG 焊保护气体

铝及铝合金 TIG 焊时的常用保护气体主要有氩气、氦气、氩气和氦气的混合气体三种。焊接时，保护气体不仅仅是焊接区域的保护介质，也是产生电弧的气体介质。因此保护气体的特性（如物理、化学特性等）不仅影响保护效果，也影响到电弧的引燃、焊接过程的稳定以及焊缝的成形与质量。

① 氩气（Ar） 氩气是铝及铝合金 TIG 焊时最常用的保护气体，一般要求氩气的纯度要在 99.9％以上。氩气是无色无味的气体，比空气重 25％。氩气作焊接保护气体时，不易漂浮散失，有利于保护作用，在仰焊和立焊时效果好。氩气电离势比氦气低，在同样的弧长下，电弧电压较低。所以，用同样的焊接电流，氩弧焊比氦弧焊产生热量小，因此，手工钨极氩弧焊最适宜焊接 6mm 以下的铝及铝合金。用氩气保护时，电弧稳定性比氦气保护效果更好。氩弧焊引弧容易，这对减小薄板焊接起弧点金属组织过热倾向很有好处。氩气具有良好的阴极破碎作用，适于焊接易形成难熔氧化皮的铝及铝合金。热导率小，且是单原子气体，高温时不分解吸热，所以在氩气中燃烧的电弧量损失较少，电弧一旦引燃，燃烧就很稳定。在各种保护气体中，氩弧的稳定性最好，即使在低电压时也十分稳定，一般电弧电压仅 8～15V。氩气的价格比氦气要便宜。

② 氦气（He） 氦气也是一种无色无味的惰性气体。与氩气一样都不与其他元素组成化合物，也不溶于金属，是一种单原子气体。一般在焊接厚板时，才用它作为保护气体。与 Ar 相比它的热导率大，在相同的电弧长度下电弧电压高，母材输入热量大，熔深能力强，焊接速度快，能保证焊接热影响区小，从而使焊接变形也小，焊缝金属具有较高的力学性能。氦气的质量只有空气质量的 14％，焊接过程中气体流量大，更适用于仰焊和爬坡立焊。氦气弧的稳定性不如氩气弧好，焊接过程容易产生飞溅，而且来源不足、成本高，这就限制了氦气的使用。

③ 氩、氦混合气体 氩、氦气体各有优缺点，所以在工程上常用 Ar＋He 混合气体联合保护，增大氩弧焊的熔深能力，改善氩弧焊的起弧、稳弧特性，而且可以节约氦弧焊时氦气消耗，降低成本。不同的焊接方法中氩、氦混合气体的比例不同，在实践经验中得出，铝及铝合金交流 TIG 焊时，氩氦混合气体中氦气的体积百分含量为 10％～20％时保护效果很好。而在直流正接电源中，要获得很好的焊缝质量，氦气的体积分数至少要达到 65％～93％。

（2）铝及铝合金 TIG 焊时电源种类

① 交流电源 在生产实践中，铝及铝合金 TIG 焊一般都采用交流电源。用纯氩气或含氦气 10％或更多的氩氦混合气体作保护气体时，使用交流电源，表面氧化物可由电弧去除。因此，不使用熔剂就可以实现很好的熔融。但是使用含氦量为 90％或更高的氩氦混合气体时，电弧对氧化物的去除作用减小，这主要是因为氦气比氩气轻得多。为了很好地熔化，通常要求焊前彻底清除氧化物。氦和富氦混合气体，很少使用交流焊接，而一般采用直流正接电源。

氧化物的去除（阴极破碎作用）仅发生在交流负半周（工件为阴极）时。由于高温电弧的作用，保护气体被电离成大量的正离子，质量较大的正离子受到阴极区电场的加速作用，高速冲击到熔池及其周围表面，所释放出的能量把熔池及其周围金属表面上的氧化膜去除。为了保证在这半周内有足够的阴极破碎作用，电源必须有足够高的开路电压，或在电流过零时，在电弧间隙外加高频高压使钨电极为正极。在电极和工件之间需要不接触起弧时，必须使用几千伏的电压才能把电弧间隙击穿起弧。稳定的电弧（在每个方向上都具有稳定不间断的电流）具有焊缝无突变或无裂纹、使填充金属能平滑地填入焊缝金属的熔池中的特性。稳定的电弧也容易起弧，并且能减少焊缝中的钨杂质。在交流正半周时，虽无阴极破碎作用，但这时只有 1/3 的电弧热量集中在钨极上，钨极端部得以冷却；而约有 2/3 的电弧热量施加到焊件上，有利于增加焊件的熔深。

在交流 TIG 焊中，使用纯钨或锆钨电极、铈钨电极效果极好。锆电极有较少污染母材或填充金属的倾向，并具有高的电流额定值。在交流焊接中，使用钍钨电极，其性能很优秀，但对工人健康有损，所以其应用程度有所限制。

② 直流电源

a. 直流正接型。直流正接型电源只适用于钨极氦（富氦）弧焊的情形。直流正接虽无阴极破碎作用，但当电弧相当短时，电子撞击也能起到一点清除氧化膜的作用。如果焊前氧化膜清除彻底，焊接过程中生成的氧化膜数量又有限，那么，直流正接氦弧焊是可以顺利实现焊接铝及铝合金的。它相对于钨极交流氩弧焊来说，电弧热量更为集中、熔深大、焊缝窄、变形小、热影响区小。焊接 LD10 铝合金时，焊接接头的常温及低温力学性能均比钨极交流氩弧焊高。正接时钨极受热温度低，向焊缝渗钨的危险性大大减小。然而，由于铝及铝合金 TIG 焊时，保护气体以氩气居多，而且氦气或富氦气体更适合于厚板焊接，故目前直流正接型电源应用较少。

b. 直流反接。当铝及铝合金板厚小于 3mm 时，钨极氩弧焊也可采用直流反接电源。它主要利用了去除氧化膜的阴极破碎作用。实践证明，采用反接型电源，被焊金属表面的氧化膜在电弧的作用下可以被清除从而获得表面光亮美观、成形良好的焊缝。但是直流反接容易使钨极过热熔化，导致焊缝夹钨。焊接的铝板越厚，通过的电流就越大，钨极获得的热量也就越多，过热熔化的趋势也就越大。与此同时焊件上获得的热量却不多，焊缝熔深宽而浅。因此必须限制焊接的板厚，一般只能焊接 3mm 以下的铝板。

c. 脉冲电源。铝及铝合金脉冲 TIG 焊是一种高效、优质、经济、节能的先进焊接工艺，目前已广泛应用。利用脉冲 TIG 焊能焊出优质的焊接接头，采用脉冲电流，可以减小焊接电流的平均值，获得较低的电弧线能量，能够焊接薄板或超薄板铝及铝合金；能够准确地控制焊缝成形及对母材精确地输入热量，易获得均匀的熔深和确保焊缝根部均匀熔透；能很好地实现全位置焊接和单面焊双面成形。

（3）常用铝及铝合金 TIG 焊焊接设备

① 交流手工钨极氩弧焊机　交流手工钨极氩弧焊机具有较好的热效率，能提高钨极的载流能力，适用于焊接厚度较大的铝及铝合金，可以用高压脉冲发生器进行引弧和稳弧，利用电容器组清除直流分量。

② 交流方波/直流两用手工钨极氩弧焊机　交流方波/直流两用手工钨极氩弧焊机，主要由 ZXE5 交直流弧焊整流器、WSE5 氩弧焊机控制箱、JSW 系列水冷焊枪和遥控盒等组成。功能性强，可以一机四用（交流方波氩弧焊、直流氩弧焊、交流方波焊条电弧焊、直流焊条电弧焊）。该焊机在焊接铝及铝合金方面的主要特点是：

a. 交流方波自稳弧性能好，并且电弧弹性好，穿透力强；

b. 交流焊时，高频引弧后，焊接电弧稳定，不需要稳弧；

c. 交流方波正负半周宽度可调（即 SP% 值），可以获得铝及铝合金的最佳焊接参数；

d. 控制电路设有固定电流上升时间和可调的电流衰减自动装置；

e. 可对电网电压自动补偿，以确保焊接质量。

③ 自动钨极氩弧焊机　铝及铝合金自动钨极氩弧焊机，是在一般氩弧焊机结构上加小车行走机构及焊丝送给装置，其结构与一般自动焊机基本相同。自动钨极氩弧焊中，钨极移动速度和送丝速度均保持一定，避免了手工操作的不稳定性，因而能获得成形和性能良好的焊件，一般适用于成批量、焊缝形状规则的焊接。按结构形式可分为悬臂式、小车式和专用式三类。

（4）钨电极

钨的熔点是 3400℃，是熔点最高的金属。由于钨在高温时有强烈的电子发射能力，是迄今为止最好的一种非熔化极材料。在钨电极中加入微量稀土元素钍、铈、锆等的氧化物后，逸出功显著降低，载流能力明显提高。铝及铝合金 TIG 焊时，钨极作为电极，主要起传导电流、引燃电弧和维持电弧正常燃烧的作用。钨极按其化学成分分类有纯钨极（如牌号 W_1、W_2）、钍钨极（如牌号 WTh~10、WTh~15）、铈钨极（如牌号 WCe~20）、锆钨极（如牌号 WZr~15）等四种，见表 3-25。纯钨极的熔点高，不易熔化挥发，但电子发射能力差，电流承载能力低，不利于电弧稳定燃烧，抗污染能力差，要求焊机具有较高的空载电压，故目前较少采用。

表 3-25　常用钨极的成分及特点

钨极牌号		化学成分 /%							特点
		W	ThO_2	CeO	SiO	$Fe_2O_3+Al_2O_3$	MO	W	
纯钨极	W_1	>99.92	—	—	0.03	0.03	0.01	0.01	熔点和沸点高，要求空载电压较高，承载电流能力较小
	W_2	>99.85	—	—	总量不大于 0.15				
钍钨极	WTh~10	—	1.0~1.49	—	0.06	0.02	0.01	0.01	加入了氧化钍，可降低空载电压，改善引弧稳弧性能，增大许用电流范围，但有微量放射性，不推荐使用
	WTh~15	—	1.5~2.0	—	0.06	0.02	0.01	0.01	
铈钨极	WCe~20	—	—	2.0	0.06	0.02	0.01	0.01	比钍钨极更易引弧，钨极损耗更小，放射性计量低，推荐使用

钍钨极是在纯钨极中加入 1%~2%（质量分数）的氧化钍，其电子发射能力高，可使用较大的电流密度，寿命较长，抗污染性能较好，引弧比较容易，电弧燃烧稳定。其不足之处是成本较高，含有微量放射性元素钍，因此，应用范围受到一定限制。

铈钨极是在纯钨极中加入质量分数为 1.8%~2.2% 的氧化铈、杂质≤0.1% 的电极，是目前 TIG 焊中应用最广的一类钨极。与钍钨极相比，铈钨极具有下列优点：

① 铈钨极的 X 射线剂量及抗氧化性能比钍钨极有较明显的改善。

② 铈钨电极的电子逸出功比钍钨电极低 10%，因此易于引弧，电弧稳定性好。用小直径铈钨电极进行 TIG 焊时，最低引弧电流为 8A，引弧后的弧长可达 10mm。

③ 铈钨极的化学稳定性高，在使用过程中对保护气体的纯度要求比钍钨电极略低。

④ 铈钨电极反复引弧的可靠性高，在相同间隙下做引弧试验时，铈钨电极在一次触发后能全部稳定地建立电弧，而钍钨电极只有 65% 的概率能建立电弧。

⑤ 铈钨电极允许的电流密度高。如采用直流正极性 TIG 焊时，则允许的电流密度比钍钨电极提高 5%~8%。

⑥ 由于铈钨电极的阴极电压降低，阴极斑点小，因此允许的电流密度大，并随着氧化铈含量的增加而递增。

⑦ 铈钨电极不但消除了钍放射性元素的危害，而且因其烧损率低，延长了电极的使用寿命，同时操作者为修磨电极而吸入的金属粉尘量也可显著下降，有利于操作者的身体健康。

锆钨极是在纯钨极中加入一定量的氧化锆制成，在交流条件下，焊接性能良好，尤其是在高负载电流的情况下，锆钨电极的优越性是其他电极不可替代的。在焊接时，这种电极的端部能保持成圆球状而减少渗钨现象，并具有良好的耐蚀性。在必须防止电极污染基体的特殊条件下，一般可采用这种电极。

在铝及铝合金 TIG 焊中，纯钨电极、铈钨极和锆钨极均是可以采用的。目前一般较少推荐使用钍钨电极，这主要是考虑其具有微量放射性，对焊工健康有损，而且成本也较高。钨极直径是按焊接电流选择的，一定的钨极直径具有一定的极限电流，若超过此极限电流值，则钨极强烈发热、熔化和蒸发，引起电弧不稳、焊缝夹钨等问题。当选择不同的极性时，钨极的许用电流也随之变化。直流正接时，可采用较大的焊接电流；交流焊接时，采用较小的焊接电流；而直流反接时，采用的焊接电流更小。钨电极电流承载能力见表 3-26。

表 3-26　钨电极电流承载能力

电极直径 /mm	直流电流/A				交流电流/A	
	正接		反接		纯钨	钍钨、铈钨
	纯钨	钍、铈钨	纯钨	钍、铈钨		
0.5	2～20	2～20	—	—	2～15	2～15
1	10～75	10～75	—	—	15～55	15～70
1.6	40～130	60～150	10～20	10～30	45～90	60～125
2	75～180	100～200	15～25	15～25	65～125	85～160
2.5	130～230	160～250	17～30	17～30	80～140	120～210
3	140～280	200～300	20～40	20～40	100～160	140～230
3.2	160～310	225～330	20～35	20～35	130～190	150～250
4	275～450	350～480	35～50	35～50	180～260	240～350
5	400～625	500～645	50～70	50～70	240～350	330～160
6	500～625	620～650	60～80	260～390	430～560	60～80
6.3	500～675	650～850	65～100	65～100	300～420	430～575
8					—	650～830

当钨极材料相同时，不同的钨极末端形状对焊接许用电流大小和焊缝成形有影响。总的原则是，钨极端头的形状要根据焊件的熔透程度和焊缝成形的要求来选定。一般在焊接薄板和焊接电流较小时，可用小直径的钨极并将其末端磨成尖锥角（约 30°），这样电弧容易引燃和稳定。在焊接电流大时，则要求钨极末端磨成钝角（＞90°）或带平顶的锥形，如图 3-41 所示。

由于铝及铝合金 TIG 焊时大多使用交流电源，根据经验，钨极端头应为如图 3-42 中的半球形状。使用前，将钨

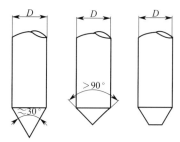

图 3-41　TIG 焊时钨极尖端的形式

极磨成带锥度形状和尖端半球形，尺寸应比焊接电流所要求的稍大。在几秒的过电流下，尖端半球形就会变成半球形，自然形成一种最合适的形状，这时的电弧集中，燃烧稳定。而且这种带锥度的电极可以帮助保持钨极末端的半球形。在使用过程中如发现钨极端部有麻点、凹凸不平时，应及时打磨或更换。

在实际进行钨电极端部制备时，可采用下述简单方法：用比此焊接电流所要求的规格大一号的钨极，将端部磨成锥形，垂直地夹持电极，用比此要求的电流值大 20A 的电流在试片上起弧并维持 5～6s，钨极端头即呈半球形。如果钨极被铝污染，则必须清理或更换。

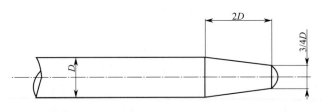

图 3-42　铝及铝合金 TIG 焊时理想钨极端头

（5）铝及铝合金 TIG 焊时的坡口形式及尺寸

一般来说，TIG 焊主要用于较薄工件的焊接，也可用于铝及铝合金中板的焊接，如板厚太大时，则不宜采用 TIG 焊。接头准备的质量（包括接头形式的选择）对焊接质量影响极大。铝及铝合金接头形式根据工件的厚度及形状特点，可以适当采用对接、角接等形式，焊接时可根据要求填丝或不填丝。对接接头可采用卷边或 I 形接头形式，也可采用开坡口的形式，主要根据板厚来选择适宜的接头形式。I 形接头的板厚一般不超过 5mm，可根据要求预留不同的间隙或不留间隙。厚铝板可填丝焊接，如板较薄或要求无余高时，也可不填丝。小于 2mm 的薄板，通常采用卷边对接形式，当接头两边的厚度相差较大时，需将厚板边缘削薄，使二者板边厚度相当；板厚小于 3mm 时，可在不锈钢垫板上用单道焊进行焊接；厚度为 4～6mm 的铝板，常用双面焊进行焊接；厚度大于 6～7mm 的铝板需开 V 形坡口或 X 形坡口。不论哪种接头形式，在薄板焊接时，采用专门卡具保证焊件接缝的平直度及防止错边等是非常重要的。常用铝及铝合金 TIG 焊时接头形式及坡口尺寸见表 3-27。

表 3-27　常用铝及铝合金 TIG 焊接头形式及坡口尺寸

焊件厚度/mm	坡口形式	坡口尺寸			备注
		间隙(b)/mm	钝边(P)/mm	角度(α)/(°)	
1～2		<1	2～3	—	不加填充焊丝
1～3		0～0.5	—	—	双面焊,反面铲焊根
3～5		1～2	—	—	
3～5		0～1	1～1.5	70±5	双面焊,反面铲焊根
6～10		1～3	1～2.5	70±5	
12～20		1.5～3	2～3	70±5	
14～25		1.5～3	2～3	$\alpha_1$80±5 $\alpha_2$70±5	双面焊,反面铲焊根,每面焊 2 层以上
管子壁厚≤3.5		1.5～2.5	—	—	不加填充焊丝

续表

焊件厚度/mm	坡口形式	坡口尺寸			备注
		间隙(b)/mm	钝边(P)/mm	角度(α)/(°)	
3～10（管子外径30～300）		<4	<2	75±5	管子内壁可用固定垫板
4～12		1～2	1～2	50±5	共焊1～3层
8～25		1～2	1～2	50±5	每面焊2层以上

（6）铝及铝合金 TIG 焊焊接工艺

① 焊接参数的选择　为了获得优良的焊缝成形及焊接质量，应根据焊件的技术要求合理选定焊接参数。铝及铝合金手工 TIG 焊的主要焊接参数是指电流种类、极性和电流的大小、保护气体、钨极伸出长度、喷嘴至工件的距离。自动 TIG 焊的焊接参数还包括电弧电压（弧长）、焊速及送丝速度等。选择参数时根据被焊材料和它的厚度，先参考现有的资料确定钨极的直径与形状、焊丝直径、保护气体及流量、喷嘴孔径、焊接电流、电弧电压和焊接速度，再根据试焊结果调整有关参数，直至符合要求为止。

a. 喷嘴直径与保护气体流量。喷嘴孔径越大，保护区范围越大，要求保护气体的流量也越大。但是喷嘴直径过大时，有些焊接位置可能不易焊到，或妨碍焊工视线，影响焊接质量。一般铝及铝合金 TIG 焊时喷嘴孔径以 5～22mm 为宜。当喷嘴直径决定后，决定保护效果的是保护气体流量。流量太小，保护气流软弱无力，保护效果不好；流量太大，容易产生紊流，保护效果也不好；流量合适时，喷出的气流是层流，保护效果好。实际工作中，可根据试件选择流量。流量合适时，熔池平稳，表面明亮没有渣，焊缝外形美观，表面没有氧化痕迹；若流量不合适，熔池表面有渣，焊缝表面发黑或有氧化皮。

b. 钨极伸出长度及喷嘴至工件的距离。为了防止电弧热烧坏喷嘴，钨极端部应突出至喷嘴之外。钨极伸出长度越小，喷嘴与工件距离越近，保护效果越好，但过近会妨碍焊工视线；钨极伸出长度越长，喷嘴至工件距离越远，保护效果则越差。在生产实践中，通常在焊对接缝时，钨极伸出长度为 5～6mm 为好；焊角焊缝时，钨极伸出长度为 7～8mm 为好。喷嘴到工件的距离一般取 10mm 左右为宜。

c. 焊接电流与电弧电压。当电流的种类与极性确定之后，决定焊电流大小的主要因素就是板厚、尺寸、接头形式、焊接位置以及焊工技术水平高低。电流过小会产生焊缝边缘熔合不良、未焊透等缺陷，电流过大易使焊件烧穿。手工 TIG 焊时，采用交流电源，在焊接厚度小于 6mm 金属时，应采用直径为 1.6～5mm 的钨极，最大焊接电流根据电极直径不同可按公式 $I = (60 \sim 65) \times d$ 确定。电弧电压主要由弧长决定，弧长增加，焊缝宽度增加，熔深稍减小。但电弧太长时，容易引起未焊透及咬边，而且保护效果也不好。但电弧也不能太短，电弧太短时很难看清楚熔池，而且送丝时容易碰到钨极引起短路，使钨极受到污染，加大钨极烧损，还容易夹钨。生产实践中，使弧长近似等于钨极直径比较合理。

d. 焊接速度。

当进行铝及铝合金 TIG 焊时，为了减小变形，宜采用较快的焊接速度。但速度过快容易产生未焊透和未熔合等问题，过慢则导致焊缝超宽和焊漏烧穿等缺陷。手工 TIG 焊时，通常都是焊工根据熔池的大小、熔池形状和两侧熔合形状随时调整焊接速度，一般焊接速度为 8～12m/h；自动焊时，一旦参数设定之后，在焊接过程中焊接速度一般不变。

e. 焊丝直径。焊丝直径一般由板厚和焊接电流两者确定。它们之间通常呈正比关系，即随着板厚增加，焊接电流也适当增加，焊丝直径也相应加大。表 3-28 列出了焊丝直径与焊接电流大小的近似关系。

表 3-28　焊丝直径与焊接电流的关系

焊接电流/A	焊丝直径/mm
10～20	≤1.0
20～50	1.0～1.6
50～100	1.0～2.4
100～200	1.6～3.0
200～300	2.4～4.5
300～400	3.0～6.0
400～500	4.5～8.0

② 铝及铝合金交流手工 TIG 焊焊接工艺　铝及铝合金交流手工 TIG 焊通常采用氩气作为保护气体，氩气纯度不低于 99.9%。

a. 铝及铝合金交流手工 TIG 焊焊接参数。在铝及铝合金交流手工 TIG 焊时，由于不同的焊接接头形式、工件尺寸，具体焊工的操作特点也不一样，所以采用的焊接参数也不尽相同。此外，为便于焊缝成形和防止背面氧化，可采用带圆弧槽的不锈钢垫板。铝及铝合金对接接头交流手工 TIG 焊的焊接参数见表 3-29，其 T 形接头焊接参数见表 3-30。

表 3-29　铝及铝合金对接接头交流手工 TIG 焊焊接参数

板厚/mm	坡口形式	焊接位置	焊接层数	焊接电流/A	焊接速度/(mm/min)	钨极直径/mm	焊丝直径/mm	气体流量/(L/min)	喷嘴内径/mm
1～2	卷边	平	1	45～60	300～400	1.6	1.6	5～8	8～9.5
1	I形	平、立、横	1	65～80	300～450	1.6～2	1.6～2	5～8	8～9.5
				50～70	200～300				
2	I形	平、立、横、仰	1	110～140	280～380	2～2.5	2～2.5	5～10	8～9.5
				90～120	200～340				
3	I形	平、立、横、仰	1	150～180	280～380	3.2	3.2	7～10	9.5～11
				130～160	200～300				
4	I形	平、立、横、仰	正1 背1	180～210	200～300	3.2～4	3.2～4	7～10	11～13
				160～210	150～250				
6	I形	平、立、横	正1 背1	240～280	250～300	4～5	4～5	8～11	13～16
				200～240	150～250				
6	Y形	平、立、横、仰	2	230～270	200～300	4～5	4～5	8～11	13～16
				200～240	100～200				

续表

板厚/mm	坡口形式	焊接位置	焊接层数	焊接电流/A	焊接速度/(mm/min)	钨极直径/mm	焊丝直径/mm	气体流量/(L/min)	喷嘴内径/mm
8	Y形	平、立、横、仰	2	280~340	120~180	5~6.4	5	10~14	16
				250~280	100~150				
9	Y形	平	2	240~380	170~220	6.4	5~6	10~15	16
		立、横	正2背1	320~360	170~270	6.4	5~6	10~15	16
10	Y形	平	2	360~470	70~150	6.4	6	10~15	16
11	双Y形	平、立、横、仰	正2	300~350	150~250	5~6.4	5	10~15	16
			背2	240~290	70~150				

表 3-30　铝及铝合金 T 形接头交流手工 TIG 焊焊接参数

板厚/mm	坡口形式	焊接位置	焊脚/mm	焊接层数	焊接电流/A	焊接速度/(mm/min)	钨极直径/mm	焊丝直径/mm	气体流量/(L/min)	喷嘴内径/mm
2	I形	全	3~4.5	1	90~130	200~250	2.4	2.4	6~9	6~9.5
3	I形	全	4~5	1	180~210	200~250	3.2	3.2	7~10	8~9.5
4	I形	全	4~6	1	210~240	200~250	4	3.2	7~10	8~9.5
6	I形	全	7~10	1	270~310	200~260	4	4~5	8~10	8~9.5
	单边V形		—	2	200~240	100~150				
8	I形	船形平角	7.5~8	1	300~350	150~180	5~6.4	4~6	9~12	11~13
					160~210	200~250				
	带钝边单边V形	船形平角立	—	3	250~310	60~150	5	4~6	9~12	11~13
	带钝边双边V形	船形平角立	—	6	240~310	70~130	5	4~6	9~12	11~13
10	I形	船形平角	—	1	330~380	120~180	6.4	4~6	10~12	13
	带钝边单边V形	船形平角立	—	3	250~320	50~130	5	4~5	9~12	9~13
	带钝边双边V形	船形平角立	—	6	250~310	70~140	5	4~5	10~12	9~13
12	I形	船形平角立	—	1	380~400	100~150	6.4	5	10~12	13
	带钝边单边V形	船形平角	—	3	260~330	50~130	5	5	10~12	9~13
	带钝边双边V形	船形平角	—	6	260~320	70~140	5	4~5	10~12	9~13

　　b. 铝及铝合金交流手工 TIG 焊焊接技术。

　　Ⅰ. 焊前准备。首先应将加工好坡口的焊件和填充焊丝进行表面清理。铝及铝合金 TIG 焊对清理的要求较气焊高。尤其是焊接含镁量较高的铝镁合金时，清理工作更要彻底，否则在焊缝及热影响区两侧表面会产生黑色氧化膜。在开始焊接前，调整并检查钨极装夹情况及伸出长度，钨极应当处于喷嘴中心，不得偏斜，钨极端头应磨出圆锥形。引弧前应提前 5~10s 输送氩气，以排出管中及被焊处的空气，并调节氩气减压器到所需流量值。当钨极有铝污染时，就必须更换或彻底清理。处理较小的污染可用增大电流的方法，即在一块金属片上用电弧烧掉。严重的污染可用砂轮磨去，然后重新制成正确的电极端头形状。为了获得良好的焊缝成形而不致引起塌陷，焊前应决定是否采用垫板。根据焊接的需要也可在焊接过程中采用临时垫板（易拆除的垫板）。垫板常用石墨或不锈钢制成。对于无法用临时垫板的管子及小直径容器，在结构设计允许的条件下可考虑采用永久（固定）垫板，垫板厚度为 2~5mm，宽度为 20~50mm。焊接之前的定位焊对于控制变形是非常有帮助的。定位焊应有足够的尺寸和强度。接头装配用的点固定位焊一般设在坡口反面，环缝对接接头宜采用对称点固焊，并要求点固焊缝具有均匀的熔透深度。板厚超过10mm 的焊件焊接时或重要结构点固时，应先预热。这对防止气孔，使焊缝根部熔合良好是有益的。厚铝板焊接时如不采用预热，则焊接速度慢，熔池长时间处于高温状态，使局部应力增加，冷却时容易产生裂纹，而且使接头过热，晶粒粗大，塑性和耐蚀性下降。预热温度的选择，主要取决于焊件大小及焊缝金属的冷却速度。板材愈厚，预热温度愈高。对较厚的板，如预热温度过低，则熔池黏度大，化不开，凝固也快，易产生气孔，甚至引起裂纹。但预热温度也不宜过高，否则焊接熔池较大，而且铝液黏度降低，在交流电弧的作用下，使表面成形不好，焊缝的耐腐蚀性能也下降。根据实践，一般预热温度应控制在200~250℃。多层焊时，要保证层间温度不低于预热温度，预热方法通常采用中性的或乙炔稍过量的氧乙炔焰，火焰焰心施于坡口两侧，而不应直接对准坡口。预热温度的测量可用经验估算法、表面温度计或测温笔。

Ⅱ. 引弧。铝及铝合金交流手工 TIG 焊时，通常是右手握焊枪，左手握焊丝（需要填充焊丝时），由于可能受到焊接位置的限制，焊工也应具备右手握焊丝、左手握焊枪的操作技能。为了防止引弧处产生的钨飞溅引起焊缝夹钨和裂纹等缺陷，不能直接在焊件上起弧，纵缝焊接时可在焊缝一端的引弧板上引弧。环焊缝时可在不与焊件连接的单独引弧板上引弧，当电弧稳定燃烧，而且钨极端部被加热到一定温度后，将电弧熄灭，并且在焊缝起始处重新引燃电弧。引弧方法多采用高频引弧装置。这样的技术操作，可以减少焊缝起始处的钨杂质的含量。

Ⅲ. 焊接操作。引弧后，在焊缝起始处对焊件加热，电弧一直保持直到金属熔化和建立起焊接熔池。建立和保持合适的焊接熔池非常重要，在熔池建立以前不能进行正常焊接。如果要求加填充金属，焊丝应该在正面或熔池的前缘加入，但要在中心线的一端。焊接时，用左手拇指、食指和中指捏着焊丝，让焊丝末端始终处于氩气保护区内，按一定的速度往前均匀送丝，使焊接过程平稳，不扰动熔池和保护气罩，两手同时协调地沿着焊缝稍微前后运动。钨极不要直接触及熔池，以免形成钨夹杂。焊丝不要进入弧柱内，否则焊丝容易与钨极接触而使钨氧化，焊丝熔滴容易飞溅并破坏稳定性。焊丝热端也不要离开氩气屏蔽，以免氧化。因此，焊丝必须放在弧柱周围的火焰层内熔化。焊枪应该垂直于焊缝的两侧平面，平板对接焊时，与工件平面的前倾角为 75°~85°，角接焊时则为 35°~45°。焊丝倾角愈小愈好，只要不影响送焊丝，一般以 10°~20°为宜。因为倾角太大，容易扰乱电弧及气流的稳定性。焊接方向一般没有限制，左焊法和右焊法都可以，通常根据焊工的习惯特点和焊缝的位置自行调整。但是为了避免母材过热，对于厚度小于 10mm 的铝板，采用左焊法较为适宜。铝及铝合金手工 TIG 焊握枪姿势见图 3-43。为了达到足够的熔透程度、避免咬边以及防止焊缝超宽，应该使用短弧，以此确保整条焊缝熔深和熔宽一致。在不需加焊丝的对接焊时，弧长为 0.5~2.0mm，而加焊丝的对接焊的弧长在 4~7mm 之间。在焊接过程中力求弧长保持恒定。电弧和熔池，焊接操作者必须看得清楚。由于在使用短弧时观察非常困难，故喷嘴尺寸应该适量，它所提供的气体足够屏蔽焊接熔池即可。焊接速度和添加焊丝的频率根据焊接操作者的技艺来调节。当使用正确的电流和较高的移动速度时，消耗在被焊零件上的热量较少，焊缝控制较好并逐步凝固。在焊接不等截面的物体时，电弧应该更多地指向较厚的截面。焊接接头质量是整个焊缝的关键，为了保证焊

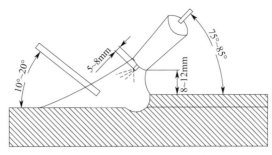

图 3-43　铝及铝合金手工 TIG 焊握枪姿势

接质量，应尽量减少接头量。因此，从这一方面来说，铝焊丝要用长的。但实践表明，焊丝较长时，焊接过程中向电弧区送丝容易发生焊丝抖动，导致送不到位，还有可能因电磁场作用出现粘丝现象，所以焊丝长短要适量。停弧后需重新引燃电弧时，电弧要在原弧坑后面重叠 20～30mm 处引燃，重叠处一般不加或少加焊丝。在焊接过程中，遇到有定位焊点的地方，可以适当提高焊枪，加大焊枪与工件间的角度，使其基本上垂直，拉长弧长，增大预热面积，以保证熔透。多层焊的打底焊道，必须保证熔透，透过均匀，填充焊丝不宜过早和太勤，否则都不易熔透。盖面焊接时，焊枪可稍做横向摆动，以获得较宽的焊缝成形，并保证焊缝两侧熔合良好。当看到有焊穿危险时，必须立即停弧，待温度稍降下来，然后重复起弧焊接。焊穿处的补焊从边缘开始，逐步把窟窿补好，要保证熔合良好和焊透。应防止表面焊好了，内部是空的。对于双面焊的焊缝，正面（开坡口的一面）的焊接必须有足够的熔深，使背面铲焊根可以浅一些，焊接时不易焊穿，焊接层数可以减少。

Ⅳ. 熄弧。当熄弧时，焊缝弧坑处可能出现裂纹或缩孔，这就会形成焊接缺陷。这种缺陷可以在收弧处添加焊丝时，逐渐地拉长电弧来防止。收弧处应添加较多的焊丝。也可以用迅速熄弧并重新引弧若干次的方法来防止产生裂纹，或者在焊缝末端减少焊接电流。也可以采用引出板，使电弧在引出板处熄灭。熄弧后，不能立即关闭气体，须等电极呈暗红色后才能关闭，这段时间一般为 5～15s，以保证收口质量并防止钨极氧化。

3.6.4.4　铝及铝合金的 MIG 焊

（1）铝及铝合金 MIG 焊的特点及应用

铝及铝合金的 MIG 焊，也称熔化极惰性气体保护电弧焊（GMAW），它也是气体保护焊的一种。在 MIG 焊中，焊丝作为电极及填充金属，电弧是在惰性气体保护中的焊件和铝及铝合金电极丝之间形成。由于焊丝作为电极，可采用高密度电流，因而母材熔深大，填充金属熔敷速度快，焊接生产率高。一般采用直流反接电源，焊接铝及铝合金时有良好的阴极雾化作用，利用焊件金属为负极时的电弧作用可去除铝及铝合金表面的氧化铝薄膜，因此，在焊接过程中不需要使用溶剂，可以避免因熔剂去除不干净而造成金属腐蚀的危险。在焊接过程中不会冒烟和结渣，焊工可清楚地观察到熔池的情况，有助于其对困难位置的焊接。铝及铝合金 MIG 焊工艺一般属于半自动焊和全自动焊，所以对焊接者要求的技术操作水平较低，比较容易训练完成。用 MIG 焊进行铝及铝合金焊接，焊缝金属熔敷效率很高，通常大于 95%，焊丝沿着焊缝移动时，基本没有飞溅和氧化现象，且焊出的焊缝质量优良，焊件变形小。采用这种方法时，焊前一般不必预热，板厚较大时，也只需预热起弧部位。

传统的 MIG 焊比较适宜焊接中厚板，它的焊接电流大、电弧热量集中、功率大、焊接效率高，生产效率比铝及铝合金手工 TIG 焊至少提高 2～3 倍，可轻易地进行全位置焊接，现在随着焊接技术的提高也能进行铝及铝合金薄板焊接。这种工艺方法也有缺点，主要是 MIG 焊的设备成本相对来说较高，且焊接的焊缝有时可能生成气孔。

在生产中，铝及铝合金 MIG 焊时的熔滴过渡主要有两种形式，即短路过渡和喷射过渡。短路过渡焊适用于 1～3mm 的薄板对接、搭接、角接和全位置焊接。喷射过渡焊适用于中等厚度和大厚度板水平对接和水平角接，焊接电流必须大于临界电流，否则熔滴过渡就不会从滴过渡转变为喷射过渡。影响喷射过渡临界电流值的，除焊丝直径外，还有保护气体成分、焊丝材料及焊丝伸出长度等因素。

对于 MIG 焊接铝及铝合金，有以下几个问题需要注意：

① 喷射过渡焊接时，电弧电压应稍低一点，使电弧略带轻微爆破声。此时熔滴形式属于喷射过渡中的喷滴过渡。实践表明，电弧长度增加，焊缝起皱及形成黑粉的倾向亦增加。弧长增大不仅对焊缝成形不利，对防止气孔生成也不利。MIG 焊比 TIG 焊产生气孔要多，而且气孔随电弧电压的增高而增多。

② 在中等电流范围内（250～400A），可将弧长控制在喷射过渡区与短路过渡区之间，进行亚射流电弧焊接。这种熔滴过渡形式的焊缝成形美观，焊接过程稳定、在铝及铝合金 MIG 焊时广泛应用。

③ 粗丝大电流 MIG 焊方法（400～1000A）在平焊厚板时具有熔深大、生产率高、缺陷少、变形小等优点。但由于熔池尺寸大，为加强对熔池的保护，确保焊接质量，通常要采用双层保护焊枪，较为理想的双层保护是外层喷嘴送 Ar 气，内层喷嘴送 Ar、He 混合气体，这样既扩大了保护区域又改善了熔深形状。电流比较大时，为保护熔池后面的焊道，还需要在双层喷嘴后面再安装附加喷嘴。

根据焊枪移动方式的不同，铝及铝合金 MIG 焊分为半自动焊及自动焊两种。半自动焊的焊枪由操作者握持着向前移动，自动焊则是由自动焊机小车带动焊枪向前移动。前者大多用于点固焊、短焊缝、断续焊缝及铝容器中的椭圆形封头、球形封头、人孔接管、支座板、加强圈、各种内件及锥顶等部件上，后者则适用于形状较规则的纵缝、环缝及水平位置的焊接。

（2）铝及铝合金 MIG 焊和 TIG 焊电弧的异同

铝及铝合金 MIG 焊和 TIG 焊都属于惰性气体保护电弧焊。两者电弧的共同点是：它们都以氩气、氦气或两者混合气体作为保护气体。在焊接过程中，它们一般都具有阴极雾化作用，从而击碎坡口附近母材表面高熔点氧化膜，使焊接过程得以进行。其不同点是：前者的电极是熔化的，而后者的电极是不熔化的。对于前者，电弧电流的传导大部分依靠金属蒸气所产生的金属离子进行，小部分依靠保护气体离子进行，这种电弧可称为金属蒸气电弧；对于后者，电弧电流的传导是依靠保护气体电离产生的离子进行，因此，这种电弧可称为纯气体电弧。前者焊缝的形成主要依靠电极熔化产生的熔滴进入熔池，因此存在金属的过渡问题；后者焊缝的形成除了熔化的母材外，主要依靠向熔池补充填充焊丝，而不存在金属的过渡问题。同 TIG 焊相比，MIG 焊焊接铝件其接头的力学性能可能稍低一些。例如对于 LF6 合金，强度极限大约降低 15%。焊缝强度降低是由于电极熔化金属通过电弧的过热度比非熔化极焊接时填充焊丝的过热度大造成的。

TIG 焊除了要求电弧具有阴极雾化作用外，由于钨电极熔点的限制，多采用交流电源。在较大电流下钨极不致过热，而且还可以破坏母材表面氧化膜。但采用交流电流必须要解决引弧、稳弧问题和消除焊接电流中的直流成分。

对于 MIG 焊，则只须根据焊接过程对阴极雾化作用和电弧稳定性的要求来选择电源。直流反接型电源能同时满足这两个要求，因而其在铝及铝合金 MIG 焊中用的极为广泛。而交流电源由于电弧的稳定性不好（例如，50Hz 交流电源，电流每秒通过零点 100 次，电弧要熄灭 100 次），尚不能采用。

（3）保护气体和焊接电源

铝及铝合金 MIG 焊常用保护气体一般为氩气、氦气或两者的混合气体。除了保护熔融金属之外，保护气体还有第二个作用，就是通过调整保护气体的成分（或氩气，或氦气，或它们两者），可以控制在焊缝上的热量分布，这会影响焊缝金属横截面的形状和焊接速度。用改变保护气体成分的方法调整横截面的加热分布，不改变焊丝的熔化速率，也可以控制焊缝的熔深，或使气体从焊缝金属中容易逸出。

在大多数的焊接中，氩气使用最普遍，纯度应为 99.99% 以上。当焊接厚大铝及铝合金时，以氩气为基体加入一定数量的氦气可改善焊缝熔深、减少气孔和提高生产率。氦气的加入量视板厚而定，板越厚加入的氦气应越多。一般板厚 10～20mm 时可加入 50% 的氦气，板厚大于 20mm 时可加入的氦气的体积分数可达 75%～90%。在 75% 的氦气和 25% 的氩气的情况下，若焊接规范相同，则焊缝的深、宽达到最大，所以这种混合气体在从两面焊接厚的平板时被普遍选用。

一般可采用直流反接电源来进行铝及铝合金的 MIG 焊，这样的接法具有良好的阴极破碎作用，从而可以获得性能优良、表面光滑的焊缝。

（4）接头的坡口形式

铝及铝合金 MIG 焊的接头和坡口形式相对来说比较灵活，在生产实践中建立的几种基本接头和坡口形式可以参见表 3-31。

表 3-31　铝及铝合金 MIG 焊的接头和坡口形式

板厚/mm	接头和坡口形式	根部间隙 b/mm	钝边 p/mm	坡口角度 α/(°)
≤12		0～3	—	—
5～25		0～3	1～3	60～90
8～30		3～6	2～4	60
20 以上		0～3	3～5	15～20

续表

板厚/mm	接头和坡口形式	根部间隙 b/mm	钝边 p/mm	坡口角度 α/(°)
8 以上		0~3	3~6	70
20 以上		0~3	6~10	70
≤3		0~1	—	—
4~12		1~2	2~3	45~55
>12		1~3	1~4	40~50

（5）铝及铝合金的 MIG 焊焊接参数

焊接时，通常采用直径大于 1.2mm 的焊丝，因为用小直径焊丝，往往由于其刚性不足而给焊接造成很大困难。从经济方面考虑，无论在什么情况下，平焊的位置是可取的，这是因为在平焊位置下焊接，可以允许使用大直径的焊丝和大焊接电流，因此金属的熔敷量最大。对于一条完整的焊缝，使用的焊道数目取决于许多因素。对于焊接能热处理强化的铝合金，要求焊接后具有最大的抗拉强度，使用窄焊道（焊条不横摆）技术是可取的。当使用小焊道的多层焊时，每两个焊道之间允许冷却到室温，用这种技术使保持高温的时间最短，通常其热影响区比大焊道要窄得多。另外，对于一些在退火状态下具有高性能的不能热处理强化的铝合金，如 5000 系列合金，可以使用较大的焊道，对焊缝的强度没有不利的影响。为了使送丝问题减至最少，可选择与焊接金属厚度相匹配的较大直径的焊丝。除了具有较小的比表面积（使气孔减少）外，较大直径的焊丝价格也较便宜。然而在角接、搭接接头中，使用小直径的焊丝，可以得到小一些的焊角尺寸，而且在焊接薄板或接管时采用细焊丝是有一定优势的。关于电流、电压的选择没有统一的定论，一般取决于已有的一些经验数据和在现场的多次调试。多层焊时，为保证熔深，打底焊的规范应该稍低，为了加宽熔池，以后的焊道规范要逐渐增大。保护气体的流量取决于填充丝的直径、喷嘴的尺寸及距工件的距离、焊接速度以及焊件的清洁程度。焊接速度是焊接电流的函数，对于一定厚度的焊接材料而言，有较高的焊接电流就可采用较高的焊接速度。半自动和自动 MIG 焊在平焊时的焊接规范见表 3-32 和表 3-33，在进行立、横、仰焊时，焊接电流应根据情况减少 10%~15%。焊接时采用具有硬特性的电源。在同等情况下自动焊的规范参数稍大于半自动焊。

表 3-32　铝及铝合金半自动 MIG 焊焊接参数

板厚 /mm	接头及坡口形式	焊丝直径 /mm	焊接电流 /A	电弧电压 /V	焊接速度 /(m/h)	气体流量 /(L/min)	焊道数
<4	对接、I 形	0.8~1.2	70~150	12~16	24~36	8~12	1~2
4~6		1.2	140~240	19~22	20~30	10~18	2
8~10		1.2~2	220~300	22~25	15~18	15~18	2
12		2	280~300	23~25	15~18	15~20	2
5~8	对接、V 形加垫板	1.2~2	220~280	21~24	20~25	12~18	2~3
10~12		1.6~2	260~280	21~25	15~20	15~20	3~4
12~16	对接、X 形	2	280~360	21~28	20~25	18~24	2~4
20~25		2	330~360	26~28	18~20	20~24	3~8
30~60		2	330~360	26~28	18~20	24~30	10~30
4~6	丁字接头、角接接头、搭接接头	1.2	200~260	18~22	20~30	14~18	1
8~16		1.2~2	270~330	21~26	20~25	15~22	2~6
20~30		2	330~360	26~28	20~25	24~28	10~20

表 3-33　铝及铝合金自动 MIG 焊焊接参数

板厚 /mm	接头及坡口形式	焊丝直径 /mm	焊接电流 /A	电弧电压 /V	焊接速度 /(m/h)	气体流量 /(L/min)	焊道数
4~6	对接、I 形	1.4~2	140~220	19~22	25~30	15~18	2
8~10		1.4~2	220~300	20~25	15~20	18~22	2
12		2	280~300	20~25	15~20	20~25	2
6~8	对接、V 形加垫板	1.4~2	240~280	22~25	15~25	20~22	1
10		2~2.5	420~460	27~29	15~20	24~30	1
12~16	对接、X 形	2~2.5	280~300	24~26	12~15	20~25	2~4
20~25		2.5~4	330~520	26~30	10~20	28~30	2~4
30~40		2.5~4	420~540	27~30	10~20	28~30	3~5
50~60		2.5~4	460~540	28~32	10~20	28~30	5~8
4~6	丁字接头、角接接头、搭接接头	1.4~2	200~260	18~22	20~30	20~22	1
8~12		2	270~330	24~26	20~25	24~28	1~2

　　MIG 焊是在氩气或氩气与氦气的混合气体中进行的，焊接大厚度金属时偏重于采用混合气体。在 30％Ar 和 70％He 的混合气体中，用单道焊焊接金属的厚度为 16mm，而用双道焊焊接金属的厚度可达 30mm。在用 35％Ar 和 65％He 的混合气体保护焊接区时，还可以提高焊缝金属的致密度。MIG 焊时，惰性气体的工作压力较之 TIG 焊有所加大。这是由于在 MIG 焊过程中，保护气体除了起保护焊的作用外，还兼起吹散熔池前缘焊渣的作用。如果气体流量过小，则吹不走焊渣，从而可能造成焊缝的夹渣、未熔合等缺陷。特别是在大电流焊接时，若熔池前缘的焊渣堆积太多，则可能造成电弧不稳，甚至熄弧。而 TIG 焊则没有这种情况。为了提高铝及铝合金焊接产品的生产率，可以采用大电流 MIG 焊（如表 3-34）。这种方法对于厚板尤其有效，它可以仅在正、反面各焊一层焊缝就能完成 70mm 板厚的焊接，生产率极高。但是大电流 MIG 焊也有不利的方面。通常用直径为 2.4mm 以下的铝焊丝焊接时，当焊接电流达到 500A 以上，焊道表面将十分粗糙，还有许多气孔，焊缝成形严重恶化，这种现象称之为"起皱"。在大电流 MIG 焊的正常情况下，虽然焊丝端头已潜入熔池凹坑中，但因凹坑内已无氧化物，故阴极斑点将寻找氧化膜而出现在熔池的外缘。当电流增大时，阴极斑点却不能扩张，而是被限制在凹坑内，这样就失去了阴极清理的作用。同时较大而集中的电弧力（等离子流力和斑点压力）直接作用在熔池底部，使液态铝像海浪一样冲向熔池的后方，剧烈的扰动破坏了气体的正常保

护，这样一来，由于氧的混入，阴极斑点能稳定在凹坑内，于是连续发生这一现象，使氧化物与金属混杂在一起，形成黑色的"起皱"缺陷。为了防止产生上述缺陷，一方面，可以采用双层喷嘴以便改善气体的保护效果；另一方面，可增大焊丝直径，以便减小电弧压力。如图 3-44 所示，用焊丝直径为 3.2～5.6mm 的粗焊丝时，可以使用更大的电流（500～1000A）焊接，这时引起"起皱"现象的电流可以增大到 1000A。

值得注意的是，新近开发应用的"双丝焊接法"（Doublewires Welding Method）有许多特点：可提高焊丝熔化速度，因而可提高焊接速度，较之一般 MIG 焊可提高一倍多；在大电流焊接时，可降低熔池温度，有利于减小焊接变形；可显著抑制"起皱"现象等。可以预见，双丝焊接法也是铝及铝合金 MIG 焊未来的一个重要发展方向。

表 3-34　铝及铝合金 I 形坡口大电流密度 MIG 焊的典型焊接参数

板厚 /mm	焊丝直径 /mm	焊接电流 /A	电弧电压 /V	送丝速度 /(m/h)	焊接速度 /(m/h)	气体流量 /(L/min)	焊道数
6.4	2.4	370	24	258	35	37	1
	1.6	280	23～24	366	2.1	28	2
9.5	2.4	420	24～25	306	27.5	37	1
	2.4	350	24～25	234	24.6～45.6	37	2
12.7	2.4	450	25	318	21.6～22.8	46	1
	2.4	430	25	312	35	37	2
	3.2	450	25	192	21.6～22.8	46	1
16	2.4	430	25	312	27.5	37	2
32	3.2	550	26	222	12～15	46	2
	3.6	590	26	198	12.2	46	2

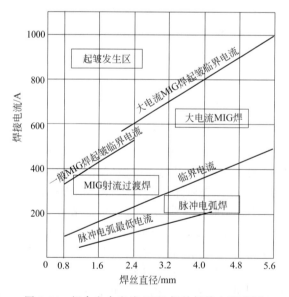

图 3-44　铝合金大电流 MIG 焊的焊接电流范围

3.6.4.5　铝及铝合金脉冲 MIG 焊

（1）铝及铝合金脉冲 MIG 焊特点

脉冲 MIG 焊接方法适于在施工现场焊接各种空间位置的焊缝，是焊接薄板、薄壁管的立焊缝、仰焊缝的理想焊接方法。这种焊接方法以控制电弧的磁动力过程为基础，特别是控制焊丝熔化的金属熔滴的过渡，焊接时由于强大的瞬间脉冲电流叠加在基值电流上，所以能在焊丝末端形成熔滴，进而控制焊接过程。这种焊接方法已经成熟地应用于铝及铝合金的焊接。由于脉冲 MIG 焊的峰值电流及熔滴过渡是间歇而又可控的，因而与连续电流 MIG 焊相比，其在工艺上具有以下特点：

① 具有较宽的电流调节范围　普通的射流过渡和短路过渡焊接，因受熔滴过渡形式的限制，它们所采用的焊接电流范围都是有限的。采用脉冲电流后，由于可在平均电流小于临界电流值的条件下获得射流过渡，因而同一种直径焊丝，随着脉冲频率的变化，能在高至几百安培，低至几十安培的电流范围内稳定地进行焊接。脉冲 MIG 焊的工作电流范围包括了从短路过渡到射流过渡的所有的电流区域，可用于射流过渡和短路过渡所能焊接的一切场合，既能焊接厚板，又能焊接薄板。焊接薄板时的熔透情况射流过渡较短路过渡焊接好。与 TIG 焊焊接薄板相比，生产率高，变形小。尤其有意义的是可以用粗焊丝来焊接薄板，例如用 2.0mm 的铝焊丝，在大约 50A 的电流下就可以使电弧稳定燃烧，熔滴成细滴过渡。

② 有利于实现全位置焊接　采用脉冲电流后，可用较小的平均电流进行焊接，因而熔池体积小。加上熔滴的过渡力与电流的平方成正比，在脉冲峰值电流作用下，熔滴的轴向性比较好，不论是仰焊或立焊都能迫使金属熔滴沿着电弧轴线向熔池过渡，焊缝成形好，飞溅损失小。所以进行全位置焊接时，在控制焊缝成形方面脉冲 MIG 焊要比普通MIG 焊有利。

③ 可有效地控制输入热量，改善接头性能　在焊接某些铝合金时，由于这些材料热敏感性较大，因而对母材的热输入量有一定的限制。若用普通焊接方法，只能采用小规范，其结果是熔深小，在厚板多层焊时容易产生熔合不良等缺陷。而采用脉冲电流后，既可使母材获得较大的熔深，又可将总的平均焊接电流保持在较低的水平，焊缝金属和热影响区过热都比较小，从而使焊接接头具有良好的韧性，减小了产生裂缝的倾向。由此可见，利用脉冲 MIG 焊来进行厚板窄间隙焊接是比较合适的。采用脉冲 MIG 焊焊接铝及铝合金，生产率大大提高。提高电弧的脉冲电流，可使半自动焊和自动焊焊接电流范围的下限明显降低，并使金属熔滴产生小滴过渡，强迫焊丝熔滴定向过渡，能大大改善半自动焊焊接的焊缝成形和电弧燃烧的稳定性，并可减少气孔和薄壁结构（厚度为 2～4mm）的变形量。用新型的脉冲 MIG 焊焊接铝及铝合金时，能使变形度和翘曲量减少 50%～60%，并可消除氧化膜，还可保证具有高的经济指标。

（2）铝及铝合金脉冲 MIG 焊工艺

铝及铝合金脉冲 MIG 焊的原理与脉冲 TIG 焊相似。脉冲 MIG 焊的电流也是由两部分组成的。其一叫做基值电流（也称维弧电流），主要作用是保持电弧能够稳定燃烧，而不至于熄灭，并作为电弧能量的主要调节部分；其二叫做脉冲电流，其作用在于使瞬时电流达到并超过射流过渡所需的数值，以使焊丝以射流状态过渡。这两部分电流分别由两个电源来供应，它们是相互并联的。脉冲 MIG 焊电源是直流脉冲，脉冲 TIG 焊使用交流脉冲，它们的焊接工艺参数基本相同。选择工艺参数的依据是焊接材料的种类、板厚、焊缝空间位置及熔滴过渡方式等。脉冲参数调节时，通常保持基值电流不变，主要改变脉冲电流、焊接电流即平均电流。所以脉冲焊的主要参数可归结为脉冲频率、脉宽比和焊接电流。

脉冲 MIG 焊的频率范围为 30～120Hz，选取此频段的依据是脉冲 MIG 焊的熔滴过渡形式的要求。因为脉冲 MIG 焊要实现射流过渡，并且力求使一个脉冲至少过渡一个熔滴，在此种条件下，一般不会出现飞溅，电弧也较稳定。为了获得良好的焊缝成形，脉冲频率不能选得过高（超过 120Hz）。脉冲频率过低时，不仅会因弧长增大而导致电弧不稳定，而且在焊丝与熔池之间易发生短路现象，故一般选择脉冲频率不低于 30Hz。

脉冲电流和脉冲通电时间都是决定焊缝尺寸的重要参数。一般随着脉冲电流的增大和通电时间的延长，焊缝熔深、熔宽增大，其中脉冲电流的作用比脉冲通电时间大，如果其他参数保持不变，而采用不同的脉冲电流和脉冲通电时间的匹配组合，可获得不同的焊缝熔深、熔宽。脉冲电流的选择应大于临界脉冲电流，如此才能保证得到射流过渡。一般选择脉宽比为 25%～50%，空间位置焊接时选 30%～40%。脉宽比过小，将影响电弧的稳定性。脉宽比过大，则焊接过程近似普通 MIG 焊，失去脉冲 MIG 焊的特征。对形成热裂倾向大的铝合金，脉宽比宜选择小些。表 3-35 为铝及铝合金自动脉冲 MIG 焊焊接参数。

表 3-35　铝及铝合金自动脉冲 MIG 焊焊接参数

板厚 /mm	焊丝直径 /mm	脉冲频率 /Hz	焊接电流 /A	电弧电压 /V	焊接速度 /(m/h)	气体流量 /(L/min)	焊道数
4	1.4～1.6	50	130～150	17～19	20～25	10～12	1
5	1.4～1.6	50	140～170	17～19	20～25	10～13	1
6	1.4～1.6	100	160～180	18～21	20～25	12～14	1
8	2	100	160～190	22～24	23～30	15～18	2
10	2	100	220～280	24～26	25～30	18～20	2

随着"傻瓜"焊机的出现，很多焊接参数的调节都可以省略了，这种焊机内部已设有最佳参数，操作者所要做的就是根据板厚选择电流大小，如有必要，再适当调节电弧长度和电弧穿透力。一般厚度在 3～6mm 的板材，可采用不开坡口单面焊双面成形工艺。厚度大于 6mm 的铝板、铝管需开坡口，其底层焊缝也可达到单面焊双面成形的要求。对于难焊的硬铝，采用脉冲 MIG 焊可改善焊接工艺性，焊接接头的抗裂性和抗气孔性也有所提高。

脉冲 MIG 焊焊接技术与普通 MIG 焊相同，但采用脉冲 MIG 焊可以比普通的 MIG 焊焊出更为完美的焊接质量，尤其是对于铝及铝合金薄板焊件来说，采用脉冲 MIG 焊可以获得小得多的变形量。

3.6.4.6　铝及铝合金搅拌摩擦焊

搅拌摩擦焊，简称 FSW，是一种固态焊接技术，主要用于铁、非铁金属和塑料的对接和搭接。FSW 是一个连续过程，包括在工件的对接面之间插入特殊形状的焊具（搅拌头），焊具和工件之间相对运动，产生摩擦热，实现焊接，在工具的下陷部分周围形成塑化区域等步骤。FSW 是一种可靠而独特的焊接技术。搅拌摩擦焊接过程中产生的热量仅仅能使被焊金属达到塑性状态，而不能达到金属熔点，因此搅拌摩擦焊接属于固相连接技术。它可以用来焊接一些熔焊方法难以焊接的金属材料，如铝、镁等合金。

（1）铝合金焊接接头形式和焊接材料

采用搅拌摩擦焊接技术进行材料的连接，可以用对接、搭接和角接等多种接头形式，常见的接头形式如图 3-45 所示。目前应用最广泛的接头形式为平板对接焊，若采用角接接头形式则需要在工件背部进行相应的刚性支承。

在实际工程应用中最常用的焊接接头形式为对接和搭接形式。针对不同的板材厚度，需要选择不同的焊接方法。搅拌摩擦焊接基本上可以满足对接和搭接形式的焊接工程应用要求。

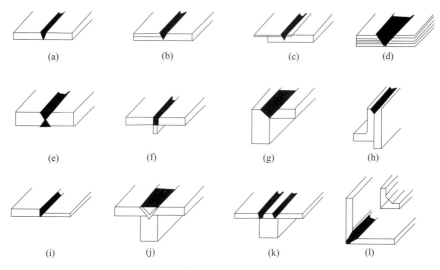

图 3-45　搅拌摩擦焊各种接头形式

从理论上讲，只要搅拌头的性能可以满足要求（在被焊材料的塑性温度下具有足够的热强度、耐磨性等），搅拌摩擦焊接就可以实现多种材料和合金的焊接。英国焊接研究所成立了一个研究小组集中力量研究搅拌头，并进行铝及其合金的搅拌摩擦焊接，并已经取得一些成果：搅拌摩擦焊接单面焊可以实现厚度 1.2～50mm 铝合金的焊接（见表 3-36）。此外，随着对搅拌摩擦焊接技术研究的深入，目前已经可以实现 75mm 厚度铝合金单面焊一次焊接成功；若采用双面焊的方法，可以焊接厚度为 100mm 的 6082 铝合金。对于铝合金对接焊形式，最适合搅拌摩擦焊接的材料厚度为 1.6～20mm。适合铝合金搭接焊的材料厚度为 1.2～6.4mm，但这种焊接需要特殊的搅拌头，并配合一定的焊接工装。

表 3-36　采用搅拌摩擦焊接的铝合金材料

材料	生产应用	生产转化	深入研究	探索阶段
1×××				√
2××× 25～50mm			√	
2×××＜25mm	√			
3×××＜5mm				√
4×××＜5mm				√
5×××＜25mm	√			
6××× 25～50mm		√		
6×××＜25mm	√			
7××× 25～50mm			√	
7×××＜25mm	√			
8×××				√
Al～Si 铸造合金			√	
Al～Mg 铸造合金			√	
Al MMCs				√
Al～Be 合金				√

（2）铝合金搅拌摩擦焊焊接工艺参数

焊接工艺参数是影响接头性能的最重要因素之一。搅拌摩擦焊接过程中，在搅拌头确定的情况下，影响接头性能的工艺参数主要有搅拌头旋转速度、搅拌头行进速度（焊接速度）、搅拌头倾角和轴向压力等。焊接工艺参数的选择合适与否，对焊接接头表面成形、组织及力学性能会产生很大的影响。

　　a. 搅拌头旋转速度对纯铝接头性能的影响。搅拌头转速就是搅拌头在 FSW 过程中的旋转速度，亦称主轴转速，用 n 表示，常用单位 r/min。搅拌头旋转速度对焊接过程中的摩擦产热有重要影响。当搅拌头的旋转速度较低时，产生的摩擦热不够，不足以形成热塑性流动层，其结果是不能实现固相连接，在焊缝中易形成孔洞等缺陷。随着搅拌头转速的提高，摩擦热源增大，热塑性流动层由上而下逐渐增大，使得焊缝中的孔洞逐渐减小，当转速上升到一定值时，孔洞消失，形成致密的焊缝。但如果搅拌头转速过高，会使搅拌针周围及轴肩下面材料的温度过高，形成其他缺陷。纯铝采用搅拌摩擦焊接时，接头性能比较好，抗拉强度一般可以达到或者超过母材强度。图 3-46 所示为 6mm 的 L2 工业纯铝（相当于 1060）采用搅拌摩擦焊接时，接头抗拉强度和搅拌头旋转速度的关系。搅拌头的旋转速度不仅对焊接能量有影响，最重要的是它可直接影响焊缝的成形。试验发现，如果焊接时选择的搅拌头转速过高，焊缝接头处产热就会加大，塑性金属黏度过低，导致焊缝宽度相应变大，且接头内部易出现过热组织。如果焊接时搅拌头的转速较低，接头处得到的热量不足以使金属完全塑化，所以很难得到较高的强度。经过反复试验发现，当工业纯铝 L2 采用搅拌摩擦焊接时，搅拌头旋转速度为 1100r/min 是较为理想的。

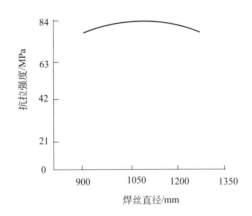

图 3-46　工业钝铝 L2 搅拌摩擦焊搅拌头旋转速度与接头抗拉强度的关系

　　b. 焊接速度对防锈铝接头性能的影响。焊接速度就是搅拌头在工件上沿焊接方向的移动速度，用 v 表示，常用单位 mm/min。现以 3mm 厚 2024-T4 为研究对象，分析焊接速度对焊接接头质量的影响规律。当焊接速度过高时，热输入不足，接头表面鱼鳞纹平整度低，晶粒细化程度降低，易产生孔洞缺陷，降低接头的力学性能；当焊接速度过低时，热输入过大，使塑性金属量过多，造成表面毛刺，晶粒粗化，降低接头的力学性能。7046-T6 铝合金薄板焊接时，当搅拌头转速在 1600r/min、焊接速度控制在 600mm/min 时，HAZ 及其他影响区的晶粒较为粗大，且 HAZ 晶粒尺寸呈现一定程度的粗化长大趋势。当焊接速度为 900mm/min 时，焊接效果较好。用 6061-T6 材料进行搅拌摩擦焊对接，研究焊缝成形及焊缝质量与搅拌头转速和焊接速度的关系，发现搅拌头转速和焊接速度的匹配不同，将影响搅拌头对工件的热输入，进而影响焊缝区域的强度，最终影响焊缝质量及成形，并发现当 n/v 的值为 5 时，焊缝成形优异。

　　c. 搅拌头倾角。搅拌头倾角是指搅拌头轴线与工件表面法线之间所形成的角度，用 θ

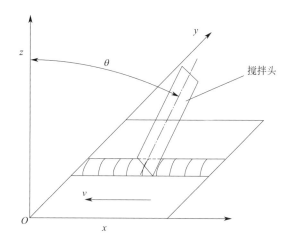

图 3-47　搅拌头倾角示意图

表示，如图 3-47 所示。采用 6mm 厚 2219CS 板材，分析当焊接速度、转速、压入量一定的条件下搅拌头倾角 θ 对对接接头焊接质量的影响。研究发现，当倾角 θ 由小变大时，搅拌针对焊接接头塑性区域的搅拌作用慢慢倾斜，并且接头抗拉强度随着 θ 值增大呈降低趋势；当倾角小于 4°时，这种倾斜作用对接头抗拉强度及显微硬度的影响不明显，但当倾角大于 5°时，将在接头底部产生缺陷，如孔洞、裂纹等，使接头的力学性能大幅降低。使用 5A05 铝合金研究搅拌头倾角 θ 对 FSW 接头力学性能的影响，发现当 θ 在 3.5°～4°时，5A05 铝合金接头抗拉强度和伸长率均达到最大值。

d. 轴向力。轴向力是指由搅拌头施加到工件上的、沿搅拌头轴线方向的压力。在其他条件相同时，搅拌针转速提高，轴向压力减小，焊接速度提高，轴向力变大。对 6mm 厚 5A06～H112 铝合金材料进行试验，研究发现搅拌头转速、焊接速度对轴向力的影响呈现相同的规律，当轴向力大于 4.8kN 时，焊缝力学性能良好。

3.6.4.7　铝及铝合金复合焊

复合焊发展到今天，已经出现了十余种焊接方法，其中，有些复合焊已经很成熟，并应用于生产，有些尚在研究之中，已见报道的有等离子弧-GMA 复合焊、等离子弧-TIG 复合焊、激光-TIG 复合焊、激光-MIG 复合焊、激光-等离子弧复合焊、TIG-MIG 复合焊、电子束-等离子弧复合焊、超声波-TIG 复合焊、激光-摩擦复合焊、激光-高频复合焊、激光-压力复合焊等。这些复合焊方法中，既有熔焊方法与熔焊方法复合而成的复合焊方法，如等离子弧-GMA 复合焊、等离子弧-TIG 复合焊、激光-TIG 复合焊、激光-MIG 复合焊、激光-等离子弧复合焊、TIG-MIG 复合焊、电子束-等离子弧复合焊等，也有熔焊方法与非熔焊方法复合而成的复合焊方法，如超声波-TIG 复合焊、激光-摩擦复合焊、激光-高频复合焊、激光-压力复合焊等。

在由熔焊方法与熔焊方法复合而成的复合焊方法中，研究比较多并取得重大进展的有等离子弧-GMA 复合焊、激光-电弧复合焊（包括激光-TIG 复合焊、激光-MIG 复合焊和激光-等离子弧复合焊等）和 TIG-MIG 复合焊。

（1）铝及铝合金激光-等离子弧复合焊

激光-等离子弧复合焊的热源能量密度高，熔深较大，加之复合电弧的挺度大、稳定性好，因此适宜薄板高速焊。适宜焊接的金属材料范围宽，不仅可以焊接碳素钢、不锈钢等钢铁材料，而且还适宜于焊接铝合金、镁合金、钛合金等对激光反射比高和热导率高的材料。对焊件装配精度的要求较低，激光-等离子弧复合焊相对于单纯的激光焊来说，由于等离子弧焊的加入，可以增加焊件熔化区的宽度，因而可以允许较大一些的装配间隙和错边。例如，薄板焊接时，当对接母材的间隙达到材料厚度的 25%～30% 时，仍可保持良好的接缝熔合。利用激光-等离子弧复合焊焊接，不仅焊缝的成形好，而且不易产生气孔、裂纹、疏松等缺欠。相对于激光-TIG 复合焊来说，等离子弧比 TIG 弧能量更集中，其加热区更窄，所产生的热影响区更小，焊接变形也小。

(2) 铝及铝合金激光-电弧复合焊

激光-电弧复合焊以其独特的技术优势在生产中获得了越来越多的应用。汽车用铝量较大，激光-电弧复合焊在汽车制造业的应用特别受到人们的关注，其不仅应用于轿车焊接，而且还应用于货车或其他车辆的焊接。激光-电弧复合焊用于汽车制造可以获得高的焊接速度、低的热输入、小的变形和良好的焊缝力学性能。以德国大众汽车公司生产的 Phaeton 系列车门为例，其外形如图 3-48 (a) 所示，采用经冲压、铸造和挤压成形的铝件制造。车门的焊缝总长度为 4980mm，共 66 条焊缝，其中有 48 条焊缝 (长 3570mm) 采用激光-MIG 复合焊焊接，其余的有 7 条焊缝 (长 380mm) 采用 MIG 焊焊接，11 条焊缝 (长 1030mm) 采用激光焊焊接。采用激光-MIG 复合焊的目的是对焊前装配精度要求较低的接头实行高速焊。所采用的焊接参数：激光功率 2.9kW，焊接速度 4.2m/min，送丝速度 6.5m/min，焊丝材质为 AlSi2、直径为 1.6mm，保护气体为 Ar。所焊出的焊接接头横截面见图 3-48 (b)。

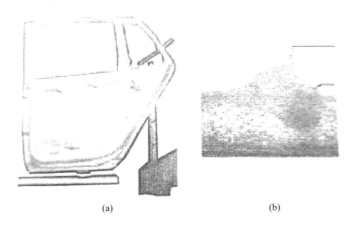

(a)　　　　　　　　　　　　　　(b)

图 3-48　用激光-MIG 复合焊焊接的 Phaeton 系列车门和焊缝截面

3.6.5　铝及铝合金焊接接头缺陷及防止措施

铝及铝合金焊接接头常见的缺陷主要有焊缝成形差、裂纹、气孔、烧穿、未焊透、未熔合、夹渣等。

(1) 焊缝成形差

焊缝成形差主要表现为：焊缝波纹不美观，且不光亮；焊缝弯曲不直，宽窄不一，接头太多；焊缝中心突起，两边平坦或凹陷；焊缝满溢等。图 3-49 为成形差的焊缝。

图 3-49　成形差的焊缝宏观形貌

产生原因：

① 焊接规范选择不当；

② 焊枪角度不正确；

③ 焊工操作不熟练；

④ 导电嘴孔径太大；

⑤ 焊接电弧没有严格对准坡口中心；

⑥ 焊丝、焊件及保护气体中含有水。

防止措施：

① 反复调试选择合适的焊接规范；

② 保持焊枪合适的倾角；

③ 加强焊工技能培训；

④ 选择合适的导电嘴孔径；

⑤ 力求使焊接电弧与坡口严格对中；

⑥ 焊前仔细清理焊丝、焊件；

⑦ 保证保护气体的纯度。

（2）裂纹

铝及铝合金焊缝中的裂纹是在焊缝金属结晶过程中产生的，称为热裂纹，又称结晶裂纹。其形式有纵向裂纹、横向裂纹（往往扩展到基体金属）、根部裂纹、弧坑裂纹等多种。裂纹将使结构强度降低，甚至引起整个结构的突然破坏，因此是完全不允许的。图 3-50 为铝合金焊缝裂纹宏观形貌。

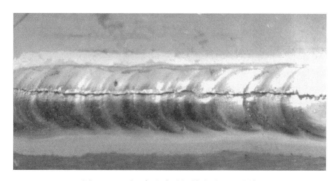

图 3-50　铝合金焊缝裂纹宏观形貌

产生原因：

① 焊缝的深宽比过大；

② 焊缝末端的弧坑冷却快；

③ 焊丝成分与母材不匹配；

④ 操作技术不正确。

防止措施：

① 适当提高电弧电压或减小焊接电流，以加宽焊道而减小熔深；

② 适当地填满弧坑并采用衰减措施减小冷却速度；

③ 保证焊丝与母材合理匹配；

④ 选择合适的焊接参数、焊接顺序，适当增加焊接速度，需要预热的要采取预热措施。

（3）气孔

在铝及铝合金 MIG 焊中，气孔是最常见的一种缺陷。要彻底清除焊缝中的气孔是很难办到的，只能是最大限度地减小其含量。按其种类，铝焊缝中的气孔主要有表面气孔、弥散气孔、局部密集气孔、单个大气孔、根部链状气孔、柱状气孔等。气孔不但会降低焊缝的致密性，减小接头的承载面积，而且会使接头的强度、塑性降低，特别是冷弯角和冲击韧性降低更多，必须加以防止。图 3-51 为铝合金焊缝气孔微观形貌。

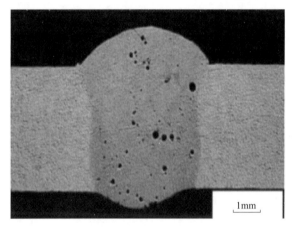

图 3-51　铝合金焊缝气孔微观形貌

产生原因：

① 气体保护不良，保护气体不纯；

② 焊丝、焊件被污染；

③ 大气中的绝对湿度过大；

④ 电弧不稳，电弧过长；

⑤ 焊丝伸出长度过长，喷嘴与焊件之间的距离过大；

⑥ 焊丝直径与坡口形式选择不当；

⑦ 在同一部位重复起弧，接头数太多。

防止措施：

① 保证保护气体质量，适当增加保护气体流量，以排除焊接区的全部空气，消除气体喷嘴处飞溅物，使保护气流均匀，焊接区要有防止空气流动的措施，防止空气侵入焊接区，保护气体流量过大时，要适当减少流量；

② 焊前仔细清理焊丝、焊件表面的油、污、锈、垢和氧化膜，采用含脱氧剂较高的

焊丝；

③ 合理选择焊接场所；

④ 适当减少电弧长度；

⑤ 保持喷嘴与焊件之间的合理距离范围；

⑥ 尽量选择较粗的焊丝，同时增加工件坡口的钝边厚度，一方面可以允许使用大电流，另一方面也使焊缝金属中焊丝比例下降，这对降低气孔率是行之有效的；

⑦ 尽量不要在同一部位重复起弧，需要重复起弧时要对起弧处进行打磨或刮除清理；一道焊缝一旦起弧后要尽量焊长些，不要随意断弧，以减少接头量，在接头处需要有一定的焊缝重叠区域。

（4）烧穿

产生原因：

① 热输入量过大；

② 坡口加工不当，焊件装配间隙过大；

③ 点固焊时焊点间距过大．焊接过程中产生较大的变形量；

④ 操作姿势不正确。

防止措施：

① 适当减小焊接电流、电弧电压，提高焊接速度；

② 加大钝边尺寸，减小根部间隙；

③ 适当减小点固焊时焊点间距；

④ 焊接过程中，手握焊枪姿势要正确，操作要熟练。

（5）未焊透（见图 3-52）

产生原因：

① 焊接速度过快，电弧过长；

② 坡口加工不当，装配间隙过小；

③ 焊接技术较低，操作姿势掌握不当；

④ 焊接规范过小；

⑤ 焊接电流不稳定。

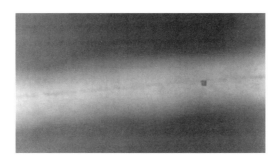

图 3-52　X 射线照片显示的未焊透

防止措施：

① 适当减慢焊接速度，压低电弧；

② 适当减小钝边或增加根部间隙；

③ 调整焊枪角度，保证焊接时获得最大熔深，使电弧始终保持在焊接熔池的前沿；

④ 增加焊接电流及电弧电压，保证母材足够的热输入获得量；

⑤ 增加稳压电源装置或避开用电高峰。

（6）未熔合（见图 3-53）

产生原因：

① 焊接部位氧化膜或锈未清除干净；

② 热输入不足；

③ 焊接操作不当。

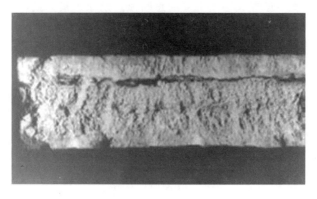

图 3-53　未熔合焊缝的断面

防止措施：

① 焊前仔细清理待焊处表面；

② 提高焊接电流、电弧电压，减小焊接速度；

③ 焊接时要适当使用运条方式，焊丝在坡口面上有瞬间停歇。

（7）夹渣（见图 3-54）

产生原因：

① 焊前清理不彻底；

② 焊接电流过大，导致导电嘴局部熔化混入熔池而形成夹渣；

③ 焊接速度过高。

图 3-54　焊缝夹渣

防止措施：

① 加强焊接前的清理工作，多道焊时，每焊完一道同样要进行焊缝清理；

② 在保证熔透的情况下，适当减少焊接电流，大电流焊接时，导电嘴不要压得太低；

③ 适当降低焊接速度，采用含脱氧剂较高的焊丝，提高电弧电压。

3.6.6　铝及铝合金的焊接变形控制

除了炉中钎焊、扩散焊等极少焊接方法外，绝大部分熔焊、压力焊和钎焊方法均采用热能比较集中的"点热源"，如高温火焰、电弧或瞬间高密度、高强度电子束、激光束等，对工件上的加热点快速加热，使局部待焊母材或焊料迅速熔化，并凝结为一体，若干焊点组合起来，或一个个焊点连续起来就形成焊接接头。因此焊接是一种局部加热的工艺过程，对焊件不均匀的快速加热与冷却是产生焊接变形的根本原因。

由于铝合金有较大的热胀系数，所以在焊接过程中，随着快速加热和快速冷却而带来的膨胀和收缩发生时，必然出现不同形式的变形。铝及铝合金在焊后热处理时期也会发生变形。当在金属局部区域加热的时候，未加热区域抑制了加热区域的膨胀而产生了变形。冷却时，由于周围金属的抑制，可能导致变形或翘曲。由于铝及铝合金散热迅速，焊接金属的收缩一般是焊接变形的主要原因。熔融铝的收缩幅度约为同体积钢的 3 倍之多。

焊接变形造成焊接结构尺寸形状超差、焊接结构组装配合困难，焊接变形过大或矫正无效，有可能使产品报废，造成经济损失。铝及铝合金焊接产品当中目前以薄板构件居多，在焊接过程中更易发生变形，因而有效地控制其变形就显得尤为重要。

控制变形与正确的结构设计、接头的准备和装配、焊接方法的选择和正确的焊接次序有关。为了使变形减至最小，零件设计时，应该将焊缝减至最少并且合理布置焊缝位置。如果是在刚性的区域局部焊接，如在边棱或拐角处焊接，将会使变形很小。焊缝应该远离强烈的冷作硬化区。合理选择焊接工艺，可以使变形减至最小。如选用热输入集中的焊接方法，单边焊时采用反变形法，双面焊时使焊缝的每一边都熔敷上等量的金属。正确的焊接顺序是控制和减少变形的主要方法，它使焊接变形消失于焊接过程中，或使不同时期、不同位置产生的焊接变形相反、相消，从而达到控制焊接变形的目的。设计焊接顺序时可以考虑以下几点：

① 一般应从中心向外进行焊接。

② 具有最大收缩的焊缝先焊。

③ 如有可能，为了平衡收缩，对于一个结构的两边焊接应该同时进行。

④ 焊缝应分布在结构的两边，焊接时，焊道要两边交替焊接，以平衡应力。若条件允许，应尽量采用分段逆焊技术。

⑤ 对于一个焊道，一旦开始焊接后就不要间断，一直焊完。采用工装夹具对焊件进行刚性固定之后再实施焊接，这也是防止变形的有效措施，且不必过分考虑焊接顺序。但是对于一些大的、形状复杂的焊件来说，夹具的制造比较麻烦，而且撤除固定之后，焊件还有少许变形，因此，这种方法更适用于一些小的、形状规则的焊件焊接。如果焊件尺寸大、形状复杂，又是成批生产，则可以设计一个能够转动的专用焊接模具，既可以防止变形，又能提高生产率。

在实际焊接生产中，控制变形的方法还有很多，而且在运用时往往都是联合采用，而非单独采用。所以在具体选择方法时，一定要根据焊件的结构形状和尺寸，并分析其变形情况后决定。

3.6.7　铝及铝合金的焊后处理

（1）清除残渣

焊件焊完后，如果使用的是气焊或药皮焊条焊，在对焊缝进行外观检查和无损检测之前，需要对焊缝及两侧的残存熔剂和焊渣及时进行清除，以防止焊渣和残存焊剂腐蚀焊缝及其表面，避免造成不良后果。常用的焊后清理方法如下：

① 在 80℃ 的热水中刷洗；

② 放入重铬酸钾（$K_2Cr_2O_7$）或质量分数为 $2\%\sim3\%$ 的铬酐（Cr_2O_3）溶液中冲洗；

③ 再在 $60\sim80$℃ 的热水中洗涤；

④ 放入干燥箱中烘干或风干。

为了检验残存熔剂去除的效果，可以在焊件的焊缝上滴上蒸馏水，然后再将蒸馏水收集起来，并滴入装有 5% 硝酸银溶液的小试管中，如有白色沉淀，则表示残存熔剂尚未清除彻底。

（2）焊件的表面处理

通过适当的焊接工艺和正确的操作技术，焊接后的铝及铝合金焊缝表面将具有均匀的波纹和光滑的外貌，一般很少要求再进行机械加工修饰。在焊接期间仔细操作可以节省许多焊接时间和精加工劳动。焊件的表面可以使用化学精加工处理，如化学腐蚀、化学光饰以及各种形式的化学转换涂层。阳极化处理可以改善抗腐蚀和抗磨损性能，特别是和抛光及染色技术配合使用时，可获得高质量的装饰表面。减小焊接热影响区可使阳极化处理导致的不良颜色变化减至最小。使用快速焊接工艺，如熔化极氩弧焊或闪光对焊，可最大限度地减少焊接热影响区，因此闪光对焊的焊缝，阳极化处理质量良好。对退火状态下不能热处理强化的合金的焊接件进行阳极化处理后，金属基体和焊接热影响区之间的颜色反差最小。炉中钎焊和浸渍钎焊不是局部加热的，所以金属颜色的外观是非常均匀的。

可热处理强化的合金（如 6061、6063）常常用作建筑结构零件，它们在焊接以后常常进行阳极化处理。在这类合金中，焊接加热会导致合金元素的析出，阳极化处理以后热影响区和焊缝之间会出现晕圈。这些在焊接区附近的晕圈，使用快速焊接可使其减至最小，或者使用冷却垫块和压板也可使晕圈减到很小，这些晕圈在焊接后、阳极化处理前，进行固溶处理可以消除。

在化学处理的焊接件中，有时会遇到焊缝金属和基体金属的颜色差别较大的情况，这时必须仔细地选择填充金属的成分，特别是合金成分中含有硅时，就会对颜色的配比有影响。无论什么时候，在阳极化处理的焊接区不应该看到有颜色的差异，所以为了避免颜色的失调，选用的填充合金宁愿有较差的精加工特性，也应该有较好的焊接特性。

如有必要可以对焊件进行机械抛光。机械抛光即通过研磨、去毛刺、滚光、抛光或砂光等物理方法改善铝工件的表面。机械抛光的目的各不相同，从简单的除氧化皮、去毛刺到产生镜面表面的高质量磨光，简而言之，机械抛光的目的是通过尽可能少的工序获得所需要的表面质量。然而，铝及铝合金属软金属，摩擦系数比较高，而且在研磨过程中如果发生过热，有可能使焊件变形，甚至出现晶界断裂的现象。这要求在抛光过程中有充分的润滑，对金属表面的压力应降到最低。机械抛光必须受制于材料的独特性。常用的机械抛光有抛光、磨光、磨料喷击、喷丸等。此外，电镀和有机涂层也是铝及铝合金焊件获得良好表面质量的一种有效方法。

（3）焊后热处理

焊后热处理的目的就是为了改善焊接接头的组织和性能或消除残余应力。可热处理强化铝合金在焊接以后，可以重新进行热处理，使基体金属热影响区的强度恢复到接近原来的强度。一般情况下，接头破坏处通常都是在焊缝的熔化区内。在重新进行焊后热处理后，焊缝金属所获得的强度主要取决于使用的填充金属。填充金属与基体金属的成分不同时，强度将取决于填充金属对基体金属的稀释度。最好的强度与焊接金属所使用的热处理相适应。虽然焊后热处理增加了强度，但对焊缝的韧性可能会造成某些损失。

焊缝附近熔化区的沉淀和晶界的熔化，使可热处理强化铝合金的某些焊件的韧性变差。假使情况不是太严重，焊后热处理可以使可溶的成分重新溶解，得到更均匀的结构，对韧性稍微有点改善，并会较大地增加强度。焊件进行完全重新热处理是不实际的，焊件可以在固溶热处理状态焊接，焊后进行人工时效处理。在这种焊接方法中，当使用高焊接速率时，有时性能能够获得显著的提高，甚至超过正常焊接状态的强度。例如，对 6061 合金在 T4（固溶处理加自然时效）热处理状态焊接，焊后用 T6（固溶处理加人工时效）处理，焊缝的强度可以达到 280MPa，提高显著，超过了 190MPa 的焊接状态强度。然而，焊件很少能达到完全重新热处理的性能（固溶热处理加时效处理）。

（4）焊缝的整形和焊缝缺陷的返修

一件产品焊接完毕之后，对于有下述外形缺陷的焊缝必须加以整形：

① 大接头（即堆高、宽均大量超差）。

② 焊瘤。焊瘤是过多的熔化金属机械地堆积在一起形成，与母材并没有熔合，不是焊缝的组成部分，必须铲去。

③ 断续焊起弧处的焊瘤。

整形工具一般采用各种形状的铲棍，使修理后的外形与良好焊缝基本一致。在修理时不能使母材产生划伤或刀伤，因此铲棍的形状一般都没有尖锐的棱角。根据国家标准，对于所不允许的焊缝缺陷，必须进行返修。返修时先确定返修范围（借助超声波或射线探伤），返修范围应当比缺陷所在部位稍微扩大一些，一般应分别向缺陷两头扩展 50～70mm。如根据探伤结果已能判断缺陷是靠近产品的内侧或外侧，则可先返修该侧；如不能判断是属于哪一侧，则必须进行双面返修，一般是先修外侧，后修内侧。返修前必须将缺陷挖出，如采用风铲，则先用扁铲削平焊缝的加固高，然后用豁铲开沟，开沟的深度是以发现缺陷、将缺陷全部清除干净、露出完好的金属为止。如缺陷部位较大，开出的沟槽太宽、太深，则必须先进行补焊。待完全补好后，再开坡口，然后才能进行正式的返修焊接。返修后的焊缝必须经探伤证实符合标准要求，最好一次返修合格。

3.6.8 铝及铝合金产品的焊缝质量检验

焊接完成后的铝及铝合金产品，需要进行焊缝质量检验。铝及铝合金焊缝的质量取决于焊接时所用的焊丝、气剂、气体的质量、接头的装配质量、焊接顺序、坡口的清理、施工条件、焊工操作技术水平高低和选用的焊接规范等因素。为保证焊接质量，必须严格检查焊接结构制造过程中的各个环节，及时防止各种缺陷的产生。此外，焊接质量还与新工艺的推广应用有关。完工后的焊接部件及整个产品必须进行全面的质量检验。焊缝的检验方法甚多，常用的有如下几种：

（1）外观检验

这种检验方法是以肉眼观察为主，有时也可用低倍放大镜观察。外观检验的内容主要为检查咬边、表面气孔、裂纹、烧穿、焊瘤、弧坑等缺陷，以及焊缝的外形尺寸。检查范围为全部焊缝。

(2) X 射线探伤

X 射线探伤是检查铝及铝合金焊缝内部最有效的方法，它能确定焊缝内部的气孔、夹渣、未焊透、内部裂纹的位置和内部飞溅物等缺陷。但直径在 0.2mm 以下的显微气孔、显微裂纹和微小的未焊透等缺陷则不易用 X 射线探伤法探测到。根据 X 射线探伤法摄制、显影后的底片黑度，并参考 JB 4734—2002《铝制焊接容器》标准中有关 X 射线探伤标准评定产品的质量等级，一般采用三级评定方法：1 级焊缝为优良品，2 级为合格品，3 级为不合格品。

焊缝透视质量的等级评定标准如下：

① 焊缝存在裂纹、未熔合或未焊透（双面焊）时，应评为 3 级；

② 单面焊未焊透的深度超过壁厚的 15%（或 2mm）时，应评为 3 级；

③ 单个缺陷尺寸（包括夹钨和气孔等）在任何方向上的最大尺寸超过 1/5 板厚（或 4mm）时应评定为 2 级，超过 1/3 板厚（或 8mm）时应评为 3 级；

④ 缺陷数量的规定：表 3-37 内的数字是指底片上缺陷最密集部分 10mm×50mm 的焊缝区域内（宽度小于 10mm 的焊缝，以 50mm 长度计）各级所允许的最多缺陷点数。多者用于厚度上限，少者用于厚度下限，中间厚度用插入法，并按四舍五入法推算至整数。单个缺陷尺寸小于 0.4mm 的不计，≥0.4mm 时按表 3-38 进行换算，求得相应的缺陷点数。

容器壳体焊缝探伤长度按表 3-39 的规定进行（图样另有要求的除外），如果焊缝探伤检验时发现有不允许存在的缺陷，应在缺陷的延伸方向或可疑部位做补充检验，如补充检验仍不合格，则整条焊缝及其他有怀疑部位的焊缝都应进行检验。

对于探伤不合格的焊缝应进行质量分析，找出原因，订出措施后方可返修。返修后必须重新做探伤检验。同一部位的返修次数一般不超过两次，超过两次的返修要经制造主管部门批准，且返修次数和部位应在产品质量证明书中注明。

表 3-37 焊缝透视质量等级的评定法

最大缺陷点数 板厚/mm 等级	2～5	5～10	10～20	20～40
1 级	2～4	4～6	6～8	8～12
2 级	6～10	10～14	14～18	18～24
3 级	缺陷点数多于 2 级	缺陷点数多于 2 级	缺陷点数多于 2 级	缺陷点数多于 2 级

表 3-38 单个缺陷尺寸换算表

缺陷尺寸/mm		0.4/1.0	1.1/2.0	2.1/3.0	3.1/4.0	4.1/5.0	5.1/6.0	6.1/7.0	7.1/8.0
系数	气孔或夹渣	1	2	4	6	8	10	12	14
	夹钨	0.5	1	2	3	4	5	6	7

表 3-39　容器壳体焊缝探伤长度规定

设计压力/Mpa	占相应对接焊缝总长度/%	
	纵缝	环缝
0.588	≥25	≥15
0.098	≥15	≥10

（3）超声波探伤检验

近年来，对铝及铝合金的焊缝检验开始采用超声波探伤技术，并在对接焊缝的探伤中取得了一些经验。它与 X 射线探伤法相比较具有下列优点：

① 不需要如 X 射线探伤的贴片、冲洗底片等工序，因而缩短了检验时间；

② 探测微裂纹和未焊透缺陷时比 X 射线探伤法灵敏；

③ 探测距离比 X 射线探伤法要大；

④ 既经济又安全。

但用超声波探伤法检验时，要求铝焊缝两侧必须光滑清洁，在阳光下操作时观察示波屏的回声脉冲比较困难，用这种方法判断焊缝缺陷的可靠性和准确性与操作者的技术水平、工作经验有很大关系。铝及铝合金焊缝中缺陷的方向大多与焊缝表面垂直，因此，探伤时只利用带角度的探头将超声波从基体金属的表面以横波形式射入焊缝。具体操作方法可参考 JB 1152—81《钢制压力容器对接焊缝超声波探伤》部颁标准。

超声波探伤还可对铝及铝合金点焊、滚焊焊接接头进行无损检验。

（4）接头力学性能试验

力学性能试验可用以评定焊接接头的强度、塑性及检验缺陷对接头力学性能的影响。试样数量、尺寸及检验方法参考 GB/T 2651—1989《焊接接头拉伸试验方法》、GB/T 2653—2008《焊接接头弯曲试验方法》、GB/T 2650—2008《焊接接头冲击试验方法》等国家标准中的有关规定。常用的铝及铝合金接头抗拉强度及冷弯性能应满足以下要求：

① 纯铝接头抗拉强度≥85%σ_b，防锈铝合金接头抗拉强度≥90%σ_b，σ_b 为基体供货状态抗拉强度的下限。

② 冷弯角（弯轴直径等于二倍板厚）：要求工业纯铝≥90°，防锈铝合金由供需双方协议决定。

在切取抗拉、冷弯试样前应预先对试板进行 X 射线探伤检验。当试板中存在较严重的缺陷时，不允许切取力学性能试样。纯铝、非热处理强化型铝合金焊接接头的软化是由于热影响区金属加热到再结晶温度以上时，冷作硬化效果局部消失而引起的。软化造成的强度降低并不严重，接头强度约为退火状态基体金属的 85%～98%。热处理强化型铝合金热影响区的组织变化比较复杂，焊接接头的软化会显著地降低整个接头的力学性能，并导致接头与基体金属不等强。例如，经淬火、自然时效的 LY12、LY11 硬铝，其接头强度只占基体金属的 55%～70%，可见，软化程度比非热处理强化型铝合金严重得多。铝镁合金焊接接头的强度与基体金属、焊丝中的镁、锰含量有关，而基体金属中的镁含量影响最为显著。

（5）渗漏试验

制造完成的铝容器应按图样规定的项目和要求进行渗漏（或压力）试验，其目的是检查焊缝的致密性及焊缝中存在的微小缺陷是否会影响到产品的工作性能，根据铝及铝合金焊接结构的工作条件和结构强度的不同，渗漏试验可分为以下 3 种。

① 强度试验

a. 水压试验：水压试验常用来检查管子、水箱油箱及各种容器的水密性和构件在承受一定压力下的致密性。水压试验前应对被试产品进行 X 射线探伤检验，保持 20min 以上，以便对所有的焊缝和连接部位进行检验。在试压过程中，如发现有渗漏现象应立即卸压，待彻底消除缺陷并焊补后再试压。

b. 气压试验：由于特殊原因不能进行水压试验时，铝及铝合金容器可用气压试验代替。气压试验需经制造主管部门批准，并经安全部门同意。试验前容器需经 100% 探伤检验。在确保焊接质量的情况下，经制造部门批准，可以适当降低探伤要求，其试验压力按图样规定。试验时，压力应缓慢升高至试验压力，至少保持 10min，然后降至设计压力，保持足够长的时间以便进行检验。

② 气密性试验　气密性试验应在强度试验合格后进行，它主要用以检验某些管子及小型容器的密封性。试验时通入经过滤并符合要求的洁净空气。试验压力取用产品技术条件中规定的数值，一般略高于设计压力，加压时应缓慢升压，达到规定的试验压力后，在焊缝和密封部位涂以肥皂水进行检验。小型容器也可浸入水中检验。

③ 常压容器试漏

a. 盛水试验：容器中盛满水，保持 1h 后，不应有渗漏现象。

b. 煤油渗漏：煤油渗漏是将被检验焊缝的一面清理干净，涂以白粉浆，待白粉浆晾干后在焊缝的另一面涂上煤油，使表面得到足够的浸润，经半小时后，白粉上不应有油渍。如焊缝中有细微裂纹或穿透性气孔等缺陷，煤油会渗过缝隙而使涂白粉的焊缝表面呈现黑色斑纹，由此即可确定焊缝中缺陷的位置。

（6）金相检验

在推广焊接新工艺、采用新的焊接材料及制造重要的焊接结构时，为掌握焊接接头各区的组织情况，应对铝及铝合金的焊缝、热影响区进行金相检验。这种方法用以检查 X 射线探伤法所不能发现的显微气孔、氧化夹渣物及微裂缝等缺陷。金相检验时首先在焊接试板上截取试样，经切削、打磨、抛光后将试样放入相应的腐蚀剂中腐蚀，然后在金相显微镜下观察，检查显微气孔、微裂缝、夹渣、未焊透等缺陷及测定焊接热影响区宽度，经高倍放大后可在显微镜下观察焊缝及热影响的晶粒大小、晶粒边界夹渣物的种类、性能及各区的组织特性。

（7）腐蚀试验

根据技术条件规定需作焊接接头耐腐蚀试验的铝及铝合金设备，当对试验方法无具体要求时，凡使用介质属于硝酸类且用工业纯铝制成焊接接头的可按 GB/T 7998—2005《铝合金晶间腐蚀测定方法》检验。

（8）硬度试验

硬度试验主要用于测定热影响区的宽度，对铝合金来讲，几乎任何用于测定钢的硬度的硬度试验设备，都可以用来进行铝的硬度测定。具体操作程序也大体相同。

第4章

铝合金的热处理

铝合金一般具有如图 4-1 所示的有限固溶型共晶相图。根据相图，以 D 点成分为界可将铝合金分为变形铝合金和铸造铝合金两大类。D 点以左的合金为变形铝合金，其特点是加热到固溶线 DF 以上时为单相固溶体组织，塑性好，适于压力加工；D 点以右的铝合金为铸造铝合金，其组织中存在共晶体，适于铸造。

将铝合金在一定的介质或空气中加热到一定温度并保持一段时间，然后以某种冷却速率冷却至室温，从而改变其组织和性能的方法称为热处理。绝大部分的铸造铝合金和多数的变形铝合金均可通过热处理的方式改善或调整其组织和性能。为了提高纯铝的性能，通常在纯铝中加入铜、锌、镁、硅、锂、稀土元素等。

成分在图 4-1 中 F 点以左的合金，其固溶体成分不随温度变化而变化，不能通过热处理强化，为不可热处理强化的铝合金，如纯铝、Al-Mn、Al-Mg、Al-Si 系合金；成分在 F、D 两点之间的合金，其固溶体成分因温度不同而异，可通过热处理进行强化，为可热处理强化的铝合金，如 Al-Mg-Si、Al-Cu、Al-Zn-Mg 系合金。铸造铝合金由于其合金元素总量占总质量分数的 $8\%\sim25\%$，且元素含量也随着温度的变化而变化，因此可用热处理方式进行强化，但距 D 点越远，热处理强化的效果越不明显。

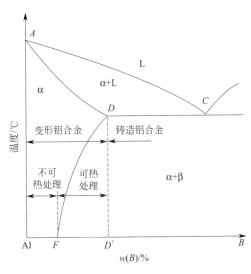

图 4-1　铝合金的共晶相图

变形铝合金有两种：一种是不能热处理强化的铝合金，也叫防锈铝，其成分小于图中的 F 点；另一种是可热处理强化的铝合金，一般包括硬铝、超硬铝和锻铝，其成分在图中的 F 与 D 点之间。

铝合金按性能和用途可分为工业纯铝、切削铝合金、耐热铝合金、耐腐蚀铝合金、低强铝合金、中强铝合金、高强铝合金（硬铝）、超高强铝合金（超硬铝）、锻造铝合金及特殊铝合金等几种。

按合金中所含主要元素成分，铝合金可分为工业纯铝（1×××系）、Al-Cu 合金（2×

××系)、Al-Mn 合金(3×××系)、Al-Si 合金(4×××系)、Al-Mg 合金(5×××系)、Al-Mg-Si 合金(6×××系)、Al-Zn-Mg-Cu 合金(7×××系)、Al-Li 合金(8×××系)及备用合金组(9×××系)等九种。

　　这三种分类方法各有特点,有时相互交叉、相互补充。在工业生产中,大多数国家按第三种方法,即按合金中所含主要元素成分的 4 位数码法分类。这种分类方法能从本质上反映合金的基本性能,也便于编码、记忆和计算机管理。我国目前也采用 4 位数码法分类。

4.1 铝合金的相组成

　　工业变形铝合金及铝合金半连续铸造状态下的相组成如表 4-1 所示。

表 4-1　工业变形铝合金及铝合金半连续铸造状态下的相组成

合金类别	系	牌号	主要相组成(少量的或可能的)
1×××系	Al	1A85～1A99	$\alpha+FeAl_3$、$Al_{12}Fe_3Si$
		1070A～1A06	$\alpha+Al_{12}Fe_3Si$
2×××系	Al-Cu-Mg	2A01	$\theta(CuAl_2)$、Mg_2Si、$N(Al_7Cu_2Fe)$、$\alpha(Al_2Fe_3Si)$、[S]
		2A02	$S(Al_2CuMg)$、Mg_2Si、$N(FeMn)$、$SiAl_{12}$、[S]、$(FeMn)Al_6$
		2A04	$S(Al_2CuMg)$、Mg_2Si、N、$(FeMn)_3SiAl_{12}$、[S]、$(FeMn)Al_6$
		2A06	$S(Al_2CuMg)$、Mg_2Si、N、$(FeMn)_3SiAl_{12}$、[S]、$(FeMn)Al_6$
		2A10	$\theta(CuAl_2)$、Mg_2Si、$N(Al_7Cu_2Fe)$、$(FeMn)_3SiAl_{12}$、$S(Al_2CuMg)$、$(FeMn)Al_6$
		2A11	$\theta(CuAl_2)$、Mg_2Si、$N(Al_7Cu_2Fe)$、$(FeMn)_3SiAl_{12}$、[S]、$(FeMn)Al_6$
		2B11	$\theta(CuAl_2)$、Mg_2Si、$N(Al_7Cu_2Fe)$、$(FeMn)_3SiAl_{12}$、[S]、$(FeMn)Al_6$
		2A12	$S(Al_2CuMg)$、$\theta(CuAl_2)$、Mg_2Si、N、(Al_7Cu_2Fe)、$(FeMn)_3SiAl_{12}$、[S]、$(FeMn)Al_6$
		2B12	$S(Al_2CuMg)$、$\theta(CuAl_2)$、Mg_2Si、$N(Al_7Cu_2Fe)$、$\alpha(Al_{12}Fe_3Si)$、[S]
		2A13	$\theta(CuAl_2)$、Mg_2Si、$N(Al_7Cu_2Fe)$、$\alpha(Al_{12}Fe_3Si)$、[S]
		2A16	$\theta(CuAl_2)$、$N(Al_7Cu_2Fe)$、$TiAl_3$、$(FeMn)_3SiAl_{12}$、$(FeMn)Al_6$、$ZrAl_3$
		2A17	$\theta(CuAl_2)$、$N(Al_7Cu_2Fe)$、Mg_2Si、$(FeMn)_3SiAl_{12}$、[S]、$(FeMn)Al_6$
	Al-Cu-Mg-Si-Mn	2A50	Mg_2Si、W、$\theta(CuAl_2)$、$AlFeMnSi$、[S]
		2B50	Mg_2Si、W、$\theta(CuAl_2)$、$AlFeMnSi$、[S]
		2A14	Mg_2Si、W、$\theta(CuAl_2)$、$AlFeMnSi$
	Al-Cu-Mg-Fe-Ni-Si	2A70	$S(Al_2CuMg)$、$FeNiAl_9$、[Mg_2Si、$N(Al_7Cu_2Fe$ 或 $Al_6Cu_3Ni)$]
		2A80	$S(Al_2CuMg)$、$FeNiAl_9$、[Mg_2Si、$N(Al_7Cu_2Fe$ 或 $Al_6Cu_3Ni)$]
		2A90	$S(Al_2CuMg)$、$\theta(CuAl_2)$、$FeNiAl_9$、Mg_2Si、Al_6Cu_3Ni、[$\alpha(Al_2Fe_3Si)$]
3×××系	Al-Mn	3A21	$(FeMn)Al_6$、$(FeMn)_3SiAl_{12}$
4×××系	Al-Si	4A01	Si(共晶)、$\beta(Al_5FeSi)$
		4A13	Si(共晶)、$\beta(Al_5FeSi)$、$AlFeMnSi$
		4A17	Si(共晶)、$\beta(Al_5FeSi)$、$AlFeMnSi$
		4A11	Si(共晶)、$S(Al_2CuMg)$、$FeNiAl_9$、Mg_2Si、$\beta(Al_5FeSi)$、[初晶硅]
		4043	Si(共晶)、$\alpha(Fe_2SiAl_8)$、$\beta(Al_5FeSi)$、$FeAl_3$
5×××系	Al-Mg	5A02	Mg_2Si、$(FeMn)Al_6$、[$\beta(Al_5FeSi)$]
		5A03	Mg_2Si、$(FeMn)Al_6$、[$\beta(Al_5FeSi)$]
		5082	Mg_2Si、$(FeMn)Al_6$、[$\beta(Al_5FeSi)$]
		5A43	Mg_2Si、$(FeMn)Al_6$、[$\beta(Al_5FeSi)$]
		5A05	$\beta(Mg_5Al_8)$、Mg_2Si、$(FeMn)Al_6$
		5A06	$\beta(Mg_5Al_8)$、$(FeMn)Al_6$
		5B06	$\beta(Mg_5Al_8)$、$(FeMn)Al_6$、[$TiAl_2$]

4.2　铝合金中合金元素和杂质的作用

4.2.1　微量元素在 1××× 系铝合金中的作用

1××× 系铝合金中的主要杂质是铁和硅，其次是铜、镁、锌、锰、铬、钛、硼等，以及一些稀土元素，这些微量元素在部分 1××× 系铝合金中还起合金化的作用，并且对合金的组织和性能均有一定的影响。

① 铁：铁与铝可以生成 $FeAl_3$，铁与硅和铝可以生成三元化合物 $\alpha(Al、Fe、Si)$ 和 $\beta(Al、Fe、Si)$，它们是 1××× 系铝合金中的主要相，硬而脆，对力学性能影响较大，一般是使强度略有提高，而塑性降低，并可以提高再结晶温度。

② 硅：硅与铁是铝中的共存元素。硅过剩时，以游离硅状态存在，硬而脆，使合金的强度略有提高，而塑性降低，并对高纯铝的二次再结晶晶粒度有明显影响。

③ 铜：铜在 1××× 系铝合金中主要以固溶状态存在，对合金的强度有些贡献，对再结晶温度也有影响。

④ 镁：镁在 1××× 系铝合金中可以是添加元素，并主要以固溶状态存在，其作用是提高强度，对再结晶温度的影响较小。

⑤ 锰和铬：锰、铬可以明显提高再结晶温度，但对细化晶粒的作用不大。

⑥ 钛和硼：钛、硼是 1××× 系铝合金的主要变质元素，既可以细化铸锭晶粒，又可以提高再结晶温度并细化晶粒。但钛对再结晶温度的影响与铁和硅的含量有关，当含有铁时，其影响非常显著；当含有少量的硅时，其作用减小；但当 $w(Si) = 0.48\%$ 时，钛又可以使再结晶温度显著提高。

添加元素和杂质对 1××× 系铝合金的电学性能影响较大，一般均使导电性能降低，其中镍、铜、铁、锌、硅使导电性能降低较少，而钒、铬、锰、钛则使导电性能降低较多。此外，杂质的存在会破坏铝表面形成氧化膜的连续性，使铝的耐蚀性降低。

4.2.2　合金元素和杂质在 2××× 系铝合金中的作用

2××× 系铝合金是以铜为主要合金元素的铝合金。它包括 Al-Cu-Mg 合金、Al-Cu-Mn 合金和 Al-Cu-Mg-Fe-Ni 合金等，这些合金均属热处理可强化铝合金，其特点是强度高，常称为硬铝合金。其耐热性能和加工性能良好，但耐蚀性不好，在一定条件下会产生晶间腐蚀。因此，板材往往需要包覆一层纯铝或一层对芯板有电化学保护的 6××× 系铝合金，以提高其耐腐蚀性能。其中，Al-Cu-Mg-Fe-Ni 合金具有极为复杂的化学组成和相组成，它在高温下有高的强度，并具有良好的工艺性能，主要用于锻压在 150～250℃ 以下工作的耐热零件；Al-Cu-Mn 合金的室温强度虽然低于 Al-Cu-Mg 合金 2A12 和 2A14，但在 225～250℃ 或更高温度下强度却比二者的高，并且合金的工艺性能良好，易于焊接，主要应用于耐热可焊的结构件及锻件。该系合金广泛应用于航空和航天领域。

（1）Al-Cu-Mg 合金

Al-Cu-Mg 系合金的主要合金牌号有 2A01、2A02、2A06、2A10、2A11、2A12 等，主要添加元素有铜、镁和锰，它们对合金有如下作用：

① 当 $w(Mg)$ 为 1%～2%，$w(Cu)$ 从 1.0% 增加到 4% 时，淬火状态的合金抗拉强

度从 200MPa 提高到 380MPa，淬火自然时效状态下合金的抗拉强度从 300MPa 增加到 480MPa。$w(Cu)$ 为 1%～4%，$w(Mg)$ 从 0.5% 增加到 2.0% 时，合金的抗拉强度增加，继续增加 $w(Mg)$ 时，合金的强度降低。

② $w(Cu)=4.0\%$ 和 $w(Mg)=2.0\%$ 时，合金抗拉强度值最大。$w(Cu)=3\%～4\%$ 和 $w(Mg)=0.5\%～1.3\%$ 的合金，其淬火自然时效效果最好。试验指出，$w(Cu)=4\%～6\%$ 和 $w(Mg)=1\%～2\%$ 的 Al-Cu-Mg 三元合金，在淬火自然时效状态下，合金的抗拉强度可达 490～510MPa。

③ 由 $w(Mn)=0.6\%$ 的 Al-Cu-Mg 合金在 200℃ 和 160MPa 应力下的持久强度试验值可知，$w(Cu)=3.5\%～6\%$ 和 $w(Mg)=1.2\%～2.0\%$ 的合金持久强度最高。这时合金位于 Al-S（Al_2CuMg）伪二元截面上或这一区域附近。远离伪二元截面的合金，即当 $w(Mg)<1.2\%$ 和 $w(Mg)>2.0\%$ 时，其持久强度降低。若 $w(Mg)$ 提高到 3.0% 或更大时，合金持久强度将迅速降低。在 250℃ 和 100MPa 应力下的试验也得到了相似的规律。文献指出，在 300℃ 下持久强度最大的合金，位于镁含量较高的 Al-S 二元截面以右的 α+S 相区中。

④ $w(Cu)=3\%～5\%$ 的 Al-Cu 二元合金，在淬火自然时效状态下耐蚀性能很低。加入 0.5% Mg，降低 α 固溶体的电位，可部分改善合金的耐蚀性。$w(Mg)>1.0\%$ 时，合金的局部腐蚀增加，腐蚀后伸长率急剧降低。

⑤ $w(Cu)>4.0\%$、$w(Mg)>1.0\%$ 的合金中，镁会降低铜在铝中的溶解度，合金淬火状态下，有不溶解的 $CuAl_2$ 和 S 相，这些相的存在加速了腐蚀。$w(Ca)=3\%～5\%$ 和 $w(Mg)=1\%～4\%$ 的合金，它们位于同一相区，在淬火自然时效状态耐蚀性能相差不多。α～S 相区的合金比 α-$CaAl_2$-S 区域的耐蚀性能差，晶间腐蚀是 Al-Cu-Mg 系合金的主要腐蚀倾向。

Al-Cu-Mg 合金中加锰的主要目的是消除铁的有害影响和提高耐蚀性能。锰能稍许提高合金的室温强度，但使塑性有所降低。锰还能延迟和减弱 Al-Cu-Mg 合金的人工时效过程，提高合金的耐热强度。锰也是使 Al-Cu-Mg 合金具有挤压效应的主要因素之一。$w(Mn)$ 一般低于 1.0%，含量过高会形成粗大的 $(FeMn)Al_6$ 脆性化合物，降低合金的塑性。

Al-Cu-Mg 合金中添加的少量微量元素有钛和锆，杂质主要是铁、硅和锌等，其影响如下。

钛：合金中加钛能细化铸态晶粒，减少铸造时形成裂纹的倾向性。

锆：少量的锆和钛有相似的作用，细化铸态晶粒，减少铸造和焊接裂纹的倾向性，提高铸锭和焊接接头的塑性。加锆不影响含锰合金冷变形制品的强度，对无锰合金强度稍有提高。

硅：$w(Mg)$ 低于 1.0% 的 Al-Cu-Mg 合金，若 $w(Si)$ 超过 0.5%，能提高人工时效的速度和强度，而不影响自然时效能力。因为硅和镁形成了 Mg_2Si 相，有利于提高人工时效效果。但 $w(Mg)$ 提高到 1.5% 时，经淬火自然时效或人工时效处理后，合金的强度和耐热性能随 $w(Si)$ 的增加而下降。因而，$w(Si)$ 应尽可能降低。此外，$w(Si)$ 增加将使 2A12、2A06 等合金铸造形成裂纹倾向增大，铆接时塑性下降。因此，合金中的 $w(Si)$ 一般限制在 0.5% 以下。要求塑性高的合金的 $w(Si)$ 应更低些。

铁：铁和铝形成 $FeAl_3$ 化合物，铁并溶入铜、锰、硅等元素所形成的化合物中，这些溶入固溶体中的粗大化合物会降低合金的塑性，变形时合金易于开裂，并使强化效果明显降低。而少量的铁（小于 0.25%）对合金力学性能影响很小，可改善铸造、焊接时裂纹的形成倾向，但使自然时效速度降低。为获得高塑性的材料，合金中的铁和硅含量应尽量低些。

锌：少量的锌 $[w(Zn)=0.1\%\sim0.5\%]$ 对 Al-Cu-Mg 合金的室温力学性能影响很小，但使合金耐热性降低。合金中 $w(Zn)$ 应限制在 0.3% 以下。

（2）Al-Cu-Mg-Fe-Ni 合金

本系合金的主要合金牌号有 2A70、2A80、2A90 等三种，各合金元素有如下作用：

① 铜和镁：铜、镁含量对上述合金室温强度和耐热性能的影响与 Al-Cu-Mg 合金相似。由于该系合金中铜、镁含量比 Al-Cu-Mg 合金的低，使合金位于 $\alpha+S(Al_2CuMg)$ 两相区中，因而合金具有较高的室温强度和良好的耐热性。另外，铜含量较低时，低浓度的固溶体分解倾向小，这对提高合金的耐热性是有利的。

② 镍：镍与合金中的铜可以形成不溶解的三元化合物，镍含量低时会形成 AlCuNi，镍含量高时会形成 $Al_3(CuNi)_2$，因此镍的存在能降低固溶体中铜的浓度。对淬火状态晶格常数的测定结果也证明合金固溶体中铜溶质原子的贫化。当铁含量很低时，镍含量增加能降低合金的硬度，减小合金的强化效果。

③ 铁：铁和镍一样，也能降低固溶体中铜的浓度。当镍含量很低时，合金硬度随铁含量的增加，开始时明显降低，但当铁含量达到某一数值后，硬度又开始提高。

④ 镍和铁：在 AlCu2.2Mg1.65 合金中同时添加铁和镍时，淬火自然时效、淬火人工时效、淬火和退火状态下的硬度变化特点相似，均在镍、铁含量相近的部位出现一个最大值、在此处其淬火状态下的晶格常数出现一极小值。当合金中铁含量大于镍含量时，会出现 Al_7Cu_2Fe 相；而当合金中镍含量大于铁含量时，则会出现 AlCuNi 相。上述含铜三元相的出现，会降低固溶体中铜的浓度，只有当铁、镍含量相等时，则全部生成 Al_9FeNi 相。在这种情况下，由于没有过剩的铁或镍去形成不溶解的含铜相，则合金中的铜除形成 $S(Al_2CuMg)$ 相外，同时也增加了铜在固溶体中的浓度，这有利于提高合金强度及其耐热性。铁、镍含量可以影响合金耐热性。Al_9FeNi 相是硬脆的化合物，在 Al 中溶解度极小，经锻造和热处理后，当它们弥散分布于组织中时，能够显著地提高合金的耐热性。例如在 AlCu2.2Mg1.65 合金中 $w(Ni)=1.0\%$，加入 $w(Fe)=0.7\%\sim0.99\%$ 的合金持久强度值最大。

⑤ 硅：在 2A80 合金中加入 $w(Si)=0.5\%\sim1.2\%$ 的硅，可提高合金的室温强度，但使合金的耐热性降低。

⑥ 钛：在 2A70 合金中加入 $w(Ti)=0.02\%\sim0.1\%$ 的钛，细化铸态晶粒，提高锻造工艺性能，对耐热性有利，但对室温性能影响不大。

（3）Al-Cu-Mn 合金

本系合金主要合金牌号有 2A16、2A17 等，其主要合金元素有如下作用：

① 铜：在室温和高温下，随着铜含量提高，合金强度增大。$w(Cu)$ 达到 5.0% 时，合金强度接近最大值。另外，铜能改善合金的焊接性能。

② 锰：锰是提高耐热合金的主要元素，它提高固溶体中原子的激活能，降低溶质原子的扩散系数和固溶体的分解速度。当固溶体分解时，析出 T 相（$Al_{20}Cu_2Mn_3$）的形成和长大过程也非常缓慢，所以合金在一定高温下长时间受热时性能也很稳定。添加适当的锰 $[w(Mn)=0.6\%\sim0.8\%]$，能提高合金淬火和自然时效状态的室温强度和持久强度。但锰含量过高，T 相增多，使界面增加，会加速扩散作用，降低合金的耐热性。另外，锰

也能降低合金焊接时的裂纹倾向。

Al-Cu-Mn 合金中添加的微量元素有镁、钛和锆，而主要杂质元素有铁、硅、锌等，其影响如下：

① 镁：在 2A16 合金中铜、锰含量不变的情况下，添加镁[$w(Mg)=0.25\%\sim0.45\%$]而成为 2A17 合金。镁可以提高合金的室温强度，并改善 150～225℃以下的耐热强度。然而，温度再升高时，合金的强度明显降低。加入镁能使合金的焊接性能变坏，故在用于耐热可焊的 2A16 合金中，杂质镁应满足 $w(Mg)\leqslant0.05\%$。

② 钛：钛能细化铸态晶粒，提高合金的再结晶温度，降低过饱和固溶体的分解倾向，使合金高温下的组织稳定。但 $w(Ti)>0.3\%$ 时，会生成粗大针状晶体 $TiAl_3$ 化合物，使合金的耐热性有所降低。规定合金的 $w(Ti)=0.1\%\sim0.2\%$。

③ 锆：在 2219 合金中加入锆使 $w(Zr)=0.1\%\sim0.25\%$ 时，能细化晶粒，并提高合金的再结晶温度和固溶体的稳定性，从而提高合金的耐热性，改善合金的焊接性和焊缝的韧性。但 $w(Zr)$ 高时，会生成较多的脆性化合物 $ZrAl_3$。

④ 铁：合金中的 $w(Fe)>0.45\%$ 时，形成不溶解相 Al_7Cu_2Fe，能降低合金淬火时效状态的力学性能和 300℃时的持久强度，所以限制 $w(Fe)<0.3\%$。

⑤ 硅：少量硅[$w(Si)\leqslant0.4\%$]，对室温力学性能影响不明显，但降低 300℃时的持久强度；$w(Si)>0.4\%$ 时，还降低室温力学性能。因此限制 $w(Si)<0.3\%$。

⑥ 锌：少量锌[$w(Zn)=0.3\%$]对合金室温性能没有影响，但能加快铜在 Al 中的扩散速度，降低合金 300℃时的持久强度，故限制 $w(Zn)<0.1\%$。

4.2.3　合金元素和杂质在 3××× 系铝合金中的作用

3××× 系铝合金是以锰为主要合金元素的铝合金，属于热处理不可强化铝合金。它的塑性高，焊接性能好，强度比 1××× 系铝合金高，而耐蚀性能与 1××× 系铝合金相近，是一种耐腐蚀性能良好的中等强度铝合金，其用途广，用量大。

① 锰：锰是 3××× 系铝合金中唯一的主合金元素，其含量一般在 1.0%～1.6% 范围内，合金的强度、塑性和工艺性能良好。锰与铝可以生成 $MnAl_6$ 相。合金的强度随锰含量的增加而提高，当 $w(Mn)>1.6\%$ 时，合金强度随之提高，但由于形成大量脆性化合物 $MnAl_6$，合金变形时容易开裂。随着 $w(Mn)$ 的增加，合金的再结晶温度相应地提高。该系合金由于具有很大的过冷能力，因此在快速冷却结晶时，会产生很大的晶内偏析。锰的浓度在枝晶的中心部位低，而在边缘部位高，当冷加工产品存在明显的锰偏析时，在退火后易形成粗大晶粒。

② 铁：铁能溶于 $MnAl_6$ 中并形成 $(FeMn)Al_6$ 化合物，从而降低锰在铝中的溶解度。在合金中加入铁使 $w(Fe)=0.4\%\sim0.7\%$，但要保证 $w(Fe+Mn)\leqslant1.85\%$，可以有效地细化板材退火后的晶粒，否则形成大量的粗大片状 $(FeMn)Al_6$ 化合物，会显著降低合金的力学性能和工艺性能。

③ 硅：硅是有害杂质。硅与锰形成复杂三元相 $T(Al_{12}Mn_3Si_2)$，该相也能溶解铁，形成（Al、Fe、Mn、Si）四元相。若合金中铁和硅同时存在，则先形成 $\alpha(Al_{12}Fe_3Si_2)$ 或 $\beta(Al_9Fe_2Si_2)$ 相，会破坏铁的有利影响。故应控制合金中 $w(Si)<0.6\%$。硅也能降低锰在铝中的溶解度，而且比铁的影响大。铁和硅可以加速锰在热变形时在过饱和固溶体中的分解过程，也可以提高一些力学性能。

④ 镁：少量的镁[$w(Mg) \approx 0.3\%$]能显著地细化该系合金退火后的晶粒，并稍许提高其抗拉强度，但同时也会损害退火材料的表面光泽。镁也可以是 Al-Mg 合金中的合金化元素，添加镁使 $w(Mg) = 0.3\% \sim 1.3\%$，合金强度提高，伸长率（退火状态）降低，因此发展出 Al-Mg-Mn 系合金。

⑤ 铜：合金中 $w(Cu) = 0.05\% \sim 0.5\%$ 可以显著提高其抗拉强度，但含有少量的铜[$w(Cu) = 0.1\%$]便能使合金的耐蚀性能降低，故应控制合金中 $w(Cu) < 0.2\%$。

⑥ 锌：$w(Zn) < 0.5\%$ 时，对合金的力学性能和耐蚀性能无明显影响，考虑到合金的焊接性能，限制 $w(Zn) < 0.2\%$。

4.2.4　合金元素和杂质在 4××× 系铝合金中的作用

① 硅：硅是该系合金中的主要合金成分，硅含量 $w(Si) = 4.5\% \sim 13.5\%$。硅在合金中主要以 $\alpha + Si$ 共晶体和 β（Al_5FeSi）形式存在。硅含量增加，其共晶体增加，合金熔体的流动性增加，同时合金的强度和耐磨性也随之提高。

② 镍和铁：镍与铁可以形成不溶于铝的金属间化合物，能提高合金的高温强度和硬度，而又不降低其线胀系数。

③ 铜和镁：铜和镁可以生成 Mg_2Si、$CuAl_2$ 和 S 相，提高合金的强度。

④ 铬和钛：铬和钛可以细化晶粒，改善合金的气密性。

4.2.5　合金元素和杂质在 5××× 系铝合金中的作用

5××× 系铝合金是以镁为主要合金元素的铝合金，属于不可热处理强化铝合金。该系合金密度小，强度比 1××× 系和 3××× 系铝合金高，属于中高强度铝合金，疲劳性能和焊接性能良好，耐海洋大气腐蚀性好。为了避免高镁合金产生应力腐蚀，对最终冷加工产品要进行稳定化处理，或控制最终冷加工量，并且限制使用温度（不超过 65℃）。该系合金主要用作焊接结构件，并应用在船舶领域。

5××× 系铝合金的主要成分是镁，并添加少量的锰、铬、钛等元素，而杂质元素主要有铁、硅、铜、锌等。

① 镁：镁主要以固溶状态和 β(Mg_2Al_3 或 Mg_5Al_8) 相存在，虽然镁在合金中的溶解度随温度降低而迅速减小，但由于析出形核困难，核心少，析出相粗大，因而合金的时效强化效果低，一般都是在退火或冷加工状态下使用。因此，该系合金也称为不可强化铝合金。该系合金的强度随镁含量的增加而提高，塑性则随之降低，其加工工艺性能也随之变差。镁含量对合金的再结晶温度影响较大。当 $w(Mg) < 5\%$ 时，再结晶温度随镁含量的增加而降低；当 $w(Mg) > 5\%$ 时，再结晶温度则随镁含量的增加而升高。镁含量对合金的焊接性能也有明显影响。当 $w(Mg) < 6\%$ 时，合金的焊接裂纹倾向随镁含量的增加而降低；当 $w(Mg) > 6\%$ 时则相反。当 $w(Mg) < 9\%$ 时，焊缝的强度随镁含量的增加而显著提高，此时塑性和焊接系数虽逐渐降低，但变化不大；当 $w(Mg) > 9\%$ 时，其强度、塑性和焊接系数均明显降低。

② 锰：5××× 系铝合金中，通常 $w(Mn) < 1.0\%$。合金中的锰部分固溶于基体，其余以 $MnAl_6$ 相的形式存在于组织中。锰可以提高合金的再结晶温度，阻止晶粒粗化，并使合金强度略有提高，尤其对屈服强度更为明显。在高镁合金中，添加锰可以使镁在基体中的溶解度降低，减少焊缝裂纹倾向，提高焊缝和基体金属的强度。

③ 铬：铬和锰有相似的作用，可以提高基体金属和焊缝的强度，减少焊接热裂倾向，提高耐应力腐蚀性能，但使塑性略有降低。某些合金中可以用铬代替锰。就强化效果来说。铬不如锰，若两元素同时加入，其效果比单一加入的大。

④ 铍：在高镁合金中加入微量的铍 $[w(Be)=0.0001\% \sim 0.005\%]$，能降低铸锭的裂纹倾向和改善轧制板材的表面质量，同时减少熔炼时镁的烧损，并且还能减少加热过程中材料表面形成的氧化物。

⑤ 钛：高镁合金中加入少量的钛，可细化晶粒。

⑥ 铁：铁与锰和铬能形成难溶的化合物，从而降低锰和铬在合金中的作用，当铸锭组织中形成较多硬脆化合物时，容易产生加工裂纹。此外，铁还会降低该系合金的耐腐蚀性能，因此一般应控制 $w(Fe)<0.4\%$，对于焊丝材料最好限制 $w(Fe)<0.2\%$。

⑦ 硅：硅是有害杂质（5A03 合金除外），硅与镁形成 Mg_2Si 相，由于镁含量过剩，会降低 Mg_2Si 相在基体中的溶解度，所以不但强化作用不大，而且会降低合金的塑性，轧制时，硅比铁的副作用更大些，因此一般应限制 $w(Si)<0.5\%$。5A03 合金中 $w(Si)=0.5\%\sim0.8\%$，可以减低焊接裂纹倾向，改善合金的焊接性能。

⑧ 铜：微量的铜就能使合金的耐蚀性能变差，因此应限制 $w(Cu)<0.2\%$，有的合金限制得更严格。

⑨ 锌：$w(Zn)<0.2\%$ 时，对合金的力学性能和耐腐蚀性能没有明显影响，在高镁合金中添加少量的锌，抗拉强度可以提高 $10\sim20MPa$。应限制合金中的杂质，使 $w(Zn)<0.2\%$。

⑩ 钠：微量杂质钠能强烈损害合金的热变形性能，出现"钠脆性"，在高镁合金中更为突出。消除钠脆性的办法是使富集于晶界的游离钠变成化合物，可以采用氯化方法使之产生 NaCl 并随炉渣排出，也可以采用添加微量锑的方法去除。

4.2.6　合金元素和杂质在 6××× 系铝合金中的作用

6××× 系铝合金是以镁和硅为主要合金元素并以 Mg_2Si 相为强化相的铝合金，属于热处理可强化铝合金。该系合金具有中等强度、耐蚀性高、无应力腐蚀破裂倾向、焊接性能良好、焊接区腐蚀性能不变、成形性和工艺性能良好等优点。当合金中含铜时，合金的强度可接近 2××× 系铝合金的强度，工艺性能优于 2××× 系铝合金，但耐蚀性变差，该系合金有良好的锻造性能。该系合金中使用最多的是 6061 和 6063 合金，它们具有最佳的综合性能和经济性。其主要产品为挤压型材，该合金使用量最大的为建筑型材。6×××系合金大致可分为三组。

第一组合金有平衡的镁、硅含量，镁和硅的总量质量分数不超过 1.5%，Mg_2Si 一般质量分数为 $0.8\%\sim1.2\%$，典型的是 6063 铝合金，其固溶处理温度高，淬火敏感性低，挤压性能好，挤压后可直接风淬，耐蚀性高，阳极氧化处理效果好。

第二组合金的镁、硅总量较高，$w(Mg_2Si)$ 为 1.4% 左右，镁、硅比（质量分数）为 1.73:1。该组合金加入了适量的铜以提高强度，同时加入适量的铬以抵消铜对耐蚀性的不良影响。典型的是 6061 铝合金，其抗拉强度比 6063 铝合金约高 70MPa，但淬火敏感性较高，不能实现风淬。

第三组合金的镁、硅总质量分数是 1.5%，但有过剩的硅，其作用是细化 Mg_2Si 质点，同时硅沉淀后亦有强化作用，但硅易于在晶界偏析，将引起合金脆化，降低塑性。加入铬（如 6151 铝合金）或锰（如 6351 铝合金），有助于减小过剩硅的不良作用。

6×××系铝合金的主素合金元素有镁、硅、铜，其作用如下：

① 镁和硅：镁、硅含量的变化对退火状态的 Al-Mg-Si 合金抗拉强度和伸长率的影响不明显。随着镁、硅含量的增加，Al-Mg-Si 合金淬火自然时效状态的抗拉强度提高，伸长率降低。当镁、硅总含量一定时，镁、硅含量之比对性能也有很大影响。固定镁含量，合金的抗拉强度随着硅含量的增加而提高。固定 Mg_2Si 相的含量，增加硅含量，合金的强化效果提高，而伸长率稍有提高。固定硅含量，合金的抗拉强度随着镁含量的增加而提高。含硅量较小的合金，抗拉强度的最大值位于 α(Al)-Mg_2Si-Si 三相区内。Al-Mg-Si 合金三元合金抗拉强度的最大值位于 α(Al)-Mg_2Si-Si 三相区内。镁、硅对淬火人工时效状态合金的力学性能的影响规律与淬火自然时效状态合金的基本相同，但抗拉强度有很大提高，最大值仍位于 α(Al)-Mg_2Si-Si 三相区内，同时伸长率相应降低。合金中存在剩余 Si 和 Mg_2Si 时，随其数量的增加，耐蚀性能降低。但当合金位于 α(Al)-Mg_2Si 二相区或 Mg_2Si 相全部固溶于基体的单相区内时，耐蚀性最好，所有合金均无应力腐蚀破裂倾向。合金在焊接时，焊接裂纹倾向性较大，但在 α(Al)-Mg_2Si 二相区中 $w(Si)=0.2\%\sim0.4\%$、$w(Mg)=1.2\%\sim1.4\%$ 的合金和在 α(Al)-Mg_2Si-Si 三相区中 $w(Si)=1.2\%\sim2.0\%$、$w(Mg)=0.8\%\sim2.0\%$ 的合金，其焊接裂纹倾向较小。

② 铜：Al-Mg-Si 合金中添加铜后，铜在组织中的存在形式不仅取决于铜含量，而且受镁、硅含量的影响。当铜含量很少，$w(Mg)$ ∶ $w(Si)$ 为 1.73∶1 时，形成 Mg_2Si 相，铜全部固溶于基体中；当铜含量较多，$w(Mg)$ ∶ $w(Si)$ 小于 1.08 时，可能形成 W($Al_4CuMg_5Si_4$) 相，剩余的铜则形成 $CuAl_2$；当铜含量多，$w(Mg)$ ∶ $w(Si)$ 大于 1.73 时，可能形成 S(Al_2CuMg) 和 $CuAl_2$ 相。W 相与 S 相、$CuAl_2$ 相和 Mg_2Si 相不同，固态下只部分溶解参与强化，其强化作用不如 Mg_2Si 相的大。合金中加入铜，不仅显著改善合金在热加工时的塑性、增强热处理强化效果，还能抑制挤压效应，降低合金因加锰后所出现的各向异性。

6×××系铝合金中的微量添加元素有锰、铬、钛，而杂质元素主要有铁、锌等，其作用如下：

① 锰：合金中加锰，可以提高强度，改善耐蚀性、冲击韧性和弯曲性能。在 AlMg0.7Si1.0 合金中添加铜、锰，当 $w(Mn)<0.2\%$ 时，随着锰含量的增加，合金的强度提高很大；锰含量继续增加，锰与硅形成 AlMnSi 相，损失一部分形成 Mg_2Si 相所必需的硅，而 AlMnSi 相的强化作用比 Mg_2Si 相小，因而合金强化效果下降。锰和铜同时加入时，其强化效果不如单独加锰的好，但可使伸长率提高，并改善退火状态制品的晶粒度，合金中加入锰后，由于锰在 α 相中产生严重的晶内偏析，影响合金的再结晶过程，造成退火制品的晶粒粗化。为获得细晶粒材料，铸锭必须进行高温均匀化（550℃）以消除锰偏析。退火时以快速升温为好。

② 铬：铬和锰有相似的作用。铬抑制 Mg_2Si 相在晶界的析出，延缓自然时效过程，提高人工时效后的强度。铬可细化晶粒，使再结晶后的晶粒呈细长状，因而可提高合金的耐蚀性，适宜的 $w(Cr)=0.15\%\sim0.3\%$。

③ 钛：6×××系铝合金中 $w(Ti)=0.02\%\sim0.1\%$，$w(Cr)=0.01\%\sim0.2\%$，可以减少铸锭的柱状晶组织，改善合金的锻造性能，并细化制品的晶粒。

④ 铁：含少量的铁 [$w(Fe)<0.4\%$] 时对力学性能没有不利影响，并可以细化晶粒。$w(Fe)>0.7\%$ 时，生成不溶的（AlMnFeSi）相，会降低制品的强度、塑性和耐蚀性能。合金中含有铁时，能使制品表面阳极氧化处理后的色泽变坏。

⑤ 锌：少量杂质锌对合金的强度影响不大，其 $w(Zn) \leqslant 0.3\%$。

4.2.7 合金元素和杂质在 7××× 系铝合金中的作用

7××× 系铝合金是以锌为主要合金元素的铝合金，属于热处理可强化铝合金。合金中加镁，则为 Al-Zn-Mg 合金。合金具有良好的热变形性能，淬火范围很宽，在适当的热处理条件下能够得到较高的强度，焊接性能良好，一般耐蚀性较好，有一定的应力腐蚀倾向，是高强可焊的铝合金。Al-Zn-Mg-Cu 合金是在 Al-Zn-Mg 合金基础上通过添加铜发展起来的，其强度高于 2××× 系铝合金，一般称为超高强铝合金。合金的屈服强度接近于抗拉强度，屈强比高，比强度也很高，但塑性和高温强度较低，可用作常温、120℃ 以下使用的承力结构件，合金易于加工，有较好的耐腐蚀性能和较高的韧性。该系合金广泛应用于航空和航天领域，并成为这个领域中最重要的结构材料之一。

Al-Zn-Mg 合金中的锌、镁主要合金元素，其质量分数一般不大于 7.5%，其影响如下：

锌和镁：随着锌，镁含量的增加，该合金抗拉强度和热处理效果一般也随之增大。合金的应力腐蚀倾向与锌、镁的质量分数之总和有关。高镁低锌或高锌低镁的合金，只要锌、镁的质量分数之和不大于 7%，合金就具有较好的耐应力腐蚀性能。合金的焊接裂纹倾向随镁含量的增加而降低。

Al-Zn-Mg 系合金中的微量添加元素有锰、铬、铜、锆和钛，杂质主要有铁和硅，具体如下：

① 锰和铬：添加锰和铬能提高合金的耐应力腐蚀性能，$w(Mn)=0.2\%\sim0.4\%$ 时，效果显著，加铬的效果比加锰大，如果锰和铬同时加入，则减少应力腐蚀倾向的效果更好，$w(Cr)=0.1\%\sim0.2\%$ 为宜。

② 锆：锆能显著地提高 Al-Zn-Mg 系合金的可焊性。在 AlZn5Mg3Cu0.35C0.35 合金中加入 0.2% Zr 时，焊接裂纹显著降低。锆还能够提高合金的再结晶终了温度。在 AlZn4.5Mg1.8Mn0.6 合金中，$w(Zr)>0.2\%$ 时，合金的再结晶终了温度在 500℃ 以上，因此，材料在淬火以后仍保留着变形组织。含锰的 Al-Zn-Mg 合金中 $w(Zr)=0.1\%\sim0.2\%$ 时，还可提高合金的耐应力腐蚀性能，但锆比铬的作用低些。

③ 钛：合金中添加钛能细化合金在铸态时的晶粒，并可改善合金的可焊性，但其效果比锆低。若钛和锆同时加入则效果更好。在 $w(Ti)=0.12\%$ 的 AlZn5Mg3Cr0.3Cu0.3 合金中，$w(Zr)>0.15\%$ 时，合金有较好的可焊性和伸长率，可获得与单独加入 $w(Zr)>0.2\%$ 时相同的效果。钛也能提高合金的再结晶温度。

④ 铜：Al-Zn-Mg 系合金中加少量的铜，能提高耐应力腐蚀性能和抗拉强度，但合金的可焊性有所降低。

⑤ 铁：铁能降低合金的耐蚀性和力学性能，尤其对锰含量较高的合金更为明显。所以，铁含量应尽可能低，应限制 $w(Fe)<0.3\%$。

⑥ 硅：硅能降低合金强度，并使弯曲性能稍降，焊接裂纹倾向增加，应限制 $w(Si)<0.3\%$。

Al-Zn-Mg-Cu 合金为热处理可强化合金，起主要强化作用的元素为锌和镁，铜也有一定强化效果，但其主要作用是提高材料的耐腐蚀性能，具体如下：

① 锌和镁：锌、镁是主要强化元素，它们共同存在时会形成 η（$MgZn_2$）和

T($Al_2Mg_2Zn_3$) 相。η 相和 T 相在铝中溶解度很大，且随温度升降剧烈变化，$MgZn_2$ 在共晶温度下的溶解度达 28％，在室温下会降低到 4％～5％，有很强的时效强化效果。锌和镁含量的提高可使强度、硬度大大提高，但会使塑性、抗应力腐蚀性能和断裂韧性降低。

② 铜：当 w(Cu)：w(Mg)＞2.2，且铜含量大于镁含量时，铜与其他元素能产生强化相 S($CuMgAl_2$) 而提高合金的强度，但在与之相反的情况下 S 相存在的可能性很小。铜能降低晶界与晶内电位差，还可以改变沉淀相结构和细化晶界沉淀相，但对晶界无析出带（PFZ）的宽度影响较小。它抑制沿晶开裂的趋势，因而可改善合金的抗应力腐蚀性能，然而当 w(Cu)＞3％时，合金的耐蚀性反而变坏。铜能提高合金过饱和程度，合金在 100～200℃时可加速人工时效过程，扩大 GP 区的稳定温度范围，提高抗拉强度、塑性和疲劳强度。

③ 锰、铬：添加少量的过渡族元素锰、铬等，对合金的组织和性能有明显的影响。这些元素可在铸锭均匀化退火时产生弥散的质点，阻止位错及晶界的迁移，从而提高再结晶温度，有效地阻止晶粒的长大，可细化晶粒，并保证组织在热加工及热处理后保持未再结晶或部分再结晶状态，使强度提高的同时具有较好的抗应力腐蚀性能。在提高抗应力腐蚀性能方面，加铬比加锰效果好。w(Cr)＝0.45％时，其抗应力腐蚀开裂寿命要比加同量锰时长几十至上百倍。

④ 锆：最近出现用锆代替铬和锰的趋势。锆可大大提高合金的再结晶温度，无论是热变形还是冷变形，在热处理后均可得到未再结晶组织。锆还可提高合金的淬透性、可焊性、断裂韧性、抗应力腐蚀性能等，是 Al-Zn-Mg-Cu 系合金中很有发展前途的微量添加元素。

⑤ 钛和硼：钛、硼能细化合金在铸态时的晶粒，并提高合金的再结晶温度。

⑥ 铁和硅：铁和硅在 7×××系铝合金中是有害杂质，主要来自原材料以及熔炼、铸造中使用的工具和设备。这些杂质主要以硬而脆的 $FeAl_3$ 和游离的硅形式存在。这些杂质还与锰、铬形成（FeMn）Al_6、（FeMn）Si_2Al_5、Al（FeMnCr）等粗大化合物。$FeAl_3$ 有细化晶粒的作用，但对耐蚀性影响较大，随着不溶相含量的增加，不溶相的体积分数也在增大，这些难溶的第二相在变形时会破碎并拉长，出现带状组织，粒子沿变形方向呈直线状排列，由短的互不相连的条状组成。由于杂质颗粒分布在晶粒内部或者晶界上，在塑性变形时，在部分颗粒-基体边界上生成孔隙，产生微细裂纹、形成宏观裂纹源，同时它也促使裂纹过早发展。此外，它对疲劳裂纹的成长速度有较大的影响，在破坏时它具有一定的减少局部塑性的作用，这可能与杂质数量增加使颗粒之间距离编短，从而减少裂纹尖端周围塑性变形流动性有关。因为含铁、硅的相在室温下很难溶解，这起到缺口作用，容易成为裂纹源而使材料发生断裂，对伸长率，特别是对合金的断裂韧性有非常不利的影响。因此，新型合金在设计及生产时，对铁、硅的含量控制较严，除采用高纯金属原料外，在熔铸过程中还应采取一些措施，避免这两种元素混入合金中。

4.3　铝合金的热处理分类

铝合金的热处理工艺流程虽然与钢的淬火工艺基本相似，但强化机理却完全不同。铝合金在加热过程中第二相溶解于基体中形成单相的 α 固溶体，淬火后得到单相的过饱和 α 固溶体，但不发生同素异构转变。因此，铝合金的淬火处理称为固溶处理。由于第二相的溶解，所以合金的塑性得到较大的提高。单相的过饱和 α 固溶体的强化作用有限，所以铝合金固溶处理后的强化和硬度提高均不明显。过饱和 α 固溶体在随后的室温或低温加热保温时，第二相从过饱和固溶体中重新析出，导致合金的强度、韧性等产生显著的变化，这一过程称为时效。铝合金在室温放置条件下产生强化的叫自然时效，在低温加热条件下产生强化的叫人工时效。因此，铝合金的热处理强化以固溶处理和时效处理居多。

实际应用中如何选择铝合金的热处理类型，取决于铝合金的类别（即铸造铝合金或变形铝合金）以及其所处的服役环境。比如，铝合金的固溶处理可以获得较大的韧性和抗冲击性；人工时效处理虽然会降低铝合金的韧性，但能提高铝合金的硬度和屈服强度；没有进行前处理的人工时效可消除工件的应力并略微提高其抗拉强度；退火处理可显著增加铝合金的韧性，有利于某些后续加工的进行。

4.3.1　退火处理

铝合金退火的目的是消除合金中的残余应力，使其成分和组织趋于均匀，消除加工硬化，改善工艺性能和服役性能。退火又可分为均匀化退火、再结晶退火、高温退火、低温退火和去应力退火等。

（1）均匀化退火

均匀化退火是把化学成分复杂、快速非平衡结晶和塑性不好的铸锭加热到接近熔点的温度并长时间保温，使合金原子充分扩散，以消除化学成分和组织上的不均匀性，提高铸锭的塑性变形能力。这种退火的特点是组织和性能的变化是不可逆的，只能朝平衡方向转变。

（2）再结晶退火

再结晶退火是以回复和再结晶现象为基础的。冷变形的纯金属和没有相变的合金为了恢复塑性而进行的退火，就属于这类退火。再结晶退火过程中，由于回复和再结晶的作用，合金的强度降低，塑性提高，消除了内应力，恢复了塑性变形能力。这种退火一般只需制定最高加热温度和保温时间，加热和冷却速度可以不考虑。这种退火的特点为组织和性能是单向不可逆变化的。

（3）相变重结晶退火

这种退火是以合金中的相变重结晶现象为基础的，目的是得到平衡组织或改善产品的晶粒组织。与上述再结晶退火不同，其组织和性能是由相变引起的，是可逆的，只要进行适当的加热或冷却，不进行冷加工变形即可重复得到所需的组织和性能。重结晶退火温度是由状态图或相变温度来决定的，一般高于相变温度 30～50℃。制定退火制度时除考虑加热温度和保温时间外，还要考虑加热和冷却速度。冷却速度对组织性能的影响大，冷却速度必须极其缓慢。

（4）预备退火

这是指热轧板坯退火。热轧温度降低到一定值后，合金即产生加工硬化和部分淬火效应，不进行退火则塑性变形能力低，不易于进行冷变形。这种退火属于相变重结晶退火，主要是消除加工硬化和部分时效硬化效应，给冷轧提供必要的塑性。

（5）中间退火

这是指两次冷变形之间的退火，目的是消除冷作硬化或时效的影响，获得充分的冷变形能力。

（6）成品退火

这是指出厂前的最后一次退火。如生产软状态的产品，可在再结晶温度以上进行退火，这种退火称为"高温退火"。其退火制度可以与中间退火制度基本相同。如生产半硬状态的产品，则在再结晶开始和终了温度之间进行退火，以得到强度较高和塑性较低并符合性能要求的半硬产品，这种退火称为"低温退火"。

（7）去应力退火

在再结晶温度以下进行的退火，目的是利用回复现象消除产品的内应力，并获得半硬产品，称为"去应力退火"。

铝合金常用退火处理工艺方法及适用合金如表 4-2 所示，典型铝合金的均匀化退火工艺如表 4-3 所示。

表 4-2　铝合金常用退火处理工艺方法及适用合金

热处理类型	工艺方法	目的	适用合金
高温退火	一般在制作半成品板材时进行，如铝板坯的热处理或高温压延，3A21 的适宜温度为 625～675K	降低硬度，提高韧性，充分软化，以便进行变形程度较大的深冲压加工	不可热处理强化型铝合金，如 1070A、1060、1050A、1035、1200、3A21、5A02、5A05、3A21 等
低温退火	在最终冷变形后进行，3A21 的加热温度为 525～555K，保温 50～60min，空冷	为保持一定程度的加工硬化效果，提高韧性，消除应力，稳定尺寸	不可热处理强化型铝合金，如 1070A、1060、1050A、1035、1200、5A02、5A05、3A21 等
完全退火	变形量不大，冷作硬化程度不超过 10% 的 2A11、2A12、7A04 等板材不宜使用，以免引起晶粒粗大。一般加热到强化相溶解温度（675～725K），保温，慢冷（305～325K/h）到一定温度（硬铝为 525～575K）后，空冷	用于消除原材料淬火、时效状态的硬度，或退火不良未达到完全软化而用它制造形状复杂的零件时，也可消除内应力和冷作硬化。适用于变形量很大的冷压加工	热处理强化的铝合金，如 2A02、2A06、2A11、2A12、2A13、2A16、7A04、7A09、6A02、2A50、2B50、2A70、2480、2490、2A14 等
再结晶退火	对于 2A06、2A11、2A12 可在硝盐槽中加热，保温 1～2h，然后水冷；对于飞机制造中的形状复杂的零件，"冷变形—退火"要交替多次进行	为消除加工硬化，提高韧性，以便进行冷变形的下一工序。也可用于无淬火、时效强化后的半成品和零件的软化，部分消除内应力	

表 4-3　典型铝合金牌号的均匀化退火工艺

合金牌号	厚度/mm	金属温度/℃	保温时间/h
2A11、2A12、2017、2024、2014、2A14		485～495	16～25
2A06		480～490	15～25
2219、2A16		510～520	15～25
3003		600～615	5～15
3004		560～570	5～15
4004	200～400	500～510	10～20
5A03、5754		450～460	15～25
5A05、5182、5083、5086		460～470	15～25
5A06、5A41		470～480	36～40
5A12		440～450	36～40
7A04、7020、7022、7075、7A09	300～450	450～460	35～50

4.3.2 固溶处理

4.3.2.1 固溶处理

热处理可强化的铝合金含有较大量的能溶入铝中的合金元素，如铜、镁、锌及硅等，它们的含量超过室温及在中等温度下的平衡固溶度极限，甚至可超过共晶温度的最大溶解度。图 4-2 为典型的铝合金二元相图。成分为 C_0 的合金，室温平衡组织为 α＋β。α 为基体固溶体，β 为第二相。合金加热至 T_q 时，β 相将溶入基体而得到单相的 α 固溶体，这就是固溶化。若 C_0 合金自 T_q 温度以足够大的速度冷却，溶质原子的扩散和重新分配来不及进行，β 相就不可能形核和长大，固溶体就不可能沉淀出 β 相，而且由于基体固溶体在冷却过程中不发生多型性转变，因此这时合金的室温组织为成分为 C_0 的 α 单相过饱和固溶体，这就是淬火（无多型性转变的淬火），又称为固溶处理。

固溶处理后的组织不一定只为单相的过饱和固溶体。如图 4-2 中成分为 C_1 的合金，在低于共晶温度下的任何温度都含有 β 相。加热至 T_q 的合金组织为 m 点成分的过饱和 α 固溶体加 β 相。若自 T_q 淬火，α 固溶体中过剩 β 相来不及沉淀，合金室温的组织仍与高温时的相同，只是 α 固溶体成为过饱和固溶体（成分仍为 m）。

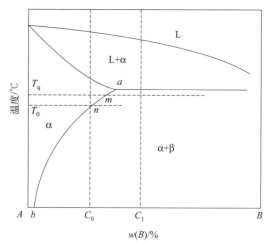

图 4-2 具有溶解度变化的铝合金二元相图

可见，除成分与相图上固溶度曲线相交的合金能固溶处理外，凡在不同温度下平衡相成分不同的合金原则上均可运用固溶处理工艺进行处理。

铝合金经过固溶处理后不进行时效处理可以使其伸长率显著提高，且抗拉强度也略有上升。由于部分元素在铝合金基体中的原子扩散速率较慢，因而需要较长时间的固溶以保证强化相充分溶解。为了获得最大的过饱和固溶度，固溶处理温度通常只比固溶线低 5～15K。Al-Cu 合金经过固溶处理后，Al_2Cu 相溶解到铝基体中，合金性能得到较大幅度提高。

4.3.2.2 固溶处理分类

铝合金的固溶处理分为常规固溶、强化固溶和分级固溶。

（1）常规固溶

是比较简单的固溶处理方式，在低熔点共晶体熔化温度以下保温一段时间，然后快速冷却以获得一定的过饱和程度。随着固溶温度的提高和固溶时间的延长，合金固溶体的过饱和程度会得到相应的提高，固溶温度对固溶程度的影响要比固溶时间对固溶程度的影响大。

（2）强化固溶

是指在低熔点共晶体熔化温度以上、平衡固相线温度以下进行的固溶处理。它在避免过烧的条件下，能够突破低熔点共晶体的共晶点，使合金在较高的温度下固溶。强化固溶与一般固溶相比，在不提高合金元素总含量的前提下，提高了固溶体的过饱和度，同时减少了粗大未溶结晶相，对于提高时效析出程度和改善抗断裂性能具有积极意义，是提高超高强铝合金综合性能的一个有效途径。这种处理工艺已经在 7175 合金和 7B04 合金生产中采用。

（3）分级固溶

是指合金在几个固溶温度点分级保温一定时间的热处理制度。它具有提高合金强度的作用，经过分级固溶处理后，合金的晶粒有所减小。这是由于第一级固溶处理温度较低，形变组织来不及完成再结晶，必定会保留一部分亚晶，晶界角度较小的亚晶具有较低的晶界迁移速率，从而使合金在分级固溶的较高温度阶段能够获得较小尺寸的晶粒组织。此外，分级固溶处理也常与强化固溶相结合，也有先低温后高温再低温处理等多种处理方式，目的是获得更好的固溶效果。

4.3.3　时效处理

铝合金在淬火状态下不能达到合金强化的目的，刚刚淬完火的变形铝合金材料，其强度只比退火状态的稍高一点，而伸长率却相当高。在这种情况下可进行拉伸矫直等精整工作。但是，从淬火所得到的过饱和固溶体是不稳定的，这种过饱和固溶体有自发分解的趋势，把它置于一定的温度下，保持一定的时间，过饱和固溶体便发生分解，从而引起合金的强度和硬度大幅度增高，这种热处理过程称为时效。在室温下贮存一定时间，以提高其强度的方法称为自然时效。自然时效可在淬火后立即开始，也可经过一定的孕育期才开始。不同合金自然时效的速度有很大区别，有的合金仅需数天，而有的合金则需数月甚至数年才能趋近于稳定态（用性能的变化衡量）。在高于室温的某一特定温度下保持一定时间以提高其力学性能的操作称为人工时效。自然时效过程的进行比较缓慢，人工时效过程的进行比较迅速。

4.3.3.1　铝合金人工时效

（1）人工时效

由于具有较低的扩散激活能，因此铝合金的自然时效所需时间较长。部分铝合金经过铸造或加工成形后不进行固溶处理而是直接进行人工时效。这种工艺很简单，也可以获得相当高的时效强化效果。特别是 Al-Mg 系合金，重新加热固溶处理将导致晶粒粗化，时效后的综合性能反而不如 T5 态。因此通常在热变形后直接人工时效以获得时效强化效果。

（2）固溶处理＋人工时效

固溶淬火后再进行人工时效处理（T6）可以提高铝合金的屈服强度，但会降低部分塑性，这种工艺主要应用于 Al-Si 系、Al-Cu 系和 Al-Zn 系等合金。一般情况下，铝合金在空气、沸水或热水中都能进行淬火。进行 T6 处理时，固溶淬火后获得的过饱和固溶体在人工时效过程中发生分解并析出第二相。时效析出过程和析出相的特点受合金系、时效温度以及添加元素的综合影响，情况十分复杂。对 Al-Cu 二元合金而言，在一定温度下进行时效时，随着时间的增加，铜原子逐渐偏聚形成富铜原子区，即 GP 区，此时由于铜的原子半径比铝的小，又与母相共格，所以其周围会形成相当大的应力场阻碍位错运动，从而提高强度。随着时效温度增加或时效时间延长，GP 区形成 Al_2Cu 亚稳相，与母相继续保持部分共格，强度开始下降。当 Al_2Cu 亚稳相从固溶体中完全析出后，会形成 Al_2Cu

相，此时其与母相的共格关系消失，甚至会发生聚集粗化，此时合金的强度进一步下降。

如 Al-Cu 二元合金发展成 Al-Cu-Mg 三元合金，则除了原有的 Al_2Cu 强化相以外，还会形成新的 Al_2CuMg 强化相，使合金的强度得到显著提高。表 4-4 列出了几种典型铝合金在时效各个阶段的析出相及其特点。

表 4-4 几种典型铝合金的时效析出相及其特点

合金系	时效初期(GP 区等)	时效中期(中间相)	时效后期(稳定相)
Al-Cu	GP 区:圆片状(共格)	θ'' 相:Al_2Cu(正方有序化,共格) θ' 相:Al_2Cu(正方点阵,半共格)	θ 相:Al_2Cu(体心正方,非共格)
Al-Mg	GP 区:圆片状(共格)	β' 相:Mg_5Al_8(共格)	β 相:Mg_5Al_8(非共格)
Al-Si	GP 区:圆片状(共格)		
Al-Zn	GP 区:球形(共格)	GP 区:椭圆形(共格)	—
Al-Mg-Si	GP 区:球形(共格)	β'' 相:针状或棒状(共格) β' 相:(立方或六方,半共格)	β 相:Mg_2Si(面心立方,非共格)
Al-Cu-Mg	GP 区:球形(共格)	S'' 相:棒状(共格)S' 相:(斜方晶体,共格)	S 相:Al_2CuMg(非共格)
Al-Zn-Mg	GP Ⅰ区:球形(共格) GP Ⅱ区:盘状(共格)	η' 相:(六方晶或单斜晶)	η 相:$MgZn_2$(非共格)

从表 4-4 可以看出，铝合金的时效过程基本规律类似，均是先由固溶淬火获得过饱和固溶体，时效初期由于空位的作用，使溶质原子以极大的速度聚集形成 GP 区，随着时效温度的提高和时效时间的延长，GP 区逐渐转变为亚稳相，最终形成稳定相。此外，晶体内的某些高能的缺陷地带会直接由过饱和固溶体形成亚稳相或稳定相，这种也叫作时效序列或沉淀序列。

4.3.3.2 影响铝合金时效过程及性能的因素

（1）合金成分

① 主要合金成分的影响 若按照获得最大强化的规程进行固溶时效，则二元合金硬度增量与合金元素含量关系如图 4-3 中的 $Amnp$ 线所示。抗拉强度及屈服强度增量具有同样的趋势。浓度低于 C_1 的合金不可能时效，只有当浓度大于 C_1 后，随着第二组元浓度增加，合金时效后硬度增量将增加，达最大值（n 点）后缓慢降低。在其他条件相同时，成分为 C_3 的合金可得到较成分为 C_2 的合金更高浓度的过饱和固溶度，因而脱溶相密度可能更大，时效后成分为 C_3 的合金强化值较成分为 C_2 的合金的大，这就是 mn 段硬度增量升高的原因。循此规律，成分为 C_3 的合金应有最大时效效果，但实际上要得到 C_3 浓度的过饱和固溶体需从共晶温度淬火，从工艺上讲会发生过烧而不可能实现。所以，接近极限固溶度、成分为 C_4 的合金在时效后将获得最大强化值。浓度超过极限固溶度、成分为

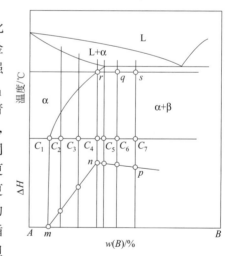

图 4-3 时效后硬度可能的最大增量与二元系合金成分关系（ΔH 为时效后及淬火后合金硬度值差）

C_6、C_7 的合金，在同一温度下淬火并在同一温度时效后，虽然基体中脱溶相密度相同，但由于不参与时效过程的 β 相体积分数逐渐增多，α 基体量逐渐减少，因而整个强化增量

降低。

时效后合金强度绝对值也与淬火合金原始强度有关。基体固溶体强度一般随溶质元素浓度增加而提高，故接近共晶温度极限固溶度成分的合金，淬火状态强度最高，时效后也有最大的强化增量。因此，最高强度的时效合金在状态图上位于接近极限固溶度的位置，并且由于固溶体过饱和程度越高，分解越迅速，因而此时达到强化最大值的时效时间最短。

② 微量元素及杂质的影响　这里所说的是合金中与生成新相无直接关系的特殊添加元素和偶然杂质，它们在合金中含量只有万分之几至十万分之几，但有时会严重影响过饱和固溶体分解动力学及合金时效后的组织和性质。哈迪（H Kardy）研究了少量（0.05%数量级）Cd、In、Sn、Ti、Pb 和 Bi 对 Al-4Cu-0.5Ti 合金脱溶过程的影响，指出不溶元素（如 Ti、Pb 和 Bi 等）对脱溶过程无影响，而可溶元素（如 Cd、In、Sn 以及 Be 等）则减慢 GP 区形成速率（减慢自然时效过程），但加速过渡相 θ' 的生成（加速人工时效过程）。人们认为，这是由于 Cd、In、Sn 以及 Bi 等原子与空位的结合能比 Cu 原子更高（如 Sn 与空位结合能比 Cu 与空位结合能高 0.2eV），因此，大部分空位被 Cd、In、Sn、Bi 等原子捕捉，使空位在转移 Cu 原子到 GP 区中去的作用减小，阻碍 GP 区的形成，导致合金时效过程减慢。Cd、In、Sn 促进过渡相 θ' 析出的原因是这些元素的原子吸附并偏聚于基体与 θ' 界面上，降低界面能，使 θ' 晶核的临界尺寸减小，增大形核率及析出密度。此外，由于界面能减少，粗化过程速率减慢，如少量 Cd 使 Al-Cu 合金中 θ' 相粗化速率降低 80%，这使材料在高温使用时不易软化，对耐热合金来说，这种微量元素的作用特别有价值。微量元素的另一作用机制是进入 GP 区中作为其组成部分，并使 GP 区稳定。如在 2D70 合金中，Si 原子进入 GP 区，使 GP 区能在更高温度下稳定。因此，当合金在 190℃时效时，S′相就在密度非常高的 GP 区上形核，使 S′相的析出密度提高，从而提高了合金强度。还有一种可能的作用机制是微量元素原子浓集于脱溶相中，使其体积自由能降低，即使自由能-成分图上脱溶相的自由能曲线向下移动，增大脱溶驱动力，减小临界晶核形成功，增加脱密度。少量的 Ag 在 Al-Zn-Mg 系合金中的作用可能就是这种机制，Ag 可使 η' 相细化。此外，在某些合金中微量添加元素可抑制不连续脱溶。由此可见，微量元素及杂质的影响是多种多样的，加入微量的某种特殊元素及控制杂质含量是控制时效过程最有效的途径之一。但不同元素在不同合金中所起的作用是什么，需要通过实验来确定。

(2) 固溶处理的影响

① 固溶处理温度　在不发生过烧或过热的前提下，提高固溶处理温度可以加速时效过程，并在某些情况下提高硬度峰值。其原因有以下几点：

a. 随固溶处理温度升高，空位数量增加，淬火后就能保留更高的过饱和空位浓度，加速扩散过程，促进过饱和固溶体分解。

b. 固溶处理温度愈高，强化相在固溶体中溶解愈彻底，因而淬火后固溶体的过饱和度愈大，使随后时效时脱溶加速，并使合金得到更大的硬度和强度。

c. 提高固溶处理温度还可使合金成分变得更均匀，晶粒变粗，晶界面积减小，有利于时效时普遍脱溶。

② 固溶处理的冷却速率　固溶处理的冷却速率对时效的影响很大。不同合金过饱和固溶体稳定性不同，因而为了抑制冷却过程中固溶体分解所要求的临界冷却速率也不同。有些合金过饱和固溶体极不稳定，只有淬火的试样十分细小或者采用很大冷却速率才足以抑制其

分解，这种合金的时效效果将与固溶处理后的冷却速率有密切关系。淬火时冷却速度愈快，时效后硬度也愈高。也有一些合金过饱和固溶体较稳定，可以以较慢的速度冷却。淬火急冷难免会在材料中产生很大热应力，有时这种热应力可能高达屈服强度，使材料局部塑性变形，从而促使脱溶相在滑移带和变形区中形核，改变了脱溶相的形状和分布。

③ 时效时间　一般情况下，时效时间延长，合金抗拉强度、屈服强度及硬度会相应增大。如果时效温度比较高，这些性能达到最大值后开始下降（图 4-2 中 T_2 及 T_3 曲线），此时就进入了过时效阶段。过时效可能有下列一些原因：

a. 早先形成的脱溶相发生聚集粗化，间距加大。

b. 数量较少的更稳定脱溶相代替数量较多的稳定性较低的脱溶相。

c. 共格脱溶相开始为半共格的，然后由非共格的脱溶相所取代，因而使基体中弹性应力场减小或消失。不同合金以及同一合金不同时效温度下强化的最大值，对应于不同的组织状态。大多数情况下，在过饱和固溶体晶粒内生成 GP 区和过渡相或只析出高密度过渡相时，合金达到最大强化。若时效温度相当低，则不会发生过时效，合金因共格脱溶相密度增大并长大变粗而不断强化。但这个过程及相应的强化达到一定程度后就基本停止发展（图 4-4 中 T_1 曲线）。例如，硬铝合金在室温下时效（自然时效）就是这种情况。

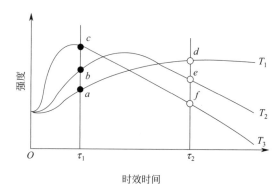

图 4-4　在不同温度下时效时强度与时效时间的关系示意图

$$T_1 < T_2 < T_3$$

④ 时效温度　在相同时效时间的条件下，时效温度升高，强度逐渐增高，达到一极大值后又降低。当时效温度足够高时，有些合金的强度可低于新淬火的状态，这种强烈的过时效是由脱溶相明显聚集，以及基体中合金元素浓度大大降低造成的。除强度性能外，伸长率在时效强化阶段明显降低，在过时效时略有降低或升高。

⑤ 塑性变形　实际生产中，铝合金淬火后、时效前往往要承受一定程度的塑性变形。例如，板材淬火后辊矫、拉伸矫直，其变形率为 1%～3%，虽然变形量不大，但对以后的时效过程却带来较大的影响。

a. 淬火迅速冷却的铝合金。时效前的冷变形会加速在较高温度下的脱溶过程（主要脱溶产物为过渡相及平衡相），但延缓在较低温度下的脱溶过程（主要脱溶产物为 GP 区）。也就是说，在淬火时冷却速度很大的合金，冷变形有利于过渡相及平衡相形核，但不利于生成 GP 区（Al-Cu 合金中包括 θ'' 相），因为形成 GP 区必须依靠空位和溶质原子迁移。金淬火速冷后，通常保留大量过剩空位（约 $10^{-4} \mathrm{cm}^3$），时效前冷变形提高位错密度，使空位逸入位错而消失的可能性增大。冷变形本身虽也产生空位，但空位生成数一般小于消失数，所以冷变形必然会减慢 GP 区的生成速率。

b. 淬火慢速冷却的铝合金。因受某种条件所限（如大工件为减小冷却时的热应力）而不能快速淬火，则时效前的冷变形也可能加速 GP 区形成，因为此时冷变形产生的空位比消失的多。与 GP 区不同，过渡相及平衡相的形核率主要取决于位错线密度。冷变形使位错密度增加，促进过渡相及平衡相形核。此外，冷变形还破坏基体点阵的规则性，使共格的亚稳定脱溶相不易生成，而促进生成非共格的脱溶相。例如，Al-Cu 合金淬火后给予大变形量冷加工，甚至在自然时效时也会析出平衡 θ 相。由此可见，主要依靠 GP 区强化的合金，时效前冷变形对时效强化不利。反之，主要依靠弥散过渡相强化的合金，时效前冷变形会使时效强化效果提高。时效前冷变形还可减轻晶界无沉淀带的影响。考虑到冷变形的有利作用，有一些合金时效前有意增加冷变形工序，这种淬火→冷变形→时效处理的综合工艺称形变时效或时效合金低温形变热处理，是形变热处理的一种重要类型。

⑥ 其他因素　许多实验证明，超声波能加速过饱和固溶体脱溶。例如，在超声波作用下，硬铝的时效速率提高 20～25 倍，硬度值也有所提高。超声波之所以能对时效产生良好的影响，是由于高频率振荡增加原子活动能力。

4.3.3.3　铝合金时效的分类及应用

在实际生产中，时效强化现象被广泛用于提高铝合金的强度。根据合金性质和使用要求，可以采用不同的时效工艺，主要包括单级时效、分级时效、回归再时效和形变时效。

（1）单级时效

单级时效是一种最简单也最普及的时效工艺制度，即在淬火（或称固溶处理）后只进行一次时效处理，可以是自然时效，也可以是人工时效，大多时效到最大强化状态。前者以 GP 区强化为主，后者以过渡相强化为主。有时，为了消除应力、稳定组织和零件尺寸或改善耐蚀性，也可采用过时效状态。

一般来说，不论采用人工时效还是自然时效方法都能提高其强度，但每种合金采用哪种时效方法合适，这就要根据合金的本性和用途来决定。在高温下工作的变形铝合金宜采用人工时效，而在室温下工作的合金有些采用自然时效，有些则必须采用人工时效。

铝合金自然时效后的性能特点是塑性较高（$\delta > 10\% \sim 16\%$），抗拉强度和屈服强度差值较大（$\sigma_{0.2}/\sigma_b = 0.7 \sim 0.8$），有良好的冲击韧性和耐蚀性（主要指晶间腐蚀，而应力腐蚀特点则有所不同）。人工时效则相反，强度较高，屈服强度增加更为明显，$\sigma_{0.2}/\sigma_b = 0.8 \sim 0.95$，但塑性、韧性和耐蚀性一般较差。

（2）分级时效

单级时效的优点是生产工艺比较简单，也能获得很高的强度，但是显微组织的均匀性较差，在拉伸性能、疲劳和断裂性能、应力腐蚀抗力之间难以形成良好的配合。分级时效则可以弥补这方面的缺点，而且能缩短生产周期，因此近几十年来，分级时效在实用中颇受重视，特别是在 Al-Zn-Mg 和 Al-Zn-Mg-Cu 等系合金上收到了很好的效果。

分级时效是把淬火后的工件放在不同温度下进行两次或多次加热（即双级或多级时效）的一种时效方法，又称为阶段时效。分级时效按其作用可分为预时效（又称成核处理）和最终时效两个阶段。预时效处理的温度一般较低，目的是在合金中形成高密度的GP 区。GP 区通常是均匀生核，当其达到一定尺寸时，就可成为随后时效过渡相的核心，从而大大提高组织的均匀性。最终时效采用较高温度时效，其目的是使在较低温度时效时所形成的 GP 区继续长大，得到密度较大的中间相，并通过调整过渡相结构和弥散度以达到预期的性能要求。实践表明，分级时效可获得较好的综合性能。

　　分级时效的温度及保温时间应根据合金的具体特点来选择，在第一阶段中尽量保证 GP 区的形成在短时间内完成，第二阶段的时效应保证合金得到较高的强度和其他良好的性能。

　　（3）回归再时效（RRA 处理）

　　时效后的铝合金在较高温度下短时保温，使硬度和强度下降，恢复到接近淬火水平，然后再进行时效处理，获得具有人工时效态的强度和分级时效态的应力腐蚀抗力的最佳配合，这种工艺称为回归再时效（RRA 处理）。该制度是为改善 7075 合金的 SCR 而提出的。RRA 处理具有 T6 处理和 T7X 处理的综合结果，使合金在保持 T6 状态强度的同时获得 T7X 状态的抗应力腐蚀性能，可保证获得希望的综合性能。

　　RRA 包括以下几个基本的步骤：

　　① 正常状态的固溶处理和淬火；

　　② 进行 T6 态的峰值时效；

　　③ 在高于 T6 态处理温度而低于固溶处理温度下进行短时（几分钟至几十分钟）加热后快冷，即回归处理；

　　④ 再进行 T6 态时效。

　　7075 合金经过 RRA 处理后，合金在保持 T6 态强度的同时拥有 T73 态的抗 SCC 性能。这是因为 RRA 处理实质上是三级时效处理工艺，其中第一级和第三级为 T6（120℃/24h）时效，第二级为高温短时加热（240℃）。RRA 处理的时间对回归状态及回归再时效状态的性能有直接影响，见图 4-5。从图中可知，随着回归时间增加，回归状态的硬度迅速下降，大约在 25s 达到最低点，随后出现一个不大的峰值后又重新降低。经再时效处理，合金再度硬化，硬化效果随回归时间增加而逐渐下降，在回归时间 30s 内，硬度可恢复到原 T6 状态。由此可见，RRA 处理的关键步骤为第二步的短时高温处理。

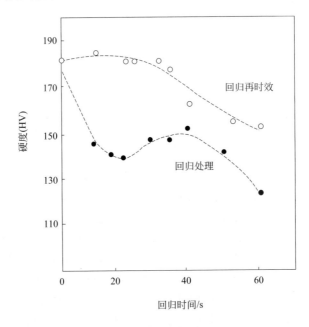

图 4-5　7075-T651 合金的显微硬度与回归处理时间的关系

　　回归再时效处理时，组织变化是较为复杂的。7075 合金经过 T6 时效后的组织是晶粒内部形成大量的 GP 区及少量的弥散的 η′ 相共格析出物，同时沿晶界形成较大的链状的非共格的 η 相［见图 4-6（a）］，正是这种晶界组织决定了 Al-Zn-Mg-Cu 系合金对应力腐蚀开裂和剥落腐蚀有较高的敏感性。

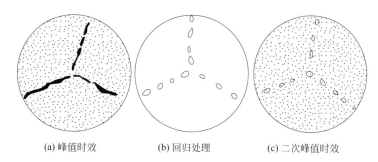

(a) 峰值时效　　　　　(b) 回归处理　　　　　(c) 二次峰值时效

图 4-6　Al-Zn-Mg-Cu 系铝合金在 RRA 处理过程中的显微组织变化示意图

在随后的回归加热（第二级高温时效）时晶内析出的尺寸细小的在回归温度下不稳定 η′ 相会重新溶入基体，而尺寸较大、稳定性较高的 η′ 相会转变成 η 相，合金的强度大大降低。这种变化与自然时效状态铝合金回归不同，因后者的情况下 GP 区将全部溶解，合金组织重新回到淬火状态。

在回归处理过程中，合金晶界析出相也会发生变化，对合金应力腐蚀性能会带来更大影响。由于合金的晶界区域中原子偏离平衡位置，势能较高，析出相成核的自由能障碍小，溶质偏析浓度高，成核速度快，无论在大角度晶界还是小角度晶界上，析出相成核后迅速长大，且在此阶段已经形成较稳定的 η′ 和 η 相，在高温下不会回溶，还会朝更稳定的方向发展，即析出物的尺寸加大，并开始聚集，彼此失去联系，成为断续结构，进入严重的过时效状态，晶界组织变成类似 T73 状态的组织［见图 4-6（b）］。这种晶界组织改善了抗应力腐蚀性能和抗剥落腐蚀性能。回归处理温度和处理时间对合金强度的影响见图 4-7。铝合金经过完整的 RRA 处理后，晶粒内部形成了类似时效到最大强度（T6 状态）的组织，而晶界组织与过时效（T73 状态）的晶界组织相似。这种组织综合了峰值时效和过时效的优点，使合金具备了高强度、高抗应力腐蚀开裂性和高抗剥落腐蚀性。如对超硬铝系 7050 合金（淬火＋人工时效）在 200～280℃进行短时再加热（回归），然后按原时效工艺进行再时效处理，其性能与淬火＋人工时效及分级时效态对比列于表 4-5。由表可知，RRA 处理后抗拉强度比淬火＋人工时效状态下降了 4％，而屈服强度却上升了 2.6％，应力腐蚀抗力与分级时效态的相当。

表 4-5　7050 铝合金经三种工艺处理后的性能对比

热处理制度	σ_b/MPa	$\sigma_{0.2}$/MPa	δ/%	应力腐蚀断裂时间/h
477℃/30min＋120℃/24h	565.46	509.60	13.3	83
477℃/30min＋120℃/6h＋177℃/8h	446.8	371.42	15.4	720 未断
477℃/30min＋120℃/24h＋200℃/ 8min(油冷)＋120℃/24h	541.94	523.32	14.8	720 未断

RRA 工艺需要被处理件在高温下短时（几十秒到几分钟）暴露，因而只能应用于小零件。后续研究结果表明，Al-Zn-Mg-Cu 系合金的回归处理不仅可在 200～270℃下短时加热并迅速冷却，也可在更低一些温度（165～180℃）下进行，而保温时间有所增加，需要几十分钟或数小时。1989 年美国的 Aloca 公司以 T77 热处理状态为名注册了第一个可工业应用的 RRA 处理规范（专利），第一级时效 80～163℃，第二级时效 182～199℃，第

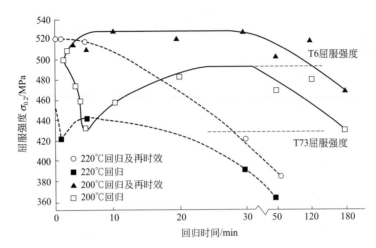

图 4-7   7075-T6 合金在不同回归再时效处理过程中屈服强度的变化

三级时效 $80 \sim 163℃$。第二级时效采用温度稍低、时间较长的工艺，并应用于大件产品的生产。

4.3.4　形变热处理

形变热处理也称热机械处理，是一种把塑性变形和热处理联合进行的工艺，其目的是改善过度析出相的分布及合金的精细结构，以获得较高的强度、韧性（包括断裂韧性）及耐蚀性。

塑性变形增加了金属中的缺陷（主要位错）密度并改变了各种晶体缺陷的分布。若在变形期间或变形之后合金发生相变，那么变形时缺陷组态及缺陷密度的变化对新相形核动力学及新相的分布影响很大。反之，新相的形成往往又对位错等缺陷的运动起钉扎、阻滞作用，使金属中的缺陷稳定。由此可见，形变热处理强化不能简单地视为形变强化及相变强化的叠加，也不是任何变形与热处理的组合，而是变形与相变互相影响、互相促进的一种工艺。

与常规热处理相比，形变热处理后金属的主要组织特征是具有高的位错密度以及由位错网络形成的亚结构（亚晶）。形变热处理所带来的形变强化的实质就是这种亚结构强化。冷变形或热变形均可使合金获得亚结构。冷变形可使位错密度由 $10^6 \sim 10^8 \, \mathrm{cm}^{-2}$ 增加至 $10^{12} \, \mathrm{cm}^{-2}$，形变量增加，出现位错缠结，随后出现胞状亚结构。低温加热可能发生多边形化，产生更稳定的亚晶。铝合金在热变形过程中会发生动态回复及动态再结晶，在热变形终了后可能还会发生静态回复及静态和亚动态再结晶。为了得到亚结构，应创造一定的条件，使之在热变形过程中及过程终了后均无再结晶发生。结合冷变形及热变形的热处理分别称为低温形变热处理及高温形变热处理。

4.3.4.1　低温形变热处理

低温形变热处理又称形变时效，常用的处理方式有：
① 淬火—冷（温）变形—人工时效；
② 淬火—自然时效—冷变形—人工时效；
③ 淬火—人工时效—冷变形—人工时效。

冷变形造成的位错网络使脱溶相形核更为广泛和均匀，有利于提高合金的强度性能和塑性，有时也可提高耐蚀性。

冷变形对时效过程的影响规律较为复杂。它与淬火、变形和时效规程有关，也与合金本性有关，对同一种合金来说，与时效时沉淀相类型有关。简言之，主要依靠形成弥散过渡相而强化的合金，时效前冷变形会使合金强度提高。这类合金淬火后，经冷变形再加热到时效温度时，脱溶与回复过程同时发生。脱溶将因冷变形而加速，脱溶相质点将因冷变形而更加弥散。与此同时，脱溶质点也阻碍多边化等回复过程。若多边化过程已发生，则因位错分布及密度的变化，脱溶相质点的分布及密度也会发生相应的改变。

若冷变形前已进行了部分时效，则这种预时效会影响最终时效动力学及合金性质。例如，Al-4%Cu 合金淬火后立即冷变形并在 160℃时效，则经 20～30h 达硬度最高值，若经自然时效后进行同样变形，160℃时效只需 8～10h 达硬度最高值。后一种情况，人工时效的加速可能是由于自然时效后 GP 区对变形时位错运动阻碍所致，这种阻碍造成大量位错塞积与缠结，有利于 θ' 脱溶。此外，在位错附近还存在 Cu 原子富集区，也有利于 θ' 的形核。因此为加速这种合金的人工时效，变形前自然时效是有利的。这样就形成了第二种处理方式，即淬火—自然时效—冷变形—人工时效。

预时效也可用人工时效，根据同样原因将使最终时效加速，增大强化效果。这样就形成了第三种方式，即淬火—人工时效—冷变形—人工时效。对不同的合金，可采用不同的低温形变热处理工艺组合。

低温形变热处理亦可采用温变形。在温变形时，动态回复相当激烈，有利于提高形变热处理后材料组织的热稳定性。低温形变热处理对 Al-Cu-Mg 系合金特别有效。例如，2A12 合金板材淬火后变形 20%，然后在 130℃时效 10～20h，与常规热处理相比，抗拉强度可提高 60MPa，屈服强度可提高 100MPa，塑性尚好。2A11 合金板材淬火后在 150℃轧制 30%，然后在 100℃时效 3h，与淬火后直接按同一规范时效的材料相比，抗拉强度可提高 50MPa，屈服强度提高 130MPa，但伸长率降低 50%。低温形变热处理对 Al-Zn-Mg-Cu 系合金不利，例如 7075 型的合金冷变形后时效可使强度值降低，这是由位错造成 η 相不均匀形核所致。

4.3.4.2　高温形变热处理

高温形变热处理工艺为热变形后直接淬火并时效，因为合金塑性区与理想的淬火温度范围既可能相同也可能不同。其形变与淬火工艺形式如图 4-8 所示。总的要求是应从理想固溶处理温度下淬火冷却。图 4-8 (f) 所示为利用变形热将合金加热至淬火温度。

进行高温形变热处理必须要求所得到的组织满足以下三个基本条件：

① 热变形终了的组织未再结晶（无动态再结晶）；

② 热变形后可防止再结晶（无静态再结晶）；

③ 固溶体必须是过饱和的。

若前两个条件不能满足而发生了再结晶，则高温形变热处理就不能实现。进行高温形变热处理时，由于淬火状态下存在亚结构，时效时过饱和固溶体分解更为均匀（强化相沿亚晶界及亚晶内位错析出），因而使强度提高。另外，固溶体分解均匀，晶粒碎化以及晶界弯折使合金经高温形变热处理后塑性不会降低。再有，因晶界呈锯齿状以及亚晶界被沉淀质点所钉扎，合金具有更高的组织热稳定性，有利于提高合金的耐热度。

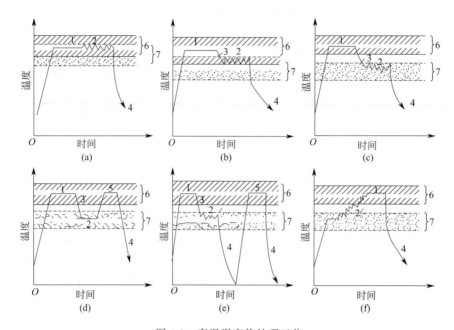

图 4-8　高温形变热处理工艺

1—淬火加热与保温；2—压力加工；3—冷至变形温度；4—快冷；
5—重新淬火加热短时保温；6—淬火加热温度范围；7—塑性区

4.4　铝合金的热处理工艺

热处理过程都是由加热、保温和冷却三个阶段组成的，分别介绍如下：

（1）加热

加热包括升温速度和加热温度两个参数。由于铝合金的导热性和塑性都较好，可以采用较快的速度升温，这不仅可以提高生产效率，而且有利于提高产品质量。热处理加热温度要严格控制，必须遵守工艺规程的规定，尤其是固溶和时效时的加热温度，要求更为严格。

（2）保温

保温是指金属材料在加热温度下停留的时间，其停留时间以使金属表面和中心部位的温度相一致以及合金的组织发生变化为宜。保温时间的长短与很多因素有关，如制品的厚薄、堆放方式及紧密程度、加热方式和热处理以前金属的变形程度等。在生产中往往是根据实验来确定保温时间的。

（3）冷却

冷却是指加热保温后，金属材料的冷却。不同热处理的冷却速度是不相同的，如淬火要求快的冷却速度，而具有相变的合金的退火则要求慢的冷却速度。

4.4.1　铸造铝合金热处理

对铸造铝合金进行热处理的目的主要是消除铸件的内应力，改善铸造偏析，球化组织中的针状金属间化合物，提高合金的性能。这对高温环境下服役的铸件尺寸、组织与性能定性有积极作用，另外还可改善铸件的切削性能。

铝合金铸件热处理工艺步骤一般如下：

（1）准备工作

① 对铸件进行清理，除去芯砂和表面的油污等。

② 保证铸件化学成分和毛坯的尺寸合格。

③ 根据铸件的技术要求，热处理需同时带有：

a. 与铸件同一炉次浇注的拉伸试棒，取三组平行试样。

b. 铸件上附带浇出的硬度试块。

④ 放入热处理炉的铸件应盛装在器具中，铸件间的间隔应距离 30mm 左右，一般将具有薄壁和空腔的铸件放在器具上层，带有内腔和凹坑的部分向下堆放。

⑤ 热处理温控应较为准确，允许有一定的温度波动范围，即固溶处理时的温度波动应在 ± 5℃，时效加热的为 ± 10℃。

（2）铝合金铸件的退火

退火可消除应力和稳定铸件的尺寸，一般在空气循环电炉中进行，其温度范围普遍在 $250 \sim 300$℃之间。实际生产中的退火温度多选择为（290 ± 10）℃，保温时间一般为 $3 \sim 5$h，然后空冷。

（3）铝合金铸件的固溶处理

① 固溶温度　一般根据合金的化学成分选择固溶温度。铸造铝合金中的元素种类和含量均较多，基体组织中存在大量的低熔点共晶相；合金凝固过程中铸件不同位置处的冷却速度差异明显导致组织不均匀性突出；铸件的强韧性相对较低。上述三点原因使铸造铝合金的固溶温度不能像变形铝合金那样设置在元素最大固溶度的温度范围内，而是比最大溶解温度稍微低一些，避免产生过烧或者裂纹缺陷。一般而言，典型牌号的铸造铝合金固溶温度如下：ZL105 为（525 ± 5）℃，ZL109 为（500 ± 5）℃，ZL114A、ZL104、ZL116 为（535 ± 5）℃，Z103、ZL107、ZL108、ZL202、ZL203 为（515 ± 5）℃，ZL201 为（545 ± 5）℃，ZL204A 为（540 ± 5）℃，ZL301、ZL305 为（435 ± 5）℃，ZL205A 为（538 ± 5）℃。

② 固溶加热　为了满足铸件缓慢加热的需求，通常在空气循环电阻炉中对铸件进行固溶加热。一般在 350℃以下将铸件放入炉中，然后缓慢加热至固溶温度，即可防止铸件热变形。采用硝盐槽加热则需要将铸件在 350℃的温度下预热 2h 左右。但是 ZL301、ZL302 等 Al-Mg 系合金由于其镁含量相对较高，为了避免镁燃烧发生爆炸，一般不允许在硝盐槽中加热。

③ 保温时间　铸造铝合金基体中的第二相较为粗大，金属间化合物在基体中的溶解扩散速度较慢，因此，固溶保温时间一般在 $3 \sim 20$h，铸件的厚度对固溶保温时间的影响较小。

④ 冷却方式　由于铝合金铸件的形状较为复杂，壁厚不均匀程度较大，内部缺陷较多，较大的淬火冷却速度可能造成铸件的变形。因此，铸造铝合金固溶淬火在 $60 \sim 80$℃的热水中冷却，淬火转移时间控制在 30s 以内。

（4）铝合金铸件的时效处理

若对铝合金铸件进行自然时效，需要至少 2 个月才能使强度发生较大提高。因此，通常用人工时效的方式处理铝合金铸件。根据时效目的、温度和时间的不同，可将人工时效分为以下三种类型。

①　完全人工时效　根据铝合金铸件能否获得最大的强化效果确定时效的温度和时间。这种时效的温度一般选择在170~190℃之间，或者更低一些。时效时间较长，一般为4~24h。典型牌号的铸造铝合金时效处理温度和时间如下：ZL104为（175±5）℃×（4~15）h，ZL105为（180±5）℃×（5~12）h，ZL107为（155±5）℃×（8~10）h，ZL108为（205±5）℃×（6~8）h，ZL109为（185±5）℃×（10~12）h。

②　不完全人工时效　这种时效可使铝合金铸件具有较高塑性，但强度要求相对较低。因此，此时效时间比完全人工时效短很多，但时效温度基本不变。例如，ZL105铝合金的完全人工时效工艺为（180±5）℃×12h，不完全人工时效的工艺为（180±5）℃×（4~5）h。其他牌号的铸造铝合金不完全人工时效工艺也是如此，ZL104A、ZL115、ZL203为（150±5）℃×（2~4）h，ZL103、ZL116、ZL201、ZL204A为（175±5）℃×（4~8）h，ZL201A、ZL105、ZL114A为（160±5）℃×（3~10）h，ZL205为（155±5）℃×（8~10）h。

③　稳定化时效　又称稳定化回火。根据铝合金铸件能否达到良好的稳定组织与性能来确定时效温度和时效时间，而不需要考虑是否能达到最大的强度。这种人工时间的温度与铸件的工作温度相近。例如，用ZL103合金制备的气缸头，其工作温度在200~250℃之间，所以，ZL103合金的人工时效温度不采用（180±5）℃，而是采用（230±5）℃，时效时间为3~5h。ZL105时效工艺为（240±5）℃×（5~6）h，ZL205为（190±5）℃×（2~5）h。

（5）检查制度

铝合金铸件在经过热处理后，根据技术要求要对下列各项或全项进行检查。

①　热处理规范检查　彻底检查记录的热处理规范实行的正确性。

②　铸件外观检查

a. 铸件表面无局部起泡、结瘤和呈灰暗色斑片等现象。

b. 铸件的夹角和薄壁处无变形或局部熔化现象。

c. 铸件表面无裂纹。

③　铸件硬度检查　按照铝合金铸件的热处理工艺卡片的要求，在检查部位检查铸件的硬度。

④　力学性能检查

a. 按照铸件的技术要求，根据GB/T 228.1—2021测试材料的力学性能。

b. 力学性能测试结果包括抗拉强度、屈服强度和伸长率。必要时，可在铸件指定部位按GB/T 228.1—2021规定解剖拉伸试棒。

⑤　金相分析。可根据ZL204合金过烧的金相标准对铸件经淬火加热后表面局部出现的灰暗色斑片、起泡、结瘤等缺陷进行金相分析。

⑥　返修制度

a. 若铸件经过固溶时效处理后的力学性能不合格，则可对其进行重复处理，但重复次数不能超过3次。

b. 若在铸件时效过程中发生停电事故，则依据下述情况进行处理：

Ⅰ. 在时效过程中保温时间已超过总保温时间的一半而停电引起炉温降低者，炉温不低于150℃，事后把炉温升到工作温度，顺延计算保温时间。

Ⅱ. 在时效过程中，保温尚不足总保温时间的一半而停电引起炉温降低，温度重新升到工作温度，重新计算保温时间。

c. 在固溶处理过程中若发生停电事故，事后对该炉零件做如下处理：

Ⅰ. 若炉温降到 450℃ 以下，重新计算固溶保温时间。

Ⅱ. 若炉温下降至低于固溶温度但高于 450℃，重新升到固溶温度后继续计算固溶保温时间。

典型铸造铝合金的热处理工艺规范如表 4-6 所示，对于金属型铸造的零件，固溶保温时间可取下限或适当缩减，对于砂型铸造的零件，固溶保温时间应取上限或适当延长。铸造铝合金在固溶时效处理中常产生一些缺陷，这些缺陷和消除的办法如表 4-7 所示。

表 4-6　典型铸造铝合金热处理工艺规范

| 序号 | 合金牌号 | 热处理状态 | 固溶处理 | | | 时效处理 | | |
			加热温度/℃	保温时间/h	冷却温度及介质/℃	加热温度/℃	保温时间/h	冷却介质
1	ZL101	T2	—	—	—	300±10	2～4	空冷或随炉冷
		T4	535±5	2～6	20～100，水	—	—	—
		T5	535±5	2～6	20～100，水	150±5	2～4	空冷
		T6	535±5	2～6	20～100，水	200±5	3～5	空冷
		T7	535±5	2～6	20～100，水	225±5	3～5	空冷
		T8	535±5	2～6	20～100，水	250±5	3～5	空冷
2	ZL102	T2	—	—	—	300±10	2～4	空冷或随炉冷
3	ZL103	T1	—	—	—	175±5	3～5	空冷
		T2	—	—	—	300±10	2～4	空冷或随炉冷
		T5	515±5	3～6	20～100，水	175±5	3～5	空冷
		T7	515±5	3～6	20～100，水	230±10	3～5	空冷
		T8	515±5	3～6	20～100，水	330±10	3～5	空冷
4	ZL104	T1	—	—	—	175±5	5～10	空冷
		T6	535±5	3～3	20～100，水	175±5	5～10	空冷
5	ZL105	T1	—	—	—	180±5	5～10	空冷
		T5	525±5	3～5	20～100，水	180±5	5～10	空冷
		T6	525±5	3～5	20～100，水	200±5	3～5	空冷
		T7	525±5	3～5	20～100，水	230±5	3～5	空冷
6	ZL201	T4	530±5	7～9	20～100，水	—	—	—
		T4	540±5	7～9	20～100，水	—	—	—
		T5	530±5	7～9	20～100，水	175±5	3～5	空冷
		T5	540±5	7～9	20～100，水	175±5	3～5	空冷
		T7	530±5	7～9	20～100，水	250±5	3～10	空冷
		T7	540±5	7～9	20～100，水	250±5	3～10	空冷
7	ZL202	T5	535±5	7～9	20～100，水	160±5	6～9	空冷
		T5	545±5	7～9	20～100，水	160±5	6～9	空冷
		T7	535±5	7～9	20～100，水	250±5	3～10	空冷
		T7	545±5	7～9	20～100，水	250±5	3～10	空冷
8	ZL203	T4	515±5	10～15	20～100，水	—	—	—
		T5	515±5	10～15	20～100，水	150±5	2～4	空冷
9	ZL301	T4	430±5	12～20	沸水，油	—	—	—
10	ZL302	T4	425±5	15～20	沸水，油	—	—	—
11	ZL401	T1	—	—	—	200±10	5～10	空冷

表 4-7   铸造铝合金固溶时效处理中出现的缺陷及消除办法

缺陷类型	缺陷特征	产生原因及消除方法
过烧	(1)合金轻微过烧时,界面变粗发毛,此时强度和韧性都有所增高;严重过烧时,呈现溶相球和过烧三角晶界,强度和韧性下降 (2)铝硅系合金相组织中 Si 相粗大呈圆球状;铝铜系合金组织中 α 固溶体内出现圆形共晶体;铝镁系合金零件表面有严重黑点;在高倍组织中沿晶粒边界发现流散的共晶体痕迹,晶界变宽 (3)严重过烧时工件翘曲,表面存在结瘤和气泡	(1)铸造铝合金中形成低熔点共晶体的杂质含量过多。应严格控制炉料 (2)铸造合金加热速度太快,不平衡低熔点共晶体尚未扩散消失而发生熔化。可采用随炉以 200～250℃/h 的升温速度缓慢加热,或者采用分段加热 (3)炉温仪表失灵。应经常检验炉温仪表,并安装警报电铃或红灯 (4)炉内温度分布不均匀。应定期检查浴炉或空气炉的炉温分布状况
裂纹	经热处理后零件上出现可见裂纹。一般出现在拐角部位,尤其在壁厚不均匀处	(1)铸件在淬火前已有显微或隐蔽裂纹,在热处理过程中扩展成为可见裂纹。应改进铸造工艺,消除铸造裂纹 (2)外形复杂,壁厚不均,应力集中。应增大圆角半径,铸件可增设加强肋,太薄部分用石棉包扎 (3)升温和冷却速度太大,过大的热应力导致开裂。应缓慢均匀加热,并采用缓和的冷却介质或等温淬火
畸变	热处理后工件形状和尺寸发生改变,如翘曲、弯曲	(1)加热或冷却太快,由于热应力引起工件畸形。应改变加热和冷却方法 (2)装炉不恰当,在高温下或淬火冷却时产生畸形。应采用适当的夹具,正确选择工件下水方法 (3)淬火后马上矫正
	机械加热后工件出现畸形	工件内存在残留应力,经切削加工后,应力重新分布产生畸变。应采用缓慢冷却介质减少残留应力或采用去应力退火
腐蚀	(1)在盐浴加热的工件表面上,特别是在铸件有疏松的部位有腐蚀斑痕 (2)在工件的螺纹、细槽和小孔内有腐蚀斑痕	(1)熔盐中氯离子含量过高。应定期检验硝盐浴的化学成分,氯离子含量(质量分数)不得超过 0.5% (2)工件在淬火后清洗时未将残留硝盐浴全部去除。应当用热水仔细清洗,清洗水中的酸碱度不应过高
	工件的抗腐性能不良	热处理不当,因素较多。对有应力腐蚀倾向的合金应在热处理后获得更均匀的组织。为此,应确保工件均匀快速冷却,缩短淬火转移时间,水温不得超过规定要求,正确选择时效规程
	包铝材料中合金元素完全渗透包铝层	加热温度过高,保温时间过长,重复加热次数过多,使锌、铜、镁向包铝层扩散
力学性能不合格	性能达不到技术要求指标	(1)合金化学成分有偏差,根据工件材料的具体化学成分调整热处理规范,对下批铸件应调整化学成分 (2)违反热处理工艺规程,一般为加热温度不够高,保温时间不够长或淬火转移时间过长
	固溶后强度和韧性不合格	固溶处理不当。应调整加热温度和保温时间。使可溶相充分溶入固溶体,缩短淬火转移时间。重新处理

续表

缺陷类型	缺陷特征	产生原因及消除方法
力学性能不合格	时效后强度和韧性不合格	时效处理不当,或淬火后冷变形量过大使韧性降低,或清洗温度过高、停留时间过长,或淬火至时效间的时间不当。应调整时效温度和保温时间,过硬者可以补充时效
	退火后韧性偏低	退火温度偏低,保温时间不足或退火后冷却速度过快而形成。应重新退火
	铸件壁厚和壁厚处性能差异较大	工件各部分厚薄相差悬殊,原始组织和透烧时间不同,影响固溶化效果。应延长加热保温时间,使之均匀加热,强化相充分溶解
表面变色	铝合金热处理后表面呈灰暗色	(1)空气炉中水汽太多,产生高温氧化。应尽量少带水分进炉,待水汽蒸发逸出炉外后关闭炉门 (2)淬火液的碱性太重,应更换淬火 (3)为了得到光亮表面可在硝盐浴中加入 0.3%～2.0%(质量分数)的重铬酸钾($K_2Cr_2O_7$),盐浴的碱度(换算成 KNO_3)不应超过 0.5%。但应注意重铬酸钾有毒。还可采用在浓度为 3%～6% 的硝酸水槽中清洗数分钟的方法,就能保证很好的发亮效果。 (4)工件表面残留带腐蚀性的油迹,在挥发后留下残痕或腐蚀痕迹
	铝合金表面呈灰褐色	含镁量较高的铝镁合金高温氧化所致,可采用埋入氧化铝粉或石墨粉中加热的方法处理

4.4.2　变形铝及铝合金的热处理

中国国家标准 GB/T 16475—2008《变形铝及铝合金状态代号》规定了变形铝合金的基础状态。根据标准,用一个大写的英文字母表示合金的基础状态代号,其后跟一位或多位阿拉伯数字来表示细分状态号。基础状态代号如表 4-8 所示。细分状态代号见表4-9。

表 4-8　变形铝及铝合金基础状态代号

代号	名称	说明与应用
F	自由加工状态	适用于在成形过程中,对于加工硬化和热处理条件无特殊要求的产品。该状态产品的力学性能不做规定
O	退火状态	适用于经完全退火获得最低强度的加工产品
H	加工硬化状态	适用于通过加工硬化提高强度的产品。产品在加工硬化后经过(也可不经过)使强度下降的附加热处理。"H"后面必须跟有两位或三位阿拉伯数字
W	固溶热处理状态	一种不稳定状态。仅适用于经固溶热处理后,室温下自然时效的合金。该状态代号仅表示产品处于自然时效阶段
T	热处理状态 (不同于 F、O、H 状态)	适用于热处理后,经过(或不经过)加工硬化达到稳定状态的产品。"T"代号后面必须跟有一位或多位阿拉伯数字

表 4-9　变形铝及铝合金细分状态代号

状态代号	处理程序
H 后第一位数	表示加工硬化处理的方法
H1	单纯加工硬化状态
H2	加工硬化及不完全退火的状态
H3	加工硬化及稳定化处理的状态
H4	加工硬化及涂漆处理的状态
H 后第二位	表示材料所达到的硬化程度,数字 1~9,数字越大,硬化程度越高
H111	最后退火,然后少量加工硬化(比 H11 的硬化程度轻)。这种硬化是由诸如拉伸或矫直等操作造成的
H112	热加工成形,然后轻微加工硬化,或都少量冷加工后再进行轻微加工硬化,以满足特定的力学性能要求
H116	对镁含量不小于 4% 的 5××× 系合金设定的一种专用状态代号,通过最后的加工产生轻微的加工硬化,并达到一定的抗剥落及晶间腐蚀性能要求
H321	对镁含量不小于 4% 的 5××× 系合金设定的一种专用状态代号,通过加工硬化和稳定化处理,强度达到 1/4 硬,并达到一定的抗剥落腐蚀性能要求
T1	铝材从高温成形冷却下来,经自然时效所处的基本稳定的状态
T2	铝材从高温成形冷却,冷加工后进行自然时效至基本稳定状态
T3	固溶处理后进行冷加工,通过自然时效达到基本稳定的状态
T4	固溶热处理后不进行冷加工,自然时效至基本稳定状态
T5	从热加工温度冷却后进行人工时效
T6	固溶热处理,然后人工时效
T7	固溶热处理,然后过人工时效
T8	固溶热处理,冷加工,然后人工时效
T9	固溶热处理,人工时效,然后冷加工。适用于经冷加工以提高其强度的材料
T10	自高温成形过程冷却后,冷加工,然后人工时效。适用于经冷加工或拉伸矫直可提高其强度的材料
TX51	T 状态最后两位为 51,代表材料固溶热处理或自高温成形过程冷却后,按规定量进行拉伸,拉伸后不再进行矫直

变形铝合金热处理的分类方法有两种:一种是按热处理过程中组织和相变的变化特点来分;另一种是按热处理目的或工序特点来分。变形铝合金热处理在实际生产中是按生产过程、热处理的目的和操作特点来分类的,没有统一的规定,不同的企业可能有不同的分类方法,现将铝合金材料加工企业最常用的几种热处理方法进行介绍。分类方法见图 4-9。

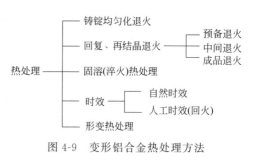

图 4-9　变形铝合金热处理方法

4.4.2.1　铸锭均匀化退火

变形铝合金一般都具有两个以上的溶质组元,结晶时的情况较为复杂,但非平衡结晶的规律与二元合金系的一致。由图 4-10 可见,7050 合金半连续铸锭的光学显微组织中,

基体 α 固溶体呈树枝状，在枝晶网胞间及晶界上除不溶的少量金属间化合物外，还出现很多非平衡共晶体。铝合金枝晶组织不那么典型，如果用阳极氧化覆膜并在偏光下观察，就可以看出每个晶粒的范围及晶粒内的枝晶网胞结构［见图 4-10(b)］。

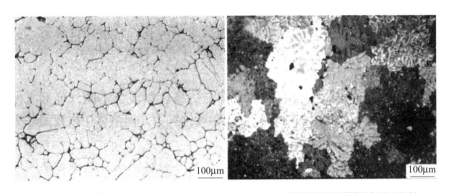

|(a) 未浸蚀的枝晶网状组织|(b) 电解抛光并阳极覆膜偏振光下组织|

图 4-10　7050 合金半连续铸锭的光学显微组织

均匀化退火的对象是铸锭和铸件。其目的是在高温下通过扩散消除或减小实际凝固条件下晶内成分不均匀和偏离于平衡的组织状态，以改善合金材料的工艺性能和使用性能。

铸锭退火在足以消除内应力的温度（300～350℃）下进行。对于在多数热处理可强化的铝合金，这个温度区间相当于固溶体稳定性最小的区间。在实际生产中不宜采用高温均匀化处理，因为不易精确控制温度。

铸锭均匀化的目的是消除或减少晶内偏析，提高材料热变形和冷变形能力；改善半成品、特别是较厚粗的半成品的力学性能；同时还可以消除铸锭在凝固时产生的内应力，也就是使铸态合金具有较大的化学均一性和组织均一性。铸锭退火的目的是消除铸锭中的内应力和软化铸锭在凝固及随后冷却过程中发生的完全或局部淬硬现象。

在铝材生产中，40%以上材料都要经过均匀化退火，在生产某些 1×××系及 3×××系合金时也可以不经过。均匀化退火都是热加工之前进行，因此，也有企业将均匀化退火与热加工之前的预热合为一道工序。图 4-11 表示铸锭均匀化退火在三种典型材料生产流程中的位置，图 4-12 表示均匀化退火的热循环过程，可分为升温过程、保温过程和冷却过程。

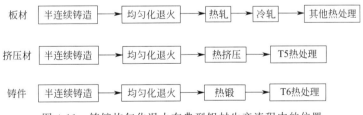

图 4-11　铸锭均匀化退火在典型铝材生产流程中的位置

均匀化退火工艺制度的主要参数是退火温度和保温时间，以及加热速度和冷却速度。

（1）加热温度

为了加速均匀化过程，应尽可能提高均匀化退火温度。加热温度越高，原子扩散越快，故保温时间可以缩短，生产率得到提高。但是加热温度过高容易出现过烧（即合金沿晶界熔化），以致力学性能降低，造成废品。通常采用的均匀化退火温度为 $(0.9～0.95)×T_{熔}$，

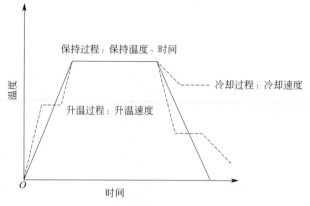

图 4-12 铸锭均匀化退火过程热循环示意图

$T_熔$ 为铸锭实际开始的熔化温度。它低于平衡相图上的固相线温度，见图 4-13 中 I 区域。在工业生产中，均匀化退火温度的选择一般应低于非平衡固相线或合金中低熔点共晶温度 5～40℃。有时，在低于非平衡固相线温度进行均匀化退火难以达到组织均匀化的目的，即使能达到，也往往需要极长的保温时间。因此，人们探讨了在非平衡固相线温度以上进行均匀化退火的可能性，见图 4-13 中 II 区域。这种在非平衡固相线温度以上，但在平衡固相线温度以下的退火工艺，称为高温均匀化退火。2A12 及 7A04 等合金在实验室条件下进行过高温均匀化试验证明了此种工艺的可行性。

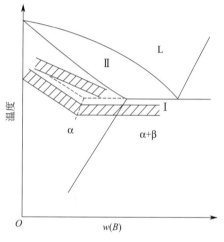

图 4-13 均匀化退火温度范围
I—普通均匀化；II—高温均匀化

高温均匀化的有益影响对大截面工件的作用尤为明显。因为大型工件的铸态坯料承受的变形度小，铸锭的显微不均匀性不能彻底消除，容易出现明显的纤维组织和各向异性。高温均匀化退火后，2A12 合金大截面型材垂直于纤维方向的伸长率提高 1.5 倍。

铝合金能进行高温均匀化退火与其表面有坚固和致密的氧化膜有关。合金铸锭在非平衡固相线温度以上加热时，晶间及枝晶网胞间的低熔点组成物会发生熔化，若表面无致密氧化膜保护，则周围气氛中的氧及其他气体就会沿熔化的晶间渗入，产生晶界氧化，晶间结合将被破坏而导致铸锭报废（过烧）。但铝合金铸锭由于表面有致密氧化膜的保护，所以除极薄表层外，内部不会产生晶间氧化。此时，未被氧化的非平衡易熔物在长期高温作用下会逐渐地熔入铝基 α 固溶体中，因而使组织均匀化过程进行得比较完全。铝合金锭中往往含有一定的氢，在高温均匀化时，氢会向熔化的液相中偏聚形成气孔，这些气孔在热变形时可能焊合，但对制品使用性能的影响还应仔细研究。

铸锭经均匀化退火后，由于发生了非平衡相的溶解及过剩相的聚集、球化等组织变化，使室温下塑性提高并使冷、热变形的工艺性能大为改善。表 4-10、表 4-11 的数据表明，均匀化退火后 7A04 合金和 2A12 型材的变形抗力（R_m）降低，而塑性（A）大大增加。由此可降低铸锭热轧开裂的危险，改善热轧带板的边缘品质，提高挤压制品的挤压速度。同时，由于降低了变形抗力，还可减少变形功消耗，提高设备生产效率。

表 4-10　7A04 合金铸锭均匀化退火前后的力学性能

铸锭直径/mm	取样方向	取样部位	力学性能					
			未经均匀化退火		445℃ 均匀化退火		480℃ 均匀化退火	
			R_m/MPa	A/%	R_m/MPa	A/%	R_m/MPa	A/%
200	纵向	表层	240	0.6	191	4.1	196	6.7
		中心	274	1.8	197	4.9	219.5	7.1
	横向	中心	265.5	0.6	216.6	4.4	218.5	7.9
315	纵向	表层	219.5	0.7	202	4.2	201	6.0
		中心	197	1.0	192	3.8	196	5.6
	横向	中心	218.5	0.4	205	4.2	222	6.4

表 4-11　7A04 合金铸锭均匀化退火前后的力学性能

均匀化退火温度/℃	R_m/MPa	A/%
未均匀化退火	519	16.5
500	470	20
520	451	24

铸锭均匀化退火作为热变形前的预备工序，其首要目的在于提高热变形塑性，但它对整个加工过程及产品性能均有很大影响，因此往往是不可缺少的。但也应注意其不利的一面。均匀化退火缺点是费时耗能，经济效益较差。其次是高温长时间处理可能出现变形、氧化及吸气等缺陷。此外，某些合金经均匀化退火后，成品强度有所降低，这对要求高强度的材料是不利的。

大多数合金不能采用上述高温均匀化退火。为使组织均匀化过程进行得更迅速更彻底且避免过烧，可先在低于非平衡固相线温度加热。随后，再升至较高温度，完成均匀化退火过程。这种分级加热工艺在超高强铝合金中得到了应用。

均匀化退火需要与否主要根据合金本性及铸造方法而定，有时也需要考虑产品使用性能的要求。当铸锭组织不均匀，晶内偏析严重，非平衡相及夹杂在晶界富集以及残余应力较大时，才有必要进行均匀化退火。

（2）保温时间

保温时间基本上取决于非平衡相溶解及晶内偏析消除所需的时间。由于这两个过程同时发生，故保温时间并非此两过程所需时间的代数和。实验证明，铝合金固溶体成分充分均匀化的时间仅稍长于非平衡相完全溶解的时间。多数情况下，均匀化完成时间可按非平衡相完全溶解的时间来估计。

非平衡过剩相在固溶体中溶解的时间（τ_s）与这些相的平均厚度（m）之间有下列经验关系：

$$\tau_s = am^b \tag{4-1}$$

式中，a 与 b 为系数，由均匀化温度及合金本性决定。对于铝合金 b 的值在 $1.5 \sim 2.5$ 范围内。若将固溶体枝晶网胞中的浓度分布近似地看成正弦波形，则可由扩散理论推导出使固溶体中成分偏析振幅降低 1% 所需时间（T_p）：

$$T_p = 0.467\lambda^2/D \tag{4-2}$$

式中，λ 为成分波半波长，即枝晶网胞线尺寸的一半（图 4-14），D 为扩散系数。

由式(4-1) 及式(4-2) 可知，对成分一定的合金，均匀化退火所需时间首先与退火温度有关。温度升高，扩散系数增大，故 τ_s 及 T_p 均缩短。此外，铸锭原始组织特征也有很大影响。枝晶网胞愈细（λ 小），非平衡相愈弥散（m 小），则均匀化过程愈迅速。因

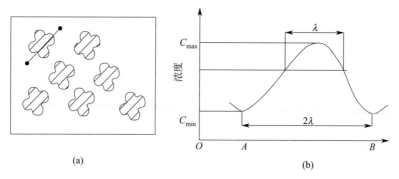

图 4-14　铸锭中枝晶偏析（a）和枝晶网胞中溶质原子浓度分布（b）

此，除尽可能提高均匀化温度外，还可以用控制组织的方法来加速均匀化过程。一种途径是增加结晶时的冷却速度，冷却速度愈大，枝晶网胞尺寸愈小，沿它们边界结晶的非平衡过剩相区愈薄，均匀化退火时愈易溶解。因此，小断面的半连续铸锭较大断面铸锭均匀化速度快。第二种途径是退火前预先进行少量热变形使组织碎化。实践证明，对均匀化过程难以进行的合金铸锭预先进行变形程度 10%～20% 的热轧或热锻可明显缩短均匀化退火时间。随着均匀化过程的进行，晶内浓度梯度不断减小，扩散的物质的量也会不断减少，从而使均匀化过程有自动减缓的倾向。如图 4-15 所示，2A12 铸锭均匀化退火时，前30min 非平衡相减少的总量较后 7h 的多得多。说明过分延长均匀化退火时间效果不大，反而会降低炉子生产能力，增加热能消耗。

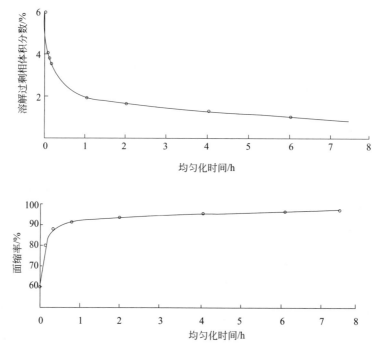

图 4-15　ϕ150mm 2A12 合金铸锭在 500℃均匀化退火时，溶解过剩相
体积分数（V）及 400℃时的面缩率（ψ）与均匀化时间的关系

　　生产中保温时间一般是从铸锭表面各部分温度都达到加热温度的下限时算起。因此，它还与加热设备特性、铸锭尺寸、装料量及装料方式有关。最适宜的保温时间应依据具体

条件由实验决定，一般在数小时至数十小时范围内。

（3）加热速度及冷却速度

加热速度的大小以铸锭不产生裂纹和不发生大的变形为原则。冷却速度值得注意，例如，有些合金冷却太快会产生淬火效应；而冷却过慢又会析出较粗大第二相，使加工时易形成带状组织，固溶处理时难以完全溶解，因此减小了时效强化效应。对生产建筑型材用6063 合金，最好进行快速冷却甚至在水中冷却，这有利于在阳极氧化着色处理时获得均匀的色调。

（4）工业生产中均匀化退火制度

表 4-12 和表 4-13 列出了工业生产中经常采用的铝合金圆铸锭及扁铸锭的均匀化退火制度。

表 4-12　铝合金圆铸锭均匀化退火制度

合金牌号	铸锭种类	制品种类	金属温度/℃	保温时间/h
5A02、5A03、5B06、5083、5A05、5A06、5A41、5056、5086、5183、5456	5A03 实心，5A05、5A06、5A41 空心，其他所有	所有	460～475	24
5A03、5B06、5083、5A05、5A06、5A41、5056、5086、5183、5456	实心，直径 D<400	所有	460～475	8
5A12、5A13、5A33	所有	空心及二次挤压制品	460～475	24
3A21	所有	空心及二次挤压制品	600～620	4
2A02	所有	管、棒	470～485	12
2A04、2A06	所有	所有	475～490	24
2A11、2A12、2A14、2017、2024、2014	空心	管	480～495	12
2011	实心	棒	480～495	12
2A11、2A12、2A14、2017、2024、2014	实心	锻件变断面	480～495	10
2A16、2219	所有	型、棒、线、锻件	515～530	24
2A17	所有	型、棒、锻件	505～525	24
2A10	所有	线	500～515	20
6A02、6061	实心	锻件	525～540	16
6A02、6063	空心	管（退火状态）	525～540	12
2A50、2B50	实心	锻件	515～530	12
2A70、2A80、2A90、	实心	棒、锻件	485～500	16
4A11、4032、2618、2218、7A03、7A04	实心	线、锻件	450～465	24
7A04	实心	变断面	450～465	36
7A04、7003、7020、7005	实心空心	管、型、棒	450～465	12
7A09、7A10、7075	所有	管、棒、锻件	455～470	24
7A15	所有	锻件	465～480	12

表 4-13　铝合金扁铸锭均匀化退火制度

合金牌号	铸锭厚度/mm	制品种类	金属温度/℃	保温时间/h
2A16、2219	200～300	板材	510～520	27～29
2A11、2A12、2A50、	200～300	板材	485～495	27～29
2A14、2014、2017、2024、2A06	200～300	板材	480～490	27～29
5A03、5754	200～300	板材	450～460	17～27
5A05、5183、5083、	200～300	板材	460～470	27～29
5056、5086、5A06、5A41	200～300	板材	470～480	48～50
7A04、7A09、7020、7022、7075、7079	200～300	板材	450～460	45～47

合金牌号	铸锭厚度/mm	制品种类	金属温度/℃	保温时间/h
5A12	200～300	板材	440～450	45～47
3004	200～300	板材	560～570	15～19
3003、1200	200～300	板材	600～615	16～21
4004	200～300	板材	500～510	16～21

（5）铸锭均匀化退火时的注意事项

在工业生产中，铸锭均匀化退火最好采用带有强制热风循环系统的电阻炉，并且要有灵敏的温度控制系统，确保炉膛温度均匀。为了有效地利用电炉，要求把均匀化退火的铸锭，根据合金种类、外形尺寸和均匀化退火温度进行分类装炉。炉温高于150℃时可直接装炉，否则炉子要按电炉预热制度进行预热。在装炉时，铸锭在炉内的位置要留有间隙，保证热风畅通。均匀化铸锭的冷却速度一般不加严格控制，在实际生产中可以随炉冷却或出炉堆放在一起在空气中冷却。但冷却太慢时，固溶体中析出相的质点会长得很粗大。均匀化退火时，先将加热炉定温到均匀化温度，铸锭装炉后，待铸锭表面温度升到均匀化温度后再开始计算保温时间。一般是大锭采用时间的上限，小锭采用时间的下限；温度高的采用时间的下限，温度低的采用时间的上限。

4.4.2.2 回复和再结晶退火

按退火时的组织变化，可将退火分为回复退火及再结晶退火。前者一般作为半成品或制品的最终处理阶段，以消除应力或保证材料的强度与塑性有较好的结合，多用于热处理不可强化合金。

（1）回复

铝及铝合金在外力作用下发生塑性变形时，在外形变化的同时金属内部的晶粒形状也由原来等轴晶粒、有一定方向的热轧变形晶粒或铸轧晶粒变为沿变形方向延伸的晶粒，同时晶粒内部出现了滑移带。若变形程度很大，则晶粒被显著拉长呈纤维状，称为冷加工纤维组织，这是冷塑性变形对组织结构的第一个影响。形成纤维组织后，材料会具有明显的方向性，沿纤维方向的力学性能高于垂直方向即横向的力学性能。冷塑性变形对组织结构的第二个影响是形成亚结构及其细化，金属发生塑性变形时，一方面晶粒外形变化，另一方面晶粒内部存在的亚结构也会细化，形成变形亚结构（图4-16）。

由于亚晶界是一系列刃型位错组成的小角度晶界，塑性变形程度大时，变形亚结构会逐渐增多并细化，使亚晶界显著增多，亚晶界愈多，位错密度就愈大。亚晶界处大量位错的堆积以及它们之间的相互干扰与制约会阻碍位错运动，使滑移困难，因而金属变形抗力上升。冷塑性变形后亚结构的细化和位错密度的增加是产生加工硬化的主要原因。变形程度愈大，亚结构细化程度和位错密度也愈高，加工硬化程度也愈高。

第三个影响是各晶粒的晶面会按一定趋向转动。在变形量很大时，原来位向不相同的各个晶粒会取得近于一致的位向，这种晶粒位向趋于一致的结构称为变形（轧制）织构，这种现象称为择优取向。变形织构的形成会使材料性能呈明显的各向异性。材料的各向异性在多数情况下是有害的，例如在用有变形织构的3104-H19薄带深拉易拉罐罐身时会产生四周边缘不整齐的所谓"制耳"现象。图4-17为拉伸时金属变形示意图，其中 p 为拉深力，q 为压边力。

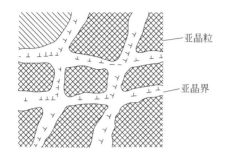

图 4-16　变形亚结构示意图

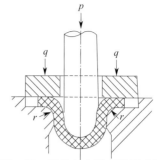

图 4-17　深拉时金属变形示意图

合金成分对变形织构无明显影响。变形量越大择优取向越厉害，变形率小于 15％时几乎没有明显的织构，变形率为 40％～50％时织构仍很紊乱，只有达到 70％～80％变形程度后织构才明显。然而，即使变形程度达到 99％或更大，方向偏转仍在 15°以下。

由于塑性变形程度的增加使金属的强度与硬度升高而塑性下降的现象称为加工硬化。加工硬化现象在许多情况下是有利的：利用加工硬化来强化金属，提高金属强度、硬度和耐磨性，特别是对热处理不可强化的 1×××系、3×××系、5×××系及部分 8×××系合金。加工硬化也是某些工件能够由塑性变形方法成形的关键因素，例如深拉易拉罐罐身过程中（图 4-17），由于相应于凹模圆角 r 处金属塑性变形最大，故首先在此处产生加工硬化，使随后的变形能够转移到罐身壁上，从而能制得罐壁厚度比用材厚度（0.25～0.29mm 的 3014-H19）薄得多的且均匀的罐身；加工硬化还可以在一定程度上提高构件在使用过程中的安全。

回复退火对纯铝拉伸性能影响见图 4-18，其他铝合金的情况与此类似。所以，进行回复退火时，没有必要过分延长保温时间。

回复退火（也称去应力退火）使冷加工的金属在基本保持加工硬化状态的前提下降低其内应力（主要是第一类内应力），减轻工件的翘曲和变形，降低电阻率，提高材料的耐腐性并改善塑性和韧性，提高材料使用时的安全性。影响去应力退火质量的主要因素是加热温度，加热温度过高，则制品的强度和硬度降低较多，影响产品质量；加热温度过低，则需要很长的加热时间才能较充分地消除内应力，生产效率降低。

（2）再结晶

冷变形铝及铝合金加热，除了会发生回复外，还会发生再结晶过程。图 4-19 为冷变形铝合金加热时发生的主要过程。

回复与再结晶是相互竞争的过程，它们的驱动力都是变形状态下的储能，一旦再结晶开始，形变亚结构消失，回复就不会进行。相反，回复会降低再结晶的驱动力，所以回复也会影响到再结晶。回复不能使冷变形储能完全释放，只有再结晶过程才能使加工硬化效应完全消除。一般将发生再结晶的最低温度称为再结晶温度（又称再结晶开始温度），再结晶过程进行完了的温度称为再结晶终了温度。通常用变形程度在 70％以上、退火 1h 的最低再结晶开始温度来表示金属的再结晶温度。再结晶温度是金属的一种重要特性，依据它可以合理地选择退火温度范围，也可用来衡量材料的高温使用性能。

生产中采用再结晶退火来消除产品经加工变形所产生的加工硬化，提高产品的塑性。在冷变形的加工过程中，有时也需要进行再结晶退火，这是为了恢复中间产品的塑性以便继续加工。

冷加工时必然产生加工硬化。在再结晶温度以上进行塑性变形热加工时产生的加工硬

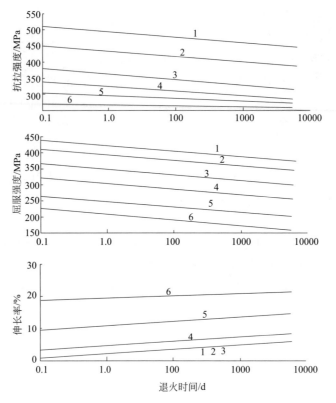

图 4-18　1100-H18 板材 230℃等温退火曲线

1—H18 状态；2—H16 状态；3—H14 状态；4—H12 状态；5—冷变形 10％；6—冷变形 5％

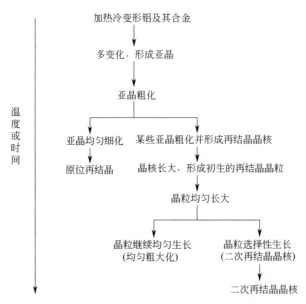

图 4-19　冷变形铝合金加热时发生的主要过程

化可随时被再结晶消除。热加工可消除铸坯中的某些缺陷，如使气孔和疏松焊合，部分消除某些偏析，使粗大的柱状晶粒与枝晶变为细小均匀的等轴晶粒，改善夹杂物与金属间化合物的形态、大小与分布；形成热加工纤维组织（流线），热加工时，铸态金属毛坯中的粗大枝晶及各种夹杂物都要沿变形方向伸长，使铸态金属枝晶间密集的夹杂物逐渐沿变形方向排列成纤维状。这些夹杂物在再结晶时不会再改变其纤维状的状态，这种组织的存在使材料或工件的性能呈现各向异性，可见用热加工法制造工件时须保证流线的正确分布，应使流线与工件工作时所受到的最大拉应力方向一致，而与剪应力或冲击方向垂直，最好使流线沿工件外形轮廓连续分布。

再结晶退火又可分为完全退火、不完全退火及织构退火三种类型。完全再结晶退火应用最广泛，可用作热变形后冷变形前坯料的预备退火、冷变形过程中的中间退火以及获得软制品的最终退火。不完全再结晶退火一般用作最终退火以得到特硬（H19）与 O 状态（退火状态）之间的各种半硬制品，可主要用于热处理不可强化的合金。织构退火目的在于获得有利的再结晶织构。

（3）退火时间

延长退火时间，再结晶温度降低，其关系的一般形式如图 4-20 所示。表 4-14 列出纯度为 99.9986％的铝的再结晶温度随加热时间而改变的情况。

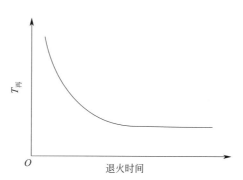

图 4-20　退火时间与再结晶温度的关系

表 4-14　纯度为 99.9986％的铝再结晶温度与加热时间的关系

加热时间/h	再结晶温度/℃	加热时间/h	再结晶温度/℃
336	25	1	100
40	40	1/12	150
6	60		

（4）加热速度

加热速度过慢或过快均有升高再结晶温度的趋势。当加热速度十分缓慢时，变形金属在加热过程中有足够的时间进行回复，使储能减少，从而减小再结晶的驱动力，使再结晶温度升高。加热速度过快，也可提高金属再结晶温度，其原因在于再结晶形核和长大都需要时间，若加热速度过快，则在不同温度下的停留时间短，使之来不及形核及长大，所以推迟再结晶温度。当其他条件相同时，快速加热到退火温度的工件，一般可得到细的晶粒，而在慢速加热时，其晶粒易于长大。因为在缓慢加热过程中，由于回复过程的影响，晶格畸变几乎全部被消除，再结晶核心数目显著降低。

4.4.2.3　固溶处理

能够进行固溶和时效强化处理的变形铝合金，主要有下列五个合金系：

Al-Cu-Mg 系铝合金，如 2A11、2A12、2A06、2A02 等；

Al-Cu-Mn 系耐热铝合金，如 2A16 和 2A17 等；

Al-Cu-Mg-Fe-Ni 系耐热锻造铝合金，如 2A70、2A80、2A90 等；

Al-Mg-Si 和 Al-Mg-Si-Cu 系铝合金，如 6A02、2A50、2A14 等；

Al-Zn-Mg 和 Al-Zn-Mg-Cu 系铝合金，如 7005、7A52、7A04、7A09 等；

这五个合金系中，只有 Al-Cu-Mg 系硬铝合金在固溶及自然时效状态下使用，其他系的合金一般都是在固溶及人工时效状态下使用。

固溶（淬火）会导致合金性能明显变化。固溶处理后性能的改变与相成分、合金原始组织及淬火状态组织特征、淬火条件、预先热处理等一系列因素有关。合金不同，性能的变化大不相同。一些合金淬火后，强度提高，塑性降低；而另一些合金则相反，经处理后强度降低，塑性提高；还有一些合金强度与塑性均提高。此外，有很多合金在淬火后性能变化不明显。变形铝合金淬火后最常见的情况是在保持高塑性的同时强度升高。其塑性与退火合金相差不大，典型例子见表 4-15。

表 4-15　2A11 和 2A12 合金固溶处理状态与退火状态力学性能的比较

合金	σ_b/MPa		δ/%	
	退火	固溶处理	退火	固溶处理
2A11	196	294	25	23
2A12	255	304	12	20

固溶处理对强度和塑性的影响大小，取决于固溶强化程度及过剩相对材料的影响程度。若原来的过剩相质点对位错运动的阻止不大，则过剩相溶解造成的固溶强化必然会超过溶解造成的软化，从而提高合金强度。若过剩相溶解造成的软化超过基体的固溶强化，则降低合金强度。若过剩相属于硬而脆的粗质点，则它们的溶解也必然伴随塑性的提高。

为发挥合金的时效硬化潜力，热处理可强化铝合金在最终时效强化热处理前必须进行固溶处理。固溶处理的目的是在保证合金不过烧的条件下，尽可能使合金中强化元素充分固溶，同时还要控制晶粒尺寸和形态，使合金获得要求的性能。制定铝合金固溶处理制度也是很复杂的工作，不仅要考虑加热温度和保温时间，而且还要考虑淬火转移时间、冷却速度和停放效应（淬火与时效之间的时间）。此外还应考虑工件的大小、变形程度、晶粒度、包铝层不受破坏以及淬火应力等因素。在确定合理的固溶处理温度时，必须先测出可溶强化相的最低熔化温度，以及固溶处理工艺各个参数与力学性能之间的变化曲线，再根据技术条件规定的性能指标制定固溶处理制度。

（1）淬火加热速度的选择

淬火加热速度的选择一般从以下几个方面考虑：

① 淬火加热速度可以影响淬火再结晶晶粒尺寸，因为第二相有利于再结晶形核，高的加热速度可以保证再结晶过程在第二相溶解前发生，从而有利于提高形核率，获得细小的再结晶晶粒，因此应该采用快速加热方法。

② 从提高生产效率的观点出发，也应采用快速加热，因为这样可以缩短退火时间、节约能源和提高生产效率。快速加热一直是首选的方法，如采用盐浴淬火、单件（单片）连续淬火、薄板连续淬火（空气加热式连续淬火、气垫式连续淬火）、差温加热淬火等。

③ 当淬火工件尺寸大、形状复杂、壁厚差大、装炉量较多时，如果加热速度过快，可能会出现加热不透或不均匀的现象，以及由于表面和心部存在温差而产生较大热应力，此时应控制升温速度。如在低温阶段，升温速度可以大一些，在高温阶段，升温速度就应该小一些。对于形状极其复杂、壁厚差极大的铝合金锻件，必要时可在工艺上明确规定锻件的入炉温度，锻件必须在炉温低于规定温度时才能进炉。

④ 在超高强铝合金中采用单级强化固溶（高温固溶）时，要控制加热速度，慢速升温，一般采用不高于 60℃/h 的速度加热到 460～470℃，然后再改定温到 480℃以上，其目的是使第一个低熔点的 AlZnMgCu 相全部固溶，同时更好地溶解 S 相，且能够防止金属发生过烧。

（2）淬火加热温度的选择

1）选择淬火加热温度的原则

　　选择淬火温度的基本原则，是在防止出现过烧、晶粒粗化、包铝层污染等现象的前提下，尽可能采取较高的加热温度，以使强化相充分固溶。铝合金的淬火加热温度主要是根据合金中低熔点共晶的最低熔化温度来确定的，同时也要考虑生产工艺和其他方面的要求。

　　淬火加热时，合金中的强化相溶入固溶体越充分、固溶体的成分越均匀，经淬火时效后合金的力学性能就越高。一般来说，加热温度越高，上述过程就进行得越快越完全。但温度过高会引起晶粒粗大，甚至发生过烧（局部熔化）而使产品报废。

　　若淬火加热温度偏低，强化相则不能完全溶解，导致固溶体浓度大大降低，最终强度、硬度也相应显著降低，而且还会降低合金的耐蚀性能。故淬火加热的温度是一个很重要的工艺参数。铝合金的加热温度范围很窄，因此，热处理加热炉的温度误差应很小，通常控制在±5℃以内，这样铝合金的力学性能和金相组织才能得到保证。

　　图 4-21 为简单二元合金相图。为了使合金中的强化相溶入基体，淬火加热温度首先应高于合金的固溶温度，即相图中极限溶解度曲线 ab 与合金成分线（I-I）的交点；其次，加热温度又必须低于在非平衡结晶条件下合金中所含共晶的熔化温度 $t_{共}$，否则金属内部将开始熔化，即出现过烧现象，造成废品。因此淬火温度只能选择上述两点之间，即淬火加热温度 $t_{淬}$，可见供选择的温度范围十分狭窄。合金元素含量越高，完全固溶的温度也相应提高，而非平衡共晶起始熔化的温度则可能降低，因此可供选择的温度范围就会变得更窄。如 Al-5.25Cu 合金，相应上、下限温度为 535℃ 和 548℃，淬火温度定为 537～545℃，比完全固溶温度仅高 2℃，比过烧温度也只低 3℃。因此，淬火加热温度应恰当选择，严加控制，其温度波动范围一般不应超过±2℃～±3℃。

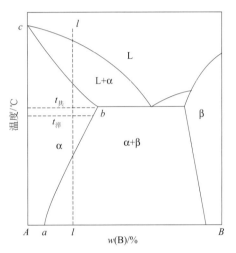

图 4-21　铝合金淬火加热温度
与合金成分的关系

I—共晶温度；$t_{淬}$—淬火加热温度

　　在选择淬火加热温度时，还应考虑工件的大小、变形程度、晶粒度和包铝层不受破坏等因素。例如在生产大型工件时，由于变形程度比较低，可能还部分地保留着铸态组织，所以，对 2A12、2A14 和 7A04 等合金制成的大型工件（厚度大于50mm），其淬火加热温度应采取规定淬火温度范围的下限。对于包铝板材，为了防止铜和锌等元素向包铝层中扩散，其淬火加热温度也应该采取规定淬火加热温度范围的下限。

　　晶粒尺寸是淬火处理时需要考虑的另一个重要的组织特征。对于变形铝合金来说，淬火前一般为冷加工或热加工状态，在加热过程中，除了发生强化相溶解外，也会发生再结晶或晶粒长大过程。热处理可强化铝合金的力学性能对晶粒尺寸相对不敏感，但过大的晶粒仍是不利的。因此对高温下晶粒长大倾向性大的合金（如 6A02 等），应限制最高淬火加热温度。

　　很多铝合金挤压制品都有挤压效应。在需要保持较强的挤压效应时，淬火加热温度以取下限为宜。在生产中，对于大型锻件，变形程度比较低，铸态组织不能彻底转变为变形组织，所以，其淬火加热温度应取下限。而对变形程度大的制品，其淬火温度可稍高些。

　　2）过烧温度

　　过烧是指合金中低熔点组成物（一般是指共晶体）在加热过程中发生重熔。例如

2A12 合金中的三元共晶体（α+θ+S）熔点最低（607℃），则 2A12 合金的淬火加热温度就不得超过此温度。

目前，对合金过烧温度的检测方法为热差分析（DSC）。该方法精确度非常高，已经取代金相检验方法。轻微过烧在金相组织中较难判断，因此金相检验方法只做制品是否过烧的定性鉴定。

图 4-22 所示为 7050 合金 60mm 厚热轧板的 DSC 分析曲线。DSC 分析曲线存在两个吸热峰（即熔化峰），表明热轧板中存在两种低熔点产物，即 AlZnMgCu 相和 S（Al，CuMg）相，它们的过烧温度分别为 479.3℃ 和 488.9℃，其热熔值分别为 0.525J/g 和 5.19J/g。根据上述分析结果，对 7050 合金可以采用强化固溶处理或分级固溶处理，即在 470℃ 以下缓慢加热或保温一段时间（第一级）以溶解 AlZnMgCu 相，然后再越过 AlZn-MgCu 相的过烧温度 479.3℃，在 480～485℃ 保温一段时间，使 S（AlCuMg）相充分固溶，这两种处理方法均可得到高固溶度的固溶体，有效地提高了时效后合金的强度。

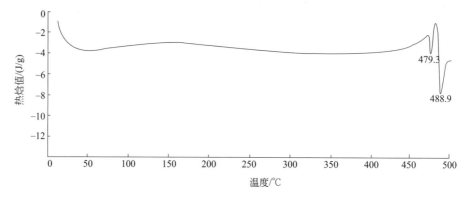

图 4-22　7050 合金 60mm 厚热轧板的 DSC 分析曲线

图 4-23 所示为一组 7150 板材的淬火组织，其中图 4-23（a）为正常组织，图 4-23（b）、图 4-23（c）、图 4-23（d）为过烧组织，其程度由轻微到严重，从中可看出以下特征。图 4-23（b）为过烧组织中出现复熔共晶球（液相球）。当淬火温度超过低熔点共晶体的熔点时，形成液相，由于表面张力的作用使液相收缩成球状，冷却下来就在组织中形成小圆球，在高倍显微镜下可看到共晶球内的复杂结晶结构，见图 4-24。图 4-23（c）为过烧组织中晶界局部加粗和发毛，并且平直化。在晶界与局部地区存在的低熔点共晶体熔化后还会侵蚀固溶体，这就使晶界局部加粗和发毛。图 4-23（d）为过烧组织中出现三角晶界区。这是在过烧严重时出现的特征。轻微过烧时，表面特征不明显，显微组织观察可发现晶界稍变粗，并有少量球状易熔组成物，晶粒亦较大。性能上，冲击韧度明显降低，腐蚀速度大为增加。严重过烧时，除晶界出现易熔物薄层、晶内出现复熔共晶球外，粗大的晶粒晶界平直、严重氧化，三个晶粒的衔接点出现黑三角，有时出现沿晶界的裂纹。制品表面颜色发暗，有时甚至出现气泡等。

对于过烧，虽然在一定的条件下经过适当的重新固溶处理可以消除其影响，但目前生产中仍将它看作是一种不可愈合的缺陷，一旦出现，产品应予报废，故热处理时须尽力避免产生过烧。现今国内尚无过烧的统一判断标准，各生产厂只是根据各自产品的用途、要求和生产条件确定相应的检验制度。表 4-16 为过烧对 2A12 合金板材拉伸、晶间腐蚀和疲劳性能的影响。数据表明，2A12 的过烧敏感性最大，淬火温度与三元共晶点十分接近，所以 2A12 是生产中最易产生过烧的一种合金。

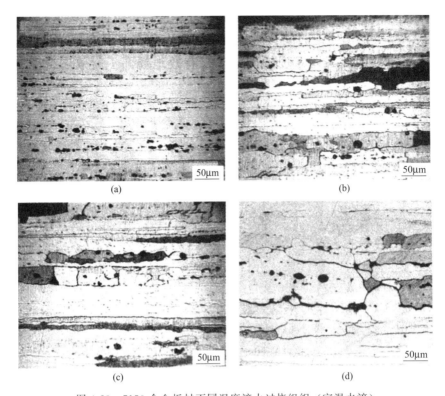

图 4-23 7150 合金板材不同温度淬火过烧组织（室温水淬）

（a）470℃淬火正常组织；（b）480℃淬火轻微过烧组织（液相球）；

（c）485℃淬火过烧组织，液相球及晶界变粗；（d）495℃淬火严重过烧组织，三角晶界及晶界变粗

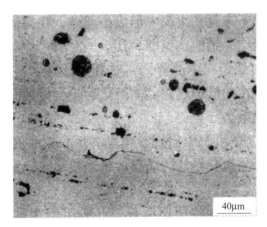

图 4-24 2A12 合金板材淬火过烧组织中液相球内部结构

表 4-16 过烧对 2A12 合金板材性能的影响

淬火温度 /℃	拉伸性能		晶间腐蚀				疲劳寿命		
	σ_b/MPa	δ/%	σ_b /MPa	δ/%	强度损失 $\Delta\sigma$/%	伸长率损失 /%	最大应力 σ_b/MPa	安全系数 $K=\sigma_{max}$ /σ_b	至破裂时的 循环次数 N/次
500	497	21.4	497	20.6	0	4.6	310	0.7	8841
513	499	18.6	440	8.5	11.8	53.8	314	0.7	8983
517	488	18.1	355	4.1	27.3	77.3	310	0.7	8205

3）淬火加热注意事项

铝合金淬火加热一般选用带有强制热风循环装置的电阻炉或盐浴炉。炉膛温度一般要求能控制在±2℃～±3℃范围内。炉温控制多采用测量范围不超过600℃，精度为0.5级的控制仪表。对所使用的控制仪表要定期用0.2级精度的仪表进行检查和校对。

（3）淬火加热保温时间的选择

固溶处理保温时间的选择原则是在正常固溶热处理温度下，使强化相达到满意的溶解程度，并使固溶体充分均匀及晶粒细小。铝合金的淬火保温时间主要是根据淬火加热温度、合金的本性、制品的种类、固溶前组织状态（强化相分布特点和尺寸大小）、产品的形状（包括断面厚度的尺寸大小）、加热方式（盐浴炉及空气循环炉，连续还是非连续加热）、加热介质、冷却方式、装炉量的多少以及组织能的要求等因素来确定。对于同一牌号的合金，确定保温时间应考虑以下因素：

① 产品的形状。淬火加热时的保温时间与制品的形状（包括断面厚度的尺寸大小）有密切的关系，断面厚度越大，保温时间就相应越长。截面大的半成品及形变量小的工件的强化相较粗大，保温时间应适当延长，使强化相充分溶解。大型锻件和模锻件的保温时间比薄件的长好几倍。

② 加热温度。淬火加热时的保温时间与加热温度是紧密相关的，加热温度越高，强化相溶入固溶体的速度越大，其保温时间就要短些。

③ 塑性变形程度及制品种类。热处理前的压力加工可加速强化相的溶解。变形程度越大，强化相尺寸越小，保温时间越短。经冷变形的工件在加热过程中要发生再结晶，应注意防止再结晶晶粒过分粗大。固溶处理前不应进行临界变形程度的加工。挤压制品的保温时间应当缩短，以保持挤压效应。对于采用挤压变形程度很大的挤压材做毛料的模锻件，如果淬火加热的保温时间过长，将由于再结晶过程的发生，而导致局部或全部挤压效应消失，使制品的纵向强度降低。挤压时的变形程度越大，需要保温的时间就越短。

④ 原始组织。预先经过淬火的制品再次进行淬火加热时，其保温时间可以显著缩短。而预先退火的制品与冷加工制品相比，其强化相的溶解速度显著变慢，所以，对经过预先退火的制品其淬火保温时间就要长些。

⑤ 坯料均匀化程度。均匀化不充分的制品，残留的强化相多且大，因此保温时间应长些。固溶处理和均匀化共同的目的是使强化相充分溶解，但是一般情况下，均匀化退火炉的精度较低，因此为了充分消除非平衡结晶相而提高均匀化温度就容易过烧。此外，均匀化退火时间长，经济效益低，因此可以根据制品合金本性以及加工工艺考虑均匀化和淬火的联动工艺，解决强化相充分固溶问题，因为大变形后组织中的强化相破碎严重，尺寸变小，在淬火时更容易固溶。

⑥ 组织和性能要求。当对制品晶粒尺寸有要求时，应该考虑缩短保温时间。另外，为了获得细晶组织还开发出双重淬火和分级淬火工艺。双重淬火是指两次相同的高温短时淬火，但两次淬火保温时间之和与原来的保温时间相同，其原理是不给晶粒长大的时间；分级淬火的第一级采用低温使组织中的亚晶发育完全，减少再结晶的驱动力，这样在第二级高温固溶时晶粒就不易长大。当对制品有较高的腐蚀性能、断裂韧性和疲劳性能要求时（如航空用铝合金），淬火保温时间至少应该加倍。

⑦ 其他（如合金本性、加热条件、加热介质以及装炉量等）因素也必须考虑。可热处理强化铝合金中各种强化相的溶解速度是不相同的，如Mg_2Si的溶解速度比Mg_2Al_3的快。淬火保温时间必须保证强化相能充分溶解，这样才能使合金获得最大的强化效应。但

加热时间也不宜过长，在某些情况下，时间过长反而使合金性能降低。有些在加热温度下晶粒容易粗大的合金（如 6063、2A50 等），在保证淬硬的条件下应尽量缩短保温时间，避免出现晶粒长大现象。装炉量多、尺寸大的零件，保温时间要长些。装炉量少、零件之间间隔大的，保温时间要短些。盐浴炉加热迅速，故加热时间比普通空气炉的短，而且工件入槽后，只要槽液温度不低于规定值下限，就可开始计算保温时间；而在空气炉中则需温度重新升到规定值方可计时。需要指出，对包铝的合金板材，淬火保温时间一定不能太长，以免合金元素向包铝层中扩散，降低合金的耐腐蚀性能。这一点在高温淬火时更为重要。随着淬火加热温度的提高及保温时间的延长，硬铝合金中的铜元素向包铝层中的扩散量增加。同样的原因，对于厚度小于 0.8mm 的板材，最好不进行重复加热；厚度超过此值的铝件，重复加热次数也必须加以限制。

淬火保温时间应从金属表面温度或炉温恢复到淬火温度范围的下限时开始计算。工业生产中，铝合金常采用的淬火加热温度如表 4-17 所示。

表 4-17　固溶热处理温度

合金	产品类型	固溶热处理（金属）温度[③]/℃	状态代号		
			淬火后[①]	自然时效后[②]	消除应力后
2A01		495～505	W		
2A02		495～505	W		
2A04		502～508	W		
2A06[①]		495～505	W		
2A10		510～520	W		
2A11		495～505	W		
2B11		495～505	W		
2A12[①]		490～500	W		
2B12		490～500	W		
2014	板材	496～507	W	T3[④]、T42	
	卷材	496～507	W	T4、T42	
	厚板	496～507	W	T4、T42	T451
	线材、棒材	496～507	W	T4	T451
	挤压件	496～507	W	T4、T42	T4510、T4511
	拉伸管	496～507	W	T4	
	模锻件	496～507	W	T4、T41	
	自由锻件	496～507	W	T4、T41	T452
2A14		495～505			
2A16		530～540	W		
2017	其他线材、棒材	496～510	W	T4	T451
	铆钉线	496～510	W	T4	
2117	其他线材、棒材	496～510	W	T4	
	铆钉线	477～510	W	T4	
2A17		520～530	W		
2018	模锻件	504～521	W	T4、T41	
2218	模锻件	504～516	W	T4、T41	
2618	模锻及自由锻件	524～535	W	T4、T41	
2219	薄板	541～549	W	T31[④]、T37[④]、T42	
	厚板	541～549	W	T31[④]、T37[④]、T42	T351
	铆钉线	541～549	W	T4	
	其他线材、棒材	541～549	W	T31[④]、T42	T351
	挤压件	541～549	W	T31[④]、T42	T3510、T3511
	模锻及自由锻件	530～540	W	T4	T352

续表

合金	产品类型	固溶热处理（金属）温度③/℃	状态代号		
			淬火后①	自然时效后②	消除应力后
2024	平板	487～499	W	T3④、T361④ T42	
	卷材	487～499	W	T4、T42、T3④	
	铆钉线	487～499	W	T4	
	厚板	487～499	W	T4、T42、T361④	T351
	其他线材、棒材	487～499⑤	W	T4、T36④、T42	T351
	挤压件	487～499	W	T4、T361、T42	T3510、T3511
	拉伸管	487～499	W	T3④、T42	
	模锻及自由锻件	488～499	W	T4	T352
2124	厚板	487～499	W	T4①、T42	T351
2025	模锻件	510～521	W	T4	
2048	板材	487～499	W	T3、T42	T351
2A50		510～520			
2B50		510～520			
2A70		525～535			
2A80		525～535			
2A90		512～522			
4A11①		525～535			
4032	模锻件	504～521	W	T4	
6A02		515～525			
6010	薄板	563～574	W	T4	
6013	薄板	563～574	W	T4	
6151	模锻件	510～527	W	T4	
	轧制环	510～527	W	T4	T452
6951	薄板	524～535	W	T4、T42	
6053	模锻件	516～527	W	T4	
6061	薄板	515～579⑥	W	T4、T42	
	厚板	515～579	W	T4、T42	T451
	线材、棒材	515～579	W	T4、T42	T451
	挤压件	515～579	W	T4、T42	T4510、T4511
	拉伸管	515～579	W	T4、T42	
	模锻及自由锻件	516～580	W	T4、T41	T452
	轧制环	516～552	W	T4、T41	T452
6063	挤压件	515～530	W	T4、T42	T4510、T4511
	拉伸管	515～527	W	T4、T42	
6262	线材、棒材	515～566	W	T4	T450
	挤压件	515～566	W	T4	T4510、T4511
	拉伸管	515～566	W	T4	
6066	挤压件	515～543	W	T4、T42	T4510、T4511
	拉伸管	515～543	W	T4、T42	
	模锻件	516～543	W	T4	
7001	挤压件	406～471	W		W510①、W511①
7A03		465～475	W		
7A04①		465～475	W		
7A09①		465～475	W		
7010	厚板	471～482	W		W51①
7A19		455～465	W		
7039	薄板	449～460⑦	W		
	厚板	449～455⑦	W		W51①
7049	挤压件	460～474	W		W510①、W511①

续表

合金	产品类型	固溶热处理(金属)温度③/℃	状态代号		
			淬火后①	自然时效后②	消除应力后
7149	模锻及自由锻件	460～474	W		W52①
7050	薄板	471～482	W		
	厚板	471～482			W51①
	挤压件	471～482	W		W510①、W511①
	线材、棒材	471～482	W		
	模锻及自由锻件	471～482			W52①
7150	挤压件	471～482	W		W510①、W511①
	厚板	471～480	W		W51①
7075	薄板	460～499⑧	W		
	厚板⑨	460～499	W		W51①
	线材、棒材⑦	460～499	W		W51①
	挤压件	460～471	W		W510①、W511①
	拉伸管	460～471	W		
	模锻及自由锻件	471～482	W		W52①
	轧制环	460～477	W		W52①
7475	薄板	474～521	W		
	厚板	474～521	W		
7475 包铝合金	薄板	474～507	W		
7076	模锻及自由锻件	454～477	W		
7178	薄板⑩	460～499	W		
	厚板⑩	460～488	W		W51①
	挤压件	460～474	W		W510①、W511①

① 该状态是不稳定的，通常不用。

② 仅适用于能自然时效达到充分稳定状态的合金。

③ 表中所列的温度范围最大值和最小值之间的差值超过 10℃ 时，可在整个温度范围内采用任意一个 10℃ 的温度范围（对于 6061 合金为 15℃），只要表中或适用的材料规范中没有规定例外或限制准则即可。

④ 在固溶热处理之后、时效之前进行必要的冷加工。

⑤ 可以采用 482℃ 的低温，只要每个热处理批次经过测试表明能满足适用的材料规范的要求，同时经过对测试数据分析，证明数据资料符合规范的限定范围，具有重现性即可。

⑥ 6061 合金包铝板的最高温度不应超过 538℃。

⑦ 对于特定的截面、条件和要求，也可采用其他温度范围。

⑧ 在某些条件下，将 7075 合金加热到 482℃ 以上时会出现熔融现象，应当采取措施以避免这类问题。为最大限度地减少包铝层和基体之间的扩散，厚度小于或等于 0.5mm 的带包铝板的 7075 应在 454～499℃ 范围内进行固溶热处理。

⑨ 对于厚度超过 100mm 的板材和直径或厚度大于 100mm 的棒材（圆棒和方棒），建议最高温度为 487℃，以避免熔化。

⑩ 在某些情况下，加热该合金超过 482℃ 时会出现熔化。

⑪ 2A06 板材采用 497～507℃，2A12 板材可采用 492～502℃，7A04 挤压件可采用 472～477℃，7A09 挤压件可采用 455～465℃，4A11 锻件可采用 511～521℃。

铝合金中厚板材典型淬火固溶温度见表 4-18。

表 4-18　铝合金中厚板材典型淬火固溶温度

铝合金牌号	固溶处理温度/℃	过烧温度/℃	铝合金牌号	固溶处理温度/℃	过烧温度/℃
2A11	500±2	514	6061	520～530	580
2024、2A12	498±2	505	6063	525±2	615
2017	498～505	510	6082	520～530	
2014、2A14	498～505	509	7075	465～475	525

续表

铝合金牌号	固溶处理温度/℃	过烧温度/℃	铝合金牌号	固溶处理温度/℃	过烧温度/℃
2A06	505±2	518	7475	475～485	
2A16	535±2	545	7050	475～485	
2618	525～535	550	7022	460～480	
2219	530～540	543	7020	460～500	
2124	498±2		7A04	470±2	525
6A02	525±2	565	7A09	470±2	525

部分合金挤压材的在线淬火加热温度应符合表 4-19 规定。

表 4-19 铝合金挤压材的在线淬火加热温度

牌号	加热温度/℃	
	高温点	低温点
6005、6005A、6105	552	427
6061	557	454
6060、6063、6101、6463	552	427
6351	543	468
7004、7005	510	377
7029、7046、7116、7129、7146	538	454

注：1. 根据挤压比、截面形状和其他挤压参数的不同，温度范围可能会在很大程度上缩小。

2. 当对拉伸试验数据的统计分析证明材料符合拉伸性能的要求时，可对这些温度值适当调整。

在工业生产中，推荐的变形铝合金淬火加热保温时间见表 4-20。当炉料包含不同厚度的截面的产品时，推荐保温时间按其中最大厚度的截面确定。

表 4-20 固溶热处理推荐保温时间

厚度/mm	保温时间/min					
	板材、挤压件		锻件、模锻件		铆钉线和铆钉	
	盐浴炉	空气炉	盐浴炉	空气炉	盐浴炉	空气炉
≤0.5	5～15	10～25				
>0.5～1.0	7～25	10～35				
>1.0～2.0	10～35	15～45				
>2.0～3.0	10～40	20～50	10～40	30～40		
>3.0～5.0	15～45	25～60	15～45	40～50	25～40	50～80
>5.0～10.0	20～55	30～70	25～55	50～75	30～50	60～80
>10.0～20.0	25～70	35～100	35～70	75～90		
>20.0～30.0	30～90	45～120	40～90	60～120		
>30.0～50.0	40～120	60～180	60～120	120～150		
>50.0～75.0	50～180	100～220	75～160	150～210		
>75.0～100.0	70～180	120～260	90～180	180～240		
>75.0～100.0	70～180	120～260	90～180	180～240		

盐浴炉淬火和空气炉淬火的推荐固溶处理保温时间见表 4-21 和表 4-22。

表 4-21 铝合金中厚板（盐浴炉加热）固溶处理保温时间

板材厚度/mm	6.1～10.0	10.1～20.0	20.1～40.0	40.1～50.0	50.1～60.0	60.1～70.0	70.1～80.0	80.1～90.0	90.1～105.0	106～120
保温时间/min	50～60	60～70	70～80	80～90	90～100	100～110	110～120	130～150	170～180	190～210

表 4-22　2A06、2A11、2A12 合金包铝板在盐浴炉加热时的保温时间

板材厚度/mm	保温时间/min	板材厚度/mm	保温时间/min
0.3～0.9	9	6.1～8.0	35
1.0～1.5	10	8.1～12.0	40
1.6～2.5	17	12.1～25.0	50
2.6～3.5	20	25.1～32.0	60
3.6～4.0	27	32.1～38.0	70
4.1～6.0	32		

部分典型规格铝合金制品淬火加热的保温时间见表 4-23～表 4-28。

表 4-23　2A11、2A12 合金不包铝板材在盐浴炉加热时的保温时间

板材厚度/mm	保温时间/min	板材厚度/mm	保温时间/min
0.3～0.8	12	2.6～3.5	30
0.8～1.2	18	3.6～5.0	35
1.3～2.0	20	5.1～6.0	50
2.1～2.5	25	＞6.0	60

表 4-24　6A02、7A04 合金不包铝板材在盐浴炉加热时的保温时间

板材厚度/mm	保温时间/min	板材厚度/mm	保温时间/min
0.3～0.9	9	3.1～3.5	27
1.0～1.5	12	3.6～4.0	32
1.6～2.0	17	4.1～5.0	35
2.1～2.5	20	5.1～6.0	40
2.6～3.0	22	＞6.0	60

表 4-25　铝合金棒材、型材在空气炉中淬火加热时的保温时间

棒材最大直径、型材最大厚度/mm	保温时间/min		棒材最大直径、型材最大厚度/mm	保温时间/min	
	制品长度小于13m	制品长度大于13m		制品长度小于13m	制品长度大于13m
≤3.0	30	45	30.1～40.0	105	135
3.1～5.0	45	60	40.1～60.0	150	150
5.1～10.0	60	75	60.1～100.0	180	180
10.1～12.0	75	90	＞100.0	210	210
12.1～30.0	90	100			

表 4-26　铝合金管材在空气炉中淬火加热时的保温时间

管壁厚度/mm	保温时间/min	管壁厚度/mm	保温时间/min
＜2.0	30	10.1～20.0	75
2.1～5.0	40	＞20.0	90
5.1～10.0	60		

表 4-27　铝合金线材在空气炉中淬火加热时的保温时间

合金牌号	规格/mm	保温时间/min
2B11、6101	所有规格	60

表 4-28　铝合金管材在空气炉中淬火加热时的保温时间

制品最大厚度/mm	保温时间/min	淬火水槽温度/℃
＜30.0	75	20～30
31～50	100	30～40
51～100	120～150	40～50
101～150	180～210	50～60

（4）淬火转移时间的选择

淬火转移时间是指把材料从淬火炉或盐浴炉中转移到淬火水槽中的时间，即从固溶处理炉炉门打开或制品从盐浴炉开始露出到制品全部浸入淬火介质所经历的时间。

淬火转移时间对材料的性能影响很大。因为材料一出炉就和冷空气接触，温度迅速降低，因此转移时间的影响与降低平均冷却速度的影响相似。为了防止过饱和固溶体发生局部的分解和析出，使淬火和时效效果降低，淬火转移时间应愈短愈好。应特别指出，淬火转移时间的长短对高强和超高强等淬火敏感性强的合金的力学性能、耐蚀性和断裂韧性的影响很大，因为强化相容易沿晶界首先析出，使上述性能下降，对于这样的合金更应严格控制淬火转移时间。淬火转移时间对 7A04 及 2A12 合金力学性能的影响见表 4-29 及图 4-25。

但对 Al-Mg-Si 系合金中的 6A02 合金来说，淬火转移时间对其力学性能和耐腐蚀性能的影响不大。可热处理强化铝合金的淬火转移时间是根据合金成分、材料的形状和实际工艺操作的可能性来控制的，同时也因周围空气的温度和流速以及零件的质量和辐射能力不同而异。为了保证淬火的铝合金材料有最佳性能，生产中小型材料时的转移时间不应超过 25s，大型的或成批淬火的材料不应超过 40s，板材淬火的转移时间不应超过 30s，高强和超高强铝合金不应超过 15s。

表 4-29　7A04 合金板材淬火转移时间对力学性能的影响

淬火转移时间/s	抗拉强度/MPa	屈服强度/MPa	伸长率/%
3	533	503	11.2
10	525	485	10.7
20	517	461	10.3
30	460	385	12.0
40	427	354	11.6
60	404	316	11.0

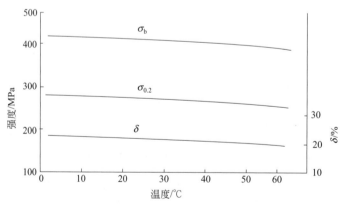

图 4-25　2A12 合金板材淬火转移时间对力学性能的影响
板厚 1.0mm，盐浴加热，淬火温度 500℃，自然时效

（5）淬火冷却速度的选择

在铝合金热处理工艺中，可以认为淬火（淬冷）是最严格的一种操作。淬冷的目的就是使固溶处理后的合金快速冷却至某一较低温度（通常为室温），以获得溶质和空位双过

饱和固溶体，为时效强韧化奠定良好的基础。因此，淬火时的冷却速度，应该确保过饱和固溶体能被固定下来，它对时效型铝合金的性能起着决定性的作用。一般来说，采用最快的淬火冷却速度可得到最高的强度以及强度和韧性的最佳组合，并获得良好的耐腐蚀性能，所以为了在淬火和时效后得到应有的力学性能和耐蚀性，必须采用很高的淬火速度。但淬火冷却速度的影响是多方面的，因为冷却速度增大，制品的翘曲、扭曲的程度以及残余应力也会增大，显然这是对产品不利的，会造成如矫直困难、尺寸超差、放置及加工变形等问题。此外，制品厚度增加时，淬火的冷却速度必然会降低，从而可能达不到所需的最佳冷却速度，影响材料性能。

淬火速度的下限通常是根据合金耐蚀性来确定的，2A11、2A12 和 7A04 等合金的耐蚀性对缓慢冷却最为敏感。图 4-26 所示为平均冷却速度对 2A12 和 7A04 合金力学性能的影响。为了保证得到较高的强度及良好的耐腐蚀性能，2A11、2A12 合金淬火时的冷却速度应在 50℃/s 以上，7A04 合金的冷却速度要求在 170℃/s 以上。Al-Mg-Si 系合金则对冷却速度的敏感性较小。

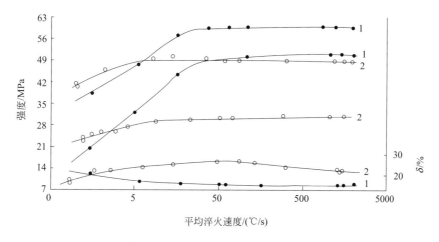

图 4-26　淬火速度对 2A12 和 7A04 合金力学性能的影响
1—2A12 合金；2—7A04 合金

4.4.2.4　时效处理

（1）铝合金时效工艺参数的选择

① 时效加热速度的选择　在自然时效时没有加热速度的问题，在人工时效时，由于时效保温时间比较长，加热速度一般对性能的影响不大，也可以不考虑。但当出现下列情况时，必须对加热速度进行控制或者必须调整时效时间：

a. 当时效的加热速度很慢时，如由于装炉量很大或时效炉的功率不够等原因，时效升温时间长达 8～16h，此时时效加热过程中发生的脱溶现象将明显影响后续时效保温时的脱溶过程，进而严重影响合金的性能，因此必须要考虑总的时效时间，一般要根据试验结果来缩短时效保温时间。在试验室条件下进行试验时，要模拟大生产条件进行试验，这样试验结果能较好地符合生产实际。

b. 在进行 RRA 回归再时效处理时，升温速度是一个非常重要的参数。由于回归时间要求很短，因此回归加热必须采用快速加热方式，如采用感应加热方式、盐浴或油浴方式、单片（或单件）大功率加热方式、差温加热方式等。

② 时效加热温度的选择　同一成分合金在不同温度下进行时效时，随着时效温度的升高，合金的强度增大，当温度增至某一数值后，达到极大值；进一步升高温度，硬度下降。合金硬度提高的阶段称为强化时效，下降的阶段称为软化时效或过时效。时效温度与合金硬化的这种变化规律同过饱和固溶体的分解过程有关。不同成分的合金获得最佳强化效果的时效温度不同，对各种工业合金最佳时效温度的统计表明，铝合金的最佳时效温度与其熔点有关，具有下列关系：

$$T_a = (0.5 \sim 0.67) \times T_熔$$

式中，T_a 表示合金获得最佳强化效果的时效温度。在研制新合金过程中，确定最佳时效温度时利用此公式可以大大减少试验工作量。

③ 时效保温时间的选择　对同一成分的合金进行不同时间的时效，其硬度与时效时间和温度的关系如图 4-27 所示。在较低温度时，硬化效果随温度的升高而增大，但达不到最高数值。当温度达到某一数值〔图 4-27 中的 t_4，即 $T = (0.5 \sim 0.6) \times T_熔$〕后，曲线出现极大值，并获得最佳的硬化效果。进一步提高时效温度，则合金在较早的时间内即开始软化，而且硬化效果随温度的升高而降低，得不到最佳的硬化效果。一般在新合金研制过程中，先确定时效温度后再研究保温时间，为了满足在工业化条件下应用的需要，通常单级时效保温时间控制在 6～24h。

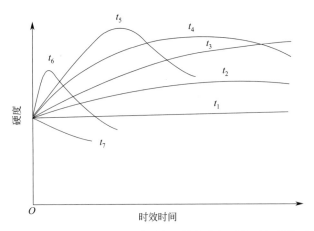

图 4-27　在不同温度下时效时合金的硬度与时效时间的关系

$$t_1 < t_2 < t_3 < t_4 < t_5 < t_6 < t_7$$

（2）常用铝合金推荐时效制度

常用铝合金推荐时效制度见表 4-30。

表 4-30　常用铝合金推荐时效制度

合金	时效前的状态	产品类型	时效制度[①]		时效硬化热处理后状态的代号
			金属温度[①]/℃	时效时间[②]/h	
2A01		铆钉线材、铆钉	室温	≥96	T4
2A02		所有制品	165～175	16	T6
			185～195	24	T6
2A04		铆钉线材、铆钉	室温	≥240	T4
2A06		所有制品	室温	120～240	T4

合金	时效前的状态	产品类型	时效制度[①]		时效硬化热处理后状态的代号
			金属温度[④]/℃	时效时间[②]/h	
2A10		铆钉线材、铆钉	室温	≥96	T4
2A11		所有制品	室温	≥96	T4
2B11		铆钉线材、铆钉	室温	≥96	T4
2A12		其他所有制品	室温	≥96	T4
		厚度不大于 2.5mm 包铝板	185～195	12	T62
		壁厚不大于 5mm 挤压型材	185～195	12	T62
				6～12	T6
2B12		铆钉线材、铆钉	室温	≥96	T4
2014	W	除锻件外	室温	≥96	T4、T42
	T4	板材	154～166	18	T6
	T4、T42[③]	除锻件外	171～182	10	T6、T62
	T451[③]	除锻件外	171～182	10	T651
	T4510	挤压件	171～182	10	T6510
	T4511	挤压件	171～182	10	T6511
	W	自由锻件	室温	≥96	T4
	T4		166～177	10	T6
	T41		171～182	5～14	T61
	T452		166～177	10	T652
2A14		所有制品	室温	≥96	T4
			155～165	4～15	T6
2A16		其他所有制品	室温	≥96	T4
			160～170	10～16	T6
			205～215	12	T6
		厚度 1.0～2.5mm 包铝板材	185～195	18	
		壁厚 1.0～1.5mm 挤压型材	185～195	18	
2017	W	所有制品	室温	≥96	T4
	T4				
	T451				
2A17	W	所有制品	180～190	16	T6
2018	W	模锻件	室温	≥96	T4
	T41		166～177	10	T61
2218	W	模锻件	室温	≥96	T4、T41
	T4		166～177	10	T61
	T41		232～243	6	T72
2618	W	除锻件外	室温	T4	96
	T41	模锻件	193～204	20	T61
2A19	W	所有制品	160～170	18	T6
2219	W	所有制品	室温	≥96	T4、T42
	T31	薄板	171～182	18	T81
	T31	挤压件	185～196	18	T81
	T31	铆钉线材	171～182	18	T81
	T37	薄板	157～168	24	T87
	T37	厚板	171～182	18	T87
	T42	所有制品	185～196	36	T62
	T351	所有制品	171～182	18	T851
	T351	圆棒、方棒	185～196	18	T851
	T3510	挤压件	185～196	18	T8510
	T3511		185～196	18	T8511

合金	时效前的状态	产品类型	时效制度[①]		时效硬化热处理后状态的代号
			金属温度[④]/℃	时效时间[②]/h	
2219	W	锻件	室温	≥96	T4
	T4		185~196	26	T6
	T352	自由锻件	171~182	18	T852
2024	W	所有制品	室温	≥96	T4、T42
	T3	薄板、拉伸管	185~196	12	T81
	T4	线材、棒材	185~196	12	T6
	T3	挤压件	185~196	12	T81
	T36	线材	185~196	8	T86
	T42	薄板、圆棒	185~196	9	T62
	T42	薄板	185~196	16	T72
2024	T42	除薄板、厚板外	185~196	16	T62
	T351	薄板、厚板	185~196	12	T851
	T361		185~196	8	T861
	T3510	挤压件	185~196	12	T8510
	T3511		185~196	12	T8511
	W	模锻和自由锻件	室温	≥96	T4
	W52	自由锻件	室温	≥96	T352
	T4	模锻和自由锻件	185~196	12	T6
	T352	自由锻件	185~196	12	T6
2124	W	厚板	室温	≥96	T4、T42
	T4		185~196	9	T6
	T42		185~196	9	T62
	T351		185~196	12	T851
2025	W	模锻件	室温	≥96	T4
	T4		166~177	10	T6
2048	W	除锻件外	室温	≥96	T4、T42
	T42	薄板、圆棒	185~196	9	T62
	351	薄板、厚板	185~196	12	T851
2A50		所有制品	室温	≥96	T4
			150~160	6~15	T6
2B50		所有制品	150~160	6~15	T6
2A70		所有制品	185~195	8~12	T6
2A80		所有制品	165~175	10~16	T6
2A90		挤压棒材	155~165	4~15	T6
		锻件、模锻件	165~175	6~16	T6
4A11		所有制品	165~175	8~12	T6
4032	W	模锻件	室温	≥96	T4
	T4		165~175	10	T6
6A02		所有制品	室温	≥96	T4
			155~165	8~15	T6
6010	W	薄板	171~182	8	T6
6013	W	除锻件外	185~196	4	T6
6151	W	模锻件	室温	≥96	T4
	T4		166~182	10	T6
	T452	轧环	166~182	10	T652
6053	W	模锻件	室温	≥96	T4
	T4		166~177	10	T6

续表

合金	时效前的状态	产品类型	时效制度[①]		时效硬化热处理后状态的代号
			金属温度[①]/℃	时效时间[②]/h	
6061	W	除锻件外	室温	≥96	T4、T42
	T1	圆棒、方棒、型材和挤压件	171～182	8	T5
	T4	除挤压件外	154～166	18	T6
	T451		154～166	18	T651
	T42		154～166	18	T62
	T4	挤压件	171～182	8	T6
	T42		171～182	8	T62
	T4510		171～182	8	T6510
	T4511		171～182	8	T6511
	W	模锻和自由锻件	室温	≥96	T4
	T41	模锻和自由锻件	171～182	8	T61
	T452	轧环和自由锻件	171～182	8	T652
6063	W	挤压件	室温	≥96	T4、T42
	T1	除锻件外	177～188	3	T5、T52
	T1		213～224	1～2	T5、T52
	T4		171～182	8	T6
	T4		177～188	6	T6
	T42		171～182	8	T62
	T42		177～188	6	T62
	T4510		171～182	8	T6510
	T4511		171～182	8	T6511
6066	W	挤压件	室温	≥96	T4、T42
	T4	除锻件外	171～182	8	T6
	T42		171～182	8	T62
	T4510		171～182	8	T6510
	T4511		171～182	8	T6511
	W	模锻件	室温	≥96	T4
	T41		171～182	8	T6
6262	W	线材、圆棒、方棒和拉管	室温	≥96	T4
	T4		166～177	8	T6
	T451	除锻件外	171～182	8	T651
	T4	挤压件	171～182	12	T6
	T4510		171～182	12	T6510
	T4511		171～182	12	T6511
6951	W	除锻件外	室温	≥96	T4、T42
	T4	薄板	154～166	18	T6
	T42		154～166	18	T62
7001	W	挤压件	116～127	24	T6
	W510		116～127	24	T6510
	W511		116～127	24	T6511
7A03		铆钉线材、铆钉	95～105	3	T6
			163～173	3	
7A04		包铝板材	115～225	24	T6
		挤压件、锻件及非包铝板材	135～145	16	T6
		所有制品	115～125	3	T6
			155～165	3	
7A09		板材	125～135	8～16	T6
		挤压件、锻件	135～145	16	T6

续表

合金	时效前的状态	产品类型	时效制度[①]		时效硬化热处理后状态的代号
			金属温度[④]/℃	时效时间[②]/h	
7A09		锻件、模锻件	105~115	6~8	T73
			172~182	8~10	
			105~115	6~8	T74
			160~170	8~10	
7A19		所有制品	115~125	2	T6
			95~105	10	T73
			175~185	2~3	
			95~105	10	T76
			150~160	10~12	
7010	W51	厚板	116~127	6~24	T7651
			166~177	6~15	
			116~127	6~24	T7451
			166~177	9~18	
			116~127	6~24	T7351
			166~177	15~24	
7039	W	薄板	74~85	16	T61
			154~166	14	
	W51	厚板	74~85	16	T64
			154~166	14	
7049	W511	挤压件	室温	＞48	T76510 T76511
			116~127	24	
			160~166	12~14	
			室温	＞48	T73510 T73511
			116~127	24	
			163~168	12~21	
7149	WW52	模锻和自由锻件	室温	＞48	T73 T7352
			116~127	24	
			160~171	10~16	
7050	W51[⑧]	厚板	116~127	3~6	T7651
			157~168	12~15	
			116~127	3~8	T7451
			157~168	24~30	
	W510[⑧]	挤压件	116~127	3~8	T76510
			157~168	15~18	
			116~127	3~8	T76511
			157~168	15~18	
	W511[⑧]				
	W[⑧]	线材、圆棒和铆钉线	118~124	≥4	T73
			177~182	≥8	
	W	模锻件	116~127	3~6	T74
			171~182	6~12	
	W52	自由锻件	116~127	3~6	T7452
			171~182	6~8	
7150	W510 W511	挤压件	116~127	8	T76510 T76511
			154~166	4~6	
	W51	厚板	116~127	24	T7651
			149~160	12	

续表

合金	时效前的状态	产品类型	时效制度① 金属温度④/℃	时效时间②/h	时效硬化热处理后状态的代号
7075	W⑦	所有制品	116~127	24	T6、T62
	W⑤⑧	薄板和厚板	102~113	6~8	T73
			157~168	24~30	
	W⑧		116~127	6~8	T76
			157~168	15~18	
	W510⑥⑧	线材、圆棒和方棒	102~113	6~8	T73
			171~182	8~10	
	W⑤⑧	挤压件	102~113	6~8	T73
			171~182	6~8	
	W⑧		116~127	3~5	T76
			154~166	18~21	
7075	W51⑤⑧	厚板	102~113	6~8	T7351
			157~168	24~30	
	W51⑧	厚板	116~127	3~5	T7651
			157~168	15~18	
	W51⑨	所有制品	116~127	24	T651
	W510⑥⑧	线材、圆棒、方棒	102~113	6~8	T7351
			171~182	8~10	
	W510⑦	挤压件	116~127	24	T6510
	W511⑦	挤压件	116~127	24	T6511
	W510	挤压件	102~113	6~8	T73510
			171~182	6~8	
	W511⑤⑧		102~113	6~8	T76511
			171~182	6~8	
	W510⑤⑧		116~127	3~5	T76510
			154~166	18~21	
	W511⑤⑧		116~127	3~5	T76511
			154~166	18~21	
7075	T6⑧	薄板	157~168	24~30	T73
	T6⑧	线材、圆棒、方棒	171~182	8~10	T73
	T6⑧	挤压件	171~182	6~8	T73
			154~166	18~21	T76
	T651⑧	厚板	157~168	24~30	T7351
			157~168	15~18	T7651
	T651⑧	线材、圆棒、方棒	171~182	8~10	T7351
	T6510⑧	挤压件	171~182	6~8	T73510
			154~166	18~21	T76510
	T6511⑧		171~182	6~8	T73511
			154~166	18~21	T76511
	W	锻件	116~127	24	T6
	W⑧		102~113	6~8	T73
			171~182	8~10	
	W52	自由锻件	116~127	24	T652
	W52⑧	锻件	102~113	6~8	T7352
			171~182		
	W51	轧环	102~113	6~8	T7352
			171~182		
	W	模锻件和自由锻件	102~113	6~8	T74
			171~182		

续表

合金	时效前的状态	产品类型	时效制度①		时效硬化热处理后状态的代号
			金属温度④/℃	时效时间②/h	
7175	W52	自由锻件	116～127	24	T652
	W	模锻件和自由锻件	102～113	6～8	T74
			171～182		
7475	W	薄板	116～127	3	T761
			157～163	8～10	
	W51	厚板	116～127	24	T651
7076	W	模锻件和自由锻件	129～141	14	T6
7178	W	除锻件外	116～127	24	T6、T62
	W⑧	薄板	116～127	3～5	T76
			157～168	15～18	
	W⑧	挤压件	116～127	3～5	T76
			154～166	18～21	
	W51	厚板	116～127	24	T651
	W51⑧		116～127	3～5	T7651
			157～168	15～18	
	W510	挤压件	116～127	24	T6510
	W510⑧		116～127	3～5	T76510
			154～166	18～21	
	W511	挤压件	116～127	24	T7651
	W511⑧		116～127	3～5	T76511
			154～166	18～21	

① 为了消除制品残余应力状态，固溶热处理 W 状态金属在时效前要进行拉伸或压缩变形。在许多实例中列举了多级时效处理，金属在两级时效步骤之间无需出炉冷却，可连续升温。

② 在时效时，要迅速升温使金属达到时效温度。时效时间从金属温度全部达到最低时效温度开始计时，金属温度在时效温度范围内所保持的时间即为时效保温时间。

③ 对于薄板和厚板，也可用在 152～166℃ 温度下加热 18h 的制度来代替。

④ 当规定温度范围间隔超过 11℃ 时，只要在本规范中或适用材料规范中没有其他规定，就可任选整个范围内 11℃ 作为温度范围。

⑤ 只要加热速率为 14℃/h，就可用在 102～113℃ 温度下加热 6～8h，随后在 163～174℃ 温度下加热 14～18h 的双级时效处理来代替。

⑥ 只要加热速率为 14℃/h，就可用在 171～182℃ 温度下加热 10～14h 的处理来代替。

⑦ 对于挤压件，可用三级时效处理来代替，即先在 93～104℃ 温度下加热 5h，随后在 116～127℃ 温度下加热 4h，接着在 143～154℃ 温度下加热 4h。

⑧ 由任意状态时效到 T7 状态，铝合金 7079、7050、7075 和 7178 时效要求严格控制时效实际参数，如时间、温度、加热速率等。除上述情况外，当 T6 状态经时效处理成 T7 状态时，T6 状态材料的性能值和其他处理参数是非常重要的，它们影响最终处理后 T7 状态合金组织的性能。

⑨ 对于厚板，可采用在 91～102℃ 温度下进行 4h 处理，随后进行第二阶段的 152～163℃ 温度下加热 8h 的时效制度来代替。

（3）铝合金时效工艺控制要点

① 铝合金锻件时效工艺控制要点

a. 装炉前，冷炉要进行预热，预热定温应与时效第一次定温相同，达到定温后保持 30min 方可装炉。

b. 查看仪表、测温热电偶接线是否牢固。测温料装炉前应处于室温。

c. 停炉 24h 以上再装炉时，靠近工作室空气循环出口和入口处的锻件要绑好测温热电偶。操作者应在装炉后每隔 30mim 测温一次，其结果要记录在随行卡片上，并签字。

d. 装炉时，时效料架与料垛应正确摆放在推料小车上，不得偏斜，否则不准装炉。

e. 为了保证炉内锻件在热空气中具有最大的暴露面积，在堆放锻件时，应保证热空气能够自由通过，并且在空气和锻件表面之间具有最大的接触面积。尽可能沿着垂直于气流的流动方向堆放，使得气流从零件之间穿过。

f. 不同热处理制度的锻件，不能同炉时效。

g. 为保证时效料温度均匀，热处理工可在±10℃范围内调整仪表定温。

h. 时效出炉后的热料上不允许压料（尤其是热料）。

i. 热处理工应将时效产品的合金、状态、批号、装炉时间、时效日期及生产班组等填写在生产卡片上。

j. 热处理工每隔 30min 检查一次仪表及各控制开关，看其是否运行正常。

k. 在时效加热过程中，因炉子故障停电时，总加热时间按各段加热保温时间累计，并要求符合该合金总加热时间的规定。

l. 仪表工对测温用热电偶、仪器仪表，按检定周期及时送检，以保证温控系统误差不大于±5℃，达不到使用要求的热电偶、仪器仪表严禁使用。

m. 时效完的锻件应打上合金、状态、批号等以示区分。

② 铝合金厚板时效工艺控制要点

a. 装炉前，冷炉要进行预热，预热定温应与时效第一次定温相同，达到定温后保持30min 方可装炉。

b. 待时效的板片间要垫上厚度为 2～4mm、宽度为 40mm 的干燥、无灰尘的硬纸板，在料垛二分之一处放两张废片，以备插热电偶用。

c. 查看仪表、测温热电偶接线是否牢固。测温料装炉前应处于室温。

d. 装炉时，时效料架与料垛应正确摆放在推料小车上，不得偏斜，否则不准装炉。

e. 时效时板材料垛要均匀地放置在各加热区内。装一垛及多垛料时，都要用两只热电偶分别放于炉子的高温点和低温点，其放置位置在料垛高度的二分之一处，距端头500mm，插入深度不小于 300mm。不同厚度板材搭配时效时，热电偶插在较厚的板垛上。应保证电偶与板片接触良好。

f. 不同热处理制度的时效的板材，不能同炉时效；同炉内，料垛的高度差不大于300mm。板材时效料垛最高不得超过 900mm（包括底盘在内）。

g. 同炉时效板材的厚度搭配。6×××系合金：同垛料板厚度之差不大于 20mm，同炉料厚度之差不大于 30mm。7×××系合金：板厚不大于 50mm，同垛料板厚之差不大于 10mm；板厚大于 50mm，同垛料板厚之差不大于 15mm；同炉料板厚之差不大于 20mm。

h. 为保证退火及时效料温度均匀，热处理工可在±10℃范围内调整仪表定温。

i. 时效出炉后的热料上不允许压料，待温度降至 100℃以下方可压料。

j. 热处理工应将退火产品的合金、状态、批号、装炉时间、退火日期及生产班组等填写在仪表记录纸上，并在生产卡片上认真记录装出炉时间、退火日期及班组等。记录本和仪表记录纸要求保存 3 年以上。

k. 热处理工必须坚守岗位，每隔 30min 检查一次控制柜的盘前仪表及各控制开关，看其是否运行正常和处在正确位置。

l. 时效过程中因故停电或在加热期间停电，应在正常供电后继续加热；在保温期间停电，应出炉冷到室温后按原制度重新进行时效。

m. 时效完的料垛上应用蜡笔写上"时效完"字样，以示区分。时效料垛上不准压料。

n. 仪表工对测温用热电偶、仪器仪表，应按检定周期及时送检，保证温控系统误差不大于±5℃。达不到使用要求的热电偶、仪器仪表严禁使用。

4.5 热处理工艺基础及设备

为了使铝材及铝制品获得所需的组织和性能，以及获得良好的环保、安全、卫生效果，必须严格控制热处理过程中加热、保温和冷却过程中的各项参数，确保输入的能量最少，排放污染物又能满足当前最严格的环保法规要求。因此，首先要确定正确的加热方法和冷却方式。另外，保证热处理品质还包括制品有良好的表面、不受有害物污染、不变形或尽可能低的变形以及无裂纹等。

4.5.1 加热方法

铝合金热处理主要采用电炉、气体燃料炉、液体燃料炉，很少用固体燃料炉。因为以煤等固体物质作燃料存在的缺点甚多，应淘汰。

（1）气体介质加热

气体介质加热指被加热的铝材周围的介质为气体，该方法在热处理中广为应用，燃料为天然气或煤气。采用气体介质（空气或保护性气体）加热时，燃料或加热体产生的热量是通过对流和辐射传递的，即被加热到高温的气体分子或燃烧产物的高能分子与铝表面接触，将其能量（热）传递给温度较低的铝。在温度低于700℃时，对流传热是主要的传热方式，为强化和加速此时的传热过程，应加强传热介质气体的对流。为此，可对气体进行强制性循环，合理地流经材料，合理地装料，等等。当前几乎所有铝材气体介质加热的热处理炉都设有强大的风机，以进行强制性循环。

① 气体燃料　天然气是最好的气体燃料，如果没有天然气也可以用煤气。气体燃料优点：往炉内供应天然气简便易行；可以直接在炉内燃烧，能有效地将热能传给被加热材料与制品；不需要过剩空气，因为天然气与空气可混合得非常彻底，所以能很快地燃烧；不仅可利用烟气中的余热预热空气，也可以预热天然气，提高热效率。天然气与空气混合得愈好，燃烧就愈快，烧嘴有高压（＞10000Pa）和低压（≤10000Pa）之分。根据天然气与空气混合方式的不同，可分为三种：在送进烧嘴前混合的，在烧嘴中混合的，在通过烧嘴后混合的。

② 液体燃料　液体燃料炉以重油为燃料，为了燃烧完全，必须降低重油黏滞性，因此必须对其预热，可通过装在油箱内的蒸汽蛇形管进行。虽然液体燃料比固体燃料优越得多，但还不如气体燃料或电。理论上燃烧 1kg 重油需要 10.84m³ 空气，实际上为保证充分燃烧与考虑漏气损失等因素需供给 15m³ 左右空气。重油经低压喷嘴雾化后与空气混合再燃烧。

（2）辐射管加热

有时热处理的整个过程要求被加热的材料或制品与炉气隔开，此时可采用辐射管加热，即气体燃料在辐射管内燃烧，使耐热管受热并辐射热量，加热材料。辐射管直径为 70～100mm，壁厚 4～7mm，安于炉膛侧墙上，彼此间距为直径的二三倍。在立式辐射管内，烧嘴或喷嘴由管的下端引入，而燃烧产物则由管的上端引入排气管。

（3）电流加热

铝材或制品在电炉内加热是最完善的方法，但是究竟采用天然气还是电作为能源取决于加热成本及当地能源资源及运输条件。然而，只要是热处理过程本身的要求，如需要在电热盐浴炉或在低温炉内加热时，可以不考虑经济效果，采用电炉是必要的，合理的，也是最好的。因此，铝合金热处理炉多为电阻炉及感应炉。电热元件或电阻元件是发热体，它可以是金属的（一般在 1100℃ 以下），也可以是非金属的（如碳化硅、碳精或石墨），它们可在更高的温度下使用。

加拿大铝业公司铝带感应热处理系统与矫直机列组成一条联合生产线，生产效率高。感应加热装置的加热速度为传统的连续退火炉（Continuous Annealing Line，CAL）的 3 倍，由于感应加热的升温速度快，退火后的晶粒细小均匀，例如感应退火加热到 450℃ 的 3003 合金 1mm 板材的晶粒平均尺寸为 10～20μm，而传统连续退火生产线完全退火的 1mm 板材的晶粒尺寸为 50～70μm。

4.5.2　热处理加热气氛

除铝材的固溶处理与铝-锰合金板材的快速完工退火在盐浴炉中进行外，其他热处理通常在介质为大气的炉内进行，不必对气氛予以控制，在特殊情况下可采用燃料燃烧气体或在真空炉内进行。在大气气氛中加热时，气体不可避免地会与金属表面发生反应并生成氧化物或进入其中，进入铝中的气体大都是氢。

氢在金属中的溶解度可用"正常溶解度"表示。所谓正常溶解度，在氢溶解于金属时放出热量的情况下，是指温度为 20℃、氢压为 $0.1\mu N/m^2$ 的条件下，100g 金属中深入的氢体积（cm^3）。例如氢在铝中的正常溶解度为 $0.044cm^3/100g$。

铝与氧的亲和力大，易于生成氧化物（Al_2O_3），但其表面氧化膜致密，且具有高的电阻，可防止铝进一步氧化。由于氧化膜很薄，铝及其合金可在大气气氛下或燃料炉中加热而不必采用保护性气氛，也不必清除表面氧化膜。

若铝及其合金采用煤气燃烧的反应气体作为加热介质，还可以改善铝合金制品的表面品质，得到更光洁的表面。但煤气燃烧反应气体应预先脱水、除硫，以防止吸氢和表面污染。

4.5.3　冷却介质

正确选择和合理使用冷却介质是保证铝材及铝制品热处理品质的关键之一。应保证制品：

① 有所需的冷却速率，且冷却均匀，使材料获得所需的组织和性能；

② 尽量减少冷却产生的内应力，不变形或变形不超过允许限度，尤其不能开裂；

③ 冷却介质与金属材料不发生或少发生有害的氧化、还原反应或其他物理化学反应，表面不被污染或少被污染；

④ 操作方便、无毒、成本低，易回收处理，对环境友好。

冷却介质的分类取决于材料冷却过程中介质是否改变聚合状态，而这又与它们的沸点高低有关。可将常用的冷却介质分为两大类。

（1）冷却过程中改变聚合状态的冷却介质

这是沸点低于被冷却制品温度的冷却介质。属于于这类介质的有：水、盐水溶液、碱水溶液、油、乳化液及液氮等。

金属制品在这类介质中的冷却过程大致分为三个阶段，如图4-28(a)所示。

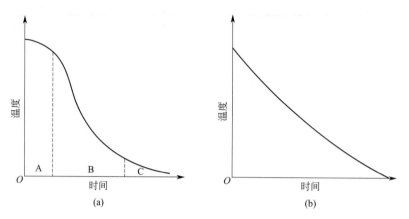

图4-28 两类冷却介质的冷却特性曲线

第一阶段（A）为蒸气膜冷却阶段。高温材料刚浸入冷却介质时，材料周围的介质被加热而气化，形成一层相对稳定的蒸气膜，蒸气膜整个地包覆着材料，材料与介质被气膜隔开。由于气膜热阻大，因而材料冷却缓慢。

第二阶段（B）为沸腾冷却阶段。随着材料温度的降低，放出的热量不足以维持完整的蒸气膜，于是蒸气膜被破坏，材料与介质直接接触而产生大量气泡（沸腾）。由于气化热很大，气泡可带走大量的热，因此这一阶段的冷却速度很快。

第三阶段（C）为对流传热阶段。当材料温度降至介质沸点以下时，沸腾停止，此时材料依靠介质的对流传热冷却，冷却速度变慢。

（2）冷却过程中不改变聚合状态的冷却介质

这是一类沸点高于被冷材料温度的冷却介质，这类介质在整个冷却过程中仅依靠自身的对流传热使制品冷却，其冷却速度随材料温度的降低而平滑地减小，冷却过程中无冷却速度的明显变化，如图4-28(b)所示。空气及某些专用淬火介质（如聚乙醇水溶液）就属于这类介质，如6063合金挤压材的在线强风空冷淬火。

在各种热处理形式中，对冷却介质要求严格的是淬火，其他形式的热处理（如退火、时效等）只要冷却介质符合前述的基本要求即可。

淬火时，在一定的温度范围内，金属的冷却速度必须大于临界淬火冷却速度，但在其他温度范围，特别是在较低的温度时，则不应有大的冷却速度，以免产生过大的淬火应力而导致制品变形甚至开裂。例如，大多数铝合金淬火只要求在500~300℃快速冷却，而在200℃以下则希望有较慢的冷速。

4.5.4 热处理时的缺陷

铝材及其制品在热处理加热和冷却过程中会产生内应力，若在热处理后仍有部分应力保留在金属中，这种应力称为残余应力。热处理时的内应力和热处理后的残余应力会导致材料及制品变形或出现裂纹。此种变形和裂纹是热处理中极需防止的疵病，解决方法是设法减小内应力，并将其控制在允许范围内。

4.5.4.1　热处理应力（内应力）

热处理应力可分为热应力和组织应力两种。

（1）热应力

热应力是金属制品在加热和冷却过程中，由于各部分的加热速度和冷却速度不同造成各部分温度差异，从而使热胀冷缩不均匀所引起的内应力。

假定加热时任何瞬时热应力均低于材料屈服极限。实际上，随着温度的升高，材料的屈服极限会不断降低。若加热温度足够高，当达到某一温度以上，瞬时热应力大于屈服极限时，制品将发生塑性变形而使应力得以松弛，结果是在加热过程中的某一时刻以后，制品内部将不再存在热应力。不过，应力的消除是以被加热制品发生塑性变形为代价的。当加热速度很快，制品内外温差很大时，塑性变形将会较早地发生；如果材料的塑性较差，由高速加热引起的大的瞬时应力还可能导致制品产生裂纹和破坏。

与加热相比较，热处理时的冷却（特别是淬火）更易于使制品产生热应力，因此对冷却时热应力的发生和发展规律更应注意。

（2）组织应力

如果金属制品在加热和冷却时发生相变，由于新、旧相之间存在着结构和比容差异，制品各部分又难以同时发生相变，或者各部分的相变产物有所不同，这也会引起应力，这种因组织结构转变不均匀而产生的应力称为组织应力。

制品在加热或冷却过程中发生的相变总是先从表层开始，然后向心部发展。若相变时体积增大，先转变的表层膨胀将受到心部牵制，结果表层受压应力，心部受拉应力。若相变时体积减小，则表层为拉应力而心部为压应力。

与热应力一样，组织应力也可能由于材料在应力作用下所发生的塑性变形而松弛，但若组织应力未能松弛，它也将以残余应力的形式保留在金属中。金属制品热处理后的残余应力应为残余热应力及残余组织应力的代数和。但由于应力分布与制品的形状、大小、热处理工艺（特别是冷却方式和冷却速度）以及金属材料的性质等因素有关，因此制品热处理后最终的残余应力分布可能呈现比较复杂多样的状态，在热处理实践中应根据实际情况进行具体分析。

4.5.4.2　热处理变形

热处理时制品变形的根本原因是热处理应力。当应力（包括热应力和组织应力）达到金属的屈服极限时，制品就会发生塑性变形。

热处理时的变形可分为两类：形状变化和体积（尺寸）变化。

（1）形状变化

由热处理应力引起的形状变化可能有多种情况。最简单而又最常见的形状变化是弯曲或翘曲。

热处理制品发生弯曲或翘曲有各种原因，制品加热不均、冷却不当、形状复杂、制品自重以及热处理前存在残余应力等均可导致弯曲。

① 加热不均匀造成弯曲。长条形制品平放于炉中加热，上部加热快、温度高，底部加热慢、温度低，结果上部发生较大的膨胀，使制品向下弯曲。为防止加热不均匀产生弯曲，应注意制品在炉内的放置并充分保温。

② 冷却方法不当造成弯曲。淬火时冷却速度大，由冷却不当造成弯曲变形特别明显。若均匀加热的棒状或板状制品水平地浸入淬火介质中，底部先冷先收缩（热应力作用），此时制品向下弯，随后上部也冷缩，则又可能产生向上的弯曲。为防止冷却不当引起弯曲，应选用正确的浸入冷却介质的方式，或采用淬火夹具，或减小冷却速度（如分级淬火、等温淬火、改变冷却介质等）。

③ 制品断面造成弯曲。制品断面不对称，则不同部分的加热和冷却速度不同，热胀冷缩不均匀，会引起弯曲。例如冷却时，厚度小的部分先冷先收缩，结果制品将弯向较薄的部分。为减小这种变形，应设法让较厚部分先行冷却，或降低整个制品的冷却速度。

④ 在高温因自重造成的变形。这基本上是由装料方式不当造成的。改进炉料放置方式，可减小或消除弯曲变形。

此外，若制品在热处理之前就已存在着不对称残余应力（如冷变形、机械加工造成的残余应力），在加热过程中，当达到较高温度时，不对称的残余应力将与加热时产生的、与原残余应力具有相同符号（或正或负）的热应力和组织应力同时作用，使制品产生不对称的塑性变形，也会造成制品弯曲。

（2）体积变化

在热胀冷缩及相变不均匀所引起的热应力和组织应力的作用下，金属制品可能发生体积变化，结果使制品的尺寸改变。热处理时必须考虑到这种变化，并将其控制在允许范围内。热处理时制品的体积变化情况与许多因素有关，例如材质不同，形状尺寸不同，加热温度、加热速度以及冷却速度、冷却方式等的不同，均对制品体积变化有重要的影响。

4.5.4.3 裂纹的产生及其防止

热处理时的加热和冷却均可能使制品产生裂纹，但裂纹于淬火时最易形成。淬火时的瞬时热应力和组织应力较大，当拉应力超过材料的强度极限，或者材料存在缺陷时，在拉应力最大的部位或缺陷处首先出现裂纹。当温度较高时，由于材料的屈服极限较低，应力可能因塑性变形而松弛，应力不会积累至高于强度极限，即使较大的瞬时应力也不会导致开裂。但在较低的温度（即塑性流变临界温度以下）时，弹性应力可以逐渐积累至高于材料的强度极限，结果材料将出现裂纹。由此可见，导致裂纹的应力是热处理时逐渐积累、不断增大的残余应力。

淬火冷却过于强烈，材料或制品浸入冷却介质的方式不当，应力会增大，而且应力不均匀，也易产生裂纹。若材料内部有严重偏析、粗大的夹杂物以及局部折叠（由加工不当造成）等缺陷，淬火时易沿缺陷和脆性相处开裂。

此外，零件设计不合理，如截面尺寸突变，凹槽、拐角过于尖锐等，均易造成应力集中，也会导致淬火裂纹。

可采用以下措施防止淬火裂纹形成：

① 提高材料的冶金品质，减少夹杂、偏析、折叠等缺陷。

② 防止固溶处理温度过高。

③ 适当降低形状复杂制品（如锻件）的冷却速度，可采用合适的淬火方式或选用适宜的淬火介质来实现。

④ 注意材料或制件浸入介质方式，避免局部应力过大。

⑤ 改变制件的形状，尽可能地使其具有对称性的结构，避免形状突变、凹槽和尖角，防止局部应力集中效应。

4.4.5　铸锭均匀化退火炉

铝合金铸锭均匀化退火炉是一种依靠对流方式加热铸锭的周期性工作炉，一般铸锭表面的加热气体流速在 10m/s 以上。常用铝合金圆铸锭均匀化退火炉按能源不同可分为电、气体或液体燃料加热均匀化退火炉；按加热方式分有间接加热和直接加热均匀化退火炉；按结构形式有地坑式和台车式之别。最近开始出现把挤压坯的均匀化退火和挤压前的加热合二为一的连续均匀化加热炉。但不管是圆锭还是扁锭，将均匀化退火与加工前的预热合二为一，只适宜于处理均匀化退火加热时间短的合金，如 1×××系、6×××系的一部分合金，而 2×××系及 7×××系合金则必须先均匀化退火，经铣面后再进入推进式炉加热。

均匀化退火有地坑式（很少用）、堆进式和台车式的。台车式的一般由均匀化室、强制风冷室、承料台车三部分组成。加热方式为采用气体或液体燃料的辐射管间接加热，也有采用电加热及火焰直接加热的。其冷却方式是把台车托出炉外，或把料盘装入强制风冷室里进行冷却。均匀化退火炉温度控制精度为 ±5℃。设备技术参数请阅各生产企业技术资料。

4.4.6　退火炉

4.4.6.1　板、带、箔退火炉

现代铝板、带、箔材热处理设备一般由装出料机构、炉体、电控系统、液压系统等组成，有的热处理设备还有保护性气体发生装置、抽真空装置等。

（1）箱式退火炉

箱式铝板、带材退火炉是目前使用最为广泛的一种退火炉，具有结构简单、使用可靠、配置灵活、投资少等特点。现代化台车式铝板、带材退火炉一般为焊接结构，在内外炉壳之间填充绝热材料，在炉顶或侧面安装一定数量的循环风机强制炉内热风循环，从而提高炉内气体温度的均匀性；炉门多采用气缸（油缸）或弹簧压紧，水冷耐热橡胶压条密封；配置有台车，供装出料之用。在多台炉子配置时往往采用复合料车装出料，同时配置一定数量的料台便于生产。根据所处理金属及其产品用途的不同，有的炉子还装备有保护性气体系统或旁路冷却系统。

目前国内铝加工厂所选用的箱式铝板、带材退火炉主要是国产设备，其技术性能、控制精度、热效率指标均接近国际水平。

（2）盐浴炉

盐浴炉主要用于铝板材的退火及固溶处理加热。盐浴炉采用电加热管加热，炉内填充硝盐，通过电加热管加热使硝盐处于熔融状态，铝板材放入熔融的硝盐中进行加热。由于硝盐的热容量大、升温快，适合处理 3×××系合金板材，可防止出现粗大晶粒。但是硝盐对铝板材具有一定的腐蚀性，同时硝盐在生产中具有一定危险性，应少用。

（3）台车式铝箔退火炉

目前，铝箔退火一般均采用箱式退火炉、多台配置的方式，近几年来铝箔退火炉趋向于采用带旁路冷却系统的炉型。

当前，中国铝箔厂退火炉单台装料量都相当大，有必要设置只装一卷的退火炉，以适

应小批量生产与试验。

(4) 铝箔真空退火炉

铝箔真空退火炉是为生产特殊要求产品而采用的一种炉型，以满足产品的特殊性能要求。为了提高生产效率，铝箔真空退火炉往往配置保护性气体系统。真空退火炉生产能力较小，生产效率较低，用途特殊，设备造价高，采用较少。

(5) 气垫式热处理生产线

气垫式热处理（生产线）是一种连续热处理设备，既能进行各种制度的退火，又能进行淬火，有的气垫式热处理（生产线）还集成了拉弯矫直系统。气垫式热处理（生产线）技术先进、功能完善，热处理时加热速度快，控温准确，但气垫式热处理（生产线）机组设备庞大，占地多，造价高，应用受到限制。西南铝业（集团）有限责任公司 20 世纪 80 年代从美国引进了 1 条气垫式热处理生产线。

4.4.6.2 管、棒、型、线退火炉

(1) 箱式退火炉

箱式退火炉是强制空气循环、固定炉底的电阻加热炉，炉体为长方体箱形结构，由钢焊接结构外壳、耐火砖、隔热材料、耐热钢板制成的内壳组成，顶面为可移动的炉盖，电热元件配置在炉壁两侧或炉顶，炉一端装有离心式鼓风机。铝材装入料筐后用起重机吊入炉内。这是一种早期使用的老式结构，其结构简单，制作容易，价格低廉，但这种结构装料和出料的操作不方便，装料量少。

(2) 台车式退火炉

台车式退火炉也是一种箱形结构，只是炉门设在一端或两端，炉底有轨道，活动的台车由牵引装置驱动，沿轨道进入或移出炉膛。台车式退火炉由炉体、炉门及提升机、热风循环鼓风机、加热器、台车及其牵引装置等组成。新型结构的炉体不采用耐火砖结构，炉壁由轻型结构的壁板拼装而成，壁板内外层为钢板，中间充填满具有良好隔热和保温性能的轻质材料。热风循环鼓风机设在炉膛一端或炉顶部（两端开门的通过式结构），热风循环的风道设在炉膛上方，加热器放在风道中；炉门由电动力提升机构升起，台车由电动牵引装置驱动进出炉内。退火制品的装卸料都在炉外的台车上进行，操作方便。台车退火炉既可利用电阻加热，也可采用燃油或燃气加热。台车式退火炉还可以设计成两端开门的双台车结构，两台台车交替装出料，炉子利用率高，操作更加方便。台车式退火炉与箱式炉相比，炉子结构相对较复杂，价格也较高，但其装料操作比较方便，炉温的均匀性和炉子的热效率都较高，而且便于根据需要设计出一次装料量较大的炉子。

箱式和台车式退火炉既可用于铝及铝合金管、棒、型材的退火处理，也可用于铝合金管、棒、型材的时效处理，既可作退火炉，也可作时效炉使用。与台车式退火炉相似的还有炉底为辊动式（辊底式）的和履带式的，其优点更为明显，但设备制造较复杂，造价较高。

(3) 井式退火炉

井式退火炉是用于线材退火的一种强制空气循环电阻加热炉。它由炉体、炉盖、循环鼓风机、加热器等组成。炉体为圆筒形钢和耐火材料复合结构，可移动的炉盖设在顶部，循环鼓风机装在炉底或炉盖上，加热器装在炉壁四周。铝线材井式退火炉一般容量都很小，采用电阻加热方式，井式电阻炉既可用于线材的退火处理，也可用于线材的淬火加热和人工时效处理。

（4）中频感应退火炉

中频感应退火炉是 3A21 合金管材快速退火的专用设备，电源频率在 2500Hz 左右，由感应加热线圈、送料辊道、出料辊道、喷水装置及电源等组成。管材单根或成小捆由送料辊道送入感应线圈内快速加热，出感应线圈即喷水冷却。

4.4.7　固溶处理炉（淬火炉）

可热处理强化铝合金材料都要经过固溶处理（淬火），以获得过饱和固溶体，为时效处理创造必要条件。铝材及制品淬火炉必须加热均匀，温度控制精确，误差最好能达到小于 ±1.5℃，加热炉形式有立式与卧式的，还有辊底式的，带材可在气垫炉与感应加热生产线上进行淬火处理。

（1）板材辊底式淬火生产线

用于中板、厚板的淬火炉，由装料辊道台、加热固溶化区、淬火区、吹干区、出料辊道台等组成，处理长 40m 中、厚板的生产线长达 $180\sim200$m。此种生产线是现代企业生产可热处理强化铝合金中、厚板必备的热处理生产线，中铝东北轻合金有限责任公司与西南铝业（集团）有限责任公司都拥有这类设备。辊底固溶-淬火炉为空气炉，可采用电加热、燃油加热或燃气加热。辊底式淬火炉对板材加热、保温后，通过辊道将板材运送到淬火区进行淬火，辊底式淬火炉淬火的板材具有金属温度均匀一致（金属内部温差仅为 ±1.5℃）、转移时间短等特点。表 4-31 和图 4-29 列出了辊底式淬火炉的主要技术参数及结构组成。

表 4-31　东北轻合金有限责任公司辊底式淬火炉技术参数

制造单位	奥地利 EBNER 公司
炉型	辊底式炉
用途	铝合金板材的淬火
加热方式	电加热
板材规格 /(mm×mm×mm)	$(2\sim100)\times(1000\sim1760)\times(2000\sim8000)$
炉的最高温度 /℃	600
控温精度 /℃	$\leqslant\pm1.5$
控温方式	计算机自动控制

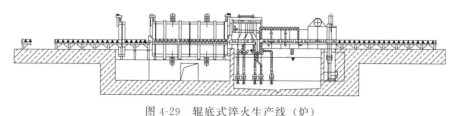

图 4-29　辊底式淬火生产线（炉）

（2）管、棒、型、线材淬火炉

① 立式淬火炉　立式淬火炉一般都较高，需要有高的厂房和深的地下水槽，设备价格和厂房建设费用都高。但其占地面积小、效率高、加热温度均匀，制品加热后转移至水槽淬火的时间短，而且很方便。制品在水槽中的冷却比较均匀、变形小，因此立式空气淬火炉仍然是管、棒、型材淬火的首选设备。图 4-30 为立式淬火炉的结构示意图，表 4-32 是几种立式淬火炉的主要技术性能。

　　加热炉由圆筒形结构的炉体、活动炉底、热风循环鼓风机、加热元件、卷扬吊料机构、淬火水槽和摇臂式挂料架等组成。淬火炉的炉体支承在水槽上方的平台上，炉顶上的卷扬吊挂机构把制品由水槽吊入炉内进行加热，固溶化后的制品由吊料机构放下落入水槽中淬火；摇臂式挂料架把制品移至炉子中心的下方或移出至炉外起重机的起吊位置；热风循环风机一般设置在炉外侧下方，热风由炉腔下方送入，小型炉也可把循环风机放在炉顶上；加热器分段设置在炉腔四周。加热方式一般采用电阻加热，也可采用燃油、燃气等其他加热形式。

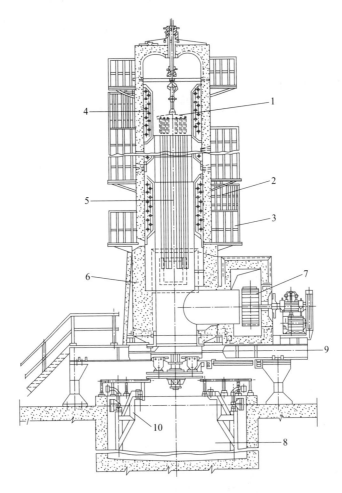

图 4-30　立式空气淬火炉结构示意图

1—吊料装置；2—加热元件；3—炉子走梯；4—隔热板；5—被加热制品；
6—炉墙；7—风机；8—淬火水槽；9—活动炉底；10—摇臂式挂料架

表 4-32　立式淬火炉主要技术性能表

炉子名称	7m 立式淬火炉	9m 立式淬火炉	22m 立式淬火炉	24m 立式淬火炉
加热方式	电阻	电阻	电阻	电阻
最大装料量/(kg/炉)	1000	2000	1200	1500
制品最大长度/mm	7000	10000	—	—
制品加热温度/℃	500±4	500	530	530

续表

炉子名称	7m 立式淬火炉	9m 立式淬火炉	22m 立式淬火炉	24m 立式淬火炉
最高温度/℃	600	600	—	—
加热总功率/kW	300	525	750	850
循环风机功率/kW	42/30	42/30	115	115
循环风机风量/(m³/h)	10000	10000	—	—
炉膛有效尺寸/(mm×mm)	$\phi1600\times1000$	$\phi1600\times11000$	$\phi1250\times12000$	$\phi1250\times14000$
外形尺寸	14680(H)mm	7007mm×4660mm× 17680(H)mm	24000(H)mm	26300(H)mm
水槽尺寸/(mm×mm)	$\phi4000\times11325$	$\phi4000\times14325$	—	—

注：H 为高度。

②卧式淬火炉　卧式淬火炉也是一种箱形结构的炉子，用于管、棒、型材的淬火处理，如图 4-31 所示，由送料和出料传动装置、炉体和淬火装置三部分组成，热风循环风机安装在炉子进口端顶部。淬火的操作过程是：先把需淬火的制品放在进料传送链上，传送链把制品送入炉内进行加热。需淬火时，淬火水槽的水位上升，靠水封喷头将水封住，达到设定水位后，多余的水经回水漏斗流回循环水池，打开出口炉门，传送链即可把制品送入水槽中淬火。卧式淬火炉也可作退火和时效处理，只要将水槽中的水位降至传送链以下即可。卧式淬火炉不需要高厂房和深水槽，但其占地面积相对较大，最大的缺点是制品淬火时沿横断面的冷却不均匀而易造成变形，因此卧式淬火炉在挤压材中很少被采用。

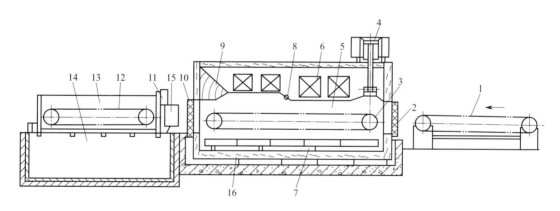

图 4-31　卧式淬火炉结构示意图

1—进出料传动装置；2—进料炉门；3—炉内传动链；4—风机；5—炉膛；6—加热器；
7—炉下室；8—调节风阀；9—导风装置；10—出料炉门；11—水封喷头；12—出料传动链；
13—淬火水槽；14—循环水池；15—回水漏斗；16—下部隔墙

③井式淬火炉　井式淬火炉用于线材淬火的加热，与井式退火炉相同，可单独使用，也可一炉多用。需淬火的线卷置于料架上吊入炉内进行加热，加热好的线卷吊出至水槽中进行淬火。

（3）模锻件淬火炉

模锻件淬火炉多采用立式电炉，与型、棒、管材的立式淬火炉相似，淬火炉的下方为淬火水槽。HL88 铝合金模锻件立式淬火炉的技术参数见表 4-33。

表 4-33　HL88 铝合金模锻件立式空气淬火炉技术参数

项目名称		立式电炉
功率/kW	电热元件功率	540
	附属装置功率	304.9
	总功率	844.9
工作温度/℃		495～530
工作室尺寸/mm	直径	ϕ1250
	长度	13830
电源	电压/V	380
	相数	3
工作最大温差/℃		±3
最大装炉量/t		1.5～2
炉的外形尺寸/mm	长	24360
	宽	13200
	高	2400
电炉总质量/t		100
淬火水槽尺寸/(m×m)		ϕ4.0×17.0
卷扬机	卷筒直径/mm	ϕ500
	上升速度/(m/s)	0.6

第 5 章

铝合金的表面处理

铝和氧有非常强的化学亲和性，所以很容易变成氧化铝。即便是仅仅把铝暴露在空气中，铝的表面也能形成几十埃左右的致密、不均匀的薄氧化膜，这层氧化膜也称作"自然氧化膜"。氧或铝在致密的氧化膜中移动困难，氧化膜不能继续生长。自然氧化膜的厚度非常小，所以难以作为防腐蚀保护膜使用。

对铝及其合金进行表面处理产生的氧化膜具有装饰效果、防护性能和特殊功能，可以改善铝及其合金导电、导热、耐磨、耐腐蚀以及光学性能等。因此，国内外研究人员运用各种方法对其进行表面处理，以提高它的综合性能，并取得很大进展。目前铝合金的表面处理方法有化学转化、阳极氧化、激光处理、离子注入、热喷涂、等离子束、有机物涂装等。表面处理前需要预先去除铝合金表面的自然氧化膜和油污等。常用的化学预处理方法有除油、碱洗、酸洗、除灰等。根据待处理铝材的用途及对表面质量的要求，可采用不同的化学预处理工艺流程。

5.1 铝合金表面预处理技术

5.1.1 铝合金清洗除油技术

除油是铝合金表面处理中的一个重要过程，如铝合金表面除油不干净，则以后的加工工作将难以进行。所以在进行后续加工之前，须对其进行除油清洗。

5.1.1.1 油污来源及除油影响因素

（1）工件表面油污

① 工件在制造成形过程中需要润滑、降温、防锈等，会采用各种油脂以达到加工所需要的目的，例如卷轧、冲压、热处理及淬火等使用了拉延油、润滑油、淬火油、防锈油等；

② 工件在机械加工过程中，例如车、切、削、钻、磨等工序，都需要使润滑油、切削油、拉延油、防锈油等；

③ 工件机械制造成形后，在库存及运输过程中为防止表面产生腐蚀、生锈或磨损，

需要防锈包装，需要使用各种防锈油及缓蚀剂；

④ 有些工件在前处理时，要进行机械抛光，抛光后表面留有抛光膏、蜡及金属屑等污物。

铝材表面形成氧化膜和可能出现的污染情况见表 5-1。

表 5-1 铝材表面形成氧化膜和可能出现的污染情况

产品	氧化膜	其他污染物
铝挤压型材	挤压时：空气中形成的氧化膜 热处理：富氧化镁的氧化膜(若合金含镁) 可热处理强化铝合金：氧化膜含铜、铁、锰	锯切割中的润滑剂 若进行加工时用，钻孔或切割润滑剂 若挤压时用，挤压成形润滑剂
铝挤压管材	挤压时：空气中形成的氧化膜 热处理：富氧化镁的氧化膜(若合金含镁)	挤压针穿孔中用的润滑剂 若进行弯管时用的成形润滑剂
铝板材	退火时：空气中形成的氧化膜，若控制退火气体，降低含氧量，氧化膜的厚度变薄 热处理铝合金：形成厚的氧化膜	轧制和剪切时残留润滑剂 精轧压延、旋压、冲压等生产过程中残留润滑剂
铝模锻件	热处理：厚的氧化膜	润滑剂残留可能含 C 或 MoS_2
铝铸件	冷却时：形成氧化膜 形成富含硅的表面膜层	残留模具外层的修整物及润滑剂砂模的砂子颗粒残留物及石墨

（2）除油效果的因素影响

① 种类及油污附着量；

② 除油剂工作温度和时间；

③ 除油剂配方设计；

④ 除油工作方式；

⑤ 零件表面状态，含碳量，锈蚀的状态；

⑥ 除油工作液中含油量。

油污的清除是整个表面加工过程的关键，它直接影响以后工序的加工质量。

5.1.1.2 铝合金表面除油方法

除油方法主要有溶剂除油、除蜡、化学除油、电化学除油等。

（1）溶剂除油

有机溶剂对皂化油和非皂化油都有很强的溶解作用，并能除去工件表面的标记符号、残余抛光膏等。溶剂清洗最主要的针对对象是非皂化油污类的污染，其特点是除油速度快，一般不会腐蚀金属，但除油不彻底。经有机溶剂清洗过的工件还不能在工件表面形成亲水层，还不能算是完成了清洁处理，这时还要经过化学或电解的方法来进行更进一步的清洁处理。

有机溶剂除油的方法有擦洗法、浸洗法、喷淋法、超声波清洗法等。对于油污重的工件也可先用干棉纱或碎布将工件表面的油污预先擦除，这样可以减少有机溶剂的消耗。

① 擦洗法：用干净的碎布或棉纱，蘸上新的或经过再生的溶剂擦洗工件表面二到三次。常用溶剂为三氯乙烯、醋酸乙酯、丙酮、丁酮和汽油等。

② 浸洗法：将工件浸泡在有机溶剂中并加以搅拌，使油污溶解在有机溶剂中，同时也带走工件表面的不溶性污物。在进行浸泡清洗时，可用两个清洗工作槽进行两级清洗。工件分两级清洗有利于除油干净。各种有机溶剂都可用于浸泡清洗。

③ 喷淋法：是一种将有机溶剂喷淋于工件表面使油污不断溶解的方法。这种方法为保证油污能完全溶解需反复喷淋。对于低沸腾的有机溶剂不易使用喷淋除油，且除油过程需在密闭的条件下进行。这种方法目前已很少有采用，大都被超声波清洗机所代替。

④ 超声波清洗法：有机溶剂超声波清洗设备由换能器、清洗槽、加热器、冷凝器及控制器等组成。这种方法是将高频电信号通过换能器的作用转化为超声波振荡，超声波振荡的机械能可使溶剂（或溶液）内产生许多真空的空穴，这些空穴在形成和闭合时产生强烈的振荡，对工件表面的污物产生强大的冲击作用。这种冲击作用有助于油污及其他不溶杂质脱离工件表面，从而加速除油过程并使除油更为彻底。超声波清洗效率高、油污清除效果好，特别是对一些形状复杂、有细孔、盲孔和除油要求高的工件更为有效，是目前常用的有机溶剂清洗方法。但超声波清洗不适用于大型工件。超声波清洗常用的溶剂有三氯乙烯、三氯乙烷等不燃性卤代烃。

三氯甲烷、四氯化碳、二氯乙烯、三氯乙烯、四氯乙烯等都是常用除油剂。四氯化碳较早用为液体脱油脂剂，但有毒性，工业上已较少使用。四氯化碳由于沸点低、易渗透，一般不宜用于蒸气脱油脂。

二氯乙烯、三氯乙烯、四氯乙烯都适用于蒸气脱油脂。在动物试验中，二氯乙烯毒性比其他氯乙烯低，沸点高，密度大，故最为优秀。

有机溶剂清洗除上面几种方法外还有一种联合处理法，即浸洗-蒸气、浸洗-喷淋或浸洗-蒸气-喷淋等多级联合清洗方法。这种方法将单纯的浸泡或喷淋、蒸气除油组合成一体化的联合除油，提高了除油效率及生产效率，但设备投资大，只宜用于专业厂及高要求的大型工件除油。

除油所用的有机溶剂大部分都易燃易爆，且多数有机溶剂的蒸气有毒，特别是卤代烃，毒性更大，所以在使用这些有机溶剂时要采取必要的通风、防火、防爆等安全措施。

当采用三氯乙烯除油时应特别注意：

① 设备密闭性要好，防止蒸气泄漏，除油设备的贮液池要有足量的三氯乙烯，其最佳用量是既保证淹没加热器而又不高于工件托架高度。

② 三氯乙烯在紫外线照射下受光、热（＞120℃）、氧、水的作用会分解，并释放出有剧毒的碳酰氯（即光气）和强腐蚀的氯化氢。在铝合金的催化下这种作用更为剧烈，因此采用三氯乙烯除油时，应避免日光直接照射和带水入槽，并及时捞出掉入槽中工件。

③ 三氯乙烯要避免与氢氧化钠等碱类物质接触，因为碱类物质与三氯乙烯一起加热时会产生二氯乙炔，有发生爆炸的危险。

④ 三氯乙烯毒性大，有强烈的麻醉作用。在操作现场严禁吸烟，同时应戴好防护手套及防护面具，以防吸入蒸气或接触皮肤。

⑤ 工件进出槽的速度不宜快，避免产生"活塞效应"，把三氯乙烯蒸气挤出或带出设备之外。进出速度一般不超过 3m/min。

不管采用什么样的有机溶剂清洗，都能除去工件表面的各种油性污物及不溶性的杂质（某些印迹和标识需要专用有机溶剂），为下一步继续清洗提供一个基础表面，有利于更进一步的清洁工作。经溶剂清洗后的工件化学或电解清洗将变得更加容易，这主要表现在：容易清洗干净，使化学清洁时间缩短，提高清洁效率，使化学清洗剂的寿命延长。

在实际生产中，并不是所有的工件都需要进行溶剂清洗，对于非油封的板材及切割加工的型材，表面油污轻，可直接进行化学除油或碱蚀。近年来一些新的除油工艺和乳化性能更优良的清洗剂的出现，使一些非皂化油类污染不太严重且要求表面质量中等的工件可不经过有机溶剂清洗而直接进行化学清洗成为可能。不采用有机溶剂清洗，一方面节约有机溶剂，降低成本，使工序简化，有利于提高生产效率；另一方面也减少了有机溶剂对环境的污染以及对操作人员的危害。

在使用溶剂时要注意安全。由于绝大多数有机溶剂闪点低、易于点燃，在使用现场要严禁烟火，远离火源，操作人员应做好防护措施。表 5-2 列出了常用的脱脂方法及其特点和适用范围。

表 5-2　常用的脱脂方法及其特点和适用范围

脱脂方法	特点	适用范围
有机溶剂脱脂	速度快，能溶解各类油脂，一般不腐蚀工件，但脱脂不彻底，需用化学或电化学方法进行补充脱脂，多数溶剂易燃易爆，并有毒，成本高	用于油污严重的工件或易腐蚀工件的脱脂
化学脱脂	脱脂剂的主要成分是无机碱、无机盐及助剂、表面活性剂等，成本低、脱脂彻底，应用广泛	各种工件的脱脂
电化学脱脂	电化学脱脂与化学脱脂类似，主要依靠电解水时产生的氢气的冲刷力，加快油污从工件表面除去的速度，脱脂快、彻底，并能除去工件表面的浮灰、腐蚀残渣等杂质，但需要直流电源，讳忌氢脆脱脂的工件要慎用电化学脱脂	有较高要求的工件的脱脂
超声波脱脂	以上各种脱脂方法另加超声波振动，可提高脱脂效果，加快脱脂速度	有高要求的工件的脱脂
乳化液脱脂	由表面活性剂、有机助剂及无机助剂等组成，可同时除去工件表面各种油污	适用于各类工件，特别适用于铝、锌、镁等易腐蚀工件

（2）除蜡

铝合金加工的最后抛光工序使得其表面的污染物主要为石蜡，工件经抛光后的除蜡就成为表面加工的第一道工序，其速度的快慢、除蜡是否彻底对后续加工具有重要意义。因此，选择良好的除蜡剂可以提高除蜡性能，从而带来良好的经济效益。

铝合金表面的蜡垢主要由石蜡、脂肪酸、松香皂、无机固体抛磨小颗粒、抛磨的金属基体粉末及氧化物等组成。蜡垢主要以机械黏附、分子间力黏附、静电力黏附等黏附方式附着于工件表面。

除蜡剂中表面活性剂在特定的温度条件下，可降低石蜡与铝合金界面张力，通过定向吸附、润湿、乳化、分散、增溶等综合作用，再借助除蜡过程中的加热、刷洗、喷洗或振动等清洗方法使污物更快地脱离工件表面，分散到清洗液中，从而达到除蜡垢的目的。

目前，水性除蜡剂因其环境友好特性而被广泛使用。水性除蜡的原理是通过对助剂、缓蚀剂等的合理配制，降低表面张力，改善润湿渗透性能和乳化、增溶、溶解等作用，使蜡垢溶解或溶胀，进而从工件表面脱落，从而完成除蜡的过程。在蜡垢除去过程中提高温度和外加机械力（比如超声波）将更有利于蜡垢的清除。

（3）化学除油

化学除油用于除去看不见的油污、表面灰尘、微量的防锈层以及一些在转运或生产过程中所形成的少量污染物。化学除油包括弱碱化学除油和酸性化学除油。

① 弱碱化学除油　弱碱化学除油是一种最为常用的方法，这主要在于它的成本低、易于管理、溶液基本无毒、除油效果好、设备简单。其除油原理是借助于碱液对可皂化油污的皂化作用和表面活性剂对非皂化油污的乳化作用，来达到除去这两类油污的目的。

由于铝具有两性，不同于其他金属，所以在除油溶液中碱的加入量受到限制。同时还需要一种能在表面形成抑制作用的薄膜，以防止铝表面受到过多浸蚀。在碱性除油溶液中，硅酸钠由于具有较好的抑制作用同时又有优良的渗透性而被广泛使用。但硅酸钠用量不宜太大，以避免过分抑制清洗剂对铝合金表面的除油作用，同时除油液中硅酸钠含量过高也会增加水洗难度。碱性除油剂一般由氢氧化钠、碳酸钠、磷酸三钠、硅酸钠、表面活性剂及其他添加剂组成。这些组分的作用主要表现在：

a. 氢氧化钠：氢氧化钠是强碱，具有很强的皂化能力，但润湿性、乳化作用及水洗性均较差。由于氢氧化钠对铝合金有强烈的腐蚀作用，用量较少，一般在 $3\sim6g/L$，也可根据情况不添加氢氧化钠。

b. 碳酸钠：碳酸钠呈弱碱性，有一定的皂化能力，但水洗性较差。碳酸钠容易吸收空气中的二氧化碳，并发生水解反应生成碳酸氢钠；即 $Na_2CO_3 + CO_2 + H_2O \longrightarrow 2NaHCO_3$ 生成的碳酸氢钠对溶液的 pH 值有一定的缓冲作用，pH＜8.5 时皂化反应不能进行，pH＞10.2 则肥皂发生水解。碳酸钠对铝的腐蚀作用轻微，可用于配制铝合金类除油剂的主盐。使用碳酸钠时要注意硅酸钠的用量不可高，否则易生成碳酸氢钠而使除油效能降低。

c. 磷酸三钠：磷酸三钠呈弱碱性，有一定的皂化能力和缓冲 pH 值的作用。同时，磷酸三钠还具有乳化作用，在水中溶解度大，水洗性好，使硅酸钠容易从工件表面洗去，是一种性能较好的无机除油剂。

d. 硅酸钠：硅酸钠呈弱碱性，有较强的乳化能力和一定的皂化能力。在化学除油中常用的有正硅酸钠、偏硅酸钠和液体水玻璃。在铝合金工件除油剂的配制中常用偏硅酸钠。偏硅酸钠本身具有较好的表面活性作用，当它与其他表面活性剂组合时，便形成了碱类化合物中最佳的润湿剂、乳化剂和分散剂。同时偏硅酸钠对有色金属还具有缓蚀作用。但偏硅酸钠的水洗性不是很好，因此在配制时用量不宜过多，且应与磷酸钠配合使用以增强其水洗性。采用偏硅酸钠的除油剂在水洗时最好采用热水并适当延长水洗时间，否则容易在后续的酸性介质处理工序中生成难溶性的硅胶膜，影响后续加工的正常进行。

e. 乳化剂：乳化剂在除油溶液中主要起促进乳化、加速除油进程的作用。在碱性除油液中加入乳化剂，可以除去非皂化油污。常用的乳化剂有 OP-10、TX-10、平平加 O、油酸三乙醇胺皂、6501、6503 等。油酸三乙醇胺皂对黑色金属或铝合金的除油效果好，清洗容易，但易被硬水中的钙、镁离子沉淀出来。OP-10 是一种良好的乳化剂，除油效果良好，但不易从工件表面洗掉。平平加对皂化油和非皂化油均有良好的乳化作用和分散作用，同时净洗能力强。6501、6503 有良好的乳化发泡性能，用于硬水及盐类溶液中，性能稳定，不会被钙、镁离子沉淀，但用量比 OP-10 大。除油剂除了上述的主要成分外，还需要加入适量的钙、镁离子络合剂，以提高其除油效能，常用的络合剂有柠檬酸三钠、EDTA-2Na 等。铝合金类除油剂在配制时还可添加适量的硼酸钠以改善碱对铝合金的腐蚀性。表 5-3 为常用碱性除油剂的配方及加工条件。

表 5-3　常用碱性除油剂的配方及加工条件

	材料名称	化学式	含量/(g/L)		
			配方 1	配方 2	配方 3
溶液成分	氢氧化钠	NaOH	8～12	—	—
	无水碳酸钠	Na_2CO_3	—	40～50	—
	十二水合磷酸钠	$Na_3PO_4\,12H_2O$	40～60	40～60	40～60
	柠檬酸钠	$Na_3C_6H_5O_7\,2H_2O$	5～10	5～10	—
	平平加		适量		
	硅酸钠	$Na_2SiO_3\,9H_2O$	1～2	2～5	1～2
	EDTA-2Na	$C_{10}H_{14}O_8N_2Na_2\,2H_2O$	—	—	3～5
	十二烷基苯磺酸钠	—	—	—	3～6
	TX-10（优质）	—	—	—	0.2～0.4
	石油磺酸	—	—	3～5	—
加工条件	温度/℃		50～60	60～70	25～60
	加工时间/min		3～5	3～15	2～6
	搅拌方式		可用机械搅拌		可用超声波

② 酸性除油 酸性除油处理也是一种被广泛采用的除油方法。酸性除油剂的主要特点是对铝合金表面浸蚀少，除油速度快。这种除油剂最经济的配制方法，是在硫酸溶液中添加少量氟化氢铵和 OP 乳化剂。也可以直接到市场上去购买酸性除油剂来使用。酸性除油剂一般由无机酸或有机酸、表面活性剂、缓蚀剂及渗透剂等组成。酸性除油也是金属表面常用的除油方法，酸性除油的特点是不需要加温，在常温情况下即可有良好的除油效果。近年来一些酸性除油添加剂的开发使酸性除油得到了广泛应用，同时酸性除油还具有除锈功能。选用酸性除油时，酸的浓度不应过高，以免造成工件的腐蚀及设备的腐蚀。酸性除油剂常用的酸类有：硫酸、磷酸、硝酸、柠檬酸等。表面活性剂常用 OP、平平加等。对于铝合金不能采用盐酸等含卤酸。在酸性除油剂中添加磷酸有利于清洗过程的进行。在除油剂中还应加入缓蚀剂，常用的缓蚀剂有乌洛托品、硫脲等。氟化物是酸性除油剂中最常用的渗透剂，氟化物的加入能明显加强其除油效果，还可降低酸浓度，提高除油效率。在铝合金工件的酸性除油配方中氟化物加入量不能过多，否则会腐蚀钛挂具，同时过高的氟化物也会使铝合金表面经除油后光泽降低。

酸性除油一般都是在常温的情况下进行，如果加温到 40℃ 左右可明显提高除油效果。常温除油时工作缸可采用硬 PVC，加温除油时工作缸应采用 PP 制作。酸性除油溶液的加温应用特氟龙加热器。表 5-4 是几种常用的酸性清洗剂配方。

表 5-4 几种常用的酸性清洗剂配方

	材料名称	化学式	含量/(g/L)
溶液成分	硫酸	H_2SO_4	100～200
	磷酸	H_3PO_4	0～100
	氟化氢铵	NH_4HF_2	0.1～1
	硼酸	H_3BO_3	1～2
	硝酸	HNO_3	10～40
	OP-10(CP)或 TX-10	—	0.3～0.6
操作条件	温度/℃		25～35
	时间/min		1～5

（4）电化学除油

电化学除油又称电解除油，是在碱性溶液中，以零件为阳极或阴极，采用不锈钢板、镍板、镀镍钢板或钛板为第二电极，在直流电作用下将零件表面油污除去的过程。电化学除油液与碱性化学除油液相似，但其主要依靠电解作用强化除油效果，通常电化学除油比化学除油更有效，速度更快，除油更彻底。电极的极化作用能降低油-溶液界面的表面张力；电极上所析出的氢气或氧气泡，对油膜通常具有强烈的撕裂作用，对溶液具有机械搅拌作用，从而促使油膜更迅速地从零件表面上脱落并转变为细小的油珠，加速、加强了除油过程。此外，除油液本身的皂化、渗透、分散、乳化等化学或物理作用，得以进一步发挥。因此，电化学除油不仅速度远远超过化学除油，而且能获得近乎彻底清除干净的良好除油效果。

5.1.2 铝合金的碱蚀

铝基材表面在加工过程中会产生损伤。在损伤不深的情况下，希望通过表面处理消除，但是深度达到某种程度后即使经过表面处理，损伤还会残留。例如在挤压材中挤压工艺产生的模具痕迹明显时，会影响产品的外观品质。由于铝是两性金属，无论是在酸性还是碱性中都会发生腐蚀溶解，且与碱的反应更为激烈，因此可以通过碱蚀或酸蚀对其表面进行进一步的清洗并去除表面的自然氧化膜等。

5.1.2.1　碱蚀的机理与作用

（1）碱蚀机理

碱蚀是指铝材在碱性溶液中进行蚀刻的过程，这个碱性溶液可以是氢氧化钠或氢氧化钾溶液，也可以是碳酸钠或磷酸钠溶液等。其基本前提是这种碱性溶液能对铝合金表面产生有力的腐蚀作用以除掉铝合金表面的钝化层、锈迹或其他夹杂物而获得一个更加清洁的表面。在此以氢氧化钠溶液为例来讨论。铝合金材料放入氢氧化钠溶液中有两个腐蚀过程，即对铝材表面自然氧化膜的溶解和对铝基体的腐蚀溶解过程，反应方程式如下：

$$Al_2O_3 + 2NaOH \longrightarrow 2NaAlO_2 + H_2O \qquad (5\text{-}1)$$
$$2Al + 2NaOH + 2H_2O \longrightarrow 2NaAlO_2 + 3H_2\uparrow \qquad (5\text{-}2)$$

随着溶液中铝离子浓度的增高，偏铝酸钠会水解生成氢氧化铝沉淀，反应式如下：

$$2NaAlO_2 + 4H_2O \longrightarrow 2Al(OH)_3\downarrow + 2NaOH \qquad (5\text{-}3)$$

这个水解反应的进行受铝离子浓度、氢氧化钠浓度、温度及添加物质的影响。在溶液成分一定的情况下，温度越低，水解越易发生，由此可以对铝离子浓度较高的溶液采用冷却的方式促使碱蚀溶液中偏铝酸钠水解，以清除多余的铝离子而使碱得到再生。当碱液中没有添加剂时，铝离子浓度在 30g/L 以上时就会有氢氧化铝生成，而且氢氧化铝在一定温度下逐渐脱水而生成水合三氧化二铝，这些三氧化二铝（碱渣）会在槽壁、热管上沉积结成坚硬的石块，称为铝石，且难以除去，甚至最严重时处理物不能放进碱腐蚀槽中。这些碱渣非常坚固，甚至用锤子敲击也难以去除。为了防止这一现象的发生，需要在碱蚀溶液中添加旨在防止铝石产生的物质，这些添加物质主要是一些多价金属螯合剂，常用的有柠檬酸盐、EDTA-2Na、葡萄糖酸钠等。这些添加剂的加入会防止铝石的产生，当碱蚀溶液中铝离子浓度达到一定量时，溶液带出量和溶解量将达到一个动态平衡，从而使溶液可以长期使用。

（2）碱蚀作用

通过碱蚀处理，铝表面调整成适合进行表面处理的状态：

① 去除表面损伤。碱腐蚀能够溶解铝表面，去除表面损伤。

② 去除表面氧化膜。碱腐蚀溶解铝的同时溶解氧化膜。

③ 去除表面污渍。表面污渍随着铝的溶解同时去除。铝和碱的反应产生氢气，可有效去污渍。

④ 去除表面油脂。表面油脂成分与碱反应（皂化反应）的产物，变得亲水而分散在水中。

⑤ 去除表面的嵌入物。进行喷砂处理的铝表面嵌入了喷砂材料及其碎片，必须用碱腐蚀去除。

5.1.2.2　典型的碱蚀工艺

碱蚀工艺配方，一是采用以氢氧化钠为主的碱蚀工艺，这种方法碱蚀速度快，工艺周期短，易于快速批量处理，同时这种方法对铝表面的腐蚀能力强。但这种方法对铝材基体腐蚀速度快，铝材损失量较大，对于薄材工件，如果出现返工，易使工件厚度变化超出客户要求而报废。二是采用以碳酸钠或磷酸钠为主体的碱蚀工艺，这种方法腐蚀速度慢，达到同样的表面效果较氢氧化钠法蚀刻时间略长，不易进行快速批量处理。这种方法对铝材的蚀刻量少,工件尺寸保真度高,在对加工速度没有特别要求的情况下,这应该是优先采用的方法。不管采用何种碱蚀方法,都要求工件必须经过预先除油处理。

以氢氧化钠为主体,另一种则以碳酸钠为主体,现将这两种工艺配方列于表 5-5 中。

表 5-5　碱蚀工艺配方及操作条件

	材料名称	化学式	含量/(g/L)					
			配方 1	配方 2	配方 3	配方 4	配方 5	配方 6
溶液成分	氢氧化钠	$NaOH$	30~40	1~2	30~40	1~2	30~40	1~2
	无水碳酸钠	Na_2CO_3	—	60~70	—	60~70	—	60~70
	磷酸钠	Na_3PO_4	0~20	0~20	0~20	0~20	0~20	0~20
	葡萄糖酸钠	$C_6H_{11}O_7Na$	5	5	2~4	2~4	—	—
	柠檬酸钠	$Na_3C_6H_5O_7 2H_2O$	3	3	2	2	—	—
	甘油	$C_3H_8O_3$	5	5	5	5	—	—
	三乙醇胺	$N(CH_2CH_2OH)_3$	5	5	—	—	—	—
	硼酸	H_3BO_3	5	—	5	—	—	—
	偏硼酸钠	$NaBO_2 \cdot 4H_2O$	—	0~5	—	5	—	—
	尿素	$CO(NH_2)_2$	0~5	0~5	—	—	—	—
	表面活性剂	—	适量	适量	适量	适量	适量	适量
操作条件	温度/℃		40~55	50~65	40~55	50~65	40~55	50~65
	时间/s		20~120	40~180	20~120	40~180	20~120	40~180

5.1.3　铝合金的酸蚀

酸蚀是相对于碱蚀而言的,同时这里所讨论的酸蚀与酸洗是不相同的,这里的酸蚀具有代替碱蚀的功能,同时不会有碱蚀所产生的大量铝石。可用于酸蚀的酸包括硫酸、磷酸、氨基磺酸、硝酸等无机酸,有机酸中用于酸蚀的不多。在酸蚀中除以上所提到的无机酸外,还需添加旨在改善酸蚀性能的表面活性剂、浸蚀剂、缓蚀剂、络合剂等。

酸蚀虽然对铝合金的蚀刻量少,同时也不会产生坚硬而难以除去的铝石,但并不是所有的铝合金工件都可以采用酸蚀,只有那些表面状态良好的铝合金工件才可以采用酸蚀的加工方法,而更多的还是采用碱蚀。酸蚀配方及操作条件见表 5-6。

表 5-6　酸蚀配方及操作条件

	材料名称	化学式	含量/(g/L)			
			配方 1	配方 2	配方 3	配方 4
溶液成分	磷酸	H_3PO_4	50~100	—	—	—
	硫酸	H_2SO_4	50~100	150~300	200~300	150~200
	硝酸	HNO_3	0~20	—	40~60	5~10
	过氧化氢	H_2O_2	—	10~20	—	—
	氟化氢铵	NH_4HF_2	—	—	—	10~15
	硼酸	H3BO3	—	—	—	5~10
操作温度	温度/℃		40~60	40~70	25~40	25~35
	时间/s		30~120	30~120	30~120	60~180

5.1.4　碱浸蚀后的除灰工艺

铝及铝合金材料经过碱浸蚀工艺后,除灰是一个必不可少的工艺过程。除灰工艺是除去附着在铝材表面上的灰状物,亦称出光或中和。在碱浸蚀过程中,铝及铝合金所含的金属间化合物的质点，几乎不参与碱性的浸蚀反应，也几乎不会溶解在碱浸蚀槽液中，而依然残留在铝材表面上，形成一层黑灰色的疏松的灰状物的表面层。有时它可以用湿布擦去，但通常要采用化学方法将其溶解除去。

除灰的作用是除去碱浸蚀后残留在铝材表面的由各种金属间化合物颗粒形成的表面层，其更重要的作用是使铝材表面获得清洁光亮的钝化表面，它由一层很薄的均匀的氧化膜保护。此外，铝材表面在生产过程中，在空气中形成氧化膜，特别是局部复合氧化膜可能有一定的厚度，不管它是在空气中形成的还是在热处理过程中形成的，其复合氧化膜并不均匀，局部很厚的复合氧化膜会形成斑痕。如果遇到这种异常的铝材，应选定适宜除去复合氧化膜中氧化镁的槽液，如硝酸槽液，先除去复合氧化膜中氧化镁等物，然后进行正常的生产程序，使其获得均匀的表面。

碱浸蚀后，铝材表面处于均匀的活化状态，经过除灰后，如含硝酸铬酸等工艺处理后，表面处于清洁均匀的钝化状态，在水洗中不容易产生雪花状腐蚀等缺陷。

铝材经过碱浸蚀工艺后，大多数生产线采用传统的硝酸除灰工艺。其除灰工艺通常使用 10%～25%（体积）的硝酸，在室温下持续浸渍 1～3min 进行除灰；也有研究介绍使用 30%（体积）的硝酸进行除灰；更有在化学抛光后采用 25%～50%（体积）的硝酸进行除灰的。提高硝酸含量有利于化学抛光后的附着物和铜的除去。在硝酸溶液中，硝酸浓度约在 30% 时，铝受到腐蚀最大。若溶液温度升高，则其腐蚀速度增大。

铝合金建筑型材 6063 合金的表面处理生产线，有一部分使用非氧化性的硫酸。硫酸来自于阳极氧化的槽液，硫酸含量与阳极氧化的硫酸含量大致一样，通常为 15%～25%（体积分数）的硫酸；在阳极氧化采用管理范围内的溶铝量，未见到除灰有害的报道，但也不能在除灰槽液中无限制的升高溶铝量。采用硫酸除灰的经济效果比硝酸好些，因为阳极氧化槽液中的硫酸可得到再一次利用，生产线的原液管理也简化了。但是，对铝材的要求提高了，6063 铝合金建筑型材能够得到满意的除灰效果，但其他含合金成分较高的铝合金就不一定适合；即使是 6063 铝合金也得控制杂质的含量，否则也会出现不理想的情况。操作硫酸除灰的温度为室温，操作时间要比硝酸的延长一些，一般为 3～5min。硫酸与硝酸不同，硝酸是氧化性的酸，硫酸为非氧化性的酸，在硫酸槽液中要完全除灰干净，比硝酸除灰的时间要长一些。

5.1.5　水洗

水洗看起来是一个很简单的过程，但其内容却是很丰富的，其在表面处理过程中是采用频率最高的一个工序。为保证产品质量的稳定，做好水洗工作非常重要，循环生产中在保证产品质量的前提下将水洗的用水量降到最低是一项极其重要的工作，同时也是最容易被大家忽视的一个工序。

水洗在本质上是一种稀释的过程，其目的是稀释工件表面附着的已溶解的化学药品液膜层，使之达到极低的浓度，从而成为清洁表面。选择合适的水洗方式不仅是为了产品质量的稳定，更多的是为了减少废水的排放量。然而水洗技术却少有人关心，在普遍的认识中，水洗只是一个简单的过程，并不需要进行过多了解，这种观点是错误的。铝合金表面处理过程所产生的各种废水都要先进行无害化处理，然后才能排放到自然水体中，且铝合金表面处理工艺的用水量很大，特别是铝合金阳极氧化处理，涉及的工序很多，且每个工序都要进行水洗操作，其用水量远大于一般的电镀或化学镀工艺。如果在加工过程中不注意对水的节约使用，势必会增加废水处理量，导致成本的上升。清洗水的减少也为清洁生产的实现创造了先机，特别是对零排放而言，尽可能少的清洗水是非常关键的。

5.2　铝合金化学转化处理

铝的化学转化处理就是在化学转化处理溶液中，金属铝表面与溶液中化学氧化剂反应，而不是通过外加电压生成化学转化膜的化学处理过程。化学转化后铝材表面形成化学转化膜，有时也简称为转化膜。实质上阳极氧化膜是一种电化学转化膜。

铝的化学转化处理主要可分为铬酸盐处理、磷铬酸盐处理以及无铬化学转化处理三种。化学转化处理按照化学处理溶液的成分分类，而不考虑生成膜的成分和结构，这种处理方法比较符合我国工业惯例。

铝的化学转化处理可以采用以下方法：

① 直接浸入化学转化处理溶液中；

② 将化学处理溶液喷在铝的表面；

③ 将浓溶液涂在铝的表面。

可以根据生产条件和处理目的选择具体处理方法，一般说来第①种或第②种方法使用比较多。

铝及铝合金零件经化学氧化法所得到的氧化膜厚度在 $0.5\sim4\mu m$，耐磨性差，耐蚀性比阳极氧化膜低，不宜单独使用；但具有一定的耐蚀性和较好的物理吸附能力，是涂漆的良好底层。铝及铝合金经化学氧化后再涂漆，可大大提高基体与涂层的结合力，增强铝件的抗腐蚀能力。化学转化膜的厚度要比阳极氧化膜薄得多，因此它的保护性也无法与阳极氧化膜匹敌。但是化学转化处理经济、方便、快速，生产线结构简单，不需电源设备等，适合大批量零部件的低成本生产。因此对耐蚀性要求不太高或使用时间不很长的情况，化学转化处理仍有广阔的应用空间。汽车和飞机的某些零部件至今还在采用铬化膜，这就是铬酸盐处理成功应用的实例。

5.2.1　铬酸盐处理

铬酸盐转化处理就是将工件放在含六价铬的溶液中处理，使工件表面形成一层很薄的钝态含铬保护膜的过程。铬酸盐处理是有色金属最常用的化学转化处理工艺，至今在工业上还广泛用于铝、镁及其合金。六价铬酸盐化学转化膜的应用比较广泛，是目前耐蚀性最佳的铝合金化学转化膜，不仅常用于铝合金有机聚合物喷涂层的有效底层，也可以作为铝合金最终涂层直接使用，这是目前磷铬酸处理或无铬处理难以实现的。铬酸盐转化膜包括含、不含磷酸盐的铬酸盐和磷铬酸盐膜两大类。

（1）铬酸盐处理溶液的基本成分与工艺

含铬酸盐的化学处理溶液品种繁多，其中大量是已经工业商品化的产品。通常铬酸盐处理液中含有三种基本组分，分别是六价铬酸或铬酸盐、刻蚀剂和促进剂。它的成膜处理时间较短，处理温度 $20\sim40℃$，膜层较薄，具有很牢固的附着力，膜厚为 $0.125\sim1.000\mu m$，膜重 $0.15\sim1.00g/m^2$，膜色为金黄色或者透明无色。膜层的主要成分为水合三氧化铬和三氧化铝，受处理时间、温度和 pH 值等条件的影响而有所不同。六价铬酸盐化学转化膜成本低廉、工艺简单、操作简单、易于维护，而且其膜层防护性能高于其他非铬处理的防护膜，钝化膜层的耐盐雾性大于 2000h。人们一般认为因其膜层结构中含有六价铬，即膜层的六价铬离子具有自我修复作用而导致其高耐盐雾性。铝及铝合金铬酸盐化学氧化工艺见表 5-7。

表 5-7　铝及铝合金铬酸盐化学氧化工艺

序号	溶液组成	温度/℃	时间/min	应用范围、膜色	备注
1	碳酸钠 45g/L、铬酸钠 14g/L、氢氧化钠 2g/L	85～100	10～20	纯铝、Al-Mg 合金、Al-Mn 合金；灰色	膜层疏松
2	磷酸 55g/L、铬酐(三氧化铬)15g/L、氟化钠 3g/L、硼酸 1g/L	室温	10～15	各种铝合金；浅绿色	膜层较 1 好
3	重铬酸钠 3.5～4g/L、铬酐 3～3.5g/L、氟化钠 0.8g/L	室温	2～3	各种铝合金；深黄色或棕色	溶 pH=1.5，膜层较 1 好
4	碳酸钠 32g/L、铬酸钠 15g/L	90～100	3～5	纯铝及含 Mg、Mn 和 Si 的合金，也可用于含 Cu 量少的合金；灰色	可作油漆底层
5	铬酸钠 0.1g/L、氢氧化铵 29.6g/L	70～80	20～50	各种铝合金；灰色有斑点	类似搪瓷的膜层
6	碳酸钠 47g/L、铬酸钠 14g/L、硅酸钠 0.06～1g/L	90～100	10～15	纯铝、Al-Mn(淡透明银色)合金、Al-Mn-Si 合金、Al-Mg 合金鲜明金属色	孔隙小，不能很好着色，不宜作油漆底层
7	碳酸钠 20g/L、重铬酸钾 4～5g/L	90～100	10～18	各种铝合金；灰色	

（2）铬酸盐处理工艺分类

铝及其合金的铬酸盐化学氧化膜处理可以分为酸性铬酸盐氧化法及碱性铬酸盐氧化法两种。

① 酸性铬酸盐氧化法　通常铬酸盐处理是在 pH=1.5、温度 30℃ 左右的条件下进行。酸性铬酸盐处理溶液中主要含有 CrO_3 或 $Na_2Cr_2O_7$ 及有活化作用的氟化物、氟硅酸盐等促进剂，以及钨盐、硒盐、赤血盐（铁氰化钾）等添加剂，在铝件表面形成膜层。刚形成的新鲜膜呈胶态，易碰伤；老化处理后膜层坚固，与基体附着良好，具有疏水性。依据膜厚度其外观可呈无色、彩虹色或橘黄色，当膜受外力作用遭到破坏时，表面上由于 Cr^{6+} 渗出会使其再发生化学氧化。

② 碱性铬酸盐氧化法　1915 年，德国的 Bauer 和 Vogel 提出铬酸盐钝化技术，简称 BV 法。之后，德国人 Gustav Eckert 对 BV 法进行了改进，形成了 MBV 法。MBV 法等碱性铬酸盐处理法在工业领域中仍占有相当重要的地位。EW 法是改良的 MBV 法，使用添加硅酸钠的 MBV 溶液。对于大多数铝合金铸件，EW 法可得到均匀、致密、无色透明、有金属光泽的转化膜，该转化膜表面光滑，与铝基体结合牢固。表 5-8 给出了几种碱性铬酸盐处理溶液的基本成分和工艺。

表 5-8　几种碱性铬酸盐处理溶液的基本成分和工艺

方法	溶液组成	处理时间/min	处理温度/℃
BV 法	$K_2Cr_2O_7$ 10g/L、Na_2CO_3 25g/L、$NaHCO_3$ 25g/L	＞30	90～95
MBV 法	Na_2CO_3 20～50g/L、Na_2CrO_4 5～25g/L	5～30	90～100
EW 法	Na_2CO_3 50g/L、Na_2CrO_4 15g/L、Na_2SiO_3 0.07～1.0g/L	5～10	90～100
Pylurain 法	Na_2CO_3 50g/L、Na_2CrO_4 17g/L、碱性碳酸铬 5g/L	20	100
Alrok 法	Na_2CO_3 5～26g/L、$K_2Cr_2O_7$ 1～10g/L	20	100 / 65

5.2.2 磷铬酸盐处理

随着科学的进步，铬酸盐钝化的工艺技术也在不断地改进。相比于传统的铬酸盐钝化液，现代铬酸盐钝化液减少了毒害物质（如铬酸盐、氟化物等）的含量。研究发现，pH值（1.5~2.5）的调控、氟离子的浓度以及氟与铬酸盐的比例（F^-/CrO_4）是影响铬酸盐钝化的关键。1945 年，美国化学涂料公司（ACPC）研发了铬酸盐-磷酸盐钝化法（简称铬磷酸盐钝化法），其钝化液的基本成分为铬酸盐、磷酸盐以及氟化物。其中，氟化物的作用是充当活化剂，可以与铬酸盐、磷酸盐相互作用，形成更加致密的氧化膜。铬磷酸盐钝化工艺制得的钝化膜以三价铬为主，含有较低浓度的六价铬，因此铬酸盐-磷酸盐钝化膜为绿色。三价铬的毒性很低，只有六价铬毒性的 1% 左右。虽然铬磷酸盐钝化法对身体健康和环境的危害较小，但是其氧化膜的耐腐蚀性能远不如铬酸盐。铬磷酸盐钝化工艺中较为突出的是美国 Alodine 法及 Alocrom 法。

将工件置于铬磷化处理液中，随着铝的溶解及六价铬的还原，在金属与溶液两相界面处 pH 值就会不断升高，Al^{3+} 及 Cr^{3+} 浓度增大，并加速 H_3PO_4 电离，当其离子浓度大于溶度积，则会在工件表面析出 $AlPO_4$ 及 $CrPO_4$，即

$$Al^{3+} + PO_4^{3-} \longrightarrow AlPO_4 \downarrow$$
$$Cr^{3+} + PO_4^{3-} \longrightarrow CrPO_4 \downarrow$$

同时工件表面还有铝氧化物析出，即

$$2Al^{3+} + 6OH^- \longrightarrow 2Al(OH)_3 \longrightarrow Al_2O_3 + H_2O$$

需要指出的是 F^- 对 $AlPO_4$ 有选择性地溶解，而对 $CrPO_4$ 溶解很差，即

$$AlPO_4 + 6F^- \longrightarrow AlF_6^{3-} + PO_4^{3-}$$

F^- 将 $AlPO_4$ 溶解，使膜产生孔隙，进而使 F^- 和基体材料反应，铝不断溶解，使膜增厚，当然过高浓度的 F^- 及 H_3PO_4 都会使膜疏松，甚至难以成膜。因此，可以认为在磷酸-铬酸盐溶液中膜组成为 $AlPO_4 \cdot CrPO_4 \cdot Al_2O_3 \cdot H_2O$。

膜中 $CrPO_4$ 显绿色，当 F^- 含量相对低时，膜中 $AlPO_4$ 相对增多使绿色变浅，当 CrO_3 含量高时，氧化能力强，膜中 Al_2O_3 相对高、膜致密，使膜由无色变为绿色。铬酸盐及磷酸-铬酸盐转化膜常用配方见表 5-9。

表 5-9　磷酸-铬酸盐处理液常用配方

工艺条件	配方编号		
	1	2	3
H_3PO_4/(ml/L)	50~60	22	22
CrO_3/(g/L)	20~30	4~5	2~4
NH_4HF_2/(g/L)	3~3.5	—	—
H_3BO_3/(g/L)	1~1.2	5~6	2
NaF/(g/L)	—	2~3	5
处理温度/℃	25~35	25~35	25~35
处理时间/min	3~10	3~6	0.25~1

5.2.3 无铬化学转化处理

随着国内外环境保护意识的增强，无铬转化处理工艺取得了较大进展。以环保型无机盐和稀土为主要成膜物质的化学转化膜已经逐步代替对环境产生严重危害的铬盐转化膜，成为

铝合金表面防护的重要技术，铝合金表面无铬化学转化处理工艺成为当前材料科学的研究热点。目前铝合金无铬化学表面处理技术有锆系、钛系、锰酸盐体系、钼酸盐体系、钨酸盐体系、钒酸盐体系、稀土体系、锂盐体系、硅酸盐体系、丹宁酸盐体系、磷酸盐和硅烷等。

（1）钛锆体系转化法

20 世纪 70 年代，德国 Henkel 公司研发了 Alodine 系列无铬钝化工艺，其钝化液的基本成分为硼酸、氟锆酸盐、硝酸。20 世纪 80 年代，钛锆体系开始发展，德国 Henkel、日本 Parker 等公司研究制备了耐蚀性能良好的磷酸锆膜和磷酸钛膜，其钝化液的基本成分为钛锆金属盐、氟化物、硝酸盐、有机添加剂。钛锆体系化学转化法是目前得到工业化应用的技术之一，其最早应用于易拉罐的表面处理，随后逐步进入各个行业，如建筑、航天、电子等。钛锆体系转化法不仅具有操作简单等优点，而且得到的氧化膜与有机聚合物间有较强的结合力。近些年来，钛锆体系已在铝罐、室内散热器等领域得到了实际应用，但是钝化液具体组成成分并未公开，大多以商品名称的形式出现，如 Alodin5200、Gardo-bondX-45707、Envirox 等。

钛锆体系化学转化法制得的氧化膜与铬酸盐钝化液相比具有相同的性能，如性质稳定、耐腐蚀性能好、自我修复能力强等。

（2）稀土转化法

20 世纪 80 年代，澳大利亚航空研究实验室 Hinton 和 Buldwin 等人研究发现 $CeCl_3$ 具有提高 7075 铝合金耐腐蚀性能的特点，使铝及其合金的腐蚀速率降至原来的 1/10。1994 年，在亚洲太平洋精饰会议上，众多研究学者一致认为稀土转化法制备的钝化膜将会代替铬酸盐钝化膜，成为最具有前景的钝化膜之一。

目前，国内研究的稀土盐转化法中的稀土金属盐多为铈盐，通常采用三价铈、四价铈或者混合铈盐。若稀土盐转化法的钝化液中含有铈盐，则无需添加其他物质即可得到金黄色钝化膜。此时，与铬酸盐钝化相同，可以根据钝化膜的颜色变化来判断化学转化的进程。近些年来，对于稀土盐转化工艺的成膜机理研究在学术界存在着不同的意见，相比之下，成膜工艺的研究却发展迅速。研究显示，钝化液中加入适量的 H_2O_2 不仅可以促进稀土金属膜的形成，还可以增加膜层的致密性以及耐蚀性能。有研究发现，钝化液中加入 Na_2CO_3 对铝合金 7076-T6 进行碱活化，可降低铝合金的过腐蚀程度；利用 NaH_2PO_4 进行后处理可改善钝化膜的耐蚀性。国内外研究表明，铝及其合金表面经过稀土盐转化工艺处理，其耐腐蚀性能提高了一个数量级，而且其耐点蚀、缝隙腐蚀等局部腐蚀性能也有明显提高。稀土盐转化法因其无毒害、无污染、耐蚀性能好等特点受到了各界研究人员的关注。表 5-10 为某些国外专利中提到的稀土盐钝化液的基本成分。

表 5-10　稀土盐钝化液基本成分

工艺条件	配方		
	Wilson	Ikeda	Hinton
$CeCl_3/(g/L)$	5～10	—	3.8
$H_2O_2/\%$	5	—	0.3
$Ce(NO)_3/\%$	—	0.0025～0.02	—
$H_3PO_4/\%$	—	0.0025～0.02	—
HF/%	—	0.0001～0.005	—
$(NH_4)_2ZrF_6/\%$	—	0.002～0.01	—
pH 值	2.7	3	1.9
处理温度/℃	50	30～40	室温
处理时间/min	10	1	5

（3）硅烷转化法

据国内外报道，硅烷是近几十年发展起来的一种新型工艺技术，硅烷处理工艺可能成为未来无铬免洗工艺中最具有发展前景的钝化工艺，目前，其已得到了工业化生产应用。该工艺的主要原理是，硅烷分子中同时存在亲无机和亲有机的两种官能团，即通过亲无机官能团能和铝及其合金相结合，通过亲有机官能团能和表面涂层相结合，把无机材料和有机材料这两种性质差异很大的材料牢固地结合在一起。对于铝及其合金而言，硅烷可以与其形成极强的 Me-O-Si 键，而其有机部分又可以与涂层形成化学键。

有机硅与铝合金之间以 Al-O-Si 共价键链接，利用硅烷联偶剂可以将有机物质和无机物质紧密联系在一起，从而提高铝及其合金的耐腐蚀性能、耐磨性能等。铝及其合金经硅烷处理液处理后，可以在其表面生成一层 Si-O-Si 三维网状结构，此网层并不会影响铝基体氧化层的性质，并且在铝及其合金的早期腐蚀时会将腐蚀产物覆盖在层界面以下，使氧化层有充分的时间再次被钝化。一般而言，硅烷膜的理想厚度在 50～100nm，太薄或太厚都将影响钝化膜的性质。据相关报道，2003 年德国 BMW 公司曾利用硅烷处理技术进行试验，检测的结果完全符合 BWM 公司的测试指标要求。有研究利用硅烷 A-187 为前驱体，在 2024 铝合金上得到了具有耐腐蚀性能的无铬硅烷膜。目前，硅烷处理技术是除钛锆体系转化外，唯一被 Qualicoat 认可的处理方法。但硅烷处理技术对铝基体的表面质量有较高的要求，且成膜过程不好观察和判断。

在工业生产中，可以采用喷淋、浸渍和辊涂三种方式进行硅烷处理，槽液温度为室温，处理时间 1s～2min，pH 范围 4～6，烘干（如需要）温度 60～120℃。硅烷处理技术的工艺流程是碱洗→水洗→脱盐水洗→硅烷处理→烘干。

该工艺具有如下优点：很好的防腐能力、可以直接在原生产线上使用、无须设备改造、室温下处理、更短的处理时间、环境友好、无生产废渣、减少设备维护工作量等。

5.3 铝合金阳极氧化处理

在含氧酸电解质溶液中，铝合金工件作阳极，在外加电场作用下，利用电解原理使工件表面生成氧化膜层的过程，称为电化学氧化，又称阳极氧化。与之对应的阴极是一种在所选电解液中稳定性很高的导电材料，如铅、不锈钢、铝、导电石墨等。

5.3.1 阳极氧化电解液选用原则

阳极氧化所用的电解液，最重要的性质是要具有合适的二次溶解能力。但这并不意味着所有具有溶解作用的电解液都可以用于铝的阳极氧化。铝合金在电解液中的阳极反应通常情况有以下几种：

① 电解液与阳极氧化物作用生成可溶性盐，这时阳极金属被溶解进入电解液中，直到溶液饱和。在硝酸、盐酸、可溶性氯化物及强碱等强无机酸和无机碱电解液中属于此类反应，显然这种反应并不能生成所需的氧化膜层，而是属于电解蚀刻之类的电化学反应。

② 阳极氧化物对电解质溶液有不溶性，生成强力附着于阳极表面的绝缘性膜层，这种膜层很薄，绝缘能力很强，这也是电解电容器膜层的制作方法。

③ 阳极氧化物在电解液中溶解少，且生成的膜层牢固附着在阳极表面，膜层在生长的同时，膜层表面也溶解，膜层产生很多微孔，阳极可以连续通过电流而获得多孔的膜层。随着膜层的生长，电阻增大，膜层的生长速度下降，这时膜层的生长速度和溶解速度相等，即使再继续电解，膜层厚度也不再增加。膜层最大厚度因电解液的种类及电解液温度高低不同而异。

④ 阳极氧化物在电解液中溶解少，但并不牢固附着在阳极上，若用适当高浓度的电解液，可进行电解研磨，这是电解抛光的阳极过程。

对于上述四种情况，符合铝阳极氧化要求的是第三种情况，能满足第三种情况的主要是一些含氧酸，主要有硫酸、草酸、铬酸、磷酸等。而磺基类有机酸则多用于自然着色的电解氧化，其他酸大多数情况下只作为一种旨在改善其氧化膜性能的添加成分。同种材料采用不同的酸进行阳极氧化所获得的氧化膜层的性能有较大差别，这就决定了在不同酸中所生成的氧化膜的用途不同。如使用硫酸可获得与铝金属光泽一致的无色透明膜层，可用于各种颜色的底层；使用草酸则生成黄色调的膜层；使用铬酸则生成不透明的带白色到灰色的色调；使用磷酸则生成透明大孔径的膜层。所以在电解液的选择上必须根据氧化膜用途的要求来进行，同时还要求所选用的电解液使用方便、操作简单，电解液成分稳定、原料易得、使用成本低，在满足产品要求的前提下尽量采用无毒或低毒的原料及相关的添加成分。

5.3.2　阳极氧化分类

阳极氧化根据电源波形不同可分为直流阳极氧化、交流阳极氧化、交直流叠加阳极氧化、脉冲阳极氧化等多种。其中以直流阳极氧化应用最为普遍，脉冲阳极氧化因其效率高、膜层质量好而逐渐被多数氧化厂所采用。按电解液成分可分为硫酸、磷酸、铬酸等无机酸阳极氧化，在这些电解液中虽然也可以生成某一种色调，但这种色调是单一的。而以磺基有机酸为主的一些电解液则可以通过对时间、电流的改变而得到有不同色调膜层的阳极氧化膜。丙二酸和草酸等简单有机酸在不同电压及电解时间的作用下，同样也能获得一种变化的色调。阳极氧化膜按膜层性质可分为：普通膜、硬质膜、瓷质膜、有半导体作用的阻挡层膜及红宝石膜等。不同的膜层也就对应了不同的电解液及阳极氧化的工艺条件及工艺方法。

5.3.2.1　无机酸阳极氧化

（1）草酸阳极氧化

草酸阳极氧化法的应用比较广泛。草酸阳极氧化膜具有良好的耐蚀性、耐磨性和电绝缘性（耐磨性、硬度及耐蚀性要比硫酸阳极氧化膜优越）。草酸对铝的溶解能力比硫酸小，容易得到比硫酸阳极氧化更厚的膜。铝合金中合金元素不同，可以得到银白色、青铜色或黄褐色的氧化膜，十分适合做表面装饰。草酸法的膜层孔隙率比硫酸法低，用交流电来进行阳极氧化得到的氧化膜比用直流电所获得的氧化膜软、韧性好，可以用来做铝线绕组的良好绝缘层。

草酸阳极氧化工艺条件为：$2\% \sim 10\%$ 草酸，电解液温度为 $15 \sim 35℃$，电流密度为 $0.5 \sim 3A/dm^2$，氧化电压为 $40 \sim 60V$。随着草酸浓度、氧化电压、氧化温度的升高以及氧化时间的延长，制备的氧化铝模板的孔径也随之增大，反之减小。

由于草酸溶液对铝氧化膜的溶解力弱，与硫酸溶液相比，同样电流密度下氧化时，需要较高的电压,故草酸法的成本比较高,电能消耗较大。而且草酸电解液对杂质的敏感度要比硫酸高,因此应用受到一定限制,多在特殊情况下使用。例如:用于铝锅、铝盆、铝壶、铝饭盒的表面装饰和电气绝缘的保护层,近年来在建材、电器工业、造船业、日用品和机械工业也有较为广泛的应用。

(2) 铬酸阳极氧化

1923 年英国的本戈(Bengough)和斯图尔特(Stuart)发明了将铝及铝合金在铬酸溶液中进行阳极氧化的方法。铬酸氧化膜呈陶瓷状乳灰色,膜的耐蚀性好,耐磨性不如硫酸、草酸等工艺的氧化膜,但薄的铬酸氧化膜与涂层的附着性好。

铬酸阳极氧化工艺条件为:30~100g/L 铬酐,电解液温度为 40~70℃,电流密度为 0.1~3A/dm^2,氧化电压为 0~100V,氧化时间为 35~60min。铬酸阳极氧化膜比硫酸法得到的膜薄,通常只有 2~5μm。膜层较软,但弹性好、耐蚀性高,铬酸阳极氧化膜的颜色为灰白色到深灰色,一般不能染色;铬酸阳极氧化膜与硫酸阳极氧化膜不同,膜层致密呈树状分支结构,氧化后不经封闭处理即可使用;铬酸溶液对铝的溶解度较小,因此可以用于较精密的和表面粗糙度较低的工件加工;铬酸法得到的膜不会明显降低基体的疲劳强度,耐蚀性高,大量用于飞机制造业。

氧化液中 Cr(Ⅵ) 会污染环境,近年来硼酸-硫酸阳极氧化法的应用旨在取代铬酸用于飞机制造业上,其不但与环境友好,得到的氧化膜的性能也更好。

(3) 磷酸阳极氧化

磷酸阳极氧化工艺条件如下:

① 高质量浓度型 380~420g/L 磷酸,电解液温度为 25℃,电流密度为 1~2A/dm^2,氧化电压为 40~60V,氧化时间为 40~60min。

② 中质量浓度型 100~150g/L 磷酸,电解液温度为 20~25℃,电流密度为 1~2A/dm^2,氧化电压为 10~15V,氧化时间为 18~22min。

③ 低质量浓度型 40~50g/L 磷酸,电解液温度为 20℃,氧化电压为 120V,氧化时间为 10~15min。

高质量浓度型工艺获得的氧化膜孔隙比较大,用于电镀底层;中质量浓度型用于胶接底层;低质量浓度型膜薄,用于喷涂底层。

磷酸阳极氧化膜孔隙率高,附着性能好,具有一定的导电能力,是电镀、涂层的良好底层;具有较强的防水性,很适合保护在高湿度条件下工作的铝合金工件;含铜较高的铝合金不宜在铬酸中氧化,但可在磷酸中氧化处理得到优异的膜层;磷酸氧化膜可以着色,耐碱性比硫酸氧化膜强。

(4) 硫酸阳极氧化

目前,工业上最普遍使用的是硫酸阳极氧化,其槽液的成本低,操作简便,适应性强,只要适当改变工艺条件就能获得拥有所需厚度和性能的氧化膜。经封闭(包括染色)处理后能达到防护装饰目的。

典型的硫酸阳极氧化工艺为:10%~30%硫酸,20g/L 铝离子,电解液温度为 15~25℃,电流密度为 0.6~3A/dm^2,氧化电压为 10~20V,氧化时间随所需膜的厚度而定。阳极氧化的操作条件对膜的耐蚀性、耐磨性、透明度和着色性等均有较大的影响,若溶液的硫酸质量浓度过高、温度过高、电流密度太大(氧化初始电压过高)、氧化时间太长,会使氧化膜疏松易脱落。

硫酸阳极氧化具有氧化膜透明度、耐蚀性、耐磨性和硬度高、着色容易、颜色鲜艳、成本低、操作与维护简单、对环境污染较小等特点。

（5）混合酸阳极氧化

单一酸阳极氧化制备铝合金阳极氧化膜往往存在一定的局限性，因此研究者们通过添加有机酸的方式，使得铝离子形成沉淀析出，从而提高阳极氧化膜的耐蚀性。这种方式在保持膜的优异性能的同时，降低氧化过程中温度升高对性能的影响，在膜材料上形成一层缓冲层，防止缺陷的进一步扩展，提高材料的抗疲劳性能。

① 硼酸-硫酸阳极氧化　由于硫酸阳极氧化会明显降低基体材料的疲劳性能，所以许多飞机蒙皮已改用铬酸阳极氧化，然后再涂漆保护。但铬酸阳极氧化工艺中铬酸的使用又给环保和污水处理带来了麻烦。硼酸-硫酸阳极氧化工艺既保留了上述两种工艺的优点，又克服了上述两种工艺的缺点。硫酸阳极氧化会明显降低基体材料的疲劳强度，铬酸阳极氧化也会对材料的疲劳强度产生影响，而硼酸-硫酸阳极氧化不降低材料的疲劳极限。造成硫酸阳极氧化疲劳极限下降的原因可能是形成较厚阳极氧化膜时，厚膜层产生较大应力，使材料表面产生孔洞和裂纹，致使材料表面完整性受到破坏，疲劳裂纹更易产生；而硼酸-硫酸阳极氧化膜层较薄，膜层应力也较小，不像硫酸阳极氧化那样易产生裂纹。另外，由于膜层结构的不同，硼酸-硫酸阳极氧化膜可形成压应力，压应力可提高材料疲劳强度。另外，该工艺对电源要求低，一般电镀所用的直流电源均可使用，氧化时间是铬酸阳极氧化的一半左右，效率高、节约能源。与铬酸阳极氧化一样，氧化膜具有高弹性、结构致密、耐蚀性好。硼酸-硫酸氧化溶液成分浓度低，没有 Cr(Ⅵ)，废液处理起来方便，更加环保、安全。美国波音公司的 G. M. Wong 等人于 1990 年取得了一项阳极氧化工艺专利。所提出的电解液为 $3\% \sim 5\% H_2SO_4 + 0.5\% \sim 1\% H_3BO_3$，在室温下获得的阳极氧化膜的密度为 $21.5 \sim 64.6 mg/dm^2$。该膜层具有优良耐蚀性和与油漆的结合力，相比铬酸阳极氧化，硼酸-硫酸阳极氧化只是在封孔处理时采用浓度为 $0.045 \sim 0.050 g/L$ 的 Cr(Ⅵ)，封孔后不需要水洗，环境污染小，又充分发挥了 Cr 的耐蚀作用。成都飞机工业集团和北京航空材料研究院等也对硼酸-硫酸的阳极氧化做了一些研究。前者工艺条件为电解液为 $2\% \sim 7\% H_2SO_4 + 0.5\% \sim 1.0\% H_3BO_3$，电解液温度为 $23 \sim 27℃$，氧化电压为 $14 \sim 16V$，氧化时间为 $17 \sim 25 min$，用稀铬酸进行膜孔封闭，得到了与铬酸阳极氧化膜具有同样性能的硼酸-硫酸阳极氧化膜，该膜具有良好的吸附能力、易染色、良好的遮盖能力、可保持零件的高精度和低表面粗糙度等特点。后者工艺条件为电解液为 $3\% \sim 5\% H_2SO_4 + 0.5\% \sim 1.0\% H_3BO_3$，电解液温度为 $24.5 \sim 28.9℃$，氧化时间为 $18 \sim 22 min$，氧化电压 $14 \sim 16V$，电流密度小于 $1A/dm^2$，该工艺获得阳极氧化膜的密度在 $21.5 \sim 64.6 mg/dm^2$ 范围内。

② 草酸-硫酸阳极氧化　在硫酸电解液中添加适量草酸，有助于提高成膜率并提升膜性能。有实验研究表明：草酸的加入增加了阳极氧化的电流密度，改变了氧化铝的形成过程，降低了氧化铝膜的阻挡层厚度。草酸-硫酸阳极氧化具有较低的电压和极化温度，与硫酸阳极氧化相比，可以有效扩大孔径。草酸的加入有助于获得致密、耐蚀性强的阳极氧化膜。

5.3.2.2　有机酸阳极氧化

近些年来，有机酸转化法也越来越受到人们的重视，成为替代铬酸盐钝化的又一重要选择。有机酸转化使铝及其合金表面生成一层难溶性的络合物薄膜，使其具有防腐蚀、抗氧化等作用。使用的有机酸主要以植酸、单宁酸为主。植酸、单宁酸等有机酸具有价格低廉、生产原料丰富、天然无毒害等特点，使得有机酸转化法常被用于食品行业的铝材料表面处理。单宁酸自身对改善耐腐蚀性能的作用不大，需要与金属类盐或有机缓蚀剂等添加剂联合使用才能发挥其作用。有研究发现，以单宁酸和氟钛酸为主要成分，加入适量的硝酸铜可以改善铝材料的耐腐蚀性能。经植酸处理后的钝化膜与大多数涂层都有良好的附着力。因此，有机酸转化法在化学氧化法中具有极高的应用价值和研究价值。

5.4　铝合金微弧氧化处理

5.4.1　铝合金微弧氧化简介

微弧氧化技术最早能够追溯到 20 世纪 30 年代，Güinterschulz 等首次发现并公开了一种金属表面火花放电现象，文章指出将金属置于电解质溶液中，其表面会在高压电场作用下产生火花放电，这一现象将会破坏金属表面的自然氧化膜。进一步研究证实，利用这种放电作用制备的新膜层具有较好的腐蚀防护作用，于是该技术开始作为一种镁合金的腐蚀防护手段。70 年代以后，美、德以及苏联纷纷认识到微弧氧化技术的巨大潜力，开始加速对该技术的研究与应用。1977 年，苏联无机化学研究所对铝合金加以交流电压得到了主要成分为 α-Al_2O_3 和 β-Al_2O_3 的膜层，并将该技术命名为微弧氧化。

铝合金微弧氧化是近二十年来兴起的一种环保高效的铝合金表面处理技术。利用微弧氧化技术对铝合金工件进行表面处理，膜层在铝合金基体表面原位生成，该工艺简单，膜层与基体结合强度高，并且对铝合金形状结构没有特殊要求，在处理异形、内孔、焊缝等基体时更优于其他技术，既克服了传统工艺面对复杂工件的困境，又大大增强了基体耐蚀性能，成为军事、船舶、航天等领域铝合金装备防腐的重要技术。

我国从 20 世纪 90 年代开始对铝合金微弧氧化技术进行耐磨、耐蚀、装饰等作用的研究，并逐步走向实用阶段，研究人员对铝合金微弧氧化技术的电解液体系、工艺参数、陶瓷膜的制备工艺、组织性能等进行了大量探索和尝试，对其氧化机理也做了有益的探讨和解释。目前来看，铝合金微弧氧化技术在活塞等小型铝合金工件上的应用较为成熟，但对于大型铝合金工件，在电源设计、工艺控制、膜层均匀性等方面还需要进一步研究。

5.4.2　铝合金微弧氧化特点及应用领域

5.4.2.1　铝合金微弧氧化特点

采用微弧氧化技术对铝及其合金材料进行表面强化处理，具有工艺过程简单、占地面积小、处理能力强、生产效率高、适用于大工业生产等优点。微弧氧化电解液不含有毒物质和重金属元素，电解液抗污染能力强且再生重复使用率高，因而对环境污染小，满足优质清洁生产的需要，也符合我国可持续发展战略的需要。微弧氧化处理后的铝基表面陶瓷膜层硬度高（＞1200HV），耐蚀性强（CASS 盐雾试验＞480h），绝缘性好（膜阻＞100MΩ），膜层与基底金属结合力强，并具有很好的耐磨和耐热冲击等性能。

微弧氧化技术工艺处理能力强，可通过改变工艺参数获取具有不同特性的氧化膜层以满足不同需要；也可通过改变或调节电解液的成分使膜层具有某种特性或呈现不同颜色；

还可采用不同的电解液对同一工件进行多次微弧氧化处理，以获取具有多层不同性质的陶瓷氧化膜层。

5.4.2.2　铝合金微弧氧化应用领域

由于微弧氧化技术具有上述优点和特点，因此在机械、纺织、电子、航空航天及建筑民用等工业领域有着极其广泛的应用前景，见表 5-11。主要可用于对耐磨、耐蚀、耐热冲击、高绝缘等性能有特殊要求的铝基零部件的表面强化处理，可用于建筑和民用工业中对装饰性和耐磨、耐蚀要求高的铝基材的表面处理，还可用于常规阳极氧化不能处理的特殊铝基合金材料的表面强化处理。例如汽车等的铝基活塞、活塞座、气缸及其他铝基零部件，机械、化工工业中的各种铝基模具、各种铝罐的内壁，飞机制造中的各种铝基零部件（如货仓地板、滚棒、导轨等），民用工业中各种铝基五金产品、健身器材等。

表 5-11　微弧氧化涂层的应用领域

应用领域	举例	需求性能
空防、军用机械制造、民用汽车	发动机气动部件	耐磨、耐蚀
海防	轮船、舰艇	防湿热性能、防霉菌性能、抗盐雾性能
船舶、石化	三通、开关	耐酸碱、耐磨性
民用机械制造	纺杯、作动筒	耐磨
导弹、军用汽车	储弹药器材、油气喷口	耐热
家用电器	电容线圈等	耐磨、电防护
装修及生活用品	装饰材料、熨斗底屏、水暖开关	耐磨、耐蚀、装饰性
医疗器械	牙托、内强化丝	生物相容性

5.4.2.3　铝合金微弧氧化应用研究举例

（1）ZL109 铸造铝合金内燃机活塞

ZL109 铸造铝合金被广泛用于制造内燃机活塞，主要原因是它具有较小的密度、良好的导热性能和较小的热胀系数。但是，ZL109 铸造铝合金表面硬度较低，耐磨性差，极易产生烧蚀、磨损、龟裂等问题。相比于传统的处理方法（如电镀、喷涂、阳极氧化等），微弧氧化处理获得的铝合金表面陶瓷层具有膜层结构致密、强度好、硬度高、与基体结合紧固、导热性能好、对环境污染小等优势。

（2）A356 铝合金制动件

新一代绿色节能电动汽车采用 A356 铝合金制动件，用以解决驻车状态下制动件间的锈死或粘连现象。但铝合金制动件硬度低，耐磨性差，耐高温性能薄弱，为了提高其使用寿命和服役安全性，利用微弧氧化技术对 A356 材料表面进行改性以达到使用性能要求。

（3）铝合金热控涂层

热控涂层是一类调节固体表面光学性能以达到表面热平衡的涂层，在航空、航天及其他许多领域有着广泛的应用。例如，通过控制热控涂层的吸收和辐射特性来实现航天器的温度控制，目前已成功应用于诸多航天仪器的蒙皮、激光干涉引力波天文台、宇宙背景探测器、哈勃望远镜及远紫外探测器、发光二极管等。

热控涂层的发展水平已经成为航天器进一步发展的制约因素之一。目前利用微弧氧化技术可以调整涂层的成分和结构，制备的涂层与基体结合力强，并且涂层的多组分特性够拓宽光的响应范围，多层和多孔结构有利于提高涂层的比表面积，因而其已成为在钛、镁、铝合金等表面制备热控涂层的一种有效方法。

铝合金热控涂层技术最早采用硫酸阳极氧化，氧化铝涂层的厚度为几微米至几十微米，重量轻。但是阳极氧化制备的涂层重复性较差，所使用的体系大多是酸性体系，对环境影响大，且由于涂层较薄，在热循环中易产生裂纹，发生绝缘击穿。而微弧氧化法的技术优势及其在阀金属表面的广泛应用，使其最有希望成为传统阳极氧化技术的替代者，铝合金也不例外。

（4）铝合金海岸设施

近年来随着经济全球化的稳步推进，全球海运量飞速发展，沿海岸设施、岛礁设施也不断增多。铝合金以其密度低、比强度高、耐腐蚀性能好等特点得到广泛应用。但是铝合金硬度低，耐磨损性能差，虽然有良好的耐蚀性能，在恶劣的服役环境下，如海洋环境，仍然不能满足服役要求。微弧氧化处理铝合金具有良好的耐蚀性，微弧氧化处理可作为铝合金在海洋大气环境的新型防腐方式，如何进一步增强其耐磨损性能是近年来各国关注的重点问题。

（5）铝合高速铁路的棘轮装置

高速铁路的棘轮装置是接触网悬挂系统中使承力索和接触线保持恒定张力的关键装置，需具备强度高、耐腐蚀、少维修、少维护等特点。而镁铝硅合金因其具有密度低、重量轻、强度高、可塑性高以及加工性能良好和价格低廉等特点，被普遍应用于铁路接触网棘轮装置的生产中。随着高速铁路线路的不断延伸和增加，棘轮装置被广泛应用于不同地理环境和气候条件中。在化工企业周边地区，空气中含有盐、碱和酸性等腐蚀性物质的地区、沿海地区，或铁路隧道内的强碱性滴漏区段等恶劣环境区段，对高铁棘轮的耐腐蚀性能提出了更高的要求。

微弧氧化是对高速铁路棘轮零件进行表面处理最实用且理想的一种方法，其可在棘轮表面形成一层致密的氧化陶瓷膜层，该膜层能隔绝镁铝合金与外界水、空气等介质的接触，起到防腐蚀作用，能降低高铁接触网中棘轮装置的维护频率，节约线路日常维护成本，减少生产中金属材料的使用。微弧氧化工艺极大增强了棘轮表面的氧化膜层，提高了棘轮的耐磨性、耐蚀性和美观性。棘轮微弧氧化前后表面的对比如图5-1所示。

图 5-1　棘轮零部件微弧氧化前后对比

经微弧氧化处理后的棘轮在高铁上推广应用，提高了高铁接触网系统的安全性能，增强了棘轮材料的耐磨性及耐蚀性，增强了材料的强度和硬度，极大地提高了材料的耐用性，对高铁安全性能的提高有着极其重要的作用。另外，微弧氧化技术还可更多地应用于高铁接触网其他零部件中，如接触网定位装置、连接装置等，使接触网可更好地适应复杂、恶劣的气候条件，确保列车在恶劣地区的行车安全，降低接触网日常维护成本。

（6）子母弹超硬铝合金微弧氧化技术

北方华安工业集团有限公司采用微弧氧化方式对子母弹弹底进行处理。以弹底作阳极，不锈钢电解槽为阴极，使用双极性交变脉冲微弧氧化电源，采用恒流方式操作。电解液配方为硅酸盐系，温度 20～40℃，处理时间 80～90min。结果经过对微弧氧化膜层外观质量、厚度、附着强度、耐蚀性和耐烧蚀性等各项性能指标检测和靶场射击试验考核，微弧氧化膜层质量明显优于阳极氧化膜，弹底均未出现烧蚀、脱落现象，强度满足要求，高低温开舱可靠，从而证实弹底采用微弧氧化的处理方式可以抵抗火药气体的瞬间高温烧蚀作用，不会影响该子母弹的各项战技指标要求。弹底表面处理方式由原来的硫酸阳极氧化调整为微弧氧化后，各项性能均得到了大幅改善，尤其是抗烧蚀性能得到了飞跃式的提高。通过批量生产考核，膜层质量完全满足产品设计要求。

（7）微弧氧化技术在包装和食品机械中应用

以大连微弧氧化新技术公司在食品机械工程上应用为例：

① 对液下泵中的轴衬、轴套进行微弧氧化处理。轴衬和轴套选用的材料对耐热性、摩擦系数、摩擦相容性、耐磨性在不同的使用场合有不同的要求。通常，液下泵上的轴套选用硬度较高的高铬、高镍合金钢，轴衬选用硬度相对较软的铜、尼龙、聚四氟乙烯等材料。经过试验和研究，铝合金微弧氧化后既能当轴，又能当衬，替代常规轴、衬所使用的材料，见图 5-2（a）。

② 烟机中的烟丝搓纸辊材质由原合金钢改为铝合金微弧氧化。原件材质为 9Cr18MoV，表面淬火处理，硬度 55～60HRC。虽然材料比较好，硬度也较高，但生产使用中仍会很快被磨损。现改为中间部分仍为 9Cr18MoV，镶上 LY12 铝合金套进行微弧氧化处理，不但节约了制造成本，而且使用寿命增加 3 倍以上。见图 5-2（b）。

③ 干冰机设备中的料轮。该件材质为 LY12，原表面是用阳极氧化工艺处理，处理后的工件表面始终达不到设计使用要求（硬度低）。因此，每台设备出厂时需带数个料轮备件。现改用微弧氧化工艺，表面硬度达到设计、使用要求。设备出厂不再附带料轮备件，大大降低制造成本。见图 5-2（c）。

（a）液下泵中的轴衬、轴套　　　（b）烟机中的烟丝搓纸辊　　　（c）干冰机设备中的料轮

图 5-2　微弧氧化在食品机械工程中的应用

5.4.3　铝合金微弧氧化原理

微弧氧化（Micro Arc Oxidation，MAO）又称等离子体电解氧化（Plasma Electrolytic Oxidation，PEO），是用微弧氧化电源给阳极工件施加高电压，使工件与电解液（硅酸盐、铝酸盐、磷酸盐、硼酸盐等）相互发生反应，从而在工件表面发生击穿放电，在高压、强电场等因素的作用下，在预处理后的基材表面原位生长出硬度极高的陶瓷膜层，以达到工件表面强化的目的。采用微弧氧化技术，可在轻金属及其合金（铝、镁、钛等）表面原位生成一层硬度极高的陶瓷质氧化膜。与各种传统的表面处理技术相比，微弧氧化陶瓷膜层与基体以冶金形式结合，故膜基结合十分牢固且结构致密，具有典型的双层结构（内部致密层和外部疏松层）。此外，具有极高的表面硬度和优异的抗磨损、耐腐蚀等性能，其处理成本低廉且对环境无污染，满足了其在高载荷抗磨环境中及诸多特殊部件上的

使用要求。此外，通过调节电解液组分和电参数，可获得不同性能的陶瓷质氧化膜，从而满足不同的工况需求。

微弧氧化过程通常分为 4 个阶段：阳极氧化阶段、火花放电阶段、微弧氧化阶段和弧光放电阶段，但具体的成膜过程与基体材料、电解质和电参数等密切相关，不同反应体系氧化成膜差异较大。微弧氧化的成膜过程是一个化学反应、电化学反应、等离子体反应同时发生的复杂过程。微弧氧化技术具有较高的能量密度，它的工作电压高于发生阳极氧化时所需的电压。材料表面出现微弧放电现象，发生电化学和等离子体化学反应。微弧氧化初期，在试样表面有许多游动的弧点，这表明膜层中有些抗压能力较弱的部分被击穿。铝合金表面氧化膜被击穿后，在击穿部位形成超高温的微区。在这些区域中，膜层局部发生熔融甚至气化。放电通道中，在高温的作用下形成熔融态氧化铝，在弧光消失后，熔融态的氧化铝冷却凝固。微弧氧化初期，发生弧光放电的区域较少，此时击穿力量较小，所以膜层中的微孔较小。随着微弧氧化的时间延长，膜层越来越厚，击穿膜层所需能量增大，膜层越来越不易被击穿。微弧氧化过程中，在高温高压条件下，陶瓷层内部生成熔融态的铝氧化物。这些熔融态的氧化物中有少量氧化物经放电孔洞到达与电解液接触的表面，快速凝固形成陶瓷层。随着反应的进行，膜层不断被击穿，膜层不断生长，陶瓷层膜厚增加。

铝合金的微弧氧化就是将铝合金置于所需的电解液中，通过高压放电作用，使材料微孔中产生火花放电斑点，在电化学、热化学和等离子化学的共同作用下，在其表面形成一层以 $\alpha\text{-}Al_2O_3$ 和 $\gamma\text{-}Al_2O_3$ 为主的硬质陶瓷层的方法。在进行微弧氧化过程中，铝合金是处在阳极状态下的，发生的化学反应如下：

$$Al - 3e^- \longrightarrow Al^{3+}$$

随着时间不断积累，溶液碱性越来越强，当其浓度达到一定值后，Al^{3+} 就会发生如下反应：

$$Al^{3+} + 3OH^- \longrightarrow Al(OH)_3$$

$$Al(OH)_3 + OH^- \longrightarrow Al(OH)_4^-$$

$$2Al(OH)_3 \longrightarrow Al_2O_3 + 3H_2O$$

在氧化过程中，$Al(OH)_4^-$ 在电场力的作用下，向阳极（即工件）表面迁移，$Al(OH)_4^-$ 失去 OH^-，变成 $Al(OH)_3$ 而沉积在阳极的表面，最后覆盖全表面。当电流强行流过阳极表面形成的沉积层时会产生热量，这个过程促进了 $Al(OH)_3$ 脱水转变为 Al_2O_3，Al_2O_3 沉积后在试样的表面形成介电性高的障碍层，即高温陶瓷层。

5.4.4 铝合金微弧氧化工艺

铝合金的微弧氧化工艺过程主要包括铝基材料的前处理、微弧氧化、后处理。其工艺流程如下：铝基工件→化学除油→清洗→微弧氧化→清洗→检验。

MAO 陶瓷膜的制备方法有很多，根据所采用电解液的种类可以分为酸性和碱性氧化法两大类；根据所采用的电源特征可以分为直流氧化法、交流氧化法、脉冲氧化法三类。由于酸性电解液对环境存在较大污染，所以现在常用的电解液均为碱性。

（1）酸性电解液氧化法

这是初期用微弧氧化制备陶瓷膜的方法。Bakovets 等人曾在 500V 左右的电压下以浓硫酸为电解液制成了氧化铝陶瓷薄膜，并对其性能进行了分析研究。另外，采用磷酸或磷酸盐溶液在铝及其合金的表面进行恒流氧化后，经铬酸盐处理，可以获得较厚的氧化膜。

（2）碱性电解液氧化法

碱性氧化法比酸性氧化法对环境的影响小，且在其阳极生成的金属离子还可以转变为带负电的胶体粒子而被重新利用。同时，电解液中其它的金属离子也可以进入膜层，调整和改变膜层的微观结构，使其获得新的特性。目前常用的电解液有：硅酸盐体系、氢氧化钠体系、铝酸盐体系和磷酸盐体系，其中以硅酸盐体系最为常见。刘文亮等曾在氢氧化钠、铝酸盐、硅酸盐和磷酸盐等几种溶液体系中分别对 LY12 铝合金进行微弧氧化，结果发现在磷酸盐和硅酸盐体系中，微弧氧化膜生长较快。Vladimir Malyschev 研究表明，微弧氧化膜在碱性电解液中有部分溶解，所以试验研究通常采用呈弱碱性电解液。

（3）直流氧化法

20 世纪 30 年代初期有关研究发现在高压电场下，浸在某种电解液里的金属表面出现火花放电现象，可生成氧化膜。此技术最初采用直流模式，主要应用在镁合金的防腐性能研究上。

（4）交流氧化法

20 世纪 70 年代中后期，苏联科学院无机化学研究所开始了微弧氧化研究，采用交流电源模式，使用的电压比火花放电阳极氧化的电压高，并称之为微弧氧化，后来发展为不对称交流电源。

（5）脉冲氧化法

现在，脉冲交流电源应用得较多，因为脉冲电压特有的针尖作用，使得微弧氧化膜的表面微孔相互重叠，膜层质量好。微弧氧化过程中，通过正、负脉冲幅度和宽度的优化调整使微弧氧化层性能达到最佳，并能有效地节约能源。

5.5　铝及铝合金的化学镀处理

化学镀是一种赋予铝及铝合金表面良好性能的工艺手段，是铝及铝合金理想的表面改性技术之一。它不仅使其耐蚀性、耐磨性、可焊性和电接触性能得到提高，镀层与铝基体间结合力好，镀层外观漂亮，而且通过镀覆不同的合金，可以赋予铝及铝合金各种新的性能，如磁性能、润滑性能、钎焊性能等。

化学镀的发展史主要就是化学镀镍的发展史。1844 年，A. Wurtz 发现金属镍可以从金属镍盐的水溶液中被次磷酸盐还原而沉积出来。化学镀镍技术的真正发现是在 1944 年，美国国家标准局的 A. Brenner 和 G. Riddell 研究清楚了形成涂层的催化特性，发现了沉积非粉末状镍的方法，使化学镀镍技术工业应用有了可能性。在国外其真正应用于工业是在 20 世纪 70 年代末 80 年代初，现在美国、日本、德国的化学镀镍已经十分成熟，在各个工业领域得到了广泛应用。我国的化学镀镍工业化生产起步较晚，但近几十年的发展十分迅速，和国外先进技术的差距逐渐缩小，在石油、机械、电子工业领域得到了大规模应用。

5.5.1　铝合金化学镀镍

5.5.1.1　化学镀镍原理

化学镀镍磷合金是一种在不加电流情况下，利用还原剂在活化零件表面上自催化还原沉积得到镍磷镀层的方法。以次磷酸钠为还原剂的化学镀镍磷工艺，其反应原理中普遍被接受的是原子氢理论和氢化物理论。

原子氢理论是 1946 年 Brenner 和 Riddell 提出的，他们认为还原镍的物质实际上就是原子氢，其过程可分为：

① 化学沉积镍磷合金镀液加热时不起反应，而是通过金属的催化作用，次亚磷酸根在水溶液中脱氢而形成亚磷酸根，同时放出初生态原子氢，即

$$H_2PO_2^- + H_2O \longrightarrow HPO_3^{2-} + 2H_{ad} + H^+$$

② 初生态原子氢被吸附在催化金属表面上而使其活化，使镀液中的镍阳离子还原，在催化金属表面上沉积金属镍。

$$Ni^{2+} + 2H_{ad} \longrightarrow Ni + 2H^+$$

③ 在催化金属表面上的初生态原子氢使次亚磷酸根还原成磷。同时，由于催化作用使次亚磷酸根分解，形成亚磷酸根和分子态氢，即

$$H_2PO_2^- + H_{ad} \longrightarrow H_2O + OH^- + P$$

$$H_2PO_2^- + H_2O \longrightarrow HPO_3^{2-} + H_2\uparrow + H^+$$

④ 镍原子和磷原子共沉积，并形成镍磷合金层。

$$3P + Ni \longrightarrow NiP_3$$

氢化物理论是由 Hersch 提出的，1964 年被 Lukes 改进。该理论认为，次磷酸钠分解不是放出原子态氢，而是放出还原能力更强的氢化物离子（氢的负离子 H^-），镍离子被氢的负离子还原。在酸性镀液中，$H_2PO_2^-$ 在催化表面上与水反应；在碱性镀液中，镍离子被氢负离子还原，即氢负离子 H^- 同时可与 H_2O 或 H^+ 反应放出氢气，同时有磷还原析出。

5.5.1.2 铝合金化学镀镍特点

铝及铝合金属于化学镀镍的难镀基材，所以在其基体上进行化学镀有其自身的特点：

① 铝是一种化学性质比较活泼的金属，在大气中易生成一层薄而致密的氧化膜，即使在刚刚除去氧化膜的新鲜表面上，也会重新生氧化膜，严重影响镀层与基体的结合力。

② 铝的电极电位很低（−1.56V），易失去电子，当浸入镀层时，能与多种金属离子发生置换反应，析出的金属与铝表面形成接触性镀层。这种接触性镀层疏松粗糙，与基体的结合强度差，严重影响了镀层与基体的结合力。

③ 铝属于两性金属，在酸、碱溶液中都不稳定，往往使化学镀过程复杂化。

由此可知，要在铝及铝合金制品上得到良好的化学镀镍层，最关键的是结合力问题，而结合力取决于镀前处理。因此，对于铝及其合金来说，镀前处理是十分重要的。

5.5.1.3 铝合金化学镀镍方法

国内外对铝合金化学镀镍按前处理方法的不同分为 3 类：浸锌-预镀层法，预化学镀镍法，直接化学镀镍。目前在工业中广泛采用的是浸锌-预镀层法。一般采用二次浸锌，经典的浸锌镀镍工艺主要缺点是工序较多，操作比较繁琐；镀镍层在潮湿的腐蚀性环境中，将受到横向腐蚀，最终导致镀层剥落。预镀镍法对比浸锌法，简化了工序，减少了污染，具有一定的实用价值，但操作工序仍然繁琐，同时还存在结合力和耐蚀性差的问题。所以，研究直接化学镀镍工艺，进一步简化工序，提高镀层的结合力和耐蚀性，具有很大的应用价值。

（1）浸锌-预镀层法

目前认为比较成熟可靠的铝及铝合金化学镀镍的工艺多采用浸锌-预镀层法，即传统的二次浸锌前处理工艺。其流程为：除油→浸蚀→第一次浸锌→硝酸退除→第二次浸锌→碱性化学预镀镍→酸性化学镀镍→烘烤。由于铝的电极电势较负，极易氧化，在化学除油、酸浸蚀等工序中铝试件表面易重新形成很薄的氧化膜，经化学镀后往往形成疏松的金属沉积层，其结合力差，无使用价值。因此在化学镀之前，先进行两次浸锌预处理以达到理想的效果，使化学镀正常进行，这也是该工艺最关键的步骤。研究发现，进行一次浸锌处理效果不佳，退除第一次浸锌预处理时所形成的粗糙的锌层后，使铝件表面呈活化状态，再进行第二次浸锌处理，可获得均匀、细致的锌层，增强了基体金属的结合力，利于化学镀的顺利进行。

铝基体表面化学镀镍产生缺陷的可能原因有三方面：首先，基体的表面状态是影响化学镀镍质量的重要因素，铝合金化学成分和不同的加工工艺都会影响基体的表面状态；其次是工件的表面处理，包括除油、酸洗、碱蚀、浸锌等步骤，浸锌溶液中的锌离子浓度、络合剂和溶液使用时间的长短都是影响镀层质量的因素；最后，化学镀镍溶液的工艺参数对镀层质量都是有影响的，如 pH 值、添加剂、镀液的使用周期等。

该工艺存在的缺点：

① 工艺操作程序烦琐。从除油、酸洗至整个前处理工序，需要十二道工序，然后再进行二次化学镀镍磷合金工艺，加上后处理工序，完成全部操作有二十道工序之多。

② 设备多，材料及能源消耗大，操作时间长，成本高，而且镀件质量难以保证，出现质量隐患的概率高。

③ 除浸锌层对镀液有污染外，在潮湿的环境中，锌还会构成腐蚀电池的阳极，锌层将受到横向腐蚀，最终导致镍层剥落。

铝及铝合金化学镀镍工艺包括镀前处理、化学镀镍和镀后处理等工序。这些工序的安排应符合基体材料的差异和产品设计性能要求。镀前处理工艺要因材而异，要针对不同的材料，采用不同的前处理工艺。其主要的区别是：对一般的不含硅或含硅量很低的铝合金，在酸出光工序中采用 1:1 HNO_3 水溶液即可；对于含硅量较高的铝合金，在该工序后还应增加浓酸处理。同样，在通常使用的二次浸锌工艺中，不含硅或含硅量很低的铝合金对浸锌的要求不太高，而对于含硅量较高的铝合金却较适合含镍的浸锌液，以便尽快引发化学镀镍反应。此外，在镀前处理工艺中，化学除油液中应尽量避免或减少使用氢氧化钠和硅酸钠，以免影响后续工序。具体镀前处理详见 5.1 节。

（2）预化学镀镍法

虽然浸锌法可以在一定程度上避免生成会严重影响镀层与基体间结合力的接触性镀层，但这种工艺过程复杂，生产周期长，而且表面置换出来的锌层在随后化学镀时会溶解于镀液中，毒化镀液并缩短镀液的寿命。同时，使用这种工艺时会在镀层与基体间形成一层影响镀层结合强度及耐蚀性能的锌夹层。

预镀镍法的发展促进了铝合金预处理技术的发展，它避免了浸锌法的各种缺点，同时还简化了铝合金的预处理工艺。在预镀镍法工艺中，控制好配合剂与 Ni^{2+} 的摩尔比、镀液的 pH 值等关键的工艺条件，可以获得优良的施镀效果。预镀镍法有两种浸镍液，酸性浸镍液和条件化处理液。

在酸性条件下的浸镍反应机理是，当铝试样清洗干净后进入酸性预镀镍溶液中，有如下反应发生：

$$Al_2O_3 + 6H^+ \Longrightarrow 2Al^{3+} + 3H_2O$$

当铝的氧化膜溶解后，暴露新鲜的铝表面于溶液中，于是铝与溶液中的 Ni^{2+} 接触并发生置换反应，生成的镍沉积在铝表面：

$$2Al + 3Ni^{2+} \Longrightarrow 3Ni + 2Al^{3+}$$

条件化处理液工艺：其处理溶液中含有适量的配合剂和缓蚀剂，具有酸性或碱性腐蚀介质，这种处理液能够进一步去除表面氧化膜，并且配合溶解氧化物中的各种离子，使基体铝充分裸露出来，能有效防止氧化膜的再形成，从而可使铝合金表面保持充分的活化状态。

经过浸镍后的铝合金，一般还需要放在预镀液中预镀。在预镀液中加入适量配合剂，使镍离子得到充分配合并形成稳定的配合物后，减小置换反应的速率，使预镀反应在较慢的速度下进行，从而获得致密、均匀的与基体结合良好的镍沉积层。还有一种闪镀的预镀镍方法，闪镀的镀速很快，是一种快速的化学镀镍新方法，类似于电镀中的大电流冲击镀，这种方法能够大大提高镀层的结合力。

（3）直接化学镀镍

近些年来，随着铝合金表面处理工艺的革新，铝合金化学镀镍工艺进一步简化，由"表面清洗→浸镀→预化学镀镍→直接化学镀镍"，发展为"表面清洗→活化液处理→直接化学镀镍"。活化液一般分为有机活化液和无机活化液。

对有机活化液的研究方面，蒙铁桥分析了铝和钛在性质上相似的原因，把铝和钛的处理方法结合应用，根据配合处理这一思路，采用两组活化液进行二次活化处理铝合金表面，进一步简化工艺，获得的镀层与基体的结合力强。

有机活化液由硫酸镍、配合剂、缓冲剂等组分构成。张天顺等研究了一种新型铝合金的活化液配方，该活化液能有效除去氧化膜，使其铝合金基底表面活化。还可以防止铝合金在随后的操作中不会再一次被氧化，从而保证了化学镀镍的顺利进行。这种有机活化液可由配合剂、镍盐、乙醇、无机酸、表面活性剂等构成。

对无机活化液配方的研究方面，王向荣等做了许多工作，他针对铝合金的表面容易氧化的特点，对铝合金用一种无机酸溶液进行处理后，再进行直接化学镀镍，研究了对化学镀镍反应沉积速度的影响较大的主盐、还原剂、配合剂、pH 值等因素，获得了适度效果好的工艺配方。化学镀镍后获得了表面均匀、耐蚀性好、结合力强的 Ni-P 合金镀层。

5.5.1.4 铝合金化学镀镍配方

（1）化学镀镍体系

化学镀镍体系的配方主要包括主盐、还原剂、络合剂、加速剂、稳定剂、缓冲剂等。它们在镀液中各自起着不同的作用，对沉积速度、镀液的稳定性、镀层的磷含量等有着重要的影响。

① 主盐：化学镀镍溶液中的主盐是镍盐，它的主要作用是提供沉积所需的镍离子。常用的镍盐有硫酸镍、氯化镍、醋酸镍、碳酸镍、硼酸镍、次磷酸镍等。

② 还原剂：还原剂的主要作用是在化学镀反应中提供还原镍离子所需要的电子。

③ 络合剂：化学镀镍溶液中除了主盐与还原剂外，最重要的组成部分就是络合剂。化学镀液性能的差异、寿命长短等主要决定于络合剂的选用及其搭配关系。络合剂的作用主要有以下几点：

a. 防止镀液析出沉淀，增加镀液稳定性并延长使用寿命；

b. 提高沉积速度；

c. 提高镀液工作的 pH 值范围；

d. 改善镀层质量。

④ 稳定剂：化学镀溶液是一个热力学不稳定体系，当出现局部过热、pH 值过高、存在杂质等影响因素时镀液中就会出现一些活性微粒催化核心，使溶液发生自催化反应，造成 Ni-P 合金直接沉积在溶液中，并且随着沉淀量的增加，溶液分解加剧。稳定剂的主要作用就是抑制镀液的自发分解，使施镀过程能够顺利进行。

⑤ 缓冲剂：由于化学镀过程中有 H^+ 产生，致使镀液 pH 值随着施镀进行而有所减小，沉积速率也随之降低。缓冲剂能保持施镀过程中 pH 值不至于变化太大。

⑥ 加速剂：加速剂的主要作用是提高镀速，它主要能使次磷酸根中的 H-P 键能减弱，加速脱氢，增加 $H_2PO_2^-$ 的活性。

⑦ 其它组分：化学镀镍镀液中根据需要还可加入表面活性剂、光亮剂等添加剂。它们主要起到加速气体溢出、改善沉积环境、提高镀层质量等作用。

⑧ 温度和 pH 值：温度是影响化学镀镍的主要因素，温度变化过大，会影响镀层的沉积速度、磷分布的均匀性、应力和孔隙率等。化学镀过程与 pH 值密切相关，pH 值对于化学镀过程和镀层的结构与性能的影响是至关重要的。

⑨ 其它工艺条件：在化学镀过程中还存在其他一些对施镀有一定影响的因素，具体如下。

a. 搅拌及位置。在化学镀过程中反应主要集中在试样周围，尽管存在着溶液的对流，但适当的搅拌会使反应产物迅速离开试样表面，保持镀液浓度的稳定，有利于提高镀速，保证镀件质量。在放置镀件时，为使各个部位都能不受影响、均匀地沉积上镍-磷合金，应尽量避免镀件间距离过小，同时还应尽量避免放置后出现不利于气体排出的死角。

b. 装载比。装载比是指镀件施镀面积与使用镀液体积之比。施镀时适当的装载比会使施镀过程取得最佳效果，达到性价比的最佳值。因此在施镀中应根据镀件的大小和面积配置镀液，做到镀液经济实用。

c. 杂质。在镀液的配置及使用过程中，不可避免地要向镀液中带入一些杂质及有害离子，当它们的浓度超过一定值时将严重影响化学镀过程，因此在选用试剂、配制及使用镀液过程中应尽量注意避免带入过多杂质，造成对镀液的污染。

d. 镀液老化及废液处理。化学镀过程是一个消耗组分的过程，可以通过向镀液中补加所消耗的组分来维持镀液的效用，但随着施镀过程时间的增长，镀液中各组分浓度已严重偏离原始比例，镀液将老化失效。因此在化学镀过程中应该及时添加或更换镀液。当镀液失效时，由于镀液中存在大量化学离子，有些甚至是有毒有害的成分，因此应合理处置化学镀废液，避免造成环境污染或人员伤害。

（2）化学镀镍配方

① 高温化学镀镍工艺　铝及铝合金酸性及碱性镀镍工艺规范见表 5-12 和表 5-13。

表 5-12　铝及铝合金酸性化学镀镍工艺规范

成分含量及工艺条件	配方 1	配方 2	配方 3	配方 4
硫酸镍（$NiSO_4 \cdot 6H_2O$）/(g/L)	30	23		
硼酸（H_3BO_3）/(g/L)	15	24		
次磷酸钠（$NaH_2PO_2 \cdot H_2O$）/(g/L)	15~20			
乙酸钠（NaAc）/(g/L)		15	HK-350A[①]：	MT877A[①]：
柠檬酸钠（$Na_3C_6H_5O_7$）/(g/L)		10	60mL/L	120mL/L

续表

成分含量及工艺条件	配方 1	配方 2	配方 3	配方 4
乳酸($C_4H_6O_3$)/(g/L)		27	HK-350B[①]：	MT-877B[①]：
琥珀酸($C_4H_6O_4$)/(g/L)		20	150mL/L	150mL/L
pH 值	4.8～5.5	4.7	4.8～5.2	4.2～4.8
温度/℃	70～90	95～97	85～90	85～90
适用范围	铸铝合金	铝及铝合金	铝及铝合金	铝及铝合金

① 为南京海波和广州美迪斯生产的镀镍溶液名。

表 5-13　铝及铝合金碱性化学镀镍工艺规范

成分含量及工艺条件	配方							
	1	2	3	4	5	6	7	8
硫酸镍($NiSO_4 \cdot 6H_2O$)/(g/L)	30	30		25				
氯化镍($NiCl_2 \cdot 6H_2O$)/(g/L)			22		21	30		
次磷酸钠($NaH_2PO_2 \cdot H_2O$)/(g/L)	10	30	25	25	12	7.5		
柠檬酸钠($Na_3C_6H_5O_7$)/(g/L)	100			30	45	72		
焦磷酸钠($Na_4P_2O_7 \cdot 10H_2O$)/(g/L)		60	50	10			HK-352A[①]：	MT-886Mn[①]：
氯化铵(NH_4Cl)/(g/L)	50			30			150mL/L	100mL/L
氨水($NH_3 \cdot H_2O$ 25%)/(mL/L)			20				HK-352B[①]：	MT886A[①]：
三乙醇胺/(mL/L)		100					60	100
pH 值	8.5～9.5	10～11	11.5	9	9～10	10	8.5～9	8.5
温度/℃	90～95	30～35	20～30	30	78～82	82～88	87～92	45

① 为南京海波与广州美迪斯生产的镀镍溶液名。

② 中低温化学镀镍工艺　铝合金大多数酸性化学镀镍配方温度一般在 80～95℃，虽然高温镀镍镀速很高，但是能耗高、镀液不稳定、易分解。如果低温（＜60℃）施镀，镀速很慢，很难达到 10μm/h 以上的镀速，不能生产出合格的产品来，达不到生产要求。因此，研究在 68～72℃ 的中温化学镀镍具有重要的实际意义。中低温化学镀镍规范见表 5-14。

表 5-14　铝及铝合金中低温化学镀镍工艺规范

成分含量及工艺条件	配方 1	配方 2	配方 3	配方 4
硫酸镍($NiSO_4 \cdot 6H_2O$)/(g/L)	25	30	40	
氯化镍($NiCl_2 \cdot 6H_2O$)/(g/L)			40～60	
次磷酸钠($NaH_2PO_2 \cdot H_2O$)/(g/L)	25	30	25	30～60
焦磷酸钠($Na_4P_2O_7 \cdot 10H_2O$)/(g/L)	50	60		
柠檬酸钠($Na_3C_6H_5O_7$)/(g/L)			20	60～90
三乙醇胺/(g/L)		100	25	
氯化铵(NH_4Cl)/(g/L)				20～35
氨水($NH_3 \cdot H_2O$ 25%)/(g/L)	30～50			
碳酸钠(Na_2CO_3 25%)/(g/L)			4	
羟基乙酸钾($KC_2H_3O_3 \cdot 3H_2O$)/(g/L)				10～30
pH 值	10～11	9.5～10.5	9.2	5～6
温度/℃	60～70	30～35	45～50	60～65
沉积速度/(μm/h)	15	10		

5.5.1.5　铝合金化学镀镍应用

由于化学镀镍层具有优异的性能（如硬度、均匀性、耐磨性及耐蚀性等），可以大大改善铝质零件的使用性能，扩大它的应用范围。化学镀镍层有许多有用的功能特性，施镀于各种铝质零件后可以赋予铝合金表面这些功能特性，提高零件的利用价值和延长使用寿命，获得可观的经济效益。

（1）塑料模具

这一应用主要使用化学镀镍层的耐磨、耐蚀性，可以作为需要耐磨、耐蚀性的大量铝制机械零件的代表。塑料挤压模常用铝制造，镍-磷镀层有较高的硬度和耐蚀性，可为铝制模具解决磨损和易腐蚀的问题，镀层厚度通常为 $15\mu m$ 左右。我国日化行业用的铝制唇膏模，近年来也采用化学镀镍表面处理。

（2）电气连接元件

航空电子设备需要大量可靠的铝制圆接头，为了使它有良好的耐蚀性和耐磨性，需要化学镀镍，这一应用的镀层厚度为 $15\sim30\mu m$，要通过 96h 盐雾试验和许多次模拟拆装。在电子工业的许多应用中，还要求镀层可焊、厚度均匀、能镀深孔、小孔、导电性好、阻挡铝离子扩散、无磁性等。这些应用可以看作化学镀镍层用于电气和电子工业铝质零件的代表。

（3）计算机硬盘

硬磁盘制作中的关键一步是在铝基底和磁性记录薄膜之间进行化学镀镍。由于磁盘的工件特点，对这层镀层有很高的要求。镀层必须是高质量的且可以抛至很高的光洁度，在整个盘面不允许有超过 25nm 的表面缺陷；镀层要有足够的硬度，以使质地较软的铝合金基底在工作时不产生变形；镀层应有极好的耐蚀性，确保铝合金基底不被腐蚀，从而使盘片有很长的工作寿命；镀层还必须无磁性，以保证不干扰磁盘的正常工作。化学镀高磷镍-磷镀层能全部满足这些要求。20 世纪 80 年代，化学镀镍已经成功地应用于计算机磁盘的大批量生产中。电子元件业铝合金化学镀镍的应用见表 5-15。

表 5-15　电子元件业铝合金化学镀镍的应用

应用部位	基体	镀层厚度/μm	应用目的
计算机传动机构	铝合金	18	耐磨、耐蚀
底座	铝合金	12	耐蚀、易钎焊
记忆磁盘	铝合金	25	耐磨、耐蚀
散热片	铝合金	10	耐蚀、易钎焊
电子元件	铝合金	2.5~18	耐蚀、易钎焊
计算机机械外壳	铝合金	12	耐磨、耐蚀、无磁性

（4）光学反射镜

宇航和军事工业中要用到各种金属反射镜，它们都是用铁、铝等金属制成，这种反射镜都采用高磷镍-磷镀层作镜面镀层，镀层可以抛到极高的光洁度。光学应用中除要求镀层有很好的可抛光性外，还要求镀层硬度高、耐腐蚀、耐变色（保持光亮）、内应力低、热胀系数要与基底材料相配等。镍-磷镀层已经成功地在这一领域发挥重要作用。用于宇航和空间研究的有人造卫星工况模拟装置中直径 7m、重 15t 的铝质大型反射镜、卫星图像反射镜、望远镜等，用于军事工业的有坦克后视镜激光反射镜、坦克火控系统反射镜等。

（5）汽车零部件

由于汽车设计正在向轻型化、节能化和多品种化发展，铝合金在汽车工业中的应用与日俱增，应用范围不断扩大。目前汽车轮毂用铝合金一般要经过化学镀镍，以提高其耐磨性。目前采用化学镀镍保护汽车零部件（如轮毂、齿轮、制动活塞、散热器、喷油嘴和铝制电子连接元件等）已经成为一种普遍的方法。

5.5.2 铝合金化学镀钴

迄今为止，化学镀的研究焦点已由当初的化学镀镍辐射到了多种金属与合金的镀覆工艺及原理的研究，如化学镀 Cu、Co、Ag 及 Sn 等。钴的标准电位为 $-0.28V$，比镍负，所以化学镀钴要比化学镀镍困难。虽然化学镀钴的反应早被 Brener 等人与化学镀镍一起发现，但并未引起人们多大的兴趣，化学镀钴是随着计算机中对磁记录材料的需求提高而发展起来的。化学镀钴层的美观性、耐蚀性、硬度和耐磨性不如化学镀镍层，其最大优点是具有强磁性，钴是少数磁化一次就能保持磁性的金属之一。在热作用下失去磁性的温度（居里点），铁为 769℃，镍为 358℃，钴可达 1150℃。Co 具有适合高密度磁记录的磁性能，尤其是 Co-P 合金膜，它的磁性能可以通过镀液组成及工艺参数变化予以调整。Co-P合金膜的矫顽力因晶粒大小、取向及膜厚等不同可在很宽范围内变化，所以化学镀钴在磁性材料领域具有比较广泛的应用前景。

Ni-Co-P 三元合金镀层是一种高密度磁性膜层，该合金兼具了 Ni-P 合金和 Co-P 合金的优点，具有较高的矫顽力、较小的剩磁和优良的电磁转换性能，多用于计算机磁记录系统。这种合金镀层制成的磁盘线密度大，镀膜硬度高，耐磨性好，为磁盘大容量化提供了可能，而且还能增加其使用寿命。Ni-Co-P 合金镀液的主盐是镍盐和钴盐，大多用次磷酸钠作还原剂，在氨水碱性镀液中，以柠檬酸盐和酒石酸盐为络合剂，铵盐为缓冲剂，就可沉积出 Ni-Co-P。

国内外已有学者研究在钢铁等材料上用化学镀制备镍钴磷合金镀层，由于铝合金亲氧性强以及催化性弱，以铝及铝合金为基体的研究尚不多见。杨二冰等人采用氢氧化钠作为pH 值调节剂，通过正交试验确定了在铝合金基体上化学镀 Co-Ni-P 的工艺条件：温度为85℃，硼酸 5g/L，$c(H_2PO_2^-)/c(Ni^{2+}+Co^{2+})$ 摩尔比 3，$c(Ni^{2+})/c(Co^{2+})$ 摩尔比2，络合剂 170g/L，加速剂 8g/L，pH 值为 8.5。试验通过极差分析找到了对镀速影响显著的 4 个因素并进行了镀层的性能测试。胡佳等人同样研究了铝硅合金基体化学镀 Ni-Co-P 镀层的工艺对镀层性能的影响。通过正交试验，得出镀液 pH 值、硫酸镍、硫酸钴以及次磷酸钠的含量对镀层厚度、硬度和成分的影响规律，发现：增大镀液 pH 值、增加硫酸镍含量、次磷酸钠含量适中、降低硫酸钴含量，有利于增加镀层膜厚；增大镀液 pH 值、硫酸镍和次磷酸钠含量适中、降低硫酸钴含量，有利于提高镀层硬度。

Co-Fe-P 合金镀层也有较好的电磁性能，镀层的矫顽力和合金中的铁含量有密切关系，通常随镀层中铁含量增加，矫顽力明显下降。Co-W-P 合金薄膜材料具有良好的耐蚀性、耐磨性和磁性，可以在不改变剩磁条件下提高矫顽力。Co-Ni-W-P 合金镀层，其磁性要比 Co-Ni-P 合金和 Co-W-P 合金好得多。Co-Zn-P 合金镀层的磁性比 Co-P 合金好，当Co-Zn-P 合金镀层为 $0.5\mu m$ 时，其矫顽力 $Hc=1080Oe$（Co-P 合金只有 20～50Oe），矩形比为 0.6～0.7。

化学镀 Co-Cu-P 合金是以化学镀 Co-P 合金为基础，通过加入铜离子化学沉积 Co-Cu-P 三元合金。由于铜的加入，合金的导电性变好，并有极低的残磁性，可用于金属材料的表面防护、制作磁盘磁记忆底层及电磁屏蔽层等。

5.6　铝合金封孔处理

5.6.1　阳极氧化涂层的封孔处理

　　铝合金阳极氧化膜呈多孔层结构，有较强的吸附能力和化学活性，尤其是处在腐蚀性环境中时，腐蚀介质容易渗透膜孔引起基体腐蚀。因此，经阳极氧化后的铝合金均需经过封闭（封孔）处理以提高氧化膜的耐蚀、绝缘和耐磨等性能，并减弱它对杂质或油污的吸附能力。

　　封孔处理方法按封孔原理可分为填充封孔和反应封孔。

　　填充封孔：这类封孔主要采用一些惰性物质，如熔化状态的脂类、凡士林、石蜡，或一些成膜性能优良的液态物质、油漆、干性油等。这类封孔以固体成分直接填充在氧化膜孔隙中来达到封孔的目的。这类封孔的特征是：封孔物质不和氧化膜内的铝氧化物发生化学反应，同时自身也不发生化学反应。这一方法操作过程比较复杂，且对安全防火有较高要求，同时在封孔前需要对封孔铝工件进行干燥处理，不便于规模量产，所以这一方法目前很少使用，只有在对耐蚀性有特殊要求时才会采用。

　　反应封孔：这类封孔是采用水、无机盐水溶液对氧化膜的孔隙进行封闭的处理方法。这类封孔方法的特征是：封孔介质和氧化膜的铝氧化物及水发生化学反应，使孔隙内氧化物吸水膨胀或封孔剂中金属离子水解生成不溶性物质沉积在孔隙内共同完成封孔过程。这一方法由于操作简单，易于控制，是目前采用得最多的方法。下面主要介绍水合封孔法、重铬酸盐和硅酸盐封孔法、水解盐封闭法和有机物封闭法等。

　　（1）水合封孔

　　水合封孔的本质是水合反应，是将阳极氧化处理后的样品置于沸水中，利用氧化物同沸水反应形成金属的氢氧化物或氧化物沉淀，沉积在孔洞中从而将孔洞填充起来的方法。反应进程见下式：

$$Al_2O_3 + nH_2O \longrightarrow Al_2O_3 \cdot nH_2O$$

　　这种水合反应结合水分子的个数为 1 个或 3 个，与反应温度有关。温度低于 80℃时，氧化膜中的 Al_2O_3 与 H_2O 结合生成拜耳体 $Al_2O_3 \cdot 3H_2O$，这种结合是可逆的。在 80℃以上的中性水中，Al_2O_3 与 H_2O 结合生成勃姆体 $Al_2O_3 \cdot H_2O$。

　　由于勃姆体的密度（3014kg/m³）比氧化铝（3420kg/m³）的小，故反应后体积增大 33% 左右，堵塞了氧化膜的孔隙。如果生成的是拜耳体，其体积会增大 100%，但是耐蚀性和稳定性差，具有可逆性，水温越低可逆性越大。

　　① 热水封孔。采用热水封孔时，对水质的要求较高。对封孔质量影响最大的杂质及允许上限浓度见表 5-16。

表 5-16　封孔中有害杂质及允许上限浓度

影响最大的有害杂质	SO_4^{2-}	Cl^-	PO_4^{3-}	F^-	SiO_3^{2-}
最高允许浓度/(mg/L)	100	50	15	5	5

　　为了维护水的质量，延长使用寿命，经阳极氧化后的工件在封孔前应进行充分清洗，最好是采用纯水进行清洗。生产实践证明，用蒸馏水进行封孔效率最高，特别是 pH 值在 5.5～6、水温在 100℃时，封闭 30min 几乎可达到 100% 的封闭效率。如用接近中性的自来水进行封闭，即使是在最理想的封闭温度下，也只能取得 80% 的封闭效

率，而蒸馏水在80℃时就可以取得良好的封闭效果。但采用中性蒸馏水封闭，在工件表面容易产生"雾"，影响表面光亮度，采用微酸性的蒸馏水可得到良好的封闭效果。调节方法：可在水中加入 $0.003\sim0.01g/L$ 磷酸氢二铵和 $0.006\sim0.01g/L$ 硫酸调节，最好用醋酸来调节。热水封闭工艺条件：温度 $95\sim100℃$，时间 $10\sim30min$，pH 值 $5.5\sim6$，封孔速度 $2\sim3min/\mu m$。在沸水中也可添加适量的三乙醇胺或在封孔之前先将工件浸渍在3%左右的三乙醇胺溶液中数分钟（温度30℃左右），再进行热水封孔，可节约2/3的时间。

② 蒸汽封孔。蒸汽封孔是将阳极氧化后的工件在有一定压力的水蒸气中进行封孔的一种方法。水蒸气封孔对压力并没有严格的要求，但温度要保证在100℃以上，否则将失去蒸汽封孔的意义。温度越高，压力越大，封孔速度也越快，但过高的温度会影响膜层的硬度和耐磨性。温度设置应在设备承受范围之内。

水蒸气封孔的效果比热水封孔更好，但成本较高，只适用于要求较高的装饰铝工件。与热水封孔相比，蒸汽封孔速度快，效果好，耐蚀性好，对水质和 pH 值的要求低于热水封孔，并且"粉霜"现象较为少见。蒸汽封孔还可以防止染料在水中的流色现象，加压蒸汽对氧化膜有压缩作用，可提高氧化膜层致密性。蒸汽封闭工艺条件：温度 $100\sim110℃$，压力 $0.05\sim0.1MPa$，封孔速度 $4\sim5min/\mu m$。需要进行二次氧化着色的产品，第一次氧化着色后的封闭采用蒸汽封孔，在脱氧化膜进行二次氧化时表面均匀，质量更容易保证。

（2）重铬酸盐和硅酸盐封孔

重铬酸盐封孔利用了重铬酸盐的强氧化性，其在较高温度下与氧化膜作用，生成碱式铬酸铝或碱式重铬酸铝，其反应如下：

$$2Al_2O_3+3K_2Cr_2O_7+5H_2O\longrightarrow2Al(OH)CrO_4\downarrow+2Al(OH)Cr_2O_7+6KOH$$

在封孔过程中，氧化膜多孔层中的氧化铝同时也会和热水作用生成一水合氧化铝和三水合氧化铝，这些都会对铝氧化膜的微孔起到封闭作用。

对于在高温环境下使用的铝件，经过重铬酸盐封闭的氧化膜层比采用其他方法封闭的氧化膜层防开裂性能要好。这可能是由于重铬酸盐封闭过程中产生的水合物较少，生成的封闭层在高温下体积收缩小，故不容易形成裂纹；而其他方法封闭的氧化膜其水合物较多，高温时水合产物脱水收缩率较大，使氧化膜容易开裂而形成裂纹。

重铬酸盐封孔防护性能好，对压铸铝及含铜较高的硬铝合金有良好的封孔质量，但六价铬毒性大，除特殊需要外已很少采用。常用的重铬酸盐封孔工艺见表5-17。

表 5-17　常用重铬酸盐封孔工艺方法

	材料名称	化学式	含量/(g/L)	
			配方1	配方2
溶液成分	重铬酸钾	$K_2Cr_2O_7$	$12\sim17$	$50\sim60$
	无水碳酸钠	Na_2CO_3	$2\sim6$	—
操作条件	pH 值		$6\sim7$	$6\sim6.5$
	温度/℃		$80\sim95$	$80\sim95$
	时间		根据膜层厚度而定	

硅酸盐封闭的氧化膜层耐碱性特别优良，适合在碱性环境下使用的铝件。硅酸盐封孔工艺方法见表5-18。

表 5-18　硅酸盐封孔工艺方法

溶液成分	材料名称	化学式	含量/(g/L)
	硅酸钠	Na_2SiO_3 （$Na_2O:SiO_2=1:3.3$）	30～60
操作条件	pH 值		7.5～8.5
	温度/℃		85～100
	时间		根据膜层厚度而定

（3）水解盐封孔

水解盐由镍、钴的硫酸盐或醋酸盐的水溶液组成，其中以醋酸盐应用得最多。在 80℃以上，利用镍、钴金属离子渗透到氧化膜孔隙中后发生水解作用，生成相应的氢氧化物沉淀，填充在孔隙内从而达到封孔的目的。其封孔化学反应如下：

$$Ni(Ac)_2+2H_2O \longrightarrow Ni(OH)_2\downarrow+2HAc$$
$$Co(Ac)_2+2H_2O \longrightarrow Co(OH)_2\downarrow+2HAc$$

这些氢氧化物几乎是无色透明的，由于这些镍、钴金属离子还能与某些有机染料分子形成络合物，所以染色后的工件用这种方法封闭后色调和色度有轻微变化，使颜色稳定。这种方法特别适用于防护装饰性氧化膜经着色后的封闭处理。

水解盐封孔结合了热水封孔和氟化镍封孔的优点。水解盐封孔大多在 80℃以上，因此在封孔过程中同样有勃姆体的生成，同时生成镍的氢氧化物。勃姆体和镍的氢氧化物的共沉积可以更好地封闭氧化膜的多孔层，勃姆体和镍的氢氧化物对提高阳极氧化膜层的耐蚀性具有协同作用，所以，水解盐的封孔质量比热水封孔及氟化镍封孔都好。

水解盐封孔对水质的要求比热水封孔低，杂质允许量更宽，这样可以适当降低水质标准，延长溶液的使用寿命，降低生产成本。但镍盐对环境和操作人员有一定的危害。水解盐封孔工艺条件见表 5-19。表中抑灰剂可防止封孔后工件挂灰。可用于抑灰剂的材料有胺类、羟基羧酸、萘磺酸盐、甲醛、尿素等。水解盐封孔和热水封孔后的水洗可先在热水中清洗，然后再用冷水清洗。

表 5-19　水解盐封孔工艺方法

	材料名称	化学式	含量/(g/L)	
			配方 1	配方 2
溶液组成	醋酸镍	$Ni(Ac)_2 \cdot H_2O$	4.2～5	—
	醋酸钠	$NaAc \cdot 3H_2O$	4.8	5.5
	醋酸钴	$Co(Ac)_2 \cdot H_2O$	0.7～1	0.1～0.3
	抑灰剂	—	1～2	1～2
	硼酸	H_3BO_3	—	3.5
操作条件	pH 值		4.5～5.5	4.5～5.5
	温度/℃		80～85	80～85
	时间/min		15～20	15～20

（4）有机物封孔

有机物封孔技术是由美国科学家在 20 世纪 90 年代中期首先提出的。有机物封孔不仅利用多孔氧化膜对有机酸的物理吸附作用，而且利用有机酸与氧化膜发生的化学作用，从而生成一种铝皂类化合物将氧化膜微孔封闭。当氧化膜出现裂纹时，有机酸可在铝基体表面与氧化膜生成铝皂类化合物，对铝合金基体起到保护作用，这种功效相当于六价铬在铝阳极氧化膜中的修复功效。一般来说，有机物封闭最适合用于室内使用的染色膜的封孔，这些有机物包括硬脂酸、壬二酸、苯并三氮唑-5-羧酸及其衍生物，用异丙醇或 N-甲基吡咯烷酮作为溶剂，可以作为阳极氧化的封孔剂。这种封孔方法没有发生水合作用，有机酸与氧化膜反应，形成疏水的脂肪酸铝充填到微孔中，使得耐蚀性明显提高。用硅油封闭硬质阳极氧化膜，可以提高阳极氧化的电绝缘性；硅脂封闭，用于制造无尘表面；脂肪酸和高温油脂封团，用于制造红外线反射器，防止波长为 $4\sim6\mu m$ 的红外线吸收损失。还有许多有机封闭剂被开发出来，在特定的条件下可以选用。

5.6.2 微弧氧化涂层的封孔处理

同阳极氧化涂层的特点相似，微弧氧化受生长特性决定，涂层表面存在大量微米尺度的放电残留微孔。这些微孔为腐蚀介质穿透涂层、渗入到涂层/基体界面提供了通道，是诱发基体材料腐蚀的潜在缺陷。放电残留微孔的存在严重影响了微弧氧化涂层的寿命和防腐效果。为了消除放电微孔的不良影响、提高微弧氧化涂层的耐蚀性能，需要对微弧氧化涂层进行封孔。

关于微弧氧化工艺的研究很早就有报告。俄罗斯科学家 Yerokhinl 等人在 1998 年已经通过微弧氧化方法在用于摩擦技术的铝合金基体表面制备出厚度为 $165\sim190\mu m$、硬度为 $18\sim23GPa$ 的微弧氧化层，从而提高了铝合金基体的表面硬度。印度科学家 G. Sundararajan 等人在 2003 年采用不同氧化时间进行铝合金微弧氧化，研究微弧氧化时间对膜层的形成动力学、粗糙度、显微硬度以及微孔的尺寸和密度的影响，并成功描述了铝合金基体上微弧氧化层的形成机制以及实验现象。

Liu Li 等人在 2016 为了提高铝合金阳极氧化膜的耐蚀性能，他们采用磷酸盐对其进行封孔处理。研究结果表明，磷酸盐封孔处理后能在阳极氧化膜表面形成约为 $15\mu m$ 厚的致密磷酸盐涂层。与常规沸水和铈盐封孔处理相比，磷酸盐封孔处理的阳极氧化膜具有更好耐蚀性和时效性。郭彦飞等人在 2014 年采用溶胶-凝胶封孔方法对 6063 铝合金阳极氧化膜进行封孔处理并研究封孔处理对氧化膜性能的影响，结果表明，阳极氧化铝合金经过封孔处理后，溶胶固化层在铝合金阳极氧化膜表面平整，氧化膜上的孔洞都被溶胶固化填充和覆盖。另外，经过封孔处理后阳极氧化膜的耐蚀性和耐磨性都获得明显提高。叶作彦等人采用 SiO_2 溶胶、铬酸盐和稀土铈盐对铝合金微弧氧化膜层进行封闭处理，并研究不同封孔处理方法对微弧氧化层的耐蚀性的影响。研究结果表明，三种封闭处理方法都不同程度地提高微弧氧化膜层的耐蚀性。其中，SiO_2 溶胶封闭处理的微弧氧化膜层能够使 7A85 铝合金基体在酸性 NaCl 溶液中免受腐蚀，而 $Ce(NO_3)_3$ 和 K_2Cr_2O 封闭处理的 MAO 膜层在酸性 NaCl 腐蚀介质中仍然存在腐蚀破坏现象。

王平等人采用常温封孔剂、沸水和硅酸钠三种不同封孔处理方法对铸铝微弧氧化膜进行了封孔处理。采用扫面电镜对膜层在封孔处理前后的表面形貌观察，发现经过封孔处理后膜层表面不同程度地发生变化，其中硅酸钠封孔处理后，膜层表面形貌发生变化最明显；封孔处理使得表面硬度明显下降，可是膜层的耐蚀性获得提高。硅酸钠封孔对膜层表面硬度以及耐蚀性的改善效果最好。

第6章

铝及铝合金的应用

6.1 常用铝合金的典型应用

铝及铝合金具有一系列比其他有色金属、钢铁、塑料和木材等更优良的特性，如密度小，仅为 $2.7g/dm^3$，约为铜（$8.9g/dm^3$）或钢（$7.8g/dm^3$）的 $1/3$，对于航空航天器、船舶、车辆等交通工具及建筑物的轻量化非常有益，同时也可以节省搬动费和加工费，减轻成本；良好的耐蚀性和耐候性；良好的塑性和加工性能；良好的导热性和导电性；良好的耐低温性能，对光、热、电波的反射率高，表面性能好；无磁性；基本无毒；有吸声性；耐酸性好；抗核辐射性能好；弹性系数小；良好的力学性能；优良的铸造性能和焊接性能；良好的抗撞击性。此外，铝材的高温性能、成形性能、切削加工性、铆接性、胶合性以及表面处理性能等也比较好。因此，铝材在航天、航海、航空、汽车、交通运输、桥梁、建筑、电子电气、能源动力、冶金化工、农业排灌、机械制造、包装防腐、电器家具、文体用品等各个领域都获得了十分广泛的应用。以下为 1 至 7 系铝合金的基本特性及主要应用领域。

（1）1×××系铝合金

1×××系铝合金属于工业纯铝，具有密度小、导电性好、导热性高、熔解潜热大、光反射系数大、热中子吸收界面积较小及外表色泽美观等特性。在空气中铝表面能生成致密而坚固的氧化膜，阻止氧的侵入，因而具有较好的耐蚀性。1×××系铝合金用热处理方法不能强化，只能采用冷作硬化方法来提高强度，因此强度较低。

1100 是由纯铝中添加少量的铜元素形成，具有极强的成形加工特性、高耐蚀性与良好的焊接性和导电性。广泛应用于需要有良好的成形性、高耐蚀性且强度要求不高的产品，例如化工设备、食品工业装置与贮存容器、炊具、压力罐、薄板加工件、深拉或旋压凹形器皿、焊接零件、热交换器、钟表面及盘面、铭牌、厨具、装饰品、小五金件等。

（2）2×××系铝合金

2×××系铝合金是以 Cu 为主要合金元素的铝合金，它包括了 Al-Cu-Mg 合金、Al-Cu-Mg-Fe-Ni 合金和 Al-Cu-Mn 合金等，这些合金均属热处理可强化铝合金。

2011 是一种冷拔铝产品，适用于需要高生产力和优良机械加工性的产品。在所有铝合金产品中，因为加入了铅和铋元素，所以它是最具有自由切削性能的合金产品。常应用于汽车油路系统配件、时钟零配件、齿轮、机器零件、管道、有线电视转接头、照相机零件、仪表轴、国防产品、工业连接器和里程计的零件中。当提高生产效率是关键的时候，对于中等强度产品应选择 T3、T451 状态，能够在较小强度时提供极佳的深度钻孔性能。如果需要强度较大，则应用 T8 状态。

2024 是铝-铜-镁系中的典型硬铝合金，其成分比较合理，综合性能较好。很多国家都生产这个合金，是硬铝中用量最大的。该合金的特点是：强度高，有一定的耐热性，可用作 150℃ 以下的工作零件。温度高于 125℃ 时，2024 合金的强度比 7075 合金的还高。热状态、退火和新淬火状态下成形性能都比较好，热处理强化效果显著，但热处理工艺要求严格。耐蚀性较差，但用纯铝包覆可以得到有效保护；焊接时易产生裂纹，但采用特殊工艺可以焊接，也可以铆接。广泛用于飞机结构、铆钉、卡车轮毂、螺旋桨元件及其他各种结构件。

（3）3×××系铝合金

3×××系铝合金是以 Mn 为主要合金元素的铝合金，属于热处理不可强化铝合金。它的塑性高，焊接性能好，强度比 1×××系铝合金高，而耐蚀性能与 1×××系铝合金相近，是一种耐腐蚀性能良好的中等强度铝合金，用途广，用量大。

3003 的合金元素为锰，具有极佳的成形加工特性、高耐蚀性、良好的焊接性和导电性，强度比 1100 更高，广泛用于厨具、食物及化工产品处理与贮存装置、运输液体产品的槽、罐、以薄板加工的各种压力容器与管道、热交换器、铆钉、焊丝、洗衣机缸体等。

（4）4×××系铝合金

4×××系铝合金是以 Si 为主要合金元素的铝合金，工业上不常用，其大多数合金属于热处理不可强化铝合金，只有含 Cu、Mg 和 Ni 的合金才可以通过热处理强化。该系合金由于含 Si 量高、熔点低、熔体流动性好，并且不会使最终产品产生脆性，因此主要用于制造铝合金焊接的添加材料，如钎焊板、焊条和焊丝等。另外，由于该系一些合金的耐磨性能和高温性能好，故也被用来制造活塞及耐热零件。含硅 5% 左右的合金，经阳极氧化上色后呈黑灰色，因此适宜作建筑材料以及制造装饰件。该系部分合金的应用如下：

4A11——锻件活塞及耐热零件；

4A13——板材、板状和带状的硬钎焊料，散热器钎焊板和箔的钎焊层；

4A17——板材、板状和带状的硬钎焊料，散热器钎焊板和箔的钎焊层；

4032——锻件活塞及耐热零件；

4043——线材和板材铝合金焊接填料，如焊带、焊条、焊丝；

4004——板材钎焊板、散热器钎焊板和箔的钎焊层。

（5）5×××系铝合金

5×××系铝合金是以 Mg 为主要合金元素的铝合金，属于不可热处理强化铝合金。该系合金密度小，强度比 1×××系和 3×××系铝合金高，属于中高强度铝合金，疲劳性能和焊接性能良好，耐海洋大气腐蚀性好。为了避免高镁合金产生应力腐蚀，对最终冷加工产品要进行稳定化处理，或控制最终冷加工量，并且限制使用温度（不超过 65℃）。该系合金主要用于制作焊接结构件和应用在船舶领域。

5052 的主要合金元素为镁，具有良好的成形加工性能、耐蚀性、焊接性、中等强度，用于制造飞机油箱、油管以及交通车辆、船舶的钣金件、仪表、街灯支架及铆钉、五金制品、电器外壳等。

5083 是铝-镁系防锈铝中的典型合金。其性能是：优良的焊接性和良好的抗蚀性、可加工性、耐低温性合理地相结合。加工特点是：不可热处理强化。其抗拉强度在铝-镁系合金中仅次于 5056，其焊接接头强度可与退火状态的基体强度相等，且耐蚀可靠。随着温度的降低，基体金属和焊接接头的抗拉强度、屈服强度、伸长率均随之升高，低温韧性也良好。用于需要有高的耐蚀性、良好的可焊性和中等强度的场合，诸如舰艇、汽车和飞机板焊接件，需严格防火的压力容器、制冷装置、电视塔、钻探设备、交通运输设备等。

（6）6×××系铝合金

6×××系铝合金是以 Mg 和 Si 为主要合金元素并以 Mg_2Si 相为强化相的铝合金，属于热处理可强化铝合金。合金具有中等强度、耐蚀性高、无应力腐蚀破裂倾向、焊接性能良好、焊接区腐蚀性能不变、成形性和工艺性能良好等优点。当合金中含铜时，合金的强度可接近 2×××系铝合金，工艺性能优于 2×××系铝合金，耐蚀性变差，有良好的锻造性能。该系合金中用得最广的是 6061 和 6063 合金，它们具有最佳的综合性能和经济性，主要产品为挤压型材，是最佳挤压合金，该合金多用作建筑型材。

6061 合金的主要合金元素是镁与硅，并形成 Mg_2Si 相。若含有一定量的锰与铬，则可以抵消铁的不利作用；有时还添加少量的铜或锌，以提高合金的强度，而又不使其耐蚀性有明显降低。6061-T651 合金是经过热处理预拉伸工艺生产的高品质铝合金，其强度虽不能与 2×××系或 7×××系相比，但其镁、硅合金特性多，加工性能极佳，具有优良的焊接性能及电镀性、良好的耐蚀性，韧性高且加工后不变形，材料致密无缺陷，易于抛光、上色膜容易，氧化效果极佳。代表用途包括航天固定装置、电器固定装置、通信领域，也广泛应用于自动化机械零件、精密加工、模具制造、电子及精密仪器、SMT、PC板焊锡载具等。

6020 是一种冷拔铝产品，适用于对可加工性和耐蚀性要求高的产品。6020 合金具有良好的接合性和氧化反应性能——采用 UltrAlloy6020 加工的部件适合所有类型的阳极氧化涂层。

美铝 UltrAlloy6020 具有 A 级加工性，不含铅，能产生易断裂的切屑和优异的表面效果。这些特征有助于提高生产效率和增加利润。使用单点或多点金刚石刀具在自动车床上加工合金 6020 时，不必使用切屑分离器。

T8 状态具有很好的控制残余内应力，可以用于加工后对尺寸控制要求高的产品，优异的整体尺寸公差控制可在加工过程中最大程度减少浪费。该产品适用于制动主气缸和刹车活塞、连接器、自动变速箱阀体、AC 充电器和配件以及各种液压零件，广泛用于汽车业、液压和电子工业。

美铝 UltrAlloy6020 具有与其他 6×××系列合金相似的耐蚀性，几乎没有压力腐蚀断裂。跟所有铝合金产品一样，其与不同金属（如钢），直接接触时能产生电化腐蚀，所以要谨慎对待。焊接 UltrAlloy6020 时，建议使用填充合金 4047 进行同种或异种合金的焊接。钎焊时，建议使用填充合金 4145。

6082 主要用于机械结构方面，包括棒材、条材、管材和型材等。这种合金具有和6061 合金相似但不完全相同的力学性能，其 T6 状态具有较高的机械特性。合金 6082 在欧洲是很常用的合金产品，在美国也有很广的应用，适用于加工原料、无缝铝管、结构型材和定制型材等。6082 合金通常具有很好的加工特性和很好的阳极反应性能。最常用的阳极反应方法包括去除杂质、去除杂质和染色、涂层等。合金 6082 综合了优良的可焊性、铜焊性、耐蚀性、可成形性和机械加工性。合金 6082 的 O 和 T4 状态适用于弯曲和成形的场合，其 T5 和 T6 状态适用于有良好机械加工性要求的场合，有些特定加工需要使用切屑分离器或者其他特殊的工艺帮助分离切屑。

6262 合金是一种冷拔形成的具有高强度的自动车床用和高耐蚀性的铝合金材料。作为含铅和铋的有高自由加工性的两种合金中的一种，6262 综合了良好的加工性、强度、高耐蚀性和优异的氧化处理等特点。其 T9 状态主要应用于对加工性能要求较高的零部件，比如汽车自动变速箱传动阀、制动活塞和空调设备。该产品还可以用于 CATV 的连接器、铰链销、照相机零件、电视和三脚架配件、耦合器、船舶、装饰材料和把手、磁发电机零件、螺母、石油传输管配件、滚轴滑冰鞋、家电配件、蒸汽熨斗部件、阀门和阀门组件等。

（7）7×××系铝合金

7×××系铝合金是以 Zn 为主要合金元素的铝合金，属于热处理可强化铝合金。合金中加 Mg，则为 Al-Zn-Mg 合金，该合金具有良好的热变形性能，淬火范围很宽，在适当的热处理条件下能够得到较高的强度，焊接性能良好，一般耐蚀性较好，有一定的应力腐蚀倾向，是高强可焊的铝合金。Al-Zn-Mg-Cu 合金是在 Al-Zn-Mg 合金基础上通过添加 Cu 发展起来的，其强度高于 2×××系铝合金，一般称为超高强铝合金，该合金的屈服强度接近于抗拉强度，屈强比高，比强度也很高，但塑性和高温强度较低，宜作常温、120℃以下使用的承力结构件，合金易于加工，有较好的耐蚀性和较高的韧性。该系合金广泛应用于航空和航天领域，并成为这个领域中最重要的结构材料之一。

7050 铝合金是一种高纯度的 Al-Zn-Mg-Cu 系合金，具有高强度、高韧性及抗应力腐蚀性能好等特点，是重要的航空材料。

7075 合金是 7×××系中商用性最强的合金之一，向含 3%～7.5% 锌的合金中添加镁，可形成强化效果显著的 $MgZn_2$，使该合金的热处理效果远远胜过铝-锌二元合金。提高合金中的锌、镁含量，抗拉强度会得到进一步提高，但其抗应力腐蚀和抗剥落腐蚀的能力会随之下降。经受热处理后合金能到达非常高的强度特性。该系材料一般都会加入少量铜、铬等合金，该系当中以 7075-T651 铝合金为上品，被誉为铝合金中最优良的产品，其强度高，远胜任何软钢，并且此合金具有良好的力学性能，代表用途有航空航天、模具加工、机械设备、工装夹具等，特别用于制造飞机结构及其他要求强度高、耐抗腐蚀性能强的高应力结构体。

6.2 铝合金在仪器仪表中的应用

铝和铝合金在航空工业、电气工业、化学工业及日用器皿等方面应用很广泛。同样，在仪器仪表工业、电气工业上也是非常重要的。目前大多数仪器仪表、电子设备的结构件均采用铝或铝合金材料，既保证了强度，又减轻了重量。

6.2.1 仪器仪表工业中铝及铝合金结构件的性能

铝及铝合金对氧具有很强的亲和力，在常温下，金属铝表面很快形成一层致密的氧化层，保护内部的铝不再继续氧化，因而在潮湿的空气中能抵抗大气腐蚀。在仪器仪表上，铝制件广泛采用表面处理等方法。

下面几组图说明了铝的某些性能，而这些性能与仪器仪表制造有很重要的关系。从图6-1 中可以看出铝和钢之间的刚度-质量关系。以钢的质量为 100％，图中铝 A 说明了若保持钢和铝的厚度一样，则铝的质量大概只是钢的 1/3。为了保持相同的刚度，只有增加铝的厚度（即增加截面积），从图例铝 B 中看到相同刚度时，铝的质量只是钢的质量的 60％还不到。

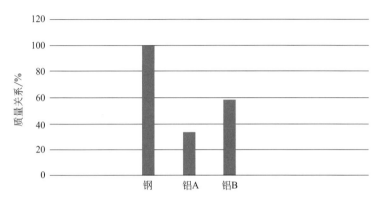

图 6-1　铝及其合金与钢的质量关系
铝 A 厚度与钢一致，铝 B 刚度与钢一致

如果钢和铝截面积相同，则钢的材料破断力（材料破坏断裂时的作用力）要比铝的大，要维持相同的破断力，只能增加铝的截面积。图 6-2 是使钢和铝的破断力保持一致时它们的质量关系（以钢的质量为 100％）。即使是工业纯铝在相同的破断力情况下，它的质量还比钢轻（此时工业纯铝的厚度是钢的 3 倍），一般受力的零部件不使用工业纯铝制造。对于可以热处理强化的铝合金，当它们的破断力和钢一样时，其质量只是钢的 50％还不到。而对于仪表工业上来说，减轻质量是一个重要的衡量产品性能的指标。

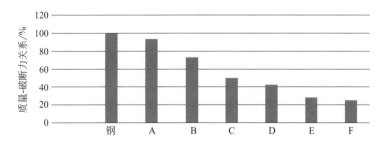

图 6-2　钢和铝合金质量-破断力关系比较（以钢的质量为 100％）
A—工业纯铝；B、C—不可热处理强化的铝合金；D—铝镁硅合金（淬火＋稳定化处理）；
E—铝铜合金（淬火＋冷加工）；F—铝锌合金（淬火＋稳定化处理）

仪器仪表零件所受的力一般来说不会太大，因此更适宜采用铝及铝合金。相反地采用钢作结构件材料就显得太笨重。在考虑导电性能时，往往要涉及铝的导电性能，相同体积（截面积）下铝的导电性能比不上铜。但是，铝导电性能已经能够满足需要了。如果把铝的截面积增加，使铝和铜的质量一致，此时铝的电阻就远小于铜。图 6-3 中相同质量（不同横截面积）情况下，工业纯铝的导电性能几乎是铜的二倍。目前集成电路的引出线大量地采用了铝丝。由于导电性能和导热性能基本相似，图 6-3 和图 6-4 也定性的反映了铝的导热性能。目前仪表仪器上或电子设备上大功率晶体管的散热器就是采用铝制作的。

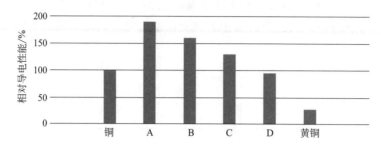

图 6-3　铜和铝合金相同质量时的相对导电性能（以铜的导电性能为 100％）
A—工业纯铝；B—铝镁合金；C—铝镁硅合金；D—铝锌合金或铝铜合金

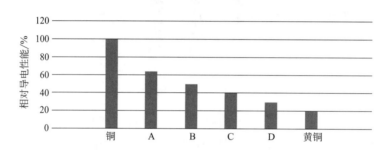

图 6-4　铜和铝合金相同体积时相对导电性能（以铜的导电性能为 100％）
A—工业纯铝；B—铝镁合金；C—铝镁硅合金；D—铝锌合金或铝铜合金

6.2.2　仪器仪表工业中铝及铝合金结构件的特点

铝及铝合金在仪器仪表及电子设备上应用很广泛。例如集成电路的引出线是铝丝，因为铝的熔点低，真空蒸发性能好。光学仪器上的镜面就是采用真空镀铝制成，甚至目前的产品铭牌也有用在涤纶薄膜上真空镀铝的方法来制造的。仪器仪表或电子设备的结构件，首先要具备一定的强度和刚度，因为它就像仪器仪表的骨架，其它部件如印刷电路板、仪表表头、旋钮等都安装在上面，也就是说它是一个受力的部件；但是又要使重量减轻，因为很多仪器仪表是携带式的，重量大了根本不能携带，即使是非携带式仪器仪表也是重量轻一些好。总的说来就是仪器仪表的结构件既要保证强度、刚度，又要减轻重量。当然采用铝及铝合金是最合宜的了，就这点而论和航空工业有相同之处。

但是，仪器仪表结构件总的说来受的力是小的，而且绝大部分时间处于静负荷的状态，因此也没有必要强调强度核算。在实际使用中仪器仪表结构件因为断裂或疲劳而引起破坏的情况是很少的，常见的是因为塑性变形而造成的仪器仪表故障。因为仪器仪表的特点就是小而精密，仪表内部结构紧凑。某一部件发生了塑性变形，就必然引起故障（如表头卡死、指针偏转），故在考虑仪表结构件时，主要是应考虑结构件的刚度（当然刚度本身就涉及材料的强度），结构件的刚度差就会造成整个结构变形。在设计仪表关键结构件时，例如电表表头的支持件，就要特别考虑 $\sigma_{0.2}$ 屈服强度这个指标（条件屈服极限，指拉力试验时材料残留变形达 0.2% 时的应力值）。$\sigma_{0.2}$ 是考核材料产生塑料变形的主要指标（此时材料已不符合虎克定律）。因为这些关键性的结构件只要产生一些塑性变形，就会使表头卡死并引起故障，故选择铝合金时就要考虑 $\sigma_{0.2}$ 这个指标。例如：工业纯铝（退火态板材）$\sigma_{0.2}$ 为 3kg/mm^2，而硬铝 LY12 淬火自然时效的型材 $\sigma_{0.2}$ 为 35kg/mm^2，相差很大，设计选材时要认真考虑。

上面提到一般仪表结构件都在静负荷的作用下，但是在设计时仍要考虑冲击负荷。冲击负荷在设计航空仪器仪表时常被考虑，但是在设计一般的仪器仪表、电子设备时往往被忽略，结果造成一些事故。仪器仪表本身工作状态是静负荷的，但是它从生产厂家到用户之间要经过舟车运输，不可避免地会有冲击振动，而这些冲击振动最直接的影响就是材料塑性变形，往往造成仪器仪表到用户手中时已经损坏、电表表头卡住、电子示波器示波管受损伤等问题。当然可以考虑改进包装条件，但最根本的解决方法是改变结构材料。

仪器仪表、电子设备上所用的铝及铝合金结构材料的第二个特点是加工方便，有时候会根据材料的易加工性能来决定材料的选择，这点也不同于航空工业。航空工业上选择铝及铝合金首先是要保证材料的性能，为此不惜用各种特殊的复杂的加工方法，而仪器仪表工业本身对材料的力学性能要求不是十分严格，为了生产上方便，往往更多地考虑材料的加工性能。当然铝及铝合金本身的机械加工性能好，一般切削加工没有什么问题，铸造铝合金的铸造性能也不错，主要考虑的是铝板材冲压成形（铝板材冲压成形的结构件在仪器仪表上采用得很多）的加工性能，一般来说工业纯铝的冲压加工性能比硬铝好，从生产加工的角度看往往采用工业纯铝。

第三个特点为仪器仪表工业所涉及铝和铝合金的品种比较单一，覆盖面比较窄。我国生产的铝及铝合金品种很多，有高纯铝（L0 系列）、工业纯铝（L 系列）、防锈铝合金（LF 系列）、硬铝（LY 系列）、锻铝（LD 系列）、超硬铝（LC 系列）、特殊铝（LT 系列），仪器仪表工业上所涉及的仅为工业纯铝（L 系列）、防锈铝合金（LF 系列）、硬铝（LY 系列），还有就是铸造铝合金（ZL 系列）。表 6-1 为仪器仪表工业中常用的铝及铝合金。

表 6-1　仪器仪表工业中常用的铝及铝合金

合金名称	常用型号	用途
工业纯铝	L2、L4、L5、L6	仪器仪表铭牌，受力不大的各种结构件，形状较复杂的冲压件
防锈铝合金	LF2、LF6、LF21	电子工业中各种型材
硬铝	LY11、LY12	电子工业中各种型材，受力大的各种结构件
铸造铝合金	ZL-7	仪器仪表底座，形状复杂适于铸造（或压铸）的零件，刚度要求大的零件

在仪器仪表工业上对铝及铝合金的表面处理很重要。这里有两个作用，首先是保护作用，即防止腐蚀，这对仪器仪表尤为重要，某些部分的局部腐蚀往往会影响整个设备的性能。第二个就是装饰性，因为仪器仪表的外观一般要求美观大方。一般说来，仪器仪表、电子设备上的铝及铝合金的零部件成形后，总要经过表面处理喷漆、阳极氧化等步骤。在选择铝及铝合金材料时，对它们的表面处理也应该考虑到。不同材料有不同表面处理工艺，有时为了照顾表面处理的难度而不得不更改铝合金的型号。

6.3 铝合金在建筑行业中的应用

6.3.1 建筑用铝合金材料的现状及发展趋势

建筑用铝材主要用于建筑物构架、屋面和墙面的围护结构、骨架、门窗、吊顶、饰面、遮阳，保存粮食的仓库，盛酸、碱和各种液态、气态燃料的大罐，蓄水池的内壁及输送管路，公路、人行桥和铁路桥梁的跨式结构、护栏，特别是通行大型船的江河上的可分开式桥梁，市内立交桥和繁华市区横跨街道的天桥，建筑施工脚手架、踏板和水泥预制件模板，等等。

铝及铝合金在建筑业上的应用已有 100 多年的历史。第二次世界大战后，尤其是在 20 世纪 60 年代第二次工业革命浪潮中，由于新理论、新技术、新工艺的出现与发展，铝的消费对象由军工业转向建筑及轻工等民用工业，铝建筑结构材料不断完善，掀起了铝在建筑行业上应用的高潮。图 6-5 为 2020 年部分国家和地区建筑用铝消耗量。

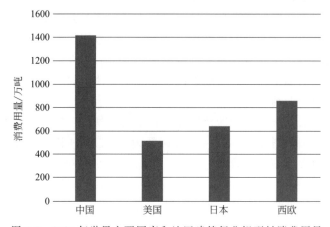

图 6-5　2020 年世界主要国家和地区建筑行业铝型材消费用量

在许多国家里，建筑业是铝材的三大消费点之一（容器包装业、建筑业、交通运输业），其用量占世界总消费量的 20% 以上。

建筑业使用的铝材主要是 Al-Mg-Si 系的 6063 和 6061 合金挤压型材，近年来低成分 Al-Zn-Mg 合金（7003 和 7005）挤压型材也在推广应用；板材主要是 Al-Mn 系的 3A21 和 3004 合金冷轧板以及工业纯铝板。近年来，5005 等低镁铝合金冷轧板在建筑装饰方面也获得广泛应用。

1983 年联邦德国首先使用了隔热铝合金门窗。随后在欧洲的大部分地区迅速推广，目前在工业发达的国家已很普及。这种铝门窗框配上中空双层玻璃，大大提高了门窗的保温性能，既节省能源，隔音效果又好。我国建筑物上也开始采用隔热铝门窗，与木质、钢质和塑料门窗相比，目前铝合金门窗仍占绝对优势。

在建筑上采用铝合金结构件可以达到以下目的：

① 可以减轻建筑结构的质量；

② 减少运输费用和建筑安装的工作量；

③ 提高结构的使用寿命；

④ 可以改善高地震烈度地区的使用环境；

⑤ 扩大活动结构的使用范围；

⑥ 改善房屋的利用条件；

⑦ 保证高的建筑质量；

⑧ 提高低温结构工作的可靠性。

因此国内外建筑师越来越多地采用铝合金作为建筑结构材料，特别是在大型会议室、展览中心、体育场馆、飞机场、各种车站等大型现代建筑中，铝合金件被广泛用作桁架、立柱、大梁、支臂、肋条等受力结构。在建筑墙面时，也用作混凝土浇灌模板等。

6.3.2　建筑业常用铝合金及结构类型

6.3.2.1　建筑业常用铝合金及使用状态

6061 和 6063 铝-镁-硅系合金是当代建筑业广泛使用的铝合金。据统计，国外6063 合金型材中用于门、窗、玻璃幕墙的占该系合金型材的 70%，占所有铝及铝合金型材的 80%。此外，建筑铝结构用铝合金有铝-镁系、铝-锰系、铝-铜-镁-锰系、铝-镁-硅-铜系、铝-锌-镁-铜系等多个系列铝合金。常见的建筑铝结构用铝合金牌号及状态见表 6-2。

表 6-2　常见的建筑铝结构用铝合金牌号及状态

结构	合金性质		合金牌号、状态
	强度	耐蚀性	
围护设施	低	高	1035、1200、3A21、5A02M
	高	高	6061T6、6063T5、3A21M、5A02M
半承重结构	低	高	3A21M、5A02M、6A02T4
	中	高	3A21M、5A02M、6A02T4、6A02T6、6A02-1T4、6A02-2T4
	高	高	5A05M、5A06M、6A02-1T6、6A02-2T6
承重结构	中	中、高	2A11T4、5A05M、5A06M、6A02T6、2A14T6、6A02-1T6
	高	中、高	2A14T6、6A02-2T6、2A14T4、7A04T6、2A12T4

6.3.2.2　建筑业常用铝合金的结构类型

建筑铝结构有三种基本类型，即围护铝结构、半承重铝结构及承重铝结构。

（1）围护铝结构

这是指各种建筑物的门面和室内装饰广泛使用的铝结构。通常把门、窗、幕墙、护墙、隔墙和天棚吊顶等的框架称为围护结构中的线结构；屋面、天花板、各类墙体、遮阳装置等称为围护结构中的面结构。线结构使用铝型材，面结构使用铝薄板，如幕墙板、平板、波纹板、压型板、蜂窝板和铝箔等。窗、门、护墙、隔墙和天花板的框架及玻璃幕墙和铝板幕墙等线结构所用铝材是挤压型材，型材断面形状和尺寸不仅应符合强度和刚度要求，还应满足镶装其他材料（如玻璃）的要求。薄铝板可以同型材一起使用，例如用作屋顶和带筋墙板、花纹板、压型板、波纹板、拉网板等。

围护铝结构所使用的铝合金型材一般是 Al-Mg-Si 系合金（6061、6063、6063-1、6063-2）。目前，低合金化的 Al-Zn-Mg 系合金也得到了推广使用。

（2）半承重铝结构

随着围护结构尺寸的扩大和负载的增加，一些结构需起到围护和承重的双重作用，这类结构称为半承重结构。半承重铝结构广泛用于跨度大于 6m 的屋顶盖板和整体墙板、无中间构架屋顶、盛各种液体的罐、池等。

（3）承重铝结构

从单层房屋的构架到大跨度屋盖都可使用铝结构作承重件。从安全和经济技术的角度考虑，往往采用钢柱和铝横梁的混合结构。例如，英国的一个飞机场的飞机库是全铝结构，由几个跨度为 66.14m 的双铰框架组成，朝阳面高 13.5m，屋顶用铝板或型材制作，东墙整体用铝板制作，西墙和南墙有可拉开的铝大门，尺寸为 61m×13.2m，用铝量为 27.5kg/m^2。比利时的安特卫普的一个库房的骨架是由钢-铝混合框架制作的（见图 6-6），采用铝件的原因是严重的海洋性气候和地下土质松软要求减小结构质量，铝型材尺寸为 250m×3m，由 14 个双铰格式框架组成横梁，立柱用钢铁，框间距为 20m，跨度为 80m，用铝量为 17kg/m^2。

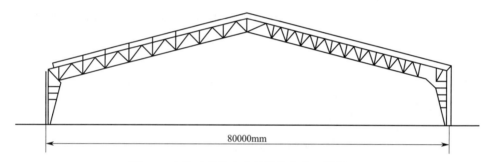

80000mm

图 6-6　安特卫普的库房的结构方式（横断面）

6.4　铝合金在交通运输中的应用

6.4.1　汽车工业的发展特点

6.4.1.1　世界汽车工业的发展概况

汽车工业早已成为发达国家和地区国民经济的支柱产业，并带动着冶金、石化、机械、电子、城建等许多相关产业的迅速发展。目前全世界汽车保有量已逾 15 亿辆，年产 1 亿量以上，其中 77% 以上为轿车产品，如图 6-7 所示为 2010 年至 2017 年全球汽车年产量。

6.4.1.2　我国汽车工业的发展概况

我国的汽车工业始于 1953 年（第一汽车制造厂破土兴建），1956 年生产出第一批解放牌载重汽车，1957 年又研制出我国第一辆"东风"牌轿车，到 1992 年全国汽车产量首次突破百万辆。

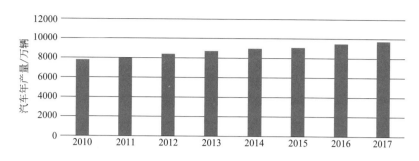

图 6-7　2010 年至 2017 年全球汽车年产量

据中国汽车工业协会统计，2020 年全年我国汽车工业实现产量 2522.5 万辆，销量为 2531.1 万辆。其中，乘用车产销分别为 1999.4 万辆和 2017.8 万辆。截至 2020 年末，中国的汽车保有量为 2.8 亿辆，超过美国 2.7 亿辆，排名世界第一。表 6-3 为我国 2009 年至 2020 年汽车产量和增长率，值得一提的是我国的新能源汽车从 2009 年的零产量增加到 2020 年的 136.7 万辆，实现了大幅度的增长。

表 6-3　中国 2009 年至 2020 年汽车产量和增长率

年份	生产量/万辆			年份	生产量/万辆		
	汽车	同比增长/%	新能源汽车		汽车	同比增长/%	新能源汽车
2009	1379.1	47.6	—	2015	2450.33	3.3	34.04
2010	1826.47	32.4	—	2016	2811.88	14.8	51.70
2011	1841.89	0.8	0.84	2017	2901.54	3.2	79.40
2012	1927.18	4.6	1.26	2018	2780.54	−4.2	125.41
2013	2211.68	14.8	1.75	2019	2572.07	−7.5	123.93
2014	2372.29	7.3	7.85	2020	2522.5	−2	136.7

6.4.1.3　汽车工业的现代化及其对材料的要求

汽车工业的发展和应用的普及与能源、环保与安全这三大问题息息相关。虽然汽车作为社会发达与现代化的标志，带来了社会进步和繁荣，但同时也带来了能源、环保、交通、土地等一系列问题。这些都需要汽车工业自身和相关行业共同研究探索，以求得解决。为此，汽车行业多年来一直从汽车产品自身结构设计、制造材料的选用和制造工艺等方面着手，努力开发研制现代化汽车，并特别注重节约能源和改善环境质量，把促进轻量化作为首要解决的问题。

（1）现代汽车的特征

从减少燃料油的消耗以节约能源、降低 CO_2、CO、NO_2 等有害物质的排放量、改善环境质量以及满足人们对汽车产品的安全、可靠、舒适、美观等性能的要求出发，人们提出了现代汽车（也有人称之为"21 世纪汽车""新概念汽车""全铝合金化汽车"等）的特征要求，其主要特点可以归纳为下几点：

① 实现整车框架结构和车体蒙皮全铝合金化；

② 与同种规格车型的钢结构相比，整车质量减轻 30%～40%；

③ 整车结构可靠，可以确保达到抗冲撞、抗弯曲的标准试验要求，具有可靠的安全系数；

④ 其能耗仅为同种车型钢结构车的一半；

⑤ 具有良好的再回收性能，在整车报废以后，汽车铝合金结构框架和附件均可回收再生；

⑥ 由于这种车节省油，废气排出量少，所以对空气的污染程度大幅度降低。

根据以上要求，随着 21 世纪"新概念"汽车时代的到来，我们不难看到，抓紧研究和开发具有卓越性能的铝合金材料、增加品种、提高质量、降低成本，已成为铝加工行业和汽车行业迫在眉睫的新使命。

（2）铝合金材料是促进汽车轻量化的最佳选择

铝合金及其加工材料具有一系列优良特性，诸如密度小、比强度和比刚度高、弹性好、抗冲击性能优良、耐腐蚀、耐磨、高导电、高导热、易表面着色、加工成形性良好以及高的回收再生性、储能和节能性等，因此，在工程领域内铝一直被认为是"机会金属"或"希望金属"，铝工业一直被认为是"朝阳工业"。

早期，由于铝的价格昂贵，在汽油既充足又便宜的时代，它被排斥在汽车工业和其他相关制造行业之外。但是到 1973 年，由于石油危机的影响，这种观点完全改变了。为了节约能源，减少汽车尾气对空气的污染和保护日趋恶化的臭氧层，铝合金材料得以迅速地进入汽车领域。目前，汽车零部件的铝合金化程度正在与日俱增。

铝合金材料大量用于汽车工业，无论从汽车制造、汽车运营还是废旧汽车回收等方面考虑，它都会带来巨大的经济效益和社会效益，而且随着汽车产量和社会保有量的增加，这种效益将更加明显。汽车用铝合金材料用量增加后带来的效益主要体现在以下几个方面：

① 明显的减重效益。为了减轻汽车自重，一是可以改进汽车的结构和发动机的设计，二是可以选用轻质材料（如铝合金、镁合金、塑料等），目前汽车行业普遍倾向于利用新的高强度钢材或铝、镁等轻合金材料。在轻质材料中，聚合物类的塑料制品在回收时存在环境污染问题，而镁合金材料的价格和安全性也限制了它的广泛应用。铝合金材料有着丰富的资源，随着电力工业的发展和铝冶炼工艺的改进，铝的产量迅速增加，成本相应下降，铝合金材料更兼有质轻（钢铁、铝、镁、塑料的密度分别为 $7.8t/m^3$、$2.7t/m^3$、$1.74t/m^3$、$1.1\sim1.2t/m^3$）和良好的成形性、可焊接性、耐蚀性和表面易着色性等特点，而且铝合金材料是可最大限度回收利用的材料，目前国外的回收率达到 90% 以上。铝制汽车可以比钢制汽车减重 30%～40%。其中铝制发动机可减重 30%、铝散热器比铜的轻 20%～40%。轿车车身用铝材比用钢材可减重 40% 以上，汽车车轮用铝材可减重 30%。因此，铝合金材料是汽车轻量化最理想的材料之一，具体质量对比见表 6-4。

表 6-4　铝材代替铸铁和钢材零件的质量对比

铝材代替铸铁零件				铝材代替钢材零件			
零件名称	铸铁件 质量/kg	铸铝件 质量/kg	质量比 （铁：铝）	零件名称	钢件质量 /kg	铝件质量 /kg	质量比 （铁：铝）
进气歧管	3.5～18	1.8～9	2：1	前/后操纵杆	1.55	0.55	2.8：1
发动机缸体	80～120	13.5～32	(3.8～4.4)：1	悬挂支架	1.85	0.7	2.6：1
发动机缸盖	18～27	6.8～11.4	(2.4～2.7)：1	转向操纵杆	2.1	1.1	1.9：1
转向机壳	3.6～4.5	1.4～1.8	(2.5～2.6)：1	万向节头	6.95	3.9	1.8：1
传动箱壳	13.5～23	5～8.2	(2.7～2.8)：1	轿车车轮	7～9	5～6	1.4：1
制动鼓	5～9	1.8～3.6	(2.5～3.1)：1	中型车车轮	约17	11～12	1.5：1
水泵壳	1.8～5.8	0.7～2.3	(2.4～2.6)：1	重型车车轮	34～37	24～25	1.45：1
油泵壳	1.4～2.3	0.5～0.9	(2.6～2.8)：1	大客车车轮	约42	23～25	1.75：1

② 可观的节能效果。据资料介绍，一般车重每减轻 1kg，则 1L 汽油可使汽车多行驶 0.11km，或者每行驶 1 万千米就可节省汽油 0.7L，如果轿车用铝合金材料量达 100kg，那么每辆轿车每年可节约汽油 175L。2020 年，我国轿车的社会保有量达 20000 万辆，届时每年可节省汽油 2000 亿升以上，节能效果十分可观。

③ 减少大气污染，改善环境质量。汽车减重的同时，也减少了二氧化碳排放量（车重减少 50%，CO_2 排放量减少 13%）。有人算了一笔账，如果美国的轿车质量减轻 25%，每年将节油 75 万桶，全年的二氧化碳排放量也会相应减少，因而可大大地减少环境污染，提高环境质量。

④ 有助于提高汽车行驶的平稳性、乘客的舒适性和安全性。减轻车重可提高汽车的行驶性能。美国铝业协会指出，如果车重减轻 25%，就可使汽车的加速时间从原来的 10s 减少到 6s；使用铝合金车轮，使振动变小，就可以使用更轻的反弹缓冲器；由于使用铝合金材料是在不减少汽车容积的情况下减轻汽车自重，因而使汽车更稳定，乘客空间变大，在受到冲击时铝合金结构能吸收、分散更多的能量，因而是安全和舒适的。

6.4.2 铝材在汽车工业中的应用与开发

6.4.2.1 现代汽车主要零部件的铝化趋势

汽车运输的范围很广，主要包括重型、大型、中型、轻型和微型卡车运输，公共汽车、豪华大巴、面包车和轻型车客运，高级轿车和小轿车客运，以及各类专用车，如装甲车、战车、运兵车、坦克、消防车、邮电车、槽车和翻斗车、汽车房屋和旅行拖车运输等。汽车运输与铁道（轨道）运输、船舶运输是当今人类赖以生存和发展的三大交通运输产业。

随着人们节能环保意识的日益增强，国家强制要求汽车制造商降低汽车排放。据研究数据显示，汽车每轻量化 10%，尾气排放降低 5%～6%。由此可见，汽车轻量化可以降低排放量，达到节能环保的目的。汽车轻量化一般通过材料轻量化、削减加工余量、削减规格等途径来实现，材料轻量化中铝合金以其重量轻、利用率高、比强度高、工艺较成熟等优点在汽车轻量化中使用占比较大。近年来，汽车轻量化的发展为铝应用提供了广阔的市场空间。相关机构预计，到 2025 年，汽车整车较 2015 年将减重 20%，单车用铝量将达到 250kg；到 2030 年，较 2015 年将减重 35%，单车用铝量将达到 350kg。

经过多年的对比研究，人们得出一致结论：用铝材制作交通运输工具，特别是高速的现代化车辆和船舶，比用木材、塑料、复合材料、耐候钢和不锈钢等更具有科学性、先进性和经济性。因此，自 1980 年以来，铝材在交通运输业上备受青睐，是交通运输业轻量化的理想材料和首选材料。在工业发达国家，交通运输业用铝量占铝总消费量的 30% 以上，其中汽车用铝量约占 16%。铝合金材料主要用于制造汽车、地铁车辆、市郊铁路客车和货车、高速客车和双层客车的车体结构件、车门窗和货架、发动机零件、气缸体、气缸盖、空调器、散热器、车身板、蒙皮板和轮毂等，以及各种客船（如定期航线船、出租游艇、快艇）、渔船和各种业务船（如巡视船、渔业管理船、海关用艇和海港监督艇等）、专用船（如赛艇、海底电缆铺设、海洋研究船和防灾船等）的上部结构、装甲板、隔板、蒙皮板、发动机部件等。此外，集装箱和冷装箱的框架与面板、码头的跳板、道路围栏等也大多用铝材。目前，日、德、美、法等工业发达国家已研制出了全铝汽车、全铝摩托车和自行车、全铝快艇和赛艇以及全铝的高速客车车厢和地铁车辆、全铝集装箱等，交通运输业已成为铝合金材料的最大用户。铝合金材料正在部分替代钢铁而成为交通运输工业的基础材料。

6.4.2.2　铝合金在汽车上的应用优势

① 汽车轻量化，节能降耗，有利环保。

② 汽车铝合金零部件回收再利用率高。

③ 安全舒适。铝合金汽车是在不降低汽车容量的情况下减轻汽车自重，车身重心减低，汽车行驶更稳定、舒适。由于铝合金材料性能及车身构造能充分吸收撞击时的能量，故而更加安全。

④ 减少工序，提高装配效率。铝合金汽车整体构架，焊点少，减少了加工工序。铝合金整体车身比钢铁焊接车身约轻 35%，且无需防锈处理，只有 25%～35% 的部件需点焊，因而可大幅度提高汽车的装配效率。

⑤ 提高燃油效率，加大载重能力。

6.4.3　铝质车辆的特点及其经济性分析

目前用于制造铁路车辆的主要材料是含铜耐磨钢（SS41，SPAC 等）、不锈钢（SuB-304）或 301 不锈钢等和多种铝合金（如 7005、6005A 合金等）材料。表 6-5 列出了上述三类材料的主要特性。

表 6-5　各种车辆材料主要特性对比

项目	铝合金		不锈钢	含铜耐磨钢	
	Al-Zn-Mg 系(7005)	Al-Zn-Mg 系(6005A)	SuB-304	SS41	SPAC
σ_b/MPa	>350	>230	>530	>410	>460
弹性模量(E)相对值	1/3		0.80	1.00	
密度/(t/m³)	2.70		7.80	7.80	
比强度(σ_b/ρ)	高		中等	低	
表面处理	无涂层，氧化上色处理		无涂层	涂油漆	
制造方法	好，可整体挤压成型材		适用于板材精轧、压制	适用于板材精轧、压制	
焊接性能	用 TIG，MIG 高速自动焊接，质量高		薄板易引起焊接变形	薄板易引起焊接变形	
结构重/(kg/m³)	约 4500		约 6500	7000～8000	

对于现代铁道车辆，特别是高速客车和地铁列车、轻轨车及双层客车来说，其选用材料应符合以下要求：尽量减轻自重，能承受标准规定的拉伸、压缩、弯曲、垂直载荷以及意外的冲击、碰撞等作用力；抗振、耐火和耐电弧；耐磨、耐腐蚀、易于加工制造和维修；价格适宜等。表 6-5 所列几种材料各有特色，但综合分析，铝材仍是一种最有发展前途、最为理想的高速与双层客车用材，其技术特性简略分析如下。

（1）减轻自重

铝合金的密度只有钢的 1/3。在相同条件下．与合铜耐磨钢车体结构相比，不锈钢车体的质量可减轻 15% 左右，而铝合金车体的质量可减轻 35% 以上。由于质量减小，在同样牵引力条件下，铝合金车体可增加运量 10%，节能 9.6%～12.5%。这一优点对于市郊客运尤为突出，因为市郊客车停车启动频繁，早晚客流高峰能量消耗相当大。此外，在牵引力相同情况下，可使列车编组加长，无需另外加开列车。对于高速客车和双层客车来说，自重减轻可以大大减少运行阻力，因为运行阻力 R 与车辆质量 W 密切相关。

$$R = (a + b \times v) \times W + c \times v^2 \tag{6-1}$$

式中，R 为运行阻力，kN；v 为运行速度，km/h；W 为车辆质量，kg；a、b、c 为常数。$c \times v^2$ 表示空气阻力，与 W 无关，而另外两项均与 W 有关。车体越重，行驶阻力就越大。因此，列车的轻量化最有效的途径是尽可能多采用铝合金车体材料，提高车辆用铝的比例。

（2）力学性能和抗振性能

由表 6-6 可见，钢的弹性变形性能和伸长率较好，故抗冲击性能比铝材好。各国铁路长期使用实践证明，钢在这方面具有明显的优点，而且铝合金在抗疲劳方面也不如钢。但是，随着科学技术的飞速发展，多种适用高速客车的高性能铝合金研制成功，特别是近年来大型铝合金整体空心壁板的挤压成功，使得铁路车辆，特别是高速客车的车体结构采用蜂窝空心结构铝材组合的设计方案成为可能，从而为铝合金客车的发展铺平了道路。比如用四块外轮廓尺寸为 700mm×100mm、壁厚为 2～10mm 空心蜂窝加筋铝壁板即可拼焊成底架和地板，侧墙和车顶每面也可用四块大型材组合而成，按这种尺寸计算，一个 22.5m 长的车体只需用 5t 左右铝材。用这种方案拼焊成的筒形结构不仅重量轻，局部刚度和整体刚度必然高于现有钢结构客车，特别是抗扭刚度将大大提高，这样还有利于提高结构的疲劳强度和抗应力腐蚀能力，同时也大大简化了制造及焊接工艺。目前已研制出一种铝合金无变形焊接工艺，基本上解决了焊接变形和调整焊接残余应力等问题。

表 6-6　不同材料的力学性能比较

材料种类	抗拉强度 σ_b/MPa	伸长率 δ/%	弹性模量 E/GPa	比强度 σ_b/ρ /[MPa/(g/cm³)]	比弹性模量 E/ρ /[GPa/(g/cm³)]
普通碳素钢 E2613	255.0	24	2100	32.7	26.9
含铜低合金钢 AC52	355.0	23	2100	45.5	26.9
不锈钢 18-8(301)	510.0	38	1900	65.3	29.4
Al-Zn-Mg 合金(7005)	350.0	8	720	129.6	26.6
6005A 铝合金	235.0	10	750	100.0	27.7

（3）耐火与耐电弧特性

虽然铝的熔点（660℃）远比钢的熔点（1530℃）低，但钢和铝合金结构车体的耐火与耐电弧特性不完全取决于材料的熔点，而与导热等特性相关。法国国铁和巴黎运输公司对铝合金车体进行试验表明，由于铝合金具有良好的导热性，故其散热性反而比钢好。

（4）耐腐蚀性能

由于铝材表面可自然产生一层很薄的氧化铝保护膜，这层膜的表面硬度较高，不易破损，在大气中有很好的防腐能力，因此，铝质车体比容易生锈的钢质车体的耐腐蚀性能要优越很多，特别是在车体上不易触及（涂漆）到的部位，如覆盖面、箱形结构件以及某些内部梁柱等处，铝结构显示出了更加明显的优越性。铝合金具有优良的表面处理能力，可采用阳极氧化处理，也可以采用化学上色、喷涂、上漆等处理方法，这不仅大大提高了铝质车体的耐腐蚀性能，而且可使车体表面色彩调和，美观实用。

6.4.4　汽车轻量化中的铝合金

6.4.4.1　汽车用铝的分类

国内外车身覆盖件用铝合金主要有三大系列：2000 系（Al-Cu 系）、5000 系（Al-Mg 系）、6000 系（Al-Mg-Si 系）。用于汽车上的铝合金可分为铸造铝合金和变形铝合金。铸造铝合金用于重力铸造件、低压铸造件和其他特种铸造零件。变形铝合金包括板材、箔材、挤压材、锻件等。

铸造铝合金主要用于制造发动机气缸体、离合器壳体、后桥壳、转向器壳体、变速器、配气机构、机油泵、水泵、摇臂盖、正时齿轮壳体等壳体类零件、发动机部件和保险杠、车轮、发动机框架、制动钳、油缸及制动盘等非发动机构件。

变形铝合金主要用于制造车身构架、车门行李箱及车身面板、保险杠、发动机罩、车轮轮辐、轮毂罩、轮外饰罩、制动器总成防护罩、消声罩、防抱制动系统、热交换器、空调系统零件（换热器、冷凝器等）、压缩机件、行驶部分零件、发动机冷却系统散热器件、座位、车厢底板等结构件以及仪表板等装饰件。

6.4.4.2　汽车用铝

为了大幅度减轻车重，急需将占车重比例大的车身（约 30%）、发动机（约 18%）、传动系（约 15%）、行走系统（约 16%）、车轮（约 5%）等所用钢铁零件改用铝材。

（1）铝合金铸件及变形铝合金

汽车用铝材分为加工材、铸造件和锻件三种，锻件占 1%～3%，铸造铝占 80% 左右，其余为加工材。汽车工业是铝铸件的主要市场，例如日本所产铝铸件的 76%、铝压铸件的 77% 为汽车铸件。Al-Si 合金铸件占铸造铝件的 80%，如 ZL119、YL118、ZL120 具有优异的性能，可用于汽车的壳体、发动机部件、气缸体、气缸头、变速器壳、铝合金活塞、曲轴箱、制动器、底盘、操纵系统等。

铝铸件中不可避免地存在缺陷，压铸件还不能热处理，因此在用铝合金来生产要求较高强度的铸件时受到限制。为此在铸件生产工艺上做了改进，铸造锻造法和半固态成形法将是未来较多用的工艺。表 6-7 列出了铝合金铸件在汽车主要部件系统中的应用。表 6-8 列出了变形铝合金在汽车主要部件系统中的应用。

表 6-7　铸造铝合金在汽车主要部件系统中的应用

部件系统	零件名称
发动机系统	发动机缸体、缸盖、活塞、进气管、水泵壳、发动机壳、启动机壳、摇臂、摇臂盖、滤清器底座、发动机拖架、正时链轮盖、发动机支架、分电器座、汽化器等
传动系统	变速箱壳、离合器壳、连接过滤板、传动箱换挡端盖
底盘行走系统	横梁、上下壁、转向机壳、制动分泵壳、制动钳、车轮、操纵等
其他系统部件	离合器踏板、刹车踏板、转向盘、转向节、发动机框架、ABS 系统部件

表 6-8　变形铝材在汽车主要部件系统中的应用

部件系统	零件名称
轿车车身系统部件	发动机罩、车顶棚、车门、翼子板、行李箱盖、地板、车身骨架及覆盖件等
热交换器系部件	发动机散热器、机油散热器、中冷器、空调冷凝器和蒸发器等
厢式货车	箱顶板、箱侧板、箱底板、侧面支杆、包角条等
其他系统部件	冲压车轮、座椅、保险杠、车厢底板及装饰件等

（2）车板用铝合金

汽车车身的制作特别是各种载人汽车车身的制作是汽车工业的精髓，车身制作几乎占汽车制造公司投资总额的 30%。车身质量约占总质量的 30%，降低其质量对整车质量的减轻起着关键性的作用。如 1990 年 9 月开始销售的日本本田 NSX 车采用了全铝承载式车身，比用冷轧钢板制造的同样车身轻 200kg，引起全世界的瞩目。NSX 全车用铝材达到

31.3%，如在全铝车身上，外板使用 6000 系列合金，内板使用 5052-0 合金，骨架大部分使用 5182-0 合金；由于侧门框对强度和刚度要求很高，故使用以 6N01 合金为基础、适当调整了 Mg 和 Si 含量的合金。在欧美也有用 2036 和 2008 合金作车身内外板的。

　　2009 年全球汽车工业用于车身制造的铝合金超过 210 万吨。根据 SMM 统计，截至 2020 年，全球汽车铝板产能约 390 万吨，国外产能约 288 万吨，占 73.8%，主要分布在美国、德国、日本等国家，美国市场份额高达 44%；国内产能约 102 万吨，占比 26.2%。制造车身用的铝材有板材、型材与框架型材以及压铸连接件等。全铝轿车车身构架见图 6-8。

　　用铝合金材料来制造汽车车身板，要求其既具有一定的强度性能，又具有良好的冲压成形性能，还要具有良好的焊接性能、耐腐蚀性能，可以在涂漆后的烘烤期间发生完全的沉淀硬化作用。

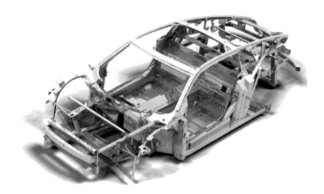

图 6-8　全铝轿车车身空间框架示意

　　在铝合金系列中，用于车身板件的铝合金主要有 2000 系列（Al-Cu-Mg）、5000 系列（Al-Mg）和 6000 系列（Al-Mg-Si）。日本大多采用 2000 系、5000 系、6000 系铝合金作为汽车车身板材料。近几年，日本十分注重使用 6000 系和 7000 系高强度铝合金开发"口""日""目""田"字形状的薄壁和中空型材，这种铝型材，不仅重量轻、强度高、抗冲击性好，而且挤压成形性能好，容易制作，在汽车上将得到广泛应用。美国 20 世纪 70 年代就研制了 6009 和 6010 汽车车身板铝合金（T4 处理），塑性好，成形后经喷漆烘烤可实现人工时效强化，获得更高的强度，广泛用于汽车的内外板。最新研究表明 6005A 合金较为理想，德国 VAW、日本 KOK、中国西南铝业（集团）有限责任公司均以此合金为基础生产了车体大型材。

　　目前车身板主要以 5000 系和 6000 系为主。由于汽车内板和外板的要求不同，内部面板材料的要求主要是深冲成形性和接合性（焊接和连接），以使用部分 6000 系合金材料和 5000 系合金为主，而外板要求强度较高，因而目前汽车外板主要以可热处理强化 6000 系材料为主。

　　国际上采用较多的铝合金汽车板型号有 AA6016、AA6022、AA6111、AA6005、AA6009 和 AA6010、AA5182、AA5754、AA5052 等，如 Plymouth Prowler 采用 6022 车身板，Audi A8 采用 6016 车身板，Acura NSX 使用 5052 作为内部面板以及 6000 系作为外部面板，JaguarXJ220 和 GMEV1 都采用 5754 作为车身材料。国内变形铝合金物理和力学性能与国外有差距，无法满足冲压性能的要求，尤其难以冲压成形深拉延件。

　　全铝载人车的车身是由挤压框架与蒙皮铝板的壳体组成。小轿车用板材较多，而公共汽车则用型材多一些。最近出现了全部采用铝外板的汽车，获得了减重40%～50%（相对于钢板而言）的效果。由于轻量化效果明显，铝合金在车身上的应用正在扩大。

（3）载人车薄板的铝化

车身板可用2×××系、5×××系、6×××系及7×××系等铝合金轧制。除5×××系合金外，其他三系合金都是热处理可强化的，它们的强度在涂装烘烤时（170～200℃、20～30min）得到进一步的提高，用于制造高强度、高刚性外板；6×××系合金的强度虽低一些，但塑性成形性能好，用于制造形状复杂的内板。20多年前开始应用的6009及6010车身板合金通过T4处理后的强度虽然分别比5182-O和2036-T4合金低，但塑性却相当高，成形后可在喷漆烘烤过程中实现人工时效，获得更高的强度。这两种合金既可以单独用于冲制内外层壁板，也可用6009合金制造内层壁板，而用6010合金制造外层壁板。这两种合金的另一个优点是其废料不需要分拣，可以混合回收与再生利用，市场潜力巨大。

载人车车身钣金件用的板材厚度为0.9～1.3mm（标准为1.0mm±0.05mm），每辆轿车约16件壁板。典型钣金件板材的力学性能：$\sigma_b = 190 \sim 230$MPa、$\sigma_{0.2} \geqslant 80$MPa、硬度$\geqslant 50$HB、$\delta \geqslant 20\%$。车身钣金件尺寸大、形状复杂，主要通过冲制和鼓胀两种复合成形生产，并以后者为主。钣金件的连接采用焊接或黏结，也有坚固件连接的。2×××系及6×××系合金用于外板等注重强度和刚度的部位。

6×××-T4板材的抗拉强度和屈服强度几乎与冷轧钢板相等，而其 n 值却大于或等于冷轧钢板。

① 车身铝合金薄板应具备的性能　对车身铝合金薄板的性能要求是，除满足标准与规范的力学性能与耐腐蚀性能外，还应具备以下性能：

a. 良好的成形性。车身及覆盖钣金件的成形加工是通过冲压成形的，铝合金薄板应该有良好的冲压成形性，即具有低的屈强比和高的成形极限，在各种不同的冲压变形应力状态下具有相当高的成形空间。

b. 表面平整性强。铝合金板必须有良好的翻边延性和成形以后表面色彩一致的性能，即成形的钣金件表面不出现罗平线（Roping Line），即滑移线，它是由晶粒不均或者是夹杂物分布不均而造成的板材表面变形不均，从而使表面在涂油漆后出现光彩不一致的现象。

c. 良好的可焊性。良好的可焊性能可以满足汽车构件在成形后连接在一起进行焊接加工的要求。板材应具有抗时效稳定性，以确保从板材出厂到冲压生产之前不发生时效，防止冲压加工时材料的屈服点升高，诱发吕德斯带而导致表面变形不均匀和起皱，从而影响汽车外板的表面品质。

d. 优良的烘烤硬化性。汽车轻量化还要求板材具有高的烘烤硬化性，即在冲压变形和油漆烘烤之后板材的屈服强度有明显的升高，从而保证冲压油漆后的钣金件有高的抗凹性。

② 车身薄板的发展趋势　从高速、舒适、美观、耐用、轻量化、节能、环保、降低综合成本等各种性能方面来看，铝合金无疑是汽车工业现代化和轻量化的首选材料。研制高性能车身板铝合金对提高我国汽车工业的国际竞争力和发展低碳交通运输业具有举足轻重的作用。用铝合金薄板制造车身钣金件（AVT工艺），第一步是带卷开卷后进行预处理与喷涂一层润滑油，然后进行落料与冲制成形，这在一道工序内完成，机器人将成形的钣金件一块块地粘接于压铸的连接接头上。整体车身则是通过点焊，用机械连接组装成的。

粘接剂为以橡胶硬化的环氧树脂。与传统的钢车身相比，组装焊接量减少了 50%。由于 AVT 结构为粘-焊连接，因而具有高的刚度，坚固耐用。即使不用焊接，铝合金薄板结构的刚度在与钢结构刚度相等的情况下，其质量约为后者的 60%。采用 AVT 工艺组装，则结构质量可进一步减轻到钢结构的 50%，而其刚度比钢结构的高 30%～50%。钢车身结构的质量（中型轿车）约 280kg，而 AVT 车身结构的仅为 155kg。在基本设计与尺寸相同的情况下，AVT 中型轿车的抗扭刚度也大于钢车身。这些对轿车设计者来说极为重要，同时也将产生可观的经济和社会效益。

　　a. 研发新的合金。现行的铝合金车身板存在着成形性差、强度和抗凹陷性低、可焊性比钢板低、接合部分耐蚀性不理想、生产成本高等问题，其中成形加工性、可焊性、生产成本是制约汽车覆盖件应用的关键因素，改进现行铝合金的成分与生产工艺，提高其各项性能与研发新的铝合金是各国材料科学与工程技术工作者孜孜以求的目标。铝-锂合金和 Al-M-Si 合金是有潜力的。

　　b. 新工艺。目前应用的车身铝合金板材都是用铸锭热轧带坯冷轧的，采用新的工艺生产冷轧用的带坯有待开发。不过高速铸轧带坯（厚 1.5～2.5mm）肯定不能冷轧出性能合格的厚 1.0mm 左右的车身薄板，用 6mm 厚的铸轧带坯是否可行有待研究；用连铸连轧（黑兹莱特法）带坯当然可以生产出合格的汽车薄板，但是否有成本竞争力尚待研究与验证，因为此法的优势在于批量生产。汽车公司开发新的成形工艺与连接工艺也是必不可少的，如研究用超塑成形法、电磁复合冲压成形法、蠕变时效法生产钣金件，研究新的连接法如摩擦搅拌焊接法（FSW）、摩擦搅拌摆动焊（Swing-FSW）、搅拌摩擦点焊（FSSW）、激光 MIG 复合焊技术、铝与钢的焊接技术等。蠕变时效是可热处理强化铝合金在外力作用下一边发生蠕变，一边发生时效强化的成形过程。

　　车身覆盖件铝合金薄板是一类高技术产品，中国可建三类供应这类板带材的生产线：一类仅向公司提供带卷，由汽车厂剪裁与冲制覆盖件；二类由铝加工厂提供尺寸完全符合要求的剪裁板料，汽车厂只冲制成形；三类是铝加工厂提供冲制成形的钣金件-覆盖件，汽车厂喷漆处理后即可上组装线。

　　中国在轿车车身板及覆盖件薄板生产方面还没有形成自己独创性的变形铝合金，这是与后工业化国家之间最大的差距。

　　(4) 专用车板材的铝材化

　　专用车可分为通用厢式车、专用运输车、冷藏车、土建车、环保车、不同用途的服务车等六大类，各国的分类方法不同，铝化率也不同，欧、美与日本的铝化率高，北美的厢式车的铝化率在 92% 以上，冷藏车的铝化率几乎达到 100%，中国专用车的铝化率总体处于起步阶段，但潜力甚大。专用车的分类并不是完全独立与互不相容的，而是同一技术可以应用在不同类型的车上，如升降装置广泛应用于各类车辆上，很多翼形厢式车的后门带有升降装置。专用车的铝化蕴藏着巨大的节能减排潜力。专用车的厢体大多可以用铝合金板与型材制造，但板材的用量占 75% 以上。

　　① 通用厢式车　通用厢式车通常有翼形的、侧开门的、带起重设备的、升降式后开门的、带自动进出货装置的、自卸式的、车身可脱离式的、平板式的八类。翼形厢式车是厢式货车的代表，占主导地位，它的两侧门打开时形如翅膀，故得此名。翼形厢式车打开车门方式既有手动式又有液压式与电动式，两侧车门可以同时开启也可以分别开启。有的车门打开后两侧车门超过车顶，有的两侧车门打开后几乎与车顶平齐。叉车可直接开到厢式车上作业。有的厢式车内部又分为两层或多层，其隔板有升降式的也有拆卸式的。有的翼形厢式车

不仅可向上开启车门，还可以向下开启两侧车门，既能让叉车开上去作业，又能用吊车取货物，这种车被称为 W 翼形厢式车。虽然大部分翼形厢式车都用铝或塑料制造，也有只用几根铝栏杆支承外罩篷布的，但可以像普通翼形厢式车一样，方便地将两侧车门即支架和篷布一起向上全部打开，不需要拆卸篷布和支架，不影响装卸，也不影响效率。侧开门厢式车是一种相当普遍的车型，两侧车门通常是滑道式的。整个一侧分成两块或三块门，可左右滑动，适合在低矮仓库和路边拆卸。三块门的开口较大，适合装卸大的货物。

② 专用运输车　专用运输车是指专门运输某类物资的车辆，一般将其分为集装箱运输车、液体运输车、散装粉粒物质运输车（自卸车）、车辆运输车、工程机械运输车、大件运输车、其他专用车七类。最后一类车由于运输的货物不同而种类繁多，如家具运输车、家畜运输车、运钞车、美术品运输车、精密仪器运输车、防弹装甲车等。有些车厢采用了隔热材料，装有冷暖空调器，适合运输贵重美术品、精密仪器、花卉等。防弹装甲车有厚厚的铝合金装甲板，它们大多是由卡车改装的，与军队用的装甲运兵车有所不同。

（5）车身框架和保险杠用铝合金

目前，世界各国都在积极推进车身、车体主要部位的铝材化，采用铝材制造有特性的汽车。近年来提出在车体结构上多采取无骨架式结构和空间框架式结构，适用的材料有板材、挤压型材、钎焊蜂窝状夹层材料等。从设计的自由度（特性化）、成本、轻型化、安全等方面考虑，制造小批量、多品种的汽车时，以铝挤压型材为主体的空间框架结构有较大发展前途。

在空间框架中一般用现有的中国铝材便可满足要求，板材一般用 5052、5152、5182 和 6009 等耐蚀性优良、加工性能良好的合金，挤压型材主要采用 6005、6063、7003、7005 合金空心材。关键的问题是薄壁化、强度适当、与其他材料易组合、接合部断面形状设计合理等。蜂窝状夹层板有可能在不久的将来得到广泛应用，这种板是由涂有硬钎焊料的薄板作为蜂窝状夹层结构的芯材及面板组成，除质量轻、刚性高外，高温强度、耐热性、耐蚀性等也很高，而且可进行焊接、表面处理和弯曲加工。

近年来，随着挤压技术的发展和新合金的研制成功，用特种挤压工具和模具开发出了一系列大型整体的薄壁、扁宽、高精度、复杂空心与实心型材，并对直线形型材曲线化的挤压技术、弯曲加工技术、表面处理技术和接合技术等进行了系统研究。同时，技术专家与经济专家对无框式车身材料的利用率及无框架式结构车身的刚性与生产效率的提高等进行了评估，结果表明，用整体型材无框架式结构车身替代板梁式结构车身是现代化汽车的发展趋势。目前，世界各国都在积极推进车身、车体主要部件的铝材化，奥迪（Audi）公司更是推出了全铝概念车。该概念车用铝合金作汽车车身框架和保险杠，能有效减轻车体质量 30%～40%，并与钢铁制件具有同等的抗冲击强度。目前，7000 系 T5 合金的屈服强度和抗拉强度不仅比 6000 系 T5 和 T6 都高，而且大大超过了冷轧钢板，已逐步应用于制造汽车的安全保险和防冲撞系统。德国已成功研制出泡沫金属铝，用这种材料制造的汽车保险杠能最大程度地将两车的碰撞能量吸收，使汽车的安全性得到很大改善。

1999 年 Audi 公司推出的 A2 型轿车是世界上第一款批量生产的全铝轿车，其车身采用全铝空间框架，仪表板部分用高强铝结构支承，空间构架由真空压铸接头的挤压成形段组成，车身质量 895kg，比传统钢制车身轻 40%以上。本田公司的 Insight 轿车车身铝合金用量达 162.9kg，比钢车身减重 40%。

汽车保险杠通常采用 6000 系及 7000 系铝合金，但近年来 6000 系合金有被 7000 系合金取代的趋势，如美国通用汽车公司用 7021 铝板制造 Sature 轿车保险杠增强支架，福特汽车公司也用 7021 铝板制造 LincolnTown 轿车的保险杠增强支架。

（6）汽车热交换器的铝材化

汽车热交换器包括汽车空调器、水箱散热器、油冷却器、中间冷却器和加热器等，如图 6-9 所示。热交换器用铝材需求量也较大。在美国，汽车散热器、空调用冷凝器和蒸发器基本上完成了铝化；日本也较多地采用铝合金（如 6595）汽车散热器。热交换器也有用挤压多孔铝管或高频钎焊扁铝管与三层铝合金复合硬钎焊带（以 Al-Mn 系 AA3003 为芯材，Al-Si 系合金为钎焊层）组装钎焊而成的。热交换器位于汽车前端，经受雨水、路面挥发的盐分、汽车排出的废气、沙粒、灰尘和泥浆等的污染，还承受着反复冷热循环和周期性振动。这些对于热交换器选材、防腐和接合技术等提出了严峻挑战。传统的热交换器采用铜制造，然而，汽车朝着轻量化方向发展的，同时出现了低成本的加工装配技术，使铝制热交换器在汽车上的应用获得成功。

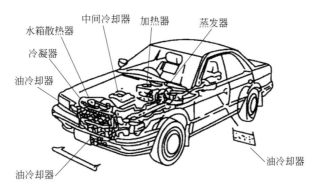

图 6-9　汽车热交换器组装示意图

从铝的特性看，热交换器是最适合用铝制造的部件。铝散热器的质量比铜质散热器下降 37％～45％，铜材价格约 6 万元/t，铝材约 2.5 万元/t，而两者的加工费几乎相当。因此，日本和美国的汽车空调器几乎完全采用铝材。散热器的铝化率，欧洲达到 90％～100％，美国达到 70％～80％，日本达到 50％～60％，我国也开始使用铝制散热器，铝制内冷却器、油冷却器、加热器心部等也在迅速普及。

根据轻量化、小型化、提高散热性、保证防蚀等的需要，热交换器在结构上积极进行改进，从带有波纹的蛇形改为薄壁并流型、德朗杯型、单箱型等。在材料方面也在积极进行改进，例如为改善因薄壁化导致的强度降低，采用 Al-Cu-Mn-Cr-Zr 系合金和 Al-Mn-Si-Fe 系合金；根据牺牲阳极保护作用改进化学成分来进一步提高耐蚀性；开发了多层复合材料（Al-Mn 涂层结构）；用钎焊方法进行成分调整等以达到防蚀目的。这些改进技术已进入实用阶段。

随着汽车用散热器朝小型、轻量、高性能、低成本、耐用等方向发展，在铜和铝材的竞争中，铝质散热器已占优势，汽车用各类散热器已向铝制品转化。表 6-9 列出不同排量汽车用铝散热器的质量。汽车上各类散热器是变形铝合金用量最多的系统，如发动机散热器、机油散热器、中冷器、空调冷凝器和蒸发器等，主要耗用的铝材有各种规格的板、带、箔、复合带（箔）、挤制圆管、扁管和多孔扁管、焊接圆管和扁管，品种规格多，质量要求高。

表 6-9　不同规格汽车铝散热器的质量

汽车排量/mL	2500 以上	1600～2500	1000～1600	1000 以下
散热器质量/kg	10.7	8.4	5.6	3.3

（7）行走系统部件的铝化

① 车轮的铝合金化　车轮是一种要求较高的保安零件，单从成本方面来考虑，目前仍旧是钢制车轮较为便宜，这也是目前使用钢制车轮较多的原因之一。随着轻量化以及轿车产品整体结构的发展越来越被人们重视，铝合金车轮的应用范围也不断扩大。铝制车轮具有重量轻、能减轻振动及外形美观等优点。据测试，使用铝合金车轮与使用钢制车轮相比，重量可减轻 30％～40％，振动可减少 10％～15％。铝合金车轮的铸造方法主要有金属型铸造、低压铸造、压力铸造及离心铸造。铸造是目前铝合金车轮的主要生产方法。现在车轮主要采用重力铸造、低压铸造法生产。但是，为了实现轻量化，将来还要向薄型化、刚性优良的压力铸造、挤压铸造法转移。同时，为了进一步减轻重量，用铝板冲压加工、旋压加工制作整体车轮和两部分组合车轮的方法已在实际生产中采用。这种用 6061T6 合金制成的车轮比钢板冲压车轮质量减轻 50％，旋压加工所需时间不到 90s/个，不需要组装作业，适合大批量的车轮生产。对这种车轮进行评价的结果表明，它具有和轧材同样的强度、和铸件同样的经济性。我国西南铝业（集团）有限责任公司也与日本轻金属株式会社合作开发 A6061 合金汽车铝轮毂。大客车、卡车和重型汽车上的车轮过去为重达几十千克的钢车轮，目前大都被铝合金锻造轮壳所代替。近年来，在中、小型汽车、高级轿车、赛车、摩托车上也开始使用锻造铝车轮。用锻造法生产的铝合金车轮具有优异的力学性能和均匀细密的内部组织，结构强度高，减重能力（壁厚薄）强，抗冲击能力高，防腐蚀和抗疲劳能力好，完全可以满足现代汽车不断增长的要求，有逐渐替代铸造铝合金车轮的趋势。

② 悬挂系统零件的铝材化　减轻悬挂系统质量时，要兼顾行驶性、乘坐舒适性等，其相应部件的轻量化、铝材化应和其机构的改进同时进行。例如，下臂、上臂、横梁、转向节类零件，还有盘式抽动器卡爪等已用铝锻件（6061）、铝挤压铸造件（AC4C、AC4CH）等，质量比钢件轻 40％～50％；动力传动框架、发动机安装托架等已用板材（6061）使其轻量化；保险杠、套管等已用薄壁、刚性高的双、三层空心挤压型材（7021、7003、7029 和 7129）；传动系统中传动轴、半轴、差速器箱在采用铝材使之轻量化和减少振动上取得了很大进展，今后有进一步发展的潜力。

（8）发动机部件的铝化

占发动机质量 25％的气缸体正在加速铝材化。据本田公司报道，用新压铸法（低压、中压铸造）成功地实现了 100％铝化，减少壁厚 10mm，相当于减重 1～1.5kg；过去已进行活塞、连杆、摇臂等发动机主要零件的铝材化工作，为了提高性能，正在进行急冷凝固粉末合金、复合材料等的开发及实用化，此外还使用耐热强度高的 Ti-35％Al 合金，用来制造进、排气阀和连杆等。例如，日本某汽车厂的 2.0L 级汽车，每台发动机用铝量约 26kg（发动机铝材率约 17％），气缸体铝材化后，铝的使用量增加 0.8％，可减轻发动机质量 20％左右。

① 气缸体　气缸体是发动机的心脏，因此气缸体的铸造质量十分关键，控制好铸造质量就可以避免或减少汽车"心脏撞击"的危险。气缸体既是发动机中最大的零件，也是最复杂的零件。采用铝合金代替铸铁制造气缸体的最大优点是能大大减轻发动机的质量。

早期铝制气缸体的生产一般采用低压铸造工艺和金属型铸造工艺，也有少量采用砂型铸造工艺。从近年来的趋势看，绝大多数厂家采用高压压铸工艺来生产铝气缸体。目前国内生产铝合金气缸体的铸造方法仍是采用低压铸造工艺，在过去很长一段时间里，铝气缸体并不像铝气缸盖那样被广泛采用，原因是铝气缸体的成本比铸铁气缸体的成本高，且通常使用的铝合金材料在某些性能方面（如耐磨性）也不如铸铁好。但是在能源需求和环保要求促使追求车辆轻量化成为一种观念之后，人们才认识到采用铝合金代替铸铁制造气缸体是一种必然趋势。同时，铝合金材料的研究和制造技术也在不断进步，一批性能优异的铝合金开始用于生产。另外，铝铸件制造技术的不断进步使得大批量生产铝气缸体的成本费用不断下降。目前铸铝气缸体的生产应用已十分广泛，在现代轿车中的应用已经到了普及阶段。

② 气缸盖　现代设计的轿车发动机气缸盖都是用铝合金制造的。气缸盖是既复杂又很重要的铸造零件，燃烧室、发动机的进气管和排气管都是安装在气缸盖内。气缸盖在发动机中的工作特点是处于高温状态下工作，承受较大的热冲击且会导致应力集中。采用铝合金制造气缸盖的优点除了重量轻以外，还有另外一个突出的优点，即导热性能优良。对于轿车、轻型车的发动机来说，使用铝合金气缸盖可以使发动机热效率更高，避免气缸盖内燃烧室中的零件产生过热现象。由于气缸盖是一种内腔结构复杂、壁厚又不均匀的铸件，且气缸盖的内腔还有压力密封性要求，这给铸造带来一定困难。传统铝气缸盖铸造方法多采用金属型铸造工艺和低压铸造工艺，20 世纪 80 年代以来出现了两种新的铸造工艺：气化模铸造工艺和砂型低压铸造工艺。气化模铸造工艺很适于气缸盖、进气管这类内腔复杂且需要砂芯成形的铸件。该工艺与传统工艺相比有许多优点：不分型、不起模、不使用砂芯、铸件容易清理、铸件表面粗糙度低、尺寸精度高、适于大批量生产。80 年代起该工艺引起了发达国家汽车生产厂家的极大关注，许多国家竞相投入力量研究和开发。

（9）铝基复合材料

铝合金增强材料在轿车上使用较多，潜力巨大。以陶瓷纤维、晶须、微粒等为增强材料生产铝基复合材料，其比强度、比弹性模量、耐热性、耐磨性等大幅度提高，可用作发动机零件。铝基复合材料是应现代科学发展需求而涌现出的具有强大生命力的材料，具有低密度、良好的尺寸稳定性、较高的强度、模量与塑性、良好的耐磨性和抗疲劳、抗断裂韧性等一系列优点。20 世纪 80 年代，日本丰田公司用铝基复合材料制备发动机活塞，和原来的铸铁活塞相比质量减轻了 5%～10%，导热性提高了 4 倍。而美国的 Duralcan 公司用铝基复合材料来制造的汽车制动盘，与传统的用铸铁制造的质量相比减轻了 40%～60%，并且具有更好的散热性和耐磨性。铝基复合材料在汽车刹车系统元件和驱动轴、摇臂等零件上都有一定的应用。

泡沫铝合金具有质轻、隔音、阻燃等优异性能，其研究应用受到了较多重视，约20% 的汽车车身结构件采用或计划采用泡沫铝合金，如盖板、滑动顶板、保险杠、侧面与前部防撞零部件、前板、车挡、挡泥板等。

总之，发达国家轿车平均每车用铝量已达到 130.9kg 以上。随着汽车铝化程度的提高，特别是箱板的铝化率增大，加工材的比例也将大幅度提高。挤压材在一些轿车上仍属少数部件，但这种材料有巨大的潜力。

（10）其他汽车零部件的铝化

汽车零部件很多，其中常见的已铝化或正在铝化的有车门结构与门窗、地板、踏板、座椅、行李架以及车内立柱、扶手、围栏和其他装饰件，车内空调、电器、仪表盘及外壳、操纵台的框架等也广泛使用铝合金材料。

6.4.5 中国汽车工业和铝工业共同面临的机遇与挑战

国产汽车应加快轻量化进程，参与国际竞争。中国汽车用材与国外有一定的差距，尤以轿车最为突出。我国的轿车产品大都是引进国外 20 世纪 70 年代末、80 年代初期的产品或技术，所用材料构成基本与国外同期同车型一致，铝材用量低于当前国外各类汽车。受铝价及零部件生产技术水平所限，一些引进车型原有的铝合金零件被改用为其他材料，直接影响到汽车的使用性能。这是在汽车零部件国产化过程中的暂时现象。随着世界汽车轻量化进程的加快，特别是加入 WTO 后，汽车市场竞争日趋激烈，国产汽车用材达到国外同类水平、国产汽车用铝增加是必然趋势。

我国国民经济的发展，交通运输量的变化，人民生活水平的提高，私人轿车的增加，以及汽车领域自主核心技术的研发、推广和应用必将促进轿车工业的发展。2020 年我国汽车产量突破 2500 万辆，乘用车占汽车总产量 80%。铝合金材料的用量也随着各类汽车产量的上升而增加，这种势头在我国开始出现，必将给我国铝工业提供广阔的市场，带来发展机遇。

6.5 铝合金在航空航天中的应用

6.5.1 铝合金在飞机中的应用

铝合金是飞机和航天器轻量化的首选材料，铝材在航空航天工业中应用十分广泛。每辆空中客机上使用 180t 厚铝板，大多数巡航导弹的壳体是用优质的铝合金铸锻件制造的。目前铝材在民用飞机结构上的用量为 $70\% \sim 80\%$，在军用飞机结构上的用量为 $40\% \sim 60\%$。在新型的 B777 客机上，铝合金也占了机体结构质量的 70% 以上。表 6-10 和表 6-11 分别列出国外某些军用与民用飞机的用材结构比例。表 6-12 和表 6-13 分别列出了铝合金在飞机各部位的典型应用实例。

表 6-10　国外某些军用飞机用材结构比例　　　　　　单位:%

机种	钢	铝合金	钛合金	复合材料	购买件及其他
F-104	20.0	70.0			10.0
F-4E	17.0	54.0	6.0	3.0	20.0
F-14E	15.0	36.0	25.0	4.0	20.0
F-15E	4.4	35.8	26.9	2.0	30.9
飓风	15.0	46.5	15.5	3.0	20.0
F-16A	4.7	78.3	2.2	4.2	10.6
F-18A	13.0	50.9	12.0	12.0	12.1
AV-8B		47.7	1	26.3	
F-22	5	15	41	24	
EF2000		43	12	43	2
F-15	5.2	37.3	25.8	1.2	30.5
L42	5	35	30	30	
S37		45	21	15	
S27		64	18		18

表 6-11　国外某些民用飞机用材结构比例　　　　　　单位：%

机种	铝合金	钢铁	钛合金	复合材料
B747-81	81	13	4	2
B767-80	80	14	2	4
B767-200	74.5	15.4	6.4	3.5
B757	78	12	6	4
B777	70	12	7	11
A300	76	13	4	5
A320	26.5	13.5	4.5	5.5
A340	70	11	7	11
A380	72	10	8	10
MD-82	74.5	12	6	7.5

表 6-12　铝合金在民用客机上的应用实例

型号	机身		机翼			尾翼	
	蒙皮	桁条	部位	蒙皮	桁条	垂直尾翼蒙皮	水平尾翼蒙皮
L-1011	2024-T3	7075-T6	上	7075-T76	7075-T6	7075-T6	7075-T6
			下	7075-T76	7075-T6		
DC-3-80	2024-T3	7075-T6	上	7075-T6	7075-T6	7075-T6	7075-T6
			下	2024-T3	2024-T3		
DC-10	2024-T3	7075-T6	上	7075-T6	7075-T6	7075-T6	7075-T6
			下	2024-T3	7178-T6		
B-727	2024-T3	7075-T6	上	7075-T6	7150-T6	7075-T6	7075-T6
			下	2024-T3	2024-T3		
B-737	2024-T3	7075-T6	上	7178-T6	7075-T6	7075-T6	7075-T6
			下	2024-T3	2024-T3		
B-747	2024-T3	7075-T6	上	7075-T6	7150-T6	7075-T6	7075-T6
			下	2024-T3	2024-J3		
B-757	2024-T3	7075-T6	上	7150-T6	7150-T6	7075-T6	2024-T3（上）
			下	2324-T39	2224-T3		7075-T6（下）
B-767	2024-T3	7075-T6	上	7150-T6	7150-716	7075-T6	7075-T6
			下	2324-139	2224-T3 2324-T39		
A300	2024-T3	7075-T6	上	7075-T6	7075-T6	7075-T6	7075-T6
			下	2024-T3	2024-T3		

表 6-13　铝合金在飞机各部位的应用实例

应用部位	应用的铝合金
机身蒙皮	2024-T3、7075-T6、7475-T6
机身桁条	7075-T6、7075-T73、7475-T76、7150-T77
机身框架和隔框	2024-T3、7075-T6、7050-T6
机翼上蒙皮	7075-T6、7150-T6、7055-T77
机翼上桁条	7075-T6、7150-T6、7055-T77、7150-T77
机翼下蒙皮	2024-T3、7475-T73
机翼下桁条	2024-T3、7075-T6、2224-T39
机翼下壁板	2024-T3、7075-T6、7175-T73
翼肋和翼梁	2024-T3、7010-T76、7175-T77
尾翼	2024-T3、7075-T6、7050-T76

6.5.2　铝材在火箭与航天器上的应用

铝材在火箭与航天器上主要用于制造燃料箱、助燃剂箱，铝材已成为运载火箭中极为重要的关键材料。铝合金有低的密度与极佳的低温性能，发射火箭的液氢液氧燃料贮箱是用铝合金制的，舱段主结构件用的材料也是铝合金。现在运载火箭结构材料已进入第四代，即含少量 Li 的 2 系、5 系合金时代，主要合金为 2195、2196、2098、2198、2050。

在当今运载火箭结构材料中，铝材、铝基复合材料是用量最大的一类材料。据估计，在运载火箭结构与零部件中，铝及铝合金的净质量占结构总净质量的 85% 以上。结构用材与箭体结构设计、制造加工工艺、材料制备工艺、经济性等一系列问题休戚相关，是决定火箭起飞质量和有效载荷能力的关键。按材料体系的发展历程，可将火箭燃料贮箱材料分为四代。第一代为 5 系铝合金，即 Al-Mg 系合金，代表合金为 5A06、5A03 合金，从 20 世纪 50 年代末用于制造 P-2 火箭燃料贮箱结构开始，至今仍在使用。5A06 合金含 Mg5.8%～6.8%。5A03 是 Al-Mg-Mn-Si 合金。第二代为 Al-Cu 系 2 系合金，中国长征系列运载火箭贮箱就是用 2A14 合金制造的，它是一种 Al-Cu-Mg-Mn-Si 合金；从 20 世纪 70 年代到现在，中国开始用 2219 合金制造贮箱，这是一种 Al-Cu-Mn-V-Zr-Ti 合金，广泛用于制造各种运载火箭贮箱，同时在武器发射低温燃料贮箱结构上也得广泛应用，是一种低温性能与综合性能俱佳的合金。第三代为 Al-Li 合金，即含 Li 量≤3.0% 的 2 系合金和 5 系合金，前者为美国、英国、德国、日本等采用，而后者是俄罗斯研发的。20 世纪 80 年代国外就开始使用该类合金，早已进入工业化制备与工程化应用阶段，而中国目前仅在航空工业有规模不大的应用。运载火箭贮箱结构材料国外已于 20 世纪 80 年代中期起进入第三代，即铝-锂合金时代，21 世纪以来已大规模采用含少量锂的 2 系 Al-Li 合金，俄罗斯则采用含少量锂的 Al-Mg 合金，中国经过多年的艰苦研究，突破了合金成分精准控制、大规格铸锭铸造与均匀化处理、全程显微组织精细调控、大规格板材形变热处理等关键技术瓶颈，实现了大规格 Al-Li 合金均匀化处理，强度、韧性、低温性能、可焊性能等协同提高，达到了产业化制备目标，但与国外先进产品相比，在产品性能稳定性与一致性、生产成本等方面仍有一些差距，预计到 2025 年才能全面赶上或超过国外高档产品。美国重型运载火箭贮箱先后选用了 2014、2219、2195、2198 等铝合金，同时美国在选择高性能 Al-Li 合金的过程中由片面追求性能最佳转向综合考虑成本因素。目前美国正在积极研制性能更好、成本更低的以 2050 合金为代表的新一代 Al-Li 合金。

6.5.3　航空航天用铝及铝合金材料特性

几乎全部铝合金都可在航空工业上应用，作为结构材料的主要是铝-铜-镁系合金与铝-锌-镁-铜系合金，我国航空工业用的铝合金的主要特性及用途列于表 6-14。

表 6-14　我国航空航天用变形铝合金的主要特性及用途举例

牌号	主要特性	用途举例
1060、1050 A、1200	导电性、耐热性好、抗蚀性高、塑性高、强度低	铝箔用于制造蜂窝结构、电容器、导电体
1035、1100	耐蚀性较高、塑性、导电性、导热性良好、强度低、焊接性能好、切削性不良、易成形加工	飞机通风系统零件，电线、电缆保护管、散热片等
3A21	O 状态时塑性高，HX4 时塑性尚可，HX8 时塑性高、热处理不能强化、耐蚀性高、焊接性能良好、切削性不佳	副油箱、汽油、润滑油导管和用深拉法加工的低负荷零件、铆钉

牌号	主要特性	用途举例
5A02	O 状态时塑性高,HX4 时塑性尚可,HX8 时塑性低,热处理不能强化。耐蚀性与 3A21 合金相近,疲劳强度较高。接触焊和氢原子焊焊接性良好,氩弧焊时易形成热裂纹。焊缝气密性不高,焊缝强度为基体强度的 90%～95%,焊缝塑性高,抛光性能良好。O 状态时切削性能不良,HX4 时切削性能良好	焊接油箱,汽油、润滑油导管和其他中等载荷零件,铆钉线与焊丝
5A03	O 状态时塑性高,HX4 时塑性尚可,热处理不能强化。焊接性良好,焊缝气密性良好,焊缝强度为基体强度的 90%～95%,塑性良好,O 状态时切削性能不良,HX4 时切削性能良好,耐蚀性高	中等强度的焊接结构件,冷冲压零件和框架等
5A06	强度与耐蚀性较高,O 状态时塑性尚好,氩弧焊焊缝气密性尚好,焊缝塑性高,焊接头强度为基体的 90%～95%,切削性能良好	焊接容器、受力零件、蒙皮、骨架零件等
5B05	O 状态时塑性高,热处理不能强化,焊接性能尚好,焊缝塑性高,铆钉应阳极氧化处理	铆接铝合金与镁合金结构的铆钉
2A01	在热状态时塑性高,冷状态下塑性尚好,铆钉在固溶处理与时效处理后铆接,在铆接过程中不受热处理后的时间限制,铆钉需经阳极氧化处理和用重铬酸钾封孔	中等强度和工作温度不超过 100℃的结构用铆钉
2A02	热塑性高,挤压半成品有形成粗晶环倾向,可热处理强化,耐蚀性比 2A70 及 2A80 合金高,有应力腐蚀破裂倾向,焊接性能略比 2A70 合金好,切削加工性好	工作温度为 200～300℃ 的涡轮喷气发动机轴向压气机叶片等
2A04	抗剪强度与耐热性较高,压力加工性能和切削性能与 2A12 合金相同,在退火和新淬火状态下塑性尚可,可热处理强化,普通腐蚀性能与 2A12 合金相同,在 150～250℃ 形成晶间腐蚀的倾向比 2A12 合金小,铆钉在新淬火状态下铆接:直径 1.6～5mm 的在淬火后 6h 内铆完,直径 5.5～6mm 的淬火后 2h 内铆完	用于铆接工作温度为 125～250℃ 的结构
2B11	抗剪强度中等,在退火、新淬火和热态下塑性好,可热处理强化,铆钉必须在淬火 2h 后铆完	中等强度铆钉
2B12	在淬火状态下的铆接性能尚可,须淬火后 20min 内铆完	铆钉
2A10	热塑性与 2A11 合金相同,冷塑性尚可,可在时效后的任何时间内铆接,铆钉需经阳极氧化处理,用重铬酸钾封孔,耐蚀性与 2A01、2A11 合金相同	用于制造强度较高的铆钉,温度超过 100℃ 有晶间腐蚀倾向,可代替 2A11、2A12、2A01 合金铆钉
2A11	在退火、新淬火和热态下的塑性尚好,可热处理强化,焊接性能不好,焊缝气密性合格,未热处理焊缝的强度为基体的 60%～70%,焊缝塑性低,包铝板材有良好的耐蚀性,温度超过 100℃ 有晶间腐蚀倾向,阳极氧化处理与涂漆可显著提高挤压材与锻件的耐蚀性	中等强度的飞机结构件,如骨架零件、连接模锻件、支柱、螺旋桨叶片、螺栓、铆钉
2A12	在退火和新淬火状态下塑性尚可,可热处理强化,焊接性能不好,未热处理焊缝的强度为基体的 60%～75%,焊缝塑性低,耐蚀性不高,有晶间腐蚀倾向,阳极氧化处理、涂漆与包铝可大大提高抗蚀能力	除模锻件外,可用作飞机的主要受力部件,如骨架零件、蒙皮、隔框、翼肋、翼梁、铆钉,是一种最主要的航空合金
2A06	压力加工性能和切削性能与 2A12 合金的相同,在退火和新淬火状态下的塑性尚可,可热处理强化,耐蚀性不高。在 150～250℃ 有晶界腐蚀倾向,焊接性能不好	板材可用于 150～250℃ 下工作的结构,在 200℃ 工作的时间不宜长于 100h

续表

牌号	主要特性	用途举例
2A16	热塑性较高,无挤压效应,可热处理强化,焊接性能尚可,未热处理的焊缝强度为基体的70%,耐蚀性不高,阳极氧化处理与涂漆可显著提高耐蚀性,切削加工性尚好	用于制造在250~350℃下工作的零件,如轴向压缩机叶轮圆盘。板材用于焊接室温和高温容器及气密座舱等
6A02	热塑性高,T4时塑性尚好,O状态时的塑性也高,耐蚀性与3A21及5A02合金相当,但在人工时效状态下有晶间腐蚀倾向,铜含量小于0.1%的合金在人工时效状态下有良好的耐蚀性,O状态时的切削性不高,淬火与时效后的切削性尚好	用于制造有高塑性和高耐蚀性的飞机与发动机零件,直升机桨叶,形状复杂的锻件与模锻件
2A50	热塑性高,可热处理强化,T6状态材料的强度与硬铝的相近,工艺性能较好。有挤压效应,耐蚀性较好,但有晶间腐蚀倾向,切削性能良好,接触焊、点焊性能良好,电弧焊与气焊性能不好	形状复杂的中等强度的锻件和模锻件
2B50	热塑性比2A50合金还高,可热处理强化,焊接性能与2A50相似,耐蚀性与2A50相同,切削性良好	复杂形状零件,如压气机轮和风扇叶轮等
2A70	热塑性高,工艺性能比2A80合金稍好,可热处理强化,高温强度高,无挤压效应,接触焊、点焊和滚焊性能良好,电弧焊与气焊性能差	内燃机活塞和高温下工作的复杂锻件、高温结构板材
2A80	热塑性颇好,可热处理强化,高温强度高,无挤压效应,焊接性能与2A80相同,耐蚀性尚好,但有应力腐蚀开裂倾向	压气机叶片、叶轮、圆盘、活塞及其他在高温下工作的发动机零件
2A14	热塑性尚好,有较高的强度,切削加工性能良好,接触焊、点焊和滚焊性能好,电弧焊和气焊性能差,可热处理强化,有挤压效应,耐蚀性不高,在人工时效状态下有晶间腐蚀与应力腐蚀开裂倾向	承受高负荷的飞机自由锻件与模锻件
7A03	在淬火与人工时效状态下塑性较高,可热处理强化,室温抗剪强度较高,耐蚀性颇高	受力结构铆钉,当工作温度低于125℃时,可取代2A10合金铆钉,热处理后可随时铆接
7A04	高强度合金,在退火与新淬火状态下塑性与2A12合金相近,在T6状态下用于飞机结构,强度高,塑性低,对应力集中敏感,点焊性能与切削性能良好,气焊性能差	主要受力结构件,如大梁、桁条、加强框、蒙皮、翼肋、接头、起落架零件
7A05	强度较高,热塑性尚好,不易冷矫正,耐蚀性与7A04合金相同,切削加工性良好	高强度形状复杂锻件,如桨叶
7A09	强度高,在退火与新淬火状态下稍次于同状态2A12合金,稍优于7A04合金,在T6状态下塑性显著下降。7A09合金板的静疲劳、缺口敏感性、应力腐蚀开裂性能稍优于7A04合金,棒材的这些性能与7A04合金相当	飞机蒙皮结构件和主要受力零件

　　航空航天用铝合金的主要特点有:大型化和整体化、薄壁化和轻量化、断面尺寸和形位公差精密化、组织性能的均匀化与优质化。

　　根据飞机不同的使用条件和部位,航空航天用铝合金主要为高强铝合金、耐热铝合金、耐蚀铝合金。高强铝合金主要用于飞机机身部件、发动机舱、座椅、操纵系统等,使用最为广泛。

　　航空铝合金最大的特点是可以通过变形热处理提高强度。变形热处理是将塑性变形的形变强化和热处理时的相变强化相结合,使成形工艺与成形性能相统一的一种综合工艺。

　　航空铝合金在塑性变形过程中,晶体内部的缺陷密度增加,这些晶体缺陷会引发材料内部微观组织的变化。在航空铝合金塑性变形的过程中,会发生动态回复、动态再结晶、亚动态再结晶、静态再结晶、静态恢复等晶体结构的变化。这些晶体结构的变化,如控制得当，会显著提高材料的力学性能，增强材料的使用寿命。

航空铝合金一般会在过饱和固溶体中通过析出弥散相的方式进行强化。一般的析出序列为：偏聚区（或称 GP 区）—过渡相（亚稳相）—平衡相。变形热处理的过程中，变形诱导析出，析出影响变形，变形和析出相互影响，动态影响材料的性能。

变形热处理的析出强化过程受温度影响较大。变形热处理可以分为高温变形热处理和低温变形热处理。低温变形热处理的基本工艺是：航空铝合金淬火、室温冷变形、时效热处理。经过该处理，航空铝合金强度得到较大的提高，但是塑性有所降低。高温变形热处理工艺是：淬火、高温变形、时效。高温变形热处理后，材料强度较高，塑性和韧性得到提高，合金的耐热强度也会提高。

6.6　铝合金在机械行业中的应用

6.6.1　机械制造业用铝材的发展概况

在铝材与其他材料的竞争中，因为铝材的综合性能好，在机械行业获得了广泛的应用。所用铝材包括铸件、压铸件、各种塑性加工材及铝基复合材料、粉末冶金铝合金等新型铝材，在铝材总消费中已占有一定的比重。据统计，机械制造、精密仪器和光学器械等行业耗铝量占总铝量的 6%～7%。

总的来看，机械工业部门铝的消费量并不太大，而且正面临着传统的钢铁材料、新型工程塑料及陶瓷材料、钛及钛合金等材料的挑战和激烈竞争。但是铝材具有质轻、比强度高、耐蚀、耐低温性、易加工等良好的性能，仍有广阔的应用前景，尤其在纺织机械、化工机械、医疗器械、光学及精密机械等方面前景广阔。另外，在食品加工机械、轻工机械、农用机械、冶金矿山机械中都已获得应用。表 6-15 所列为各系铝合金在机械部门中应用的情况。

表 6-15　机械工业中使用铝材的应用

合金系列	机械部门	用途
纯铝	化工、精仪、医疗	冷却器、加热器、管路、卷筒、装饰件
Al-Mn	化工、通用、轻工、农机	油容器、叶片、铆钉、各种零件
Al-Mg	石油、轻工、通用、纺织、农机	贮油容器、机筒、旋转叶片、精密机械零件、齿轮、喷灌管
Al-Mg-Si、Al-Cu-Mg-Si	通用、建筑、纺织	轴、结构框架、机械零件、装饰件
Al-Cu-Mg	纺织、通用	铆件、结构件、机械零件
Al-Cu-Mg-Fe-Ni	通用	活塞、胀圈、叶片、轮盘
Al-Cu-Mn	建筑、纺织	焊接结构件、高温工作零件、纺织筒
Al-Zn-Mg	化工、纺织	承载构件、带框架
Al-Zn-Mg-Cu	化工、轻工、农机	承载构件、铆钉、各种零件
Al-Cu-Li	精仪、通用	结构件、零部件

我国机械制造业用铝的范围和数量在近年来发展很快，特别是在木工机械、纺织机械、排灌机械、化工机械等方面。随着材料科学的发展，新技术、新工艺的采用，铝价的下降和新材料的研制及新产品的开发，铝材在机械工业中的应用将不断扩大。如超塑性铝合金、粉末冶金铝合金、铝基复合材料、超轻铝合金等的实用化，必将使它们的应用进入

一个新的时代。

6.6.2 各种标准零部件的用铝

铝及铝合金早已被用来制作各种标准的机械和部件，如各种紧固件、焊接器材、设备与机床的零部件、建筑及日用五金件等。

在紧固件中，有各种标准的铝制螺栓、螺钉、螺柱、螺母及垫圈等，其品种、规格均与钢制标准紧固件相同。钢制零件往往与铝制零部件配用，以避免产生电化学腐蚀。铝制通用紧固件可以使用各种铝合金来制造，抗剪强度要求较高的一般用 2011、6262、2A12 或 7A09 等铝合金。铝铆钉也是一种通用的紧固件，它适用于两个薄壁零件铆接成一个整体的场合，用途十分广泛，使用也很方便。最常用的有实心或管状的一般铆钉、开口型或封闭型抽芯铆钉、击芯铆钉等种类。其他还有航空铆钉、双鼓型抽芯铆钉、环槽铆钉等新品种。铝铆钉在使用时，除了一般铆钉需在两侧同时工作外，抽芯和击芯铆钉只需单面工作，其中抽芯铆钉需与专用工具拉铆枪配用，而击芯铆钉仅需手锤打击即可，使用十分简便。

铝及铝合金的焊条、焊丝在机械制造部门中也是常用材料之一。前者主要用于手工电弧的焊接、焊补之用；后者主要用于氩弧焊、气焊铝制机械零件之用，使用时应配用熔剂。铝及铝合金焊条一般运用直流电源。焊条尺寸有 3.2mm、4.5mm 两种，长度均为350mm。焊条的化学成分有多种，应根据被焊铝合金的种类、厚度、焊接后的质量要求等因素来选用。通常，铝-硅合金焊条（含硅约为 5%）主要用来焊铝板、铝-硅铸件、锻铝和硬铝；铝-锰合金焊条（含锰约 1.3%）主要用于焊接铝-锰合金、纯铝等；Al-Mg 合金焊丝主要用于车辆、船舶等大型机械上的焊接。铝焊丝有高纯铝、纯铝、铝-硅、铝-锰、铝-镁等种类，焊丝直径为 1.5～5mm。气焊时应配用碱性熔剂（铝焊粉），以溶解和有效地除去铝表面的氧化膜，并兼有排除熔池中的气体、杂质，改善熔融金属流动性的作用。但焊粉易吸潮失效，故必须密封瓶装，随用随取，在焊后必须清除干净。电弧焊时，使用惰性气体（如氩气等）保护，其中又可以分为钨极惰性气体保护焊（T1G）和熔化极惰性气体保护焊（MIG）两种。焊接时要正确设计接头种类和坡口形状，正确选用工艺参数。另外，焊件和焊丝在焊接前的表面清理也十分重要。

用铝及铝合金来制作各种机械的零部件、五金件更是屡见不鲜了。例如，各种管路、管路附件、各种拉手、把手、旋钮、帘轨、合页等。某些高强铝合金在克服了硬度低、表面易产生缺陷及变形、磨损等缺点后，还可以用来制作各种轴、齿轮、弹簧等耐磨部件。铝的板、箔产品被广泛用作产品的商标、铭牌、表盘和各种刻度盘等。它与产品的造型、装潢结合，使科技和艺术统一，这些标牌的设计和制作，既与制版、印刷等技术有关，又与铝材的质量、氧化着色的工艺有密切关系。

铝锡合金在中等载荷和重载汽车发动机和柴油机中用作连接杆和主轴承。铸造铝合金轴承或锻造铝合金轴承可与钢制衬背、巴比特合金镀层或其他镀层覆盖物合并使用，效果更好。精密机加工至低表面粗糙度与高平整度的厚铸件或轧制铝板和棒可用于工具与模具。铝板适用于液压模具、液压拉伸定型模具、夹具、卡具和其他工具。铝用于钻床夹具，并可作为大型夹具、刨削联合机底座和划线台的靠模、支肋和纵向加强肋。铸铝如用作标准工具，可避免因环境温度变化引起不均匀膨胀而造成工具翘曲的问题。大规格铝棒已用来取代锌合金作为翼梁铣床的铣削夹具座，大型高强铝合金锻件和型材用来制作机床导轨、底座和横梁，可减轻质量达 2/3。铸铝在铸造工业中用作双面型板。近年来，在建筑工业中广泛使用铝合金建筑模板来代替笨重的混凝土板和铸铁模板。

6.6.3　农业机械用铝材的应用与开发

（1）喷灌机械

水资源紧缺是一个世界性的问题，农业是最主要的水资源消耗对象。农业用水占全球总用水量的 70%，在一些非洲和亚洲国家，农业用水比例高达 85%～90%，因此水资源高效利用的核心是农业水资源高效利用。随着世界性水资源、能源的日趋紧张，采用节水、节能的灌溉方法已经成为全球农业用水灌溉的总趋势，推广高效的节水灌溉措施已经成为世界各国缓解水资源危机和实现农业现代化的必由之路。

在农业灌溉中，广泛采用喷灌、滴灌新方法来代替沟灌、浸灌的传统方法。因为前者的淡水利用率高，有明显的增产效果，同时还有节约劳动力、能适应各种复杂地形等优点。这种灌溉技术在发达国家中早已普及应用。据统计，1980 年全世界实施喷灌面积已达 3 亿亩（2000 万公顷）。我国是一个水资源贫乏的国家，被列为世界上 13 个最贫水国之一。我国水资源匮乏且分布不均，农业灌溉用水利用效率低下，大力发展节水灌溉是缓解我国水资源紧张的必然要求。我国淡水资源分布不均，区域性缺水严重，正大力推广应用该节水型灌溉技术。截至 2019 年，中国灌溉面积达 11.1 亿亩（7400 万公顷），居世界第一，其中耕地灌溉面积 10.2 亿亩（6800 万公顷），占全国耕地总面积的 50.3%，已建成大型灌区 459 处，中型灌区 7300 多处。全国共有以灌溉为主的规模以上泵站 9.2 万座，灌溉机电井 496 万眼，固定灌溉排水泵站 43.4 万处，除涝面积达到 3.57 亿亩（2382 万公顷）。

中国灌排事业的发展得益于近年来中国大力发展节水灌溉、节水改造和大中型灌区续建及农业水价综合改革。

截至 2019 年，中国节水灌溉工程面积达 5.14 亿亩（3427 万公顷），占总灌溉面积 46.3%，其中微灌面积 9425 万亩（628 万公顷），居世界第一。倪文进表示，近 30 年来，中国灌溉面积增加了 3 亿多亩（2000 万公顷），但全国农业用水总量基本未增加，发展节水灌溉有效保障了国家粮食稳产增产和水资源可持续利用。此外，喷灌、滴灌在温室、大棚等农副业设施中也有应用。

整个喷灌机组是由喷灌机、主管路、支管路、立管、连接管件和喷头等部组成，各种连接管件约占整个机组重量的 69%。铝管由于重量轻、耐腐蚀、使用寿命长，而得到推广和使用。其中，焊接薄壁铝管由于生产率高、产量大、成本低、耗用铝材少而受到用户青睐。

喷灌用铝管 GB/T 21401—2008 品种较为简单，公称外径为 $\phi40\sim150$mm 共 14 种，管长有 5m 和 6m 两种，常用铝合金为 1035H8、5A02H8、3003H2、6A02T4、5A02H4、5A03H 等。技术条件中除对长度、外径、壁厚、圆度和直线度有一定的规定和公差外，喷灌用铝管还须进行耐水压和运用试验，对其耐压性、密封性、自泄性、偏转角、沿程水头损失、多口系数及压扁性也有一定的规定。

管件包括各种弯管、三通、四通、变径管、堵头、支架、快速接头等。这些管件也都由铝合金材料制成。喷头以旋转式为主，其中又可分为单双喷嘴、高低喷射仰角及全圆或扇形喷洒等种类，几乎全部用铝材制造。

铝广泛用于制造移动式喷淋器与灌溉系统。移动式工具使用大量的铝，用作电动和燃汽油电动机及电动机外罩精密铸造机座和引擎组件，包括活塞，可用于电钻、电锯、汽油发动传动的链锯、砂带磨机、抛光机、研磨机、电剪、电锤、各种冲击工具和固定钳工台工具。铝合金锻件除上述的用途外，还用于手工工具，如扳手、钳子。

（2）机械化粮仓与收割机用铝

铝材可在粮食储藏的设施上推广应用。我国储粮普遍存在技术装备上的不足，铝材的使用就显得尤为重要。用铝材制成的粮仓能有效地减少粮食储存时的损失。大型的机械化铝粮仓采用螺旋状卷绕型压型铝板制成。据报道，1981 年拉脱维亚用这种方法建成六个直径 6m、高达 11m 的粮囤组，可贮存 1500t 粮食。而且装仓、出仓及温度控制全部采用机械化、自动化。我国首座压型铝合金板筒式粮仓在河南郑州建成，它由四列 36 座单仓组成，总容量达 12000 余吨。若以每座粮仓耗用铝材 10～12kg 计，该筒式粮仓耗用铝材达 120～144t 之多。铝合金筒式粮仓具有很多的优点，如建仓速度快、建筑费用低、自重轻、强度高、坚固耐用、气密性好、贮存温度稳定和有利于杀虫、拆装方便等。

另外，我国有 80% 的粮食贮存在农村。据统计，由于保管不当，发生虫、霉、鼠害等造成的损失多达 6%～9%。因此有必要推广小型家用铝合金压型粮囤。这种家庭粮囤容量不等（4～100t），较大的还可安装通风、密封熏蒸装置等，这样有利于提高粮质，有益于人民健康。

目前，很多国家使用铝合金制造谷物收割机、各种农业机械分选装置等。如匈牙利制造的一种谷物联合收割机，铝用量达 10% 以上。可使收割机减重约 2406kg，操作方便、节能、易于实现机械化。

（3）拖拉机及其他农机用铝质水箱

由于铝合金有密度小，价格低、易成形和密封性好等特点，因而在继汽车工业后，拖拉机与其他农机的内燃机用水箱也逐渐用铝合金来代替。据资料介绍，使用特薄铝板和铝管制作的水箱具有良好的散热性能，比铜质水箱的散热效率提高 30% 左右，并可节约铜材，而使用寿命却延长了。这种铝质水箱是由芯子和铝翅片串装而成。芯子是冷却水管，采取胀管法与依靠橡胶垫的机械结合方式与板片连接。板片是散热叶片，由它和周围介质进行能量交换。这种铝板厚度只有 0.1mm，尺寸精度严格，采用轧制方式加工，然后与冷却管相连。管和片的材质选用耐蚀性较好的纯铝或防锈铝合金。

（4）铝材在食品加工业、贮存和运输中的应用

铝合金管材、型材、锻件、板材和铸件广泛用于大米、麦面粉、油料及各种副食品加工业中，用作导管、风管、漏斗、挡板、贮存用具以及机架、支架或机床底座和导轨等。在食品贮存中广泛使用铝制的温室建筑结构和冷藏室等，在运输中广泛使用冷藏车和各种农业专用车。

6.6.4　工业机械用铝材的应用与开发

（1）铝材在纺织机械中的应用

铝在纺织机械与设备中以冲压件、管件、薄板、铸件和锻件等形式获得广泛应用。铝能抵御纺织厂生产中所遇到的许多腐蚀剂的侵蚀。铝的质轻和持久的尺寸准确性可改善高速运转机器构件的动平衡状况，并减少振动。铝通常不需刷漆，有边筒子的轴头与轴心通常分别是永久模铸件及挤压或焊接管。

纺织机上用的 Z305 盘头是用整体铝合金模锻件制造的，具有强度高、质量轻、外形美观等特点。纺织用的芯子管采用 6A02 合金挤压拉拔管制造，强度增加，不易机械损伤，几乎无破损，使用寿命明显提高。织机的筘座专用铝合金型材在国外织机上已获得应用，最近国内在消化吸收进口样机的基础上已开发成功。筘座是织布机的主机件之一，它用来整理经线与上下交织，要求强度高、轻便耐用。目前我国采用高强度稀土铝合金挤压型材制成的筘座已达到国外同类产品的水平。此外，铝及铝合金型材在梳棉机上的帘板条、织布机的梭子匣上都得到了应用。

（2）铝材在化工机械中的应用

铝及铝合金材料在石油及化学工业中主要被用来制作各种化工容器、管道等，以贮存和输送那些与铝不发生化学作用或者只有轻微腐蚀但不危及安全的化工物品，如液化天然气、浓硝酸、乙二醇冰醋酸、乙醛等。铝合金无低温冷脆性，更有利于贮运液态氧、氮等低温物质。制作化工容器的铝合金有纯铝、防锈铝等耐蚀性较优的合金。在各种铝合金容器中，有卧式、立式的，也有矩形、球形的。其中球罐使用量最大，因为它比同体积的矩形罐能节省 40% 的材料，而承受外力的能力可大 1 倍左右。我国制造的化工容器中铝合金约占 50%。

铝材在化工设备中的分解塔、吸收塔、蒸馏塔、反应罐、热交换器中有不少的应用，其中，化工用热交换器种类很多，诸如蒸发器、冷凝器、散热器等。这种热能交换器还分列管式、盘管式、翅片管式及其他形式。整体式螺旋形翅片管热交换器采用与螺纹轧制相似的变形方式，用三辊斜轧机对厚壁管外圆周部分作滚轧加工，形成翅片，使管内外面积比增大。整体式翅片管具有强度高、耐振动、耐高温、热交换能力大和抗腐蚀等优点。

在低温设备中，例如在采用液化空气法分离制取液态氧和氮的设备中，使用一种铝制钎焊板翅式换热器，它利用了铝及铝合金的无低温脆性、对热交换介质稳定、质量轻、成本低的特点。这种换热器由隔板、翅片和封条三部分组成，全部采用 3A21 合金，其中隔板是用 3A21 合金作基材，并与铝-硅（含硅约 7.5%）合金板经复合轧制而成。组装时在 600℃ 的盐浴炉中进行钎焊，要保证内外的冷热介质不发生串流，并在 4MPa 的工作压力下能正常工作。

在化工及其他设备中还广泛使用一种铝制的牺牲阳极合金，它是由铝-锌-铟-锡组成的合金。牺牲阳极属于防蚀保护中的阴极保护法。使被保护的金属零件或结构免受腐蚀而延长使用寿命。此外，铝材在化工行业的其他方面应用还有很多，如已实用化的油罐铝浮顶，能有效地减少轻油质的挥发；化工设备中的管路、管件、阀门等；塑料橡胶业中使用的铝制模具；大型化工设备中的入孔、观察孔；特殊条件下使用的各种衬铝设备。总之，铝及铝合金材料在化工机械行业中有着广泛的应用。

（3）铝材在木工机械、造纸与印刷机械中的应用

木工机械已广泛使用大断面铝合金型材、管材和铸件制作支架、侧板和导轨、平台等重要零部件，使用的合金主要有 6063、6061 等。在造纸和印刷业中，铝的一项有意义的应用是作为可返回的装运卷筒芯子。芯子可用钢制端头套筒加固，套筒本身也可构成纸厂机器的传动部件，加工作业用的芯子或卷取机芯子用铝合金制成。造纸机器用的长网或辊道也采用铝结构。弧形铝薄板制成的印刷版可使印刷厂轮转机以较高的速度运转，并且因离心力降低可使不正确定位减小到最低程度。在机械精制和电压纹精制作业中，铝印刷薄板可提供优良的再现性。在造纸、印刷、食品加工等轻工机械行业中，铝普遍作为光和热的反射装置、干燥设备的部件、容器及壳体等。新近发展起来的泡沫铝也用作吸声装置、

消声器、振动阻尼装置及吸收冲击能的部件。一些高强铝合金在轻工机械中还大量用作结构材料。

(4) 铝材在冶金与矿山机械中的应用

近年来，煤矿已增加使用了铝制设备，铝的应用包括矿车、吊桶与箕斗、顶板支承、移动式气腿和振动输送机。铝能承受露天采矿与深井采矿的恶劣条件。铝具有自行保持表面洁净的能力，并可承受磨损、振动、劈裂与撕裂等损坏，有的铝合金还可阻燃，防止煤矿与天然气发生爆炸。

在各种矿山中，广泛使用全铝的筒形车厢来运输矿石和化学用品。7A09 和 2A12 等高强度合金被广泛用作矿山的钻探管。由于铝质轻，并且不需进行火花控制，钻探性能良好、安全，所以可提高钻探能力 1 倍左右。此外，铝合金在矿山中还被用来制作液压支柱、矿井中升降罐笼和有轨矿道用车等。

(5) 铝材在石油化工机械中的应用

在石油工业中，铝制顶盖常用于钢贮罐，其外部敷涂以铝粉作填料的油漆，而铝管道成为石油产品的转运工具。铝广泛用于橡胶工业，因为铝能抵御橡胶加工过程中产生的所有腐蚀，而且铝是非吸附性的。铝合金因其无自燃性而广泛用于炸药制造。通常，强氧化剂在铝制设备中加工、贮存和装运。铝特别适用于盛装硫、硫酸、硫化物和硫酸盐的容器。在核能工业中，铝包壳燃料元件可保护铀不受水侵蚀，防止反应产物进入冷却水，有效地将热从铀传到水中，并有助于尽量减少中子的寄生俘获。铝罐可用来盛装重水。

(6) 铝材在仪器仪表与精密机械中的应用

在强度与尺寸稳定性相结合的基础上，铝合金可用于制造光学仪器、望远镜、航天导航装置及其他精密仪器。在制造和组装这类装置时，为保证部件尺寸的准确性与稳定性，消除应力的热处理有时在机加工阶段进行，或在焊接或机械组装之后进行。一些中等强度时效强化的锻铝在医疗器械中用来制造叶轮、冷冻部件壳体等，也有些用来制作相机的镜筒、拉深框等零部件。一些高强度粉末冶金产品由于形状精密、尺寸稳定、残余应力小，在照相机、电影机、复印机、计算机和理化仪器等的器件制造中得到应用。某些非晶形铝合金的测试仪器在机器人中也得到了应用。一些低磁化率的铝合金已在陀螺仪和加速度计等制品中采用。

6.6.5 铝材在机械制造行业中的应用前景

机械工业本身的飞速发展对材料工业提出了越来越高的要求。作为基础材料之一的铝及铝合金材料，一方面要适应机械工业的需要，另一方面也面临着其他代用材料的严重挑战和竞争，因此铝行业必须加快研究，不断采用新工艺，研制和推出新合金、新产品和新材料，以提高其工艺性能和使用性能，其中包括良好的可焊性、高的淬透性、易切削性、可钎焊性、高耐蚀性、高耐热性、高强高韧性和优越的装饰性等。只有这样，才能在现有基础上继续拓展铝材应用的广度和深度。

采用氧化铝、碳化硅、氮化硅、硼、石墨等高熔点化合物和铝基体复合，形成弥散强化、颗粒强化、纤维强化铝合金，这种复合材料具有高弹性模量（高达 700GPa）、高强度、低密度、尺寸稳定的特点，并具有滤波性、非磁性、介电性、不老化等特殊性能。采用无机纤维强化的铝合金除了能在航空航天工业中应用外，还可在机械制造业中大力推广应用，如各种发动机零件、活塞、轴承及精密仪器的零部件等，随着这种材料的成本逐渐降低，可以预料其应用将日趋广泛。

另有一种铝基复合材料是采用两块铝板夹有 0.01～0.5mm 厚的薄层黏弹性高分子材料制作而成。其中的有机层作为阻尼夹层和黏结剂。该材料对机械部件的轻量化十分有利，还可进行深加工成形，实用价值很高，可用来制作振动外壳、本体、音响、电器等部件。粉末冶金铝合金也是一种新型的有开发前途的铝材，可利用铝粉表面的天然氧化膜在粉碎压实、烧结和热加工过程中形成弥散强化，也可通过预合金化、熔体快速凝固工艺、金属机械合金化工艺等，使合金铝具有晶粒细小、合金化元素含量高等特点，从而获得高强度、高弹性模量、高热强度、低膨胀系数及耐磨性能，这些材料现已用于高温工作的叶片、活塞齿轮及滑动部件、精密机械零件和化工设备中。

超塑性铝合金的研究和应用开发使铝材的应用扩大了范围，纯铝、铝-钙系、铝-铜系、铝-铜-镁-锆系、铝-镁-硅系等合金都已获得了工业应用的超塑性铝合金。它们都能显示特大的伸长率（达 500％以上），这种特殊性能主要是通过调整金属组织以获得非常微细的晶粒来实现的。由于塑性高、变形阻力小，很容易进行大变形量的扭转、弯曲和深拉加工，因此可以用来制备各种形状尺寸精确的部件，如电子仪表的外壳、通信和精密仪器的零部件等。

铝材的表面处理除要达到耐蚀性和装饰性的目的外，还可以赋予特殊功能的氧化膜，从而使它具备某种特殊的用途，这也是拓展铝材用途的一条途径。如有光电性能的氧化膜，可用它发光、发色，可在仪表工业中制成指示元件、记录元件；具有红外和远红外线区吸收性能的氧化膜，可在太阳能热水器上获得应用。

值得一提的是我国有丰富的稀土资源，国内一些研究单位相继研发了多种稀土铝合金，已在国民经济的各个领域获得应用。如稀土铝合金活塞已用于坦克、拖拉机的发动机上，提高了铝材的高温强度和高温持久强度，使用寿命延长了 5～6 倍。一些稀土铝合金的铸件、挤压材已应用于机床导轨、压板和其他耐磨零件。另外，含稀土的光亮铝合金由于大大提高了装饰性能而获得广泛应用。

最后要提到的是，铝作为铁基合金或其他材质的热浸镀和热喷涂材料也日益受到人们的关注。热喷涂和热浸镀是一种高速发展的技术，在交通运输、机械机床、石油化工设备、电力电器、仪器制造以及包装行业中都获得广泛应用。因为它可以显著提高被镀件的耐热性、耐蚀性、光热反射性，并且成本低廉、经济效益显著。热喷涂铝时，在火焰或电弧作用下用喷枪将熔化了的铝以雾状喷射到被涂物件上；热浸镀铝时，被镀件（钢铁件）要先进行表面处理，然后沉浸到熔化的铝液中，控制温度时间等工艺参数，以形成一定的中间合金扩散层，这种热浸镀铝的材料已用于汽车排气系统的消声器、排气管、烘烤炉、食品烤箱、粮食烘干设备、烟囱和通风管道、冷藏设备及化工装置中。

综上所述，铝及铝合金材料只有充分发挥其优良的综合性能优势，并且不断地推陈出新，才能在机械行业中得到更广泛的应用。

6.7 铝合金在食品包装行业中的应用

6.7.1 食品包装行业用铝材的发展概况

食品业广泛应用铝，因为铝无毒性、无吸附性、能防止碎裂、能减少细菌的生长、可以生成无色的盐类、并能接受蒸汽清洗。当集装箱与输送带要进入加热或冷冻区时，铝的低容积比热容可以产生节约价值。铝的无火花性质对于面粉厂和其他易受火灾与爆炸危害的工厂而言是宝贵的。铝的耐蚀性在装运脆性商品、贵重化学试剂和化妆品时也很重要，用于空运、船运、火车装运和卡车装运的密封铝集装箱可用来装运不宜散装的化学试剂。

包装业一直是用铝的重要市场之一，而且发展很快。包装业产品包括家用包装材料、软包装和食品容器、瓶盖、软管、饮料罐与食品罐。铝箔很适用于包装，铝箔制盒、包用于盛食品与药剂，并可作为家用。

铝制饮料罐是铝工业史上应用最为成功的一例，而铝制食品罐进入市场的速度也在加快，软饮料、啤酒、咖啡、快餐食品、肉类，甚至酒类均可装在铝罐内。生啤酒在包铝的铝桶内装运。铝广泛用于制造盛牙膏、食品、软膏和颜料的软管。

归纳起来，容器包装用铝的主要形式有：

① 用铝箔制成的软包装袋（用于食品和医药工业及化妆品行业）；

② 用铝箔制成的半刚性容器（盒、杯、罐、碟、小箱）；

③ 家庭用铝箔和包装食品用铝箔；

④ 金属罐盒、玻璃瓶和塑料瓶的密封盖；

⑤ 刚性全铝罐，特别是全铝两片啤酒罐和软饮料罐；

⑥ 复合箔制容器；

⑦ 软的管形容器；

⑧ 大型刚性的包装容器，如集装箱、冷藏箱、啤酒桶、氧气瓶和液化天然气罐等。

在过去 30 年中，美国和澳大利亚容器包装工业铝消费量的增长速度较快，而西欧国家的相对增长速度却较慢。北美市场以美国为主，其是铝易拉罐的发源地，同时也是全球铝易拉罐的生产和消费大国。美国铝罐料用铝量 1975 年为 65 万吨，1980 年达 100 万吨以上，2005 年美国全铝易拉罐共生产了 1300 亿只左右，消费量在 1000 亿只以上，耗铝材在 200 万吨/年以上，约占美国全国铝板带材总产量（465 万吨/年）的 41%，出口量约占 13%，处于平稳发展期（年增长 1%～2%）。

欧洲市场供需两旺。20 世纪 80 年代中期以来，欧洲铝易拉罐市场一直呈现稳定增长的趋势，年增幅为 5%。在欧洲的饮料罐生产中，铁皮罐和铝罐约各占一半，欧洲 14% 左右的铝金属材料用于饮料生产。由于铝质金属具有较高回收再使用价值，从环境保护方面出发，现在已开始大量转向铝材制造。

6.7.2 铝合金易拉罐料的应用与开发

铝制饮料罐最早是在 20 世纪 50 年代末出现的，60 年代初期二片 DWI 罐正式问世。铝制易拉罐发展非常迅速，到 90 年代末每年的消费量已有 1800 多亿只，在世界金属罐总量（约 4000 亿只）上是数量最大的一类。用于制造铝罐的铝材消费量同样快速增长，1963 年还接近于零，1997 年已达 360 万吨，相当于全球各种铝材总消费量的 15%。1984 年美国铝罐使用数量超过 620 亿只，1987 年超过 700 亿只，1988 年超过 800 亿只，1990 年超过 900 亿只，1994 年超过 1000 亿只。亚洲（日本除外）的铝罐年消费量也不下 200 亿只。近几年中国铝易拉罐消费量每年有 100 多亿只，年需特殊板 29 万吨以上。

（1）罐料用铝合金

罐体和罐盖设计的优化、罐用合金和喷涂技术的改进以及制罐工艺的进步，都促使生产可回收的、经济上可行的铝饮料罐的整套工艺得以发展。由于采用了新的设计方案及坯料的厚度不断减薄，因此对坯料的强度、成形性能和可回收利用性等方面的要求越来越高。只有不断提高合金性能、改进制造工艺，使坯料既具有足够的强度，又有良好的成形性能。才能满足各方面用户的罐形设计与成形工艺的要求。

对铝饮料罐结构质量的主要要求之一是罐经过表面涂覆处理、灌装饮料并密封后，能承受内部压力。灌满后的铝饮料罐的一种典型破坏形式，就是 5182 合金罐盖受内压作用后变形或 3004 合金罐体的圆穹形内凹底部受压后逆向变形。材料的强度是决定这种穹形底逆向变形压力（DRP）的一个主要因素。几种高强度的罐体坯料合金已经研制成功，其中，大部分是在 3004 合金中提高了铜和镁的含量，而大多数合金的化学成分仍在目前的 3004 合金的成分范围之内。

制罐厂对铝罐料的要求非常严格，不但要求内在质量好，化学成分优化，含气量、含渣量低，还要求有很好的深冲性能，制耳率要低；不但要求厚度公差和板形要好，而且还要求有很好的表面质量。

目前，罐体主要使用的合金仍是 Al-Mn 系的 AA3004、AA3104、AA3204 等合金，状态为 H19。罐盖和拉环主要使用 Al-Mg 系的 5082、5182 等合金，状态为 H38。

易拉罐罐身材料、罐底材料和拉环材料的组成如表 6-16 所示。

表 6-16　铝易拉罐罐身、罐底和拉环材料的化学成分（质量分数）　　　单位：%

合金牌号	Mn	Mg	Fe	Si	Cu	Zn	Al
3004（罐身）	1.0～1.5	0.8～1.3	0.7	0.30	0.25	0.25	余量
5182（罐底）	0.2～1.5	4.0～5.0	0.35	0.20	0.10	0.25	余量
5082（拉环）	0.15	4.0～5.0	0.35	0.20	0.15	0.25	余量

（2）罐盖（盖、拉环件等）用铝合金

罐盖所用材料的种类和性能如表 6-17 所示。有内压的啤酒、碳酸饮料罐和没有内压的果汁罐，分别用 5082（或 5182）和 5052 硬状态板。材料先氧化处理，以提高其涂料附着性和耐蚀性，两面涂漆烘干后，即进行罐盖成形加工。加工中受损伤的罐盖内部，为了防腐需进行修复。

罐盖材料所需的特性之一是异向性要小，如果异向性大，经深拉加工后在盖周缘部位就会出现制耳，造成卷边不齐，使盖不能很好地堆叠在一起，从而影响批量生产。研究表明，板材中的非金属夹杂物或粗大的化合物、析出物对成形有不良影响。为了尽量减少力学性能或成形性的波动，除控制合金成分外，还要严格掌握热轧和冷轧条件，板厚偏差倾向于 $\pm 5 \mu m$。

表 6-17　罐盖用铝板的种类和性能

种类	板厚/mm	状态	$\sigma_{0.2}$/MPa	σ_b/MPa	制耳率/%	特征与用途
8011	0.25	H14	130	140	<2	容易开栓，用作没有气压的饮料、洋酒防盗盖和酒盖
3003	0.25	H14	150	160	约 2	比较容易开栓，用作有气压的饮料、西式酒类的防盗盖
3105	0.25	H34	170	180	<2	中强度，食品饮料用罐盖
5052	0.25	H39	270	300	约 2	高强度，食品饮料用罐盖
5N01	0.6	H24	130	150		光泽性好，化妆品用
5657	0.7	O	50	140	>4	光泽性极好，钢笔、打火机和化妆品用

应开发新的罐盖拉环件，以免废弃的拉环件成为垃圾公害。材料的薄壁化能有效地降低成本，以 52.3mm 直径的罐为例，板厚应为 0.25mm。据报道，这方面领先的英国铝业公司将薄壁化瞄向 0.18mm 左右。日本的全拉环易拉盖和美国的不同，为不可分离式。因而开口时易折断，所以对材料要求特别严格。目前，急需开发异向性更小、强度和韧性合适的材料。美国各公司为了降低成本，开始采用电磁铸造大规格铸锭，一般的半连续铸造的铸锭因偏析多，轧制前必须进行铣面处理，铣面量软合金为 5～10nm，硬合金为15～25mm。另外，轧制时裂边，故切边量大，降低了材料的利用率。电磁铸造不用结晶器，铸锭表面光滑、无偏析，所以铣面量和切边量极少。

6.8 铝材在船舶工业上的应用

6.8.1 船用铝材的品种和常用合金

在船舶上几乎应用了所有的铝及铝合金品种。目前使用最多的合金有 5×××系（5052、5154、5454、5754、5083、5283、5086、5056、5456、5005 等）、6×××系（6063、6060、6061、6070、6082、6N01、6005、6005A、6351 等）、7×××系（7005、7039、01915、01925、01535 等）、1×××系（1050、1100、1200 等）、3×××系（3003、3023 等）、4×××系（4043、4032 等）等变形铝合金及 AC4A、AC4C、AC4CH、AC7A、AC8A 等铸造铝合金，主要状态有 H14、H112、H32、H34、H111、H116、H117、Fl、Tl、T5、T6、T61 等，主要的铝材品种有厚板、中厚板、薄板、带材、箔材、管材、棒材、型材、整体带筋壁板和空心壁板、自由锻件和模锻件、各种铸件、压铸件、冲压件、冷弯件以及各种复合材料和深加工件（如泡沫铝、蜂窝铝材）等。随着船体的大型化和轻量化以及铝加工技术的进步，铝合金大型挤压型材和管材、大型轧制宽板和厚板、大型锻件和大型铸件的应用越来越广泛。

船用大型铝合金板材的厚度一般为 2～15mm，最厚可达 100mm 以上，最薄可达0.2mm（薄板）和 0.005～0.2mm（铝箔），铝板带的宽度一般为 1000～3000mm，最宽可达 5000mm，船用大型铸造件最重可达 500～1000kg 以上。

(1) 铝合金材料在船舶工业上的应用实例

① 铝材在船舶壳体上的应用　船体结构的形式可分为三种：横骨架式、纵骨架式和混合骨架式。铝合金小型渔船、内河船和大型船的首尾端结构常用横骨架式结构。船壳上应用的铝合金材料主要是板材、型材和宽幅整体挤压壁板。某长 60.8m、可运载 1160t 石油的油船船壳使用铝材情况如下：该船用 9mm 厚波纹板作纵向密封舱壁，用 7mm 厚铝板作横向舱壁，形成 5 个独立货舱；船舷用 9mm 厚铝板制作；甲板用 12mm 厚、盖板用15mm 厚铝板制成；船体构架由挤压型材组成，尾柱是用 Al-12%Si 合金铸造的，全船共用铝 92t。日本又研制出铝合金船壳半铸造船。这种船的船头、船尾和船壳用长约 5.4m 的板材焊接而成。船宽 2.4m，深 0.58m，船壳重约 2t，总重 3.8t，与同型的 FRP 船相比，船壳减量 25%～30%。

② 铝型材在船舶上层结构上的应用　目前，各种类型船舶的上部结构和上部装置（桅杆、烟囱、炮舰的炮座、起吊装置等）都越来越倾向于使用铝合金材料。上层结构中使用最多和最理想的铝材是大型宽幅挤压壁板。苏联在长 101.5m、排水量 2960t、载员

326 人和速度 30km/h 的远洋客轮上，用铝合金建造上层结构，如驾驶舵、桅杆、烟囱、支索、水密门等。使用的铝材有 5.6mm 和 8mm 的 5A05 合金板，10mm 和 14mm 厚的 5A06 合金板、5A06 合金的圆头扁铝以及一些铝合金铸件。上层结构的安装是采用 5A05 合金铆钉铆接在钢甲板上，并采取了预防接触腐蚀的措施。这艘船的上层结构用了 100t 铝材，比钢制的船轻 50%。全船用铝材 175t，船的总重减少 12%，定倾重心提高 15cm，明显地改善了船的稳定性。

（2）船舶材料铝材化的意义与效果

船舶上层结构轻量化，不仅减轻船体质量，增加航行速度或运载量，还可使船的结构合理化，改善船体稳定性同排水量和船宽的关系。

影响人们在海上生活的最大问题是船的横向稳定性，它取决于定倾中心的高度。要保证一定的定倾中心高度，船就应具有足够的宽度。为不使船特别宽，必须减轻船上层结构的质量，降低船的重心，提高定倾中心高度，使船横向稳定。

目前，铝合金材料被广泛用作各类船只的上层结构和上部的其他装置（桅杆、烟囱、炮舰的炮座）。最早用铆钉铆接船的上层结构，20 世纪 70 年代之后主要是采用焊接方法。薄板焊接易发生变形，最理想的是用整体挤压壁板作上层结构。

而苏联在"吉尔吉斯斯坦"号远洋客轮上用铝合金建造上层结构，如驾驶舱、桅杆、烟囱、天遮装置、水密门窗等。用的是 5.6mm 和 8mm 厚的 5A05 合金板及 10mm 和 14mm 厚的 5A06 合金板、圆头扁铝，还有些铝合金铸件。纵横舱壁是用铝合金波纹板制作。用 5A05 合金铆钉将上层结构铆在钢的甲板上，采取了预防接触腐蚀的措施。

"吉尔吉斯斯坦"号远洋客轮的铝合金上层结构比钢制的轻 50%（减重 140t）。船的重心低，吃水浅，可开进河口。该船长 101.5m，宽 14.6m，高 8.1m，吃水线 3.7m，排水量 2960t，乘客 250 人，船员 76 人，航行速度 30km/h。在这艘船上采用铝材 175t（上层结构用 100t）。船的总质量减轻 12%，定倾重心高度提高 15cm，明显地改善了船的稳定性。

6.8.2　铝合金船舶的发展方向

（1）高速船艇

高速船艇的高速度定义为速度约 40km/h 以上，一般速度约为 46km/h，高速船的类型分为滑行艇、水翼艇、飞翼艇、气垫船和排水量小型船。目前，铝合金高速船艇发展得非常快。

（2）渔船

日本现在拥有各种渔船 50 万只，它们大部分（60% 的船）是以前用玻璃钢、木材和钢材制造的。由于石油危机和玻璃钢船在制造和报废时会引起公害，铝合金渔船又重新得到空前的重视。1977 年，日本藤本造船铁工厂建成第一艘 4.9t 重的全铝渔船"金昆罗丸号"。从此，铝合金渔船的数量逐年增加，已出现普及和推广的大趋势。日本现有数千艘铝合金渔船。

（3）其他的船舶设施

快艇与舷板桅标杆早已采用挤压铝合金型材，这种断面变化的桅杆型材可一次挤成，不需做进一步的加工，并可挤出风帆导路。用矩形空心铝合金型材将这种大梁型材连接起来，再将其下部焊接，系船桩与扶柱插入上部燕尾槽内。在较短时间内就可装配好摩托艇码头系船与趸船设施。

近 20 年来，舰船与石油钻井平台上的直升机起落甲板已采用铝材制造，因为它能满足强度、轻便性、耐用性与少维护等方向的要求。另外，铝材对石油泄漏、直升机降落冲击有很强的适应性。铝材在撞击时不会产生火花，它的热导率为钢的 4 倍，能很快地将热散发。将铜与铝加热到同一温度，前者需要的热量比后者低得多。此外，各种形式的铝合金跳板也在船坞上大量使用。

6.9 铝材在摩托车和自行车上的应用与开发

6.9.1 铝材在摩托车上的应用

世界摩托车业在近几年的发展速度是惊人的，从最初的主体材料采用铸铁的摩托车，发展到现在已有成千上万种不同规格、采用不同材料、技术的新型摩托车。2003 年世界摩托车产量已达 3300 万辆，截至 2020 年产量已达 4900 万辆。摩托车不管在民用还是在军事上都得到了充分的应用，进入人们生活的方方面面。近年来，我国摩托车工业更是突飞猛进地发展。到 2001 年我国已成为世界摩托车生产第一大国，2009 年的产量约 2000 万辆，约占全球产量的一半，出口到 160 多个国家和地区。但是随着摩托车的日益普及和世界能源及环保等综合问题的日趋严重，不仅消费者对摩托车的综合性能要求更高，各国也制定相应的法规，对摩托车综合性能的要求更为苛刻。因此，迫切地需要研制开发适应未来时代要求的、行驶安全可靠、环保、节能、低成本的新一代摩托车的相关材料及先进制造技术。

铝制摩托车用零件通常有 6 种制造方法：铸造、锻造、板料冲压、挤压、粉末冶金、超塑成形。常用的变形铝合金有 2014、2017、5083、7N01 和 7050 等高强铝合金。

近年来，由于压铸技术的发展，铝合金压铸件广泛用来制造摩托车的车轮轮毂、气缸盖、气缸头以及发动机的大部分零件，大大提高了摩托车的铝化程度，同时也大大减轻了摩托车的自重，进一步促进了摩托车的高速化和现代化。

对占摩托车车重较大比例的发动机来说，目前用铝合金代替铸铁制造的发动机缸体可减重 30% 以上，用铝基复合材料缸套取代铸铁缸套，不但可以达到减重的目的，而且能够减小气缸的变形，提高气缸和活塞的耐磨性；铝合金气缸盖一般采用砂芯金属型重力铸造或低压铸造。

现在活塞基本上都是用高硅铝合金制造的，其硅含量在 10% 以上，有的硅含量达 20%～30%。增压型内燃机则采用含镍的 ZL109 材料。其他的发动机铝铸件通常采用挤压铸造法生产。目前，国外也采用铝基复合材料通过特殊的加压铸造法等特殊工艺来制造连杆。对于像轴类、曲柄、活塞环、齿轮、链轮等要求力学性能较高和在恶劣环境下工作的发动机部件，采用铸造铝合金比较困难。

非发动机部件对铝合金的冶金质量、力学性能和铸造工艺要求也很高，摩托车车架占整车质量的 20% 左右，由于其自身强度要求较高，目前国内主要采用的还是低碳钢焊接成形车架，但国内已有采用压铸铝箱形断面等材料制造的车架，这种车架比焊接钢车架质量轻，仅有 3kg 左右，横向与扭转刚度可提高 20%～30%。另外部分外形复杂、难以加工、对强度要求又不高的零部件，如化油器、刹车盘、把箍等均采用铝合金压铸而成。

摩托车零件广泛使用变形铝合金材料，如摩托车的车体框架、前叉、托架、轮圈和交换器零件等。目前，摩托车的铝化率约为 60%（采用铝框架的车型），虽然比不上飞机（约 80%的铝化率），但比汽车的（8%~16%）高得多，而且变形铝合金材料占的比例也很高。汽车大部分用铸件，摩托车则约 50%是变形件，多属 2014、2017、5083、7N01 和 7050 等高强合金。由于铝框架的出现，变形铝合金材料的使用量剧增。今后的发展趋势，第一是低成本化，部分锻造坯料已连续铸造化，铸造化即是铝框架采用合金铸件；第二是高性能化，使用高强铝合金，转向轴、前叉用 7075、7050 合金等。还迫切希望开展以发动机用材料为中心的高性能新材料研发。目前，新型高强铝合金或铝锂合金锻件比强度高、与合金钢接近，加工性能好、锻造时不氧化、表面光洁，机加工余量小，无铸造缺陷，便于流水作业，经适当选材及加工处理后，可用于制造摩托车的轮毂、活塞、主轴等重要受力部件和转动零件。但是，铝锻件价格昂贵，目前尚未大范围推广应用。不过从长远来看，随着技术的进步和新型优质铝合金材料的研发，可充分利用铝合金锻件的优点，谋求以最少的材料用量、最高的使用寿命和高的生产效率达到最佳的轻量化效果，可以预料，铝合金锻件将会得到更加广泛的应用。

其他如保险杠、挡泥板、扶手、货架、反光镜、仪表板、消声器、前后减振器等都可采用铝合金挤压件和冲压件，但考虑到制造工艺水平和成本等问题，也有部分零件仍旧采用低碳钢。剩余部位的材料多采用重量更轻、减振的非金属材料，如橡胶、尼龙、人造革等。近年来，镁合金作为一种最轻的结构材料，也受到了各大厂商的关注，钛合金也开始用作摩托车的重要受力部件。

6.9.2　铝材在自行车上的应用与开发

正确地选用材料是自行车生产的关键之一，一直受到设计、制造和使用者的高度重视。1791 年，法国人西拉克用木材制成了世界上的第一辆自行车。1839 年苏格兰人马克米兰选用钢材制造自行车，大大促进了自行车工业的发展。自 20 世纪以来，除轮胎与鞍座外，钢材一直是自行车的主导材料。随着人们生活水平不断提高，不仅要求自行车的式样新颖别致、美观大方、重量轻、速度快，而且还要求价格合理，因此，对自行车材料提出了越来越高的要求。

为了适应国际市场对自行车提出的式样新、重量轻（如美国规定进口自行车质量若超过 16kg，就要加倍收税）、速度快（最高速度可达 48km/h）、价格低的要求，目前世界各国在自行车选材上有两种趋向：一是采用强度高而密度低的材料，如铝合金、镁合金、钛合金、高分子增强塑料、复合材料和铬钼钢、铬锰钢等，这些材料主要用于中、高档自行车上；二是大量采用价格低廉的普碳钢，不断改进车型和式样，改进表面处理质量，以实用美观和价廉取胜。

铝材是减轻自行车质量的首选材料。铝材开始主要用于赛车，后来在中、高档自行车中也获得了应用。在用铝材制造自行车方面，德国居世界领先地位，其车圈、链轮、曲柄、前后轴、挡泥板、闸把等大多数零部件都是采用铝合金制作的。71cm "海贝力斯" 牌自行车，包括电灯和打气筒在内，轻的重量只有 11.8kg，重的也不过 17.8kg。日本生产的部分自行车的车架、车把是用冷拉的 5056 铝合金无缝管制作的，挡泥板是用 5052、5083 铝合金板材或带材制造的，而车圈是用 5083、6061、6063、7003 等铝合金型材制作的，整台车的质量还不到 10kg。

6.9.3　自行车零件的铝化及铝材的应用

一辆普通的自行车包含有两百余种、一千几百个零件，其中绝大多数都可以用铝合金制造。为了保证质量与骑行安全，对零部件的强度、冲击性能、耐磨性与疲劳强度等都有严格的考核标准与技术要求。同时，自行车零件是在大批量连续生产条件下制造的，辊压、冲压件的比例相当大，还要进行精美的表面处理，如喷漆、电镀、阳极氧化与着色处理等。

自行车工业中普遍使用的还是 6×××系列的铝合金，也有少量的 2×××系列和 7×××系列合金。6×××系列中较多的是 6061、6063、6005 三种合金。7×××系列合金中的 7005 合金因其焊接性良好，现仍为铝车架主流材质。但目前有逐渐被 6061 取代的趋势。7075 强度虽高，但焊接性差，一般用作非焊接性的高强度构件。

在自行车生产中，铸造铝合金用得较少，主要用于一些非受力的工件，如中轴轴盖、赛车立叉垫圈、赛车防尘帽、赛车鞍管等，用量也较少，一辆自行车的铸造铝合金总用量只不过 0.2475kg（零件净重），通常都是用铸造性能良好的铝-硅系合金铸造。

自行车部件大多用铝挤压型材和铝管，也有少部分的异型材，但截面大都比较简单。例如作为自行车主要受力构件的车架，是管材经过后续加工（如缩管、焊接）而形成的，花毂则是挤形后再锻造而形成的。

在未来 10 年内，铝合金依然是高档自行车用材的主流。在铝合金材质的选择上，当前自行车管材在由低锰、低铜含量的 6×××系合金向高锰铜合金转移，如 6013 等，虽然高锰铜合金有利于自行车的轻量化，但由于其挤压成形性较差，因此这些材质能否被自行车行业普遍使用，还要依赖于挤压技术的发展。7×××系列合金虽然其抗拉强度和硬度都比 6×××系列要好，但其加工成本较高，在消费者使用过程中会存在不明原因的断裂等隐性危险，所以 7×××系列在自行车行业中的应用将逐渐被 6×××系列高锰铜无缝铝管所取代。Al-Li 合金和钛合金在高档自行车上也开始广泛应用。

6.10　铝合金在其他领域中的应用

6.10.1　铝材在日用品和耐用消费品中的应用与开发

（1）铝制日用品

在日常生活中，人们会时时处处接触到铝制日用品，如铝制的锅、碗、瓢、盆、盒、勺，铝质的清扫工具和五金器具，以及铝制纽扣、服装与鞋具、雨具的附件、饰品和模型、模具等。铝制日用品的用铝量占全球总消耗量的 1%以上。人们正在研制各种新型的铝制日用品和装饰品，以满足人们生活水平不断提高的需要。

（2）铝制家具

质轻、低维护费用、耐蚀、经久耐用和美观是铝制家具的主要优点，桌子、柜子、沙发、椅子等的底座、支座框架和扶手是由铸造、拉制或挤压的管材（圆形、正方形或矩形）、薄板或棒材制成的。这些部件经常在退火状态或不完全热处理状态下成形，然后热处理。家具设计一般以使用要求为根据。家具采用常规的制造方法，通常用焊接或硬钎焊连接，采用不同的表面加工方法，如机械、阳极氧化、氧化上色、涂釉层或喷漆等。

（3）铝材在耐用消费品方面的应用

由于铝制品重量轻、外观美观、具有对各种形式加工的适应性以及便宜的制造加工费用，因此铝广泛应用于家用器具中。质轻是铝的重要特性，它可适应真空吸尘器、电熨斗、便携式洗碟机及食品加工机与搅拌器的要求。由于铝具有自然美观的表面和良好的耐蚀性，因此不需要昂贵的表面精制。

铝良好的可硬钎焊性对制造冰箱和冷冻机蒸发器而言是很有用的。管材放在浮凸薄板和带适量焊剂的硬钎焊合金条之上，将组合件放在炉内进行硬钎焊，剩余焊剂可连续地用开水、硝酸和冷水洗去，这样就可生产出一个具有高热导率、高效率、良好的耐蚀性和低廉的制造费用的蒸发器。

除了少数永久模制件以外，实际上电器的所有铝铸件都用压模铸造法生产，炊事用具可用铝铸造、拉制、旋压或拉制结合旋压法制成，手柄通常用铆接或点焊与用具连接。在有些用具中，铝制外表与不锈钢内衬相结合，另外一些用具的内壁瓷料或衬以聚四氟乙烯。硅树脂、聚四氟乙烯或其他镀层可以使受热的炊事用具的实用性更强。用具中很多压模件用作内部功能件，而不需表面精制。

各种形状的用具不少是用铝合金薄板、管材和线材制成的，它们的用量大致与压模铸件相同。变形铝合金的成分根据耐蚀性、阳极氧化特性、可成形性或其他工程技术特性选定。

某些铝合金在阳极氧化后呈现的自然颜色对食品处理设备极为重要，这方面的应用包括冰箱的蔬菜盘、肉盘、制冰托盘的铝丝搁架等。

6.10.2　铝材在热传输装置上的应用

随着科学技术的飞速进步、国民经济的高速发展和人民生活水平的大幅度提高与质量的明显改善，为了避免或减轻资源和能源的过度消耗、环境的日趋恶化、地球温升日趋明显、生态环境日趋被破坏等对人类生存与发展带来的危害，创造一个人与自然和谐相处的环境，保持人类社会、经济、文化、科学的可持续发展，人们对热传导材料提出了越来越高的要求。

热传导装置、器具或零部件包括散热器、取暖片、空调器、汽车水箱等，应用十分广泛，几乎涉及航空航天、交通运输、现代汽车、建筑工程、电子电器、电力能源、家电家具、医疗文体等所有军事与民用领域。

热传导装置的应用由来已久，因此其材料的使用也有上千年的历史，但是其材料是在不断更替和发展的。从材质上来看，世界上目前仍然常用的散热器有钢质散热器、铝质散热器、铜质散热器、铸铁散热器、其他材质或复合材料散热器等。从用途上来看，目前主要有功能散热器和装饰型散热器等。由于铝合金具有密度小、比强度高、导电性和导热性好、塑性优良、可加工成各种复杂形状的材料、可表面处理成各种颜色、耐蚀性良好、使用寿命长、可回收性好等一系列优点，因此，其逐渐成为了一种主要的热传导材料。特别是在功能型散热器方面，铝质材料已成为主流。

大型热传输系统主要用于需要调控大面积、大空间的场所，因此需要大功率的热传输系统。其铝合金散热器的型材宽度一般为 400~800mm 或以上，有的甚至需要宽度超过 1000mm 的大型挤压型材，其断面积也很大，散热表面积达数平方米。中小型取暖器可用宽度为 300~500mm 的挤压型材（或管材）制作，但宽度大于 1000mm 的取暖片一般用铸铝、铸铁或铸钢件制作。随着高级豪华大型建筑物及大型公用设施的兴建，以及人民生活水平的提高，大型集中散热器及取暖设施将进一步发展。大型铝合金散热器用型材和管材的应用将更为广泛。

铝合金散热器是台式电脑、手提笔记本电脑、电气设备（变频器、逆变器、充电桩、储能系统、电焊机等）、精密设备与仪表等高速、精确运行的关键部件之一，正在朝小型（微型）化、精密化、轻量化方向发。小型（或微型）的精密（或超精密）铝合金散热器已全部替代传统的铜和钢散热器以及塑料风扇等。由于个人电脑及电子通信设备的迅速普及与成倍增长，品种、规格也不断刷新，材质正朝 Cu、Cu-Al、Al-Al 方向发展。目前，Al-Al 散热器已成为电子计算机散热器的主流，见图 6-10。

(a) 铜铝结合型   (b) 铝铝结合型

图 6-10　电脑 CPU 铝合金散热器产品举例

随着电子计算机等电子通信设备以及精密设备与仪表等工业的飞速发展，铝合金小型（微型）与精密散热器的用量越来越多，特别是随 IT 产业的飞速发展，全球电脑需求量年均增幅将在 30% 以上。根据 Gartner 研究数据显示，2020 年全球电脑出货量同比增长 4.8%，全年出货量达到 2.75 亿台，为近年来最高值。电脑散热器产品的需求也相应大幅增长。每年电脑及 CPU 散热器的使用量呈几何级数递增。散热器约整个电脑成本的 1% 左右。因此，电脑散热器的市场是非常巨大的，发展前景十分广阔。

6.10.3　铝材在旅游业中的应用

随着国民经济的发展，人民的物质生活和文化生活水平大大提高，旅游业获得了蓬勃的发展。铝材在旅游业中得到了广泛的应用。

① 在交通工具方面，各种专用旅游车、电动车、摩托车、自行车（含山地自行车）以及大型客机、高速列车和地铁列车、专用游轮、汽艇、快艇等交通工具已大量应用铝材。

② 在各种游乐场所中，具有特色的建筑物、特有设施与玩具、健身器械与工具以及游艇与水上设施等都大量使用各种铝材，其应用潜力十分巨大。

③ 在餐饮、食宿和行李用品方面，各种铝管制的可拆卸帐篷、可移动房、可拆床和桌椅板凳以及行李箱、快餐盒、伞具等大都已铝材化。铝材消费量是相当可观的。

6.10.4 文体用品和医药卫生用铝材的应用与开发

（1）体育用品及体育设施用铝材的应用与开发

体育器材朝着质量小、强度高与耐用的方向发展，而具有这些特性的铝材就受到了重视。选材时将比强度（强度/密度）与比弹性模量（弹性模/密度）列为主要目标，另外材料还必须耐冲击。例如，在设计高尔夫球棒时，质量小是重要问题，但由于击球时冲击力达 14.7kN，所以材料必须具有相当高的耐冲击能力。

铝在体育器材上的应用始于 1926 年。近年来，铝材的应用取得了惊人的进展，几乎渗透到了体育器材的各个方面。铝材在体育器材方面的应用实例见表 6-18。

表 6-18 铝材在体育器材方面的应用

类别	零件名称	合金	质量轻	强度	硬度	耐蚀性	耐磨性	加工性	外观
棒球	棒球棒	7001、7178	+	+	+	—	—	—	—
	垒球棒	6061、7178	+	+	+	—	—	—	—
	球盒	6063、1050A	+	—	—	+	—	—	+
	投球位	1050A	+	—	—	+	—	—	+
滑雪板	滑雪板受力部件	7A09、7178	+	+	—	—	—	—	—
	滑雪板边	7A09、7178	+	+	—	—	—	—	—
	滑雪板后护板	6061	+	—	+	—	+	—	+
	滑雪板斜护板	7178	+	—	+	—	+	—	+
	滑雪板底护板	5A02	+	—	—	—	+	—	+
	各种带扣与套壳	ADC6、ADC12	+	—	—	+	—	+	—
	皮带结构件	ADC6、ADC12	+	+	—	+	—	—	—
滑雪杖	杖本身	6061、7001、7178	+	+	+	—	—	—	+
	扣环	6063	+	—	—	—	—	—	—
箭	杆、弓	2A12、7A09	+	+	—	—	—	—	+
田径	撑杆、支柱、横杆	6063、7A09	+	+	—	+	—	—	+
	栏架	6063、5A02	+	—	—	+	—	—	+
	标枪	2A12、7A09	+	+	—	—	—	+	+
	接力棒	1050A、5A02	+	—	—	+	—	—	+
	起跑器、信号枪	6063、ADC12	+	—	—	+	—	—	+
登山旅行	炊具、食具、水壶	1060、3A21、5A02	+	—	—	+	—	—	—
	背包架、椅子	6063、7A09	+	+	—	—	—	—	+
高尔夫球	球棒	7A09	+	+	—	—	—	—	—
	伞柱	5A02	+	—	—	+	—	—	—
	球棒头	ADC10	—	—	—	—	+	—	—
	框	1060、1050A	+	—	—	+	—	—	—
击剑	面罩	2A11							
冰球	拍杆	7A04、7178	+	+	—	—	—	—	—
鞋	跑鞋钉螺帽	2A11	+	+	—	—	—	—	—
	滑雪鞋侧面铆钉	2A11	+	+	—	—	—	—	—
	滑雪鞋皮带扣	6063	+	—	—	—	+	—	+
	橄榄球鞋螺栓	ADC12	—	—	—	—	+	—	+
自行车	各种零部件	2A14、2A11、2A12、5A02、6061、6063 等	+	+	—	+	—	—	+
游泳池	侧板、底板	5A02	+	—	—	+	—	+	+
	管道	3A21、6A02、6063	+	—	—	+	—	+	+
	加固型材、支柱	6063	+	—	—	+	—	—	—
赛艇	桅杆	7005、7A19	+	+	—	+	—	—	—

续表

类别	零件名称	合金	质量轻	强度	硬度	耐蚀性	耐磨性	加工性	外观
足球 水球 冰球 橄榄球	门柱	6061、6063	＋	＋	－	－	＋	－	＋
其他 设施	观众座席、棚架 更衣室	6053 及其它合金	＋	－	－	－	＋	－	＋

注："＋"被利用的性能，"－"表示没有被利用的性能。

（2）铝材在医药卫生中的应用

随着国民经济的发展，社会文明程度和人民生活水平大大提高，人们对健康、医药卫生的需求越来越高，因此，医院设施、医疗设备、制药工艺与设备和药物包装以及护理设施等都有了长足的进步。由于铝及铝合金材料具有一系列优良特性，因此深受医疗卫生领域的青睐，其用量也越来越多，应用越来越广泛。

① 救护与护理设备与设施。专用救护车、药物专用车及内部设施上大量使用铝材，铝化程度达 30% 以上；担架、病床、拐杖、扶手、假肢及摇椅等大都已铝化。

② 保健、健身和辅助器械与器材。眼镜架、助听器等辅助治疗器件及跑步机等健身器械已大部分铝化。

③ 医疗器械与仪器仪表。种类繁多的医疗器械与仪器仪表等的外壳、支架、底座、隔板、工具等大量使用高质量的铝合金精密型材、管材和线材以及高表面的板材制造。

④ 医药生产与包装。医药生产过程用设备和设施上已大量使用铝材，药品的软包装和硬包装是铝及铝合金板材和箔材的主要消费点之一。我国每年的药用铝箔产量和消费量达 5 万吨，居世界首位。

（3）铝质印刷版基（PS 版）的开发与应用

PS 版是一种新型感光版材，具有分辨率高、再现性强、字迹清晰、便于自动化制版与印刷、经济效益高等优点，受到世界各国印刷行业的高度重视。现在，工业发达国家 PS 版用量已占整个印刷版的 80%～90%。我国已建成单张和连续的 PS 版生产线 40 多条，每年需求量为 25 多亿平方米，每年需 25 万吨铝 PS 版。

PS 版是一种预涂有感光层的可随时用于晒版的平印版，它由两部分组成：感光层和起支承作用的铝基板或版基。感光层为有感光性能的重氮化合物树脂，厚 0.4～1.0mm。目前，国外应用的 PS 版的铝基板厚度有 0.3mm、0.24mm、0.1mm 三种，并有朝着更薄方向发展的趋势。我国常用规格为厚 0.2mm 左右、宽 800～1050mm、长 900～1300mm。在世界 PS 版基材中铝基材占统治地位，绝大多数用 0.2～0.28mm 厚的 T0S0、1060、1070 铝合金轧制，少数用 3003 铝合金生产。随着 PS 版技术的发展，特别是表面技术的发展，对作为感光层专用材料的铝合金板带材质量的要求愈来愈高。PS 版的感光性、显影性、阶调再现性、印刷适应性与铝基材的质量密切相关。铝基板应具有良好的亲水性，对预涂感光层有强的吸附结合力，有优异的水墨平衡性与高的耐印寿命。为此，在预涂感光层前必须对铝基材进行表面处理，形成所需结构的砂目与氧化膜。目前，砂目处理有机械法和电解法两种工艺，大工业生产、特别是带卷连续生产线采用电解法。由此可见，凡是对铝基材表面电化学反应有影响的因素都会对 PS 版质量产生或大或小的影响。

（4）复印机用铝材的开发与应用

铝材在复印机上最重要的应用之一是感光鼓。它用 3003 或 6063 合金拉伸管或挤压管机械加工而成，然后在其上沉积一层或涂覆一层光电性物质。感光鼓对管材的质量要求高，组织中应不含粗大的析出物、夹杂物及金属间化合物质点，对切削加工表面质量与尺寸精度要求也高，不得有较深的擦伤与划痕。

感光鼓使用的管材直径为 80～125mm，壁厚为 3～5mm，成品质量为 0.5～2.5kg，具体尺寸与质量取决于复印机型号与生产厂家。感光鼓除用拉伸法与挤压法生产外，还可用减薄深拉法、冲锻法与其他方法生产。

复印机上各种固定辊是用 1100 与 6063 合金管材与型材制造的，内部的一些功能零件与反射镜板是用 1100 板与 6063 型材制造的，许多零件框架、显像管、光学机构装配及导向板都是用铝材加工的。铝制的复印机典型零件及其所用材料与特性见表 6-19。

表 6-19　铝制的复印机典型零件及其所用材料与特性

合金	材料种类	材料特性					零件举例
		强度	绝缘性、导电性、非磁性	耐蚀性、耐溶济性	反射率、分光特性	密度、线胀系数	
工业纯铝	板	－	＋	－	＋	－	反射镜
1100	板	－	－	＋	＋	－	铭牌
3A21	管	－	＋	＋	－	＋	磁鼓
5A02	板	－	－	＋	－	＋	托架、暗盒、导向板
1100	管	＋	－	＋	－	－	各种辊
6063	管	＋	＋	＋	－	＋	磁鼓及各种磁辊
6063	型	＋	－	＋	＋	＋	套筒、导向零件、结构件
铸造合金板	铸件	＋	＋	＋	－	＋	磁鼓、基板、侧板等

注："＋"被利用的性能，"－"表示没有被利用的性能。

第7章

再生铝资源及铝生产环境保护

7.1 再生铝合金资源

7.1.1 原铝与再生铝对比

（1）产业对比

原铝生产以铝土矿为原料，经氧化铝电解生成电解铝（铝水），电解铝可以铸造成铝锭或添加合金元素后生产铝合金制品。废铝回收利用具备显著的经济优势。由于铝金属的耐蚀性强，除某些铝制的化工容器和装置外，铝在使用期间几乎不被腐蚀，损失极少，可以多次重复循环利用，因此，铝具有很强的可回收性，而且使用回收的废铝生产铝合金比用原铝生产具有显著的经济优势。

再生铝是由废旧铝和废铝合金材料或含铝的废料，至少经过一次熔铸或加工并经回收处理所获得的金属铝，是金属铝的一个重要来源，再生铝主要是以铝合金的形式出现的。废铝有"新废铝"和"旧废铝"的分别，"新废铝"是指铝制品生产过程中所产生的工艺废料和报废件，"旧废铝"是指铝制品经过消费后从社会上回收的废铝与废铝件。一般而言，"废铝"包括旧废铝以及对外出售的"新废铝"。

铝是一种可循环利用的资源，目前再生铝占世界原铝年产量的1/3以上。再生铝与原铝性能相同。再生铝锭经重熔、精炼和净化后，经调整化学成分可制成各种铸造铝合金和变形铝合金，进而加工成铝铸件或塑性加工铝材。表 7-1 为原铝与再生铝产业对比。

表 7-1　原铝与再生铝产业对比

差别	原铝	再生铝
生产原料来源	铝土矿山	废铝料
生产工艺	化学分解提炼、电解	分选、熔炼
能源消耗	很高	低
对环境影响	很大	小
生产产品	原铝金属	铝合金
国家产业政策方向	限制	支持
产业经济模式	传统资源消耗型	循环经济、资源再生型

（2）生产原料与生产工艺流程对比

在生产原材料及工艺流程方面，再生铝的生产流程较原铝更短，所需原材料更为简单。原铝的生产原料为铝土矿资源，在矿物开采后经化学过程提炼生产出氧化铝，再通过电解环节得到电解铝。电解铝可以用于铸造纯铝型材，或者添加其他金属和非金属元素制成铝合金。在生产能耗以及碳排放量方面，再生铝的主要生产原料为废铝，无须经过前期从铝土矿到氧化铝再到电解铝的高能耗、高碳排放量的流程。从再生铝的原料端来看，废铝的采购成本就是再生铝合金锭的主要成本。废铝的采购成本直接影响再生铝企业的盈利水平，能以低成本采购原材料的企业在竞争中将更具有优势。废铝除了供再生铝企业用于生产铝合金外，基本上没有其他规模化生产的用途。2020 年 80％的废铝用于生产铸造铝合金。

铝生产方式主要是电解，生产过程中需要消耗大量能源，排放也较为严重。根据中国有色金属工业协会数据，生产 1t 电解铝，需消耗 5t 铝土矿、550kg 阳极材料、9.6t 标准煤，排放二氧化碳 12t。与生产等量的原铝相比，再生铝生产过程中的能耗仅为前者的 3％～5％，生产 1t 再生铝可节约 3.4t 标准煤，14t 水，减少固体废物排放 20t。随着资源日益紧张，环境治理成本提高，再生铝生产优势日益凸显。

再生铝合金锭的生产过程主要包括分选、预处理和熔炼、铸锭等工艺。首先需要通过分选和预处理，将原料中的塑料等非金属物质与金属物质区分开，并将金属物质中的其它金属分离并分类堆放。铝材料按配比熔化、合金化之后，需要将铝液进行精炼，以保证铝合金液品质。由上述流程中产出的熔融铝渣，会再次经过炒灰车间处理，再次分离出铝渣内少量残存铝合金液。其余精炼过后的铝液经过铸造或压铸，经检验合格后包装入库。图 7-1 为再生铝生产流程。

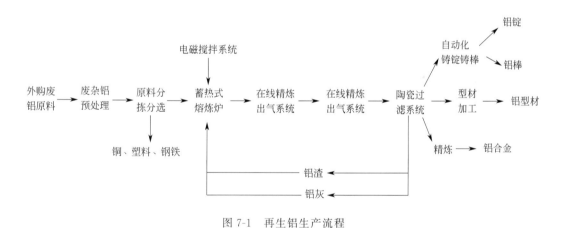

图 7-1　再生铝生产流程

7.1.2　铝行业产业循环

再生铝行业属于上游的原材料行业。其上游主要是供给废铝材料的行业，下游为铝合金压铸件和铸造件的生产企业，终端主要应用在汽车、摩托车、机械设备、通信电子和家电家具行业中。图 7-2 为再生铝行业关系图，图 7-3 为铝行业产业循环图。

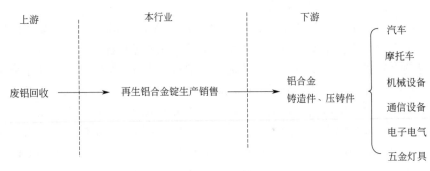

图 7-2　再生铝行业

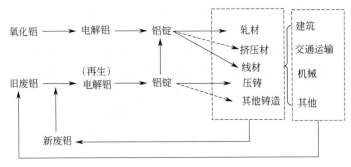

图 7-3　再生铝行业循环

7.1.3　再生铝行业现状

2020 年全球再生铝产量 3471 万吨，同比增长 5.18%。《"十四五"循环经济发展规划》提出，到 2025 年再生铝的产量将达 1150 万吨。以 2020 年我国再生铝产量 740 万吨计算，年复合增长率达 9.2%，再生铝行业迎来高速发展期。

废铝进口受限。继 2018 年废铝碎料被加入《限制进口类可用作原料的固体废物目录》后，2020 年 6 月 30 日，生态环境部强调，全面禁止固废进口，不再受理申请。随着国内铝制品报废高峰期到来，上游废铝资源社会保有量有望迅速增长。再生铝企业原材料主要来源于报废的建筑材料、汽车、通用机械、电器、电网设施等。

长期以来，我国废铝材料的来源以进口为主，广东和浙江是主要进口港。我国的铝消费量自 2003 年以来大幅增长，一般国内铝制品平均报废周期为 15～18 年。国内废铝产生量将大幅增长，到 2050 年，中国将有百分之六十以上的铝产量来自再生铝。因此，中国将面临由原生铝生产为主转为再生铝生产为主的挑战。

废铝的材料成本是再生铝合金的主要生产成本。国内废铝的社会保有量不断增长，形成价值巨大且回收成本低的"城市矿产"，同时废旧资源回收体系不断健全，有助于降低废铝的材料成本，扩大行业盈利空间。

我国再生铝产量占原铝和再生铝总产量不足 20%，较发达国家仍有差距。据国际铝业协会估计，2019 年全球由新废铝和旧废铝生产的再生铝产量占原铝和再生铝总产量的 32.75%。发达国家再生铝产量普遍超过原铝产量，据美国联邦地理调查局的统计数据，2017 年美国再生铝产量占铝总产量的 83.33%。

我国再生铝工业起步较晚，根据 Wind 提供的数据，2019 年国内再生铝产量达到 690

万吨，相当于原铝和再生铝总产量的 19.29％，与国际水平仍有较大差距。未来我国再生铝的占比有望进一步提升。

再生铝行业具有节约资源、减少铝矿资源对外依赖、环保的特点以及经济优势，该行业的良性发展具有重大的经济、社会和环境价值，受到了国家政策的鼓励和大力支持。再生铝相比原铝生产大幅节约土地、水电资源，受到国家政策鼓励并提供发展机遇。

再生铝行业属于再生资源和循环经济的范畴，被列入鼓励类产业，有助于企业生产项目在立项审批、融资和用地等方面获得国家政策支持。与此同时，国家为改善市场环境、清理再生铝行业内不符合条件的企业、去除行业落后产能出台了相关政策，为行业的健康发展扫清了道路。

产能规模、工艺装备、资金投入、成本控制、生产技术经验以及环境保护共同筑起再生铝行业护城河。2013 年 7 月 18 日，工业和信息化部公告了《铝行业规范条件》，对再生铝项目在企业布局、规模和外部条件、质量、工艺和装备、能源消耗、资源消耗及综合利用、环境保护等方面提出要求。这些政策规定为竞争对手进入行业设置了很高的障碍。

除此之外，由于行业毛利率水平较低，需要有效的成本控制才能盈利，这就需要企业拥有较高的对废铝价格的把控能力和对废铝材料的调配能力。同时，生产技术以及研发经验也需要长期积累和不断创新。国内再生铝行业的主要企业有立中集团、华劲集团、新格集团、怡球资源、帅翼驰集团和顺博合金等。行业集中度处于较低水平。国内再生铝行业主要公司见表 7-2。

表 7-2　国内再生铝行业主要公司

公司	再生铝主要业务地	主要业务	2019 年再生铝产量/万吨	2019 年市场份额/％
立中集团	环渤海和广东区域	加工、生产、制造汽车工业用铸造铝合金锭和铝合金轿车车轮	45.60	6.29
华劲集团	广东、江苏、武汉	生产铝合金液、铝合金锭	35.00	4.83
新格集团	四川、日照、长春、浙江	再生铝业务	28.00	3.86
顺博合金	西南、华南、华东等	再生铝合金锭(液)系列产品的生产和销售	30.09	4.15
怡球资源	江苏、马来西亚	铝合金锭生产销售、废料贸易	35.00	4.83
帅翼驰集团	重庆、河南永城、浙江海盐	生产销售铸造铝合金	34.23	4.72

再生铝行业竞争格局相对分散，龙头的市场份额有进一步提升空间。2019 年行业 CR6 为 28.68％，市占率最高的立中集团占有 6.29％的市场份额，排名前六位的还包括华劲集团、帅翼驰集团、顺博合金、怡球资源和新格集团。《铝行业规范条件》规定新建再生铝项目的规模应在年产 10 万吨以上，现有再生铝企业的生产规模不小于年产 5 万吨，政策限制将促进中小企业加速出清，行业龙头的市场份额仍有提升空间。

7.1.4　再生铝合金的主要应用

再生铝合金主要用于生产铸造铝合金产品和压铸铝合金产品。铝合金产品可以分为铸造铝合金产品、压铸铝合金产品、变形铝合金产品三种。由于废铝原材料成分复杂，故再生铝延展性较差。因此，国内再生铝合金主要用于生产铸造铝合金产品和压铸铝合金产品，很少用于生产变形铝合金产品。变形铝合金基本上由原铝生产。

再生铝的下游应用不断拓展，汽车、摩托车和电动车在整个下游消费中占比近 70％。早期我国再生铝合金的下游覆盖领域主要是摩托车配件、通用机械配件等行业，近年来再生铝主要用于生产汽车、摩托车、机械设备、通信电子、电子电器及五金灯具等行业中的铝合金铸造件和压铸件。目前汽车、摩托车和电动车在整个下游消费中占比近70%。

在节能减排及新能源汽车进入飞速发展的大背景下，铝行业正加速向绿色低碳高质量发展。绿色清洁的再生铸造铝合金备受关注。汽车轻量化、轨道交通和新能源汽车等领域已将铝合金作为了首选材料，需求量将持续增长。

铝深加工和汽车零部件行业形成"熔炼设备研发制造→铸造铝合金研发制造→功能中间合金研发制造→车轮模具研发制造→车轮产品设计、生产工艺技术研发制造"的完整产业链。

中间合金新材料是铸造铝合金的关键原材料之一，而铸造铝合金又是轻量化车轮的主要原材料。

汽车用铝普及较早的是车轮、气缸盖、气缸体、曲轴箱、进气管、带轮、变速箱、油泵等部件，这些部件一般是用铸造铝合金制成。在节能减排的压力之下，近年来汽车轻量化快速发展，铝制品扩展到覆盖件、车身等部件。

随着汽车轻量化的推进，单车用铝量增长。根据中国汽车工业协会数据，2011年至2019年，我国轻型汽车产量呈上升趋势，仅在2018年和2019年有略微的下降。而作为汽车轻量化的重要材料，铝合金在汽车中的应用将逐步深入。2011年至2019年，汽车单车用铝量从102kg增长至136.4kg。据中国汽车工程学会发布的《节能与新能源汽车技术路线图》，2025年单车用铝量有望达到250kg。根据《新能源汽车产业发展规划（2021—2035年）》，2025年中国新能源汽车渗透率要达到20%。未来再生铝在新能源汽车领域的应用具有很大的增长潜力。同时电力通信领域、房地产、光伏产业等领域对铝的需求也在强劲复苏。

我国汽车市场仍具增长潜力，特别是新能源汽车的发展有望为汽车市场注入新动力，带动单车用铝量进一步提升。

我国汽车市场有如下特点：

① 从汽车保有量来看，我国汽车产销仍有增长空间。

② 新能源汽车发展迅速。2016年12月，《"十三五"国家战略性新兴产业发展规划》再次明确，到2020年新能源车累计产销超过500万辆。至2020年底，累计新能源汽车产销量分别为518.3万辆和511.3万辆。2020年全年新能源汽车累计产销量均超136万辆。2021年我国新能源汽车产销量分别为354.5万辆和352.1万辆，已连续七年位居全球第一。长期来看新能源汽车需求成长性明确。

③ 单车用铝量有望提升。新能源车电池组质量一般会比燃油发动机质量高2倍以上。目前电动商用车的电池系统质量通常占车辆总重的10%~15%，而乘用车占比高达20%~30%，这直接导致电动汽车相比传统燃油车会增重30%~40%。为了满足汽车轻量化提升续航能力的要求，单车铝合金用量也有望显著提升。

除了轻型汽车产量增长以及单车用铝量的增长拉动再生铝的需求之外，国家也在积极鼓励再生铝的生产，以及更加节能环保、节约资源的再生铝材料的应用。未来再生铝在汽车行业用铝的占比有望进一步提升。

摩托车工业是使用铝合金较多的行业，其中绝大部分为再生铝铸件，主要包括曲轴箱、气缸盖、气缸体、减振器、制动器、边盖、手柄、边罩连接体、车把罩等。我国自1993年以来就成为全球摩托车最大生产国，2019年我国摩托车产量为1736.7万辆，其中出口712.5万辆。

根据中国有色金属工业协会再生金属分会的《2015 年中国再生有色金属产业发展报告再生铝篇》，2015 年我国摩托车用再生铝总量达到 40 万吨，占当年再生铝产量的 6.9%。

再生铝在机械设备行业的应用广泛，典型应用是内燃机、传动部件、电机及各式机具的箱体、壳体、罩子和其他机械部件。

再生铝合金在通信和电子领域的应用主要是各种铝合金结构件以及铝合金外观件。铝合金需求有望充分受益于 5G 建设的加速。在通信基站设备中，滤波器、双工器、散热器、功率放大器、通信基站机架等设备采用铝合金压铸件和铸造件制造。

在消费电子领域的相关产品主要是手机和笔记本电脑的全铝机壳、铝中框以及内部铝结构件。铝合金在手机金属外壳中的渗透率由 2012 年的 10% 上升至 2016 年的 38%。随着行业发展，一些国内厂商已经掌握了采用压铸方法生产消费电子产品外观件的工艺，再生铝合金在消费电子领域的应用也将获得拓展。

家用电器是再生铝重要的应用行业，在空调、冰箱、洗衣机等家用电器的零部件、外壳、边框的制造中广泛使用了再生铝合金材料，其需求有望随着地产竣工端改善而实现稳步增长。

7.1.5　汽车用铝合金回收应遵循的原则

以往汽车应用压铸铝合金较多，主要集中在轮毂、发动机缸体缸盖、变速箱等部件。随着汽车轻量化需求的日益提升，汽车用铝逐步拓展到覆盖件（四门两盖）、全铝车身等。由于碳中和目标的确立，铝合金零件应用越多，再生铝的需求就越大。但是当前大部分回收的旧废铝杂质含量高，无法做到保级使用，只能降级做成压铸铝合金。为实现保级回收利用，及能够真正降低碳排放，回收铝合金需要遵循一定的原则。

① 同牌号回收原则。不同牌号之间的元素差异较大，目前阶段如果混料回收，会为再生过程带来较大的控制难度。同牌号回收再生的原则是：回收的铝合金是什么牌号，再生铝就做相同牌号，不需要做成分调整，对于技术和成本都能控制在最低要求，容易量产应用。

② 同系列回收原则。类似同牌号回收，所不同的是同系列回收需要对成分加以控制和调整才能得到目标再生铝合金。

③ 尽量回收含铁量高的铝合金。Fe 元素在不同牌号铝合金内的含量不同，常规压铸铝合金 ADC12 铁含量标准要求小于等于 1.3%，而目前车身结构件常用的高真空压铸铝合金 AlSi10MnMg 的铁含量标准要求小于等于 0.15%。低铁铝合金在回收过程中不可避免地引入多余的 Fe 元素，如果想得到低铁再生铝合金，势必要添加纯铝来稀释多余的 Fe 元素。这样无形中就提高了成本，增高了碳排放。更不要将低铁铝合金和高铁铝合金混合回收来生产低铁再生铝合金。就前面的两个合金，ADC12 和 AlSi10MnMg 而言，如果将这两种材料混牌号回收来生产再生铝合金 A356，那将需要加入更多量的纯铝（差不多 10 倍的量）去稀释多余的 Fe 元素。这样就失去了回收再生本来的意义。

由于再生铝合金具有高度的节能减排、降低碳足迹的效果，汽车产业部分铝合金生产厂已经开始启动再生铝合金项目，同时部分汽车厂也开展了一些研究工作。通用汽车（中国）的再生铝保级应用研究工作走在了行业的前列。该公司通过材料创新和工艺优化，提高了汽车铝合金零部件对杂质元素含量的容许上限值，从而实现再生铝的升级/保级回收循环使用；研究了用含一定再生铝的 A356 生产铝合金转向节和轮毂和用含一定再生铝的 A379 生产免固溶热处理的高压铸造薄壁，试制零件后材料力学性能均能满足使用要求。这些研究对再生铝在汽车上的保级应用极具参考价值。

7.1.6 国内外再生铝合金发展情况

（1）国外再生铝的发展情况

2020 年 4 月，欧洲铝业协会宣布启动《再生铝行动计划》，力争到 2050 年再生铝能占铝供应量 50%，替代高碳排放强度的进口原铝，在降低进口铝依赖度的同时，达到降低碳排放 46% 的目的。

诺贝丽斯是全球最大的再生铝回收利用企业，2020～2021 财年诺贝丽斯采购原铝137.8 万吨，采购再生铝达 220.3 万吨。其产品中的再生铝用量，从 2011 财年的 33%，提高到 2021 财年的 61%。

挪威铝业公司海德鲁单独推出 CIRCAL 品牌，保证其中至少 75% 是回收的旧废铝，以帮助公司实现到 2030 年降低碳排放 30% 的目标。

美国铝业公司推出再生铝品牌 EcoDura，保证其中 50% 是再生铝。美国铝业公司也不断增加其铝加工产品中的再生铝使用比例，2020 年旗下 Warrick 工厂的平轧材产品使用了 38.3% 的再生铝，比 2019 年提高 2.8 个百分点。

（2）国内再生铝的发展情况

国内再生铝行业工业化历程较短，但是经过这几年的发展，涌现了一些规模较大的企业。怡球资源、顺博合金、四通新材、永茂泰等企业均是中国铝资源再生领域的龙头企业。这些企业生产的再生铝合金 Al-Si 系、Al-Si-Cu 系均已经用于汽车行业。

7.2 铝合金生产安全技术

7.2.1 铝加工过程主要危险因素

目前在国内铝加工材生产中，铝板带材、箔材、管材、棒材、型材、线材、锻件的主要生产工艺流程和加工过程中产生的主要危险因素如图 7-4 所示。

7.2.2 熔炼铸造安全

熔炼和铸造是铝合金加工过程中的首要工序。铝合金熔炼是采用加热的方式改变金属物态，使基体金属和合金制成成分均匀的熔体，并使其满足内部纯洁度、铸造温度和其他特定条件的一种工艺过程。铝合金铸造是一种使液态金属冷却成形为给定形状零件毛坯的方法。它是将符合铸造要求的液态金属通过一系列转注工具浇入具有一定形状的铸模（结晶器）中，使液态金属在重力场和外力场（如电磁、离心力、振动惯性力、压力等）的作用下充满铸模型腔，冷却并凝固成具有铸模型腔形状铸件的工艺过程。铝合金的熔炼和铸造采用熔炼炉、铸造机、起重设备和运输车等设备，由于生产过程中伴有高温、有毒、有害、易燃易爆气体产生，因此，如果安全管理不到位或设备操作不当，就容易引起铝熔体爆炸、气体爆炸、气体中毒、铸锭炸裂、机械伤害、起重伤害及车辆伤害等事故。

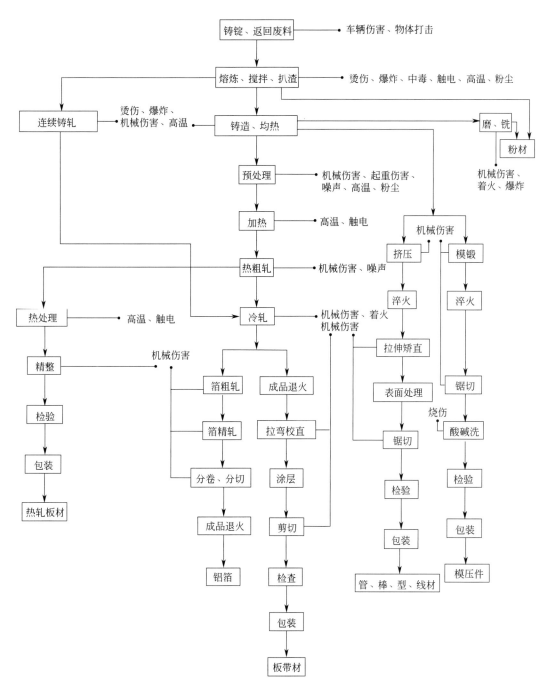

图 7-4　铝生产工艺流程和加工过程中产生的主要危险

（1）燃气熔炼炉安全

燃气熔炼炉是一种重要的熔炼设备。燃气加热炉常用的气体燃料有天然气、发生炉煤气、高炉煤气和焦炉煤气。天然气中的主要成分是甲烷（CH_4），其余有少量的乙烷（C_2H_6）、丙烷（CH_3）、二氧化碳（CO_2）、氮气（N_2）和微量氧气（O_2）。当空气中甲烷含量（体积分数，下同）达到 10% 以上时，人体的反应是虚弱、晕眩，进而失去知觉甚至死亡。甲烷是无色无臭的可燃性气体，当空气中含有 4%～15%（体积分数）的天然气时便极易爆炸。天然气燃点为 $650 \sim 750℃$，火焰最高温度为 $1950℃$，其燃烧值为 $37800kJ$，其密度是空气密度的 $0.5 \sim 0.7$ 倍，因此，泄漏的气体一般都在室内上空，但丙烷、丁烷由于比空气重，一般都积累在地面和阴沟内。

煤气中含大量有毒气体，如一氧化碳、硫化氢、苯、酚、氨等。高炉煤气和发生炉煤气一氧化碳含量高，人体吸入后，一氧化碳与血液中的血红素结合，使血液失去输氧能力，引起中枢神经障碍，轻者头疼、晕眩、耳鸣、恶心、呕吐，重者两腿无力、精神恍惚、吐白沫、大小便失禁等，更严重者昏迷甚至死亡。

煤气与天然气都含有较多的氢气和甲烷，属易燃气体，与空气混合并达到一定的浓度后，遇明火就会发生爆炸。

为确保安全，应采取以下措施：

① 防止管道漏气。为了便于及时发现煤气泄漏，可采取将煤气加臭的措施，一般是每 $1000m^2$ 煤气加 $15kg$ 硫醇（C_2H_5SH）。但是由于偶然原因，煤气也会失去臭味，所以最好的办法是车间或有煤气的场所要设置有害气体超量报警器和进行局部抽风。同时，对有可能泄漏的部位可用肥皂泡法和压力试验的方法进行检查，并形成相关的检查制度，以防止煤气意外泄漏。

② 启动加热炉时，应首先检查抽风机并完全打开炉门。为防止炉内形成爆炸混合气体，先通过低压置换的办法将输送管路的空气排净，并用仪表或将气体通入水的办法检测管道中的气体是否合乎标准后才可点火。

③ 烧嘴停止燃烧时，应先关闭煤气，然后再关闭空气。

④ 点燃烧嘴的支管（在 $1.5m$ 高度）应串接两个阀门，一个用作开断，另一个用作调节。在两个阀门之间接入一个用于吹风的三通接管和排入大气管接通。

⑤ 在车间内每台设备上要有一个关断阀，在车间外部设一个总阀，在车间生产设备总煤气管道的一端引出一根排气管道，应高出屋顶 $2m$。

⑥ 做好煤气作业人员的安全教育培训工作，使作业人员懂得煤气防护知识、救护知识和具体的操作规程。

⑦ 在有煤气存在的条件下进行维修工作时，必须使管道内煤气保持一定的正压并采取相应措施后才能进行。

⑧ 在有煤气泄漏危险的场所进行抽堵盲板或检修作业的人员必须佩戴空气（氧气）呼吸器，防止煤气中毒。

⑨ 新建或大修后的设备，要进行强度及严密性试验，合格后方可投产。

⑩ 进入煤气设备内作业时，一氧化碳含量及允许工作时间应符合表 7-3 所列的规定。并要可靠地切断煤气来源，如堵盲板、设水封等，盲板要经过试验，水封阀门不能作为单独的切断装置。煤气系统中水封要保持一定的高度，生产中要经常保持溢流。水封的有效高度，室内为计算压力加 $1000mmH_2O$（$9.8kPa$）；室外为计算压力加 $500mmH_2O$（$4.9kPa$）。

表 7-3　一氧化碳含量及允许工作时间

ρ_{CO}/(mg/m³)	30	50	100	200
连续工作时间/h	<1	<1	<0.5	<0.25~0.33

⑪ 在煤气设备内清扫检修时，必须将残存煤气处理完毕，经试验合格后方可进行。对煤气区域的工作场所，要经常进行空气中一氧化碳含量分析，如超过国家规定的卫生标准，要检查、分析原因并进行处理。

⑫ 煤气区域应挂有"煤气危险区域"的标志牌。发生煤气中毒事故时，应立即通知煤气救护站进行抢救和处理。

⑬ 防止煤气着火、爆炸的措施

a. 防止煤气与空气混合成爆炸比例，控制氧含量不使其达到爆炸界限，同时不使火源、火花或赤热物与其接触。

b. 通煤气的管道与没有通煤气的管道之间必须有可靠的切断装置，不允许单独用阀门切断。高炉煤气管道在驱除煤气时，必须打开末端放散管及另一端入孔，用鼓风机强制通风；焦炉煤气管道需用蒸汽驱赶，或先通蒸汽，然后再用鼓风机通风。

c. 在停送煤气放散时，放散管周围 40m 内不准有明火存在。煤气管道设备停煤气后，必须立即按规定要求进行处理，合格后方可进行检修动火。高炉煤气、发生炉煤气可用鸽子或其他探测、报警装置进行检测。焦炉煤气、天然气可做爆发试验或进行一氧化碳含量分析。

d. 在煤气管道上动火焊接时，必须保持管道内正压不低于 $50mmH_2O$（500Pa），当压力低于 $50mmH_2O$（500Pa）时，要立即拉掉电焊机电源。

e. 使用煤气时，必须在压力正常的情况下才能点火。点火时必须先点火后给煤气，并将烟道闸门和炉门打开。

f. 发生煤气爆炸事故时，要立即通知用户止火，切断煤气来源，关闭阀门或水封并堵盲板，用蒸汽或者自然通风处理残余煤气，以防再次爆炸；煤气管道局部着火时，可用黄泥堵塞着火处。如裂缝太大，用黄泥堵塞不住时，应采取紧急措施，通知有关单位停止使用煤气，然后采取灭火及其他处理措施。

煤气作业安全规定：

① 煤气操作人员及外来实习人员必须接受安全规程教育，经考试合格方准操作。

② 工作前检查煤气炉及所有设备是否正常。发现不安全问题应立即报告并采取安全措施，通知维修工人进行检查修理，在修好之前禁止使用。

③ 岗位操纵手应经常用肥皂水涂刷易漏处，发现漏气立即处理。

④ 开、闭煤气支管闸阀时，要对附近的电源母线悬挂停电牌。

⑤ 点火前的准备工作包括

a. 点火前半小时通知煤气发生站，做好准备工作。

b. 钳工、电工、管工、仪表工必须做好机械、电气、管道、仪表等方面点火前的检查工作。

c. 确认所有设备（开关、烧嘴、风阀）完好时，将闸阀全部关严。

d. 确认主管道煤气压力在规定压力以上，煤气温度不超过 60℃，煤气中含氧量在 0.8%（体积分数）以下时，方可点火。

⑥ 点火的步骤包括

a. 点火前打开末端放散管，并将蒸汽通入煤气管道内进行吹洗放散，除去残留气体。当手摸煤气管道发热时，停止送蒸汽，同时送煤气，继续用煤气放散。

b. 打开鼓风机对炉膛吹洗 5～10min。同时打开烟道闸阀，用烟囱的抽力将炉膛内残余煤气全部排净。

c. 点火前要做好爆发试验，确认煤气成分合格后，关闭所有放散管及风阀（这时鼓风机必须继续运转），并打开炉门进行点火，有多台炉点火时先点系统末端一台。

d. 烧嘴点不着火时，立即关闭煤气闸阀，打开末端放散管及烟道闸阀，重新做炉膛吹洗放散，并找出原因，重新进行爆发试验。煤气成分不合格时，仍须打开末端放散管进行放散，直至煤气成分确认合格后方可关闭末端放散管，重新点火。

e. 多台煤气炉不许同时点火，末端一台点火正常后再按顺序点下一台。

⑦ 生产过程中，使用煤气流量不许超过计划流量。增减流量时，必须与煤气发生站联系，经对方允许后方可缓慢增减。

⑧ 煤气炉工作压力不得低于规定压力，发现煤气压力下降并低于规定压力时，要迅速与煤气发生站联系，同时关闭煤气闸阀和风阀。

⑨ 发生停电或鼓风机电机故障时，立即关闭煤气闸阀和风阀。

⑩ 鼓风机压力降低时（正常鼓风流量与煤气流量之比为 1.17∶1），要同时关闭煤气阀和风阀。

⑪ 煤气炉事故停电后恢复点火的步骤包括

a. 发生事故停电时，全体煤气炉工作人员必须按岗位立即关闭所有煤气烧嘴，其他使用煤气部位同时将煤气阀门关闭。

b. 发生事故停电时，电工、仪表工及有关人员立即到煤气炉处理事故，并及时做好恢复送电和点炉的准备工作。

c. 煤气炉当班负责人立即与分厂值班室联系，查明事故原因，并采取必要的防范措施。

d. 事故停电期间，煤气炉当班负责人全权负责与煤气站联系处理煤气系统的一切问题。

e. 三种情况下恢复点炉的步骤：停电时间在 1h 以内恢复点炉时，必须确认煤气主管道压力在规定压力以上，并报告分厂值班室后，由电工、仪表工等有关人员在场监护点炉；炉膛温度在 700℃ 以上时，可直接开动烧嘴点火，否则必须先开风机吹洗炉膛 10min 后，再用火把点炉；停电 1h 以上时，要求末端及所有放散阀放散，煤气站低压吹洗管道，送高压，在末端取样口取样分析含氧量小于 0.8%（体积分数）时方可点炉。

⑫ 停炉的步骤包括

a. 停炉前半小时通知煤气发生站。

b. 正常情况下停炉时，先关闭煤气阀门，后关闭风阀，停止风机，同时检查炉内所有烧嘴是否全部熄灭。

c. 不使用的煤气炉，将末端放散管闸阀打开，烟道闸阀关闭。

⑬ 煤气主管道的水封和流水管应设专人经常检查，确认流水正常；每季度由管工清理和检修一次，发现问题及时报告处理。

⑭ 煤气炉扒渣时要穿戴好劳动防护用品。

（2）油气爆炸

在装入熔炼炉的铝料里若含有大量的油污（包括不易燃烧的润滑油等重油类）时，一方面在高温炉膛环境下所产生的油蒸气与空气混合，可形成爆炸性混合气体；另一方面高温可能使油的碳链发生局部裂解反应，产生短碳链的烃类气体与空气混合，致使炉膛内混合气体的爆炸上、下限加宽。一旦条件具备，就会发生极其猛烈的气体爆炸，给厂房、设备、人员造成很大的伤害。

安全措施包括：

① 对油污严重的物料进行特殊保管，不可与其他废料混料。

② 对油污严重的物料在熔炼前要采用热水清洗、干燥等除油措施进行清理。

③ 对压制成包的废料合成体要按抽样检查制度严把收料关。

④ 对各类处理边角废料的设备，尤其是处理废料的打包机等要做好维护保养工作，严防设备漏油。发现漏油要及时维修处理，以防止含油物料的产生。

（3）铝熔体爆炸

熔炼时，熔炉内的液体温度大都为 750℃ 以上的高温，炉膛温度能达到 900～1000℃。在加料过程中，若带入的水、冰雪或潮气与熔融铝相遇，过热到沸点以上时会立即变成蒸汽，体积扩大为原始状态的 1603 倍，此时极易发生猛烈的水蒸气爆炸，水蒸气爆炸的压力是在 0.1ms 的时间间隔内产生的（爆炸时间间隔是指爆炸时产生的压力达到峰值后，下降到压力最低点的时间），爆炸的同时，还伴随大量铝液爆喷和溢流的连锁反应，极易造成严重的烫伤、死亡和火灾事故。

为了防止铝熔体爆炸，必须采取严格的管理和技术措施，确保铝熔体与水不相遇，重点要做好以下几方面的工作：

① 防止水进入炉内。装炉前要除掉铝锭及废料上的冰雪，对潮湿的炉壁和物料要采取烘干或晾晒的办法除去水和潮气，防止进入炉内。做好设备冷却水管路的预修和检查工作，防止管路泄漏导致水进入熔炼炉而引起爆炸。

② 作业台保持干燥。进行高温作业的工作台，特别是铸造台和熔炉周围，必须保持干燥，防止铝液意外外溢而发生爆炸事故。

③ 保证操作工具或盛装铝熔体的容器干燥。工作中使用的工具要专门设置存放区域，以保证工具干燥，对盛装铝熔体的容器一般要在使用前进行烘烤，驱除潮气或水分。

④ 高温废物应堆弃在干燥的地方，而不应投入水沟、水槽中。熔炼产生的铝渣应放入能防潮的专门堆放装置内，这样既可防止事故，又有利于回收。

⑤ 熔炼炉周围地面应向外倾斜，并备有排水系统，保证熔炼炉附近无积水，以防铝熔体遇水爆炸。

（4）硫酸根爆炸

用煤气或天然气熔炼铝合金时，需用大量的 NaCl、KCl 作熔剂。这些熔剂在高温时挥发与废气中的 SO_2 反应生成 Na_2SO_4、K_2SO_4，并被煤气带出积聚在烟道内形成烟道灰。烟道灰与过热的铝液相互作用就可能发生爆炸。烟道灰（Na_2SO_4、K_2SO_4）和过热铝液发生爆炸的反应式：

$$3K_2SO_4 + 8Al \Longrightarrow 4Al_2O_3 + 3K_2S + 3517kJ$$
$$3Na_2SO_4 + 8Al \Longrightarrow 4Al_2O_3 + 3Na_2S + 3253kJ$$

上述爆炸反应发生的条件是：

① 铝同烟道灰反应最低温度为 1100℃。

② SO_4^{2-} 含量高于 49%、温度为 1270℃ 时，烟道灰与过热铝液作用有发生爆炸的危险。

③ 过热铝液中含 Mg 时，导致爆炸的 SO_4^{2-} 含量和温度都将相应降低，危险更大。

安全措施包括：

① 要严格贯彻执行"从烟道清理出来的烟道灰应及时处理，绝不允许与炉渣混合，以免重熔时发生爆炸"的安全规定。

② 为防止煤气熔炼炉在熔炼铝及铝合金时发生爆炸，要做到不让过热铝液进入炉子的竖烟道和水平烟道，并定期清理烟道沉积物。

③ 煤气炉支烟道、主烟道和竖烟道清扫间隔期不准超过 6 个月。竖烟道清扫后开炉

生产时，每 30 天必须从竖烟道中取烟道灰分析硫酸根含量，当硫酸根含量达到 10％时，取样间隔期应缩短为 10 天，并加强对竖烟道的检查，有铝必须清除，硫酸根含量最高不准超过 30％。

④ 清烟道时，要在闸门前后、支烟道与主烟道汇合处、主烟道的烟囱底部处，各取一份试样进行硫酸根分析。

⑤ 煤气炉烟囱每 3～5 年清扫一次，在清扫前必须采取安全措施。

（5）铸造安全

铸造过程中造成伤害的因素存在于各个生产环节中。现从铸造生产的主要方面来分别叙述可能产生伤害的因素：

① 铝熔体在起重运输过程中，若不严格按操作和保管制度进行，会造成浇包坠落、铝水淌出伤人等事故。

② 倒炉、精炼过程中可能引发烫伤和爆炸事故。铝熔体一旦泄漏遇到可燃物质就容易造成火灾事故。

③ 在氯气精炼过程中，如果发生气体泄漏，就会造成氯气中毒事故。

④ 铝熔体在铸模（结晶器）中铸造或浇注时，若使用的工具不符合要求或操作不当，容易跑流，特别是遇潮湿或有水时，容易发生爆炸事故。

⑤ 铝合金（特别是 2A12 与 7A04 合金扁锭）在铸造过程中，经常会出现由于存在冷却水问题、熔体中杂质或气泡问题、铸造速度问题以及铸造完成后铸锭产生很大内应力的问题而在降温时铸锭炸裂造成人员伤害的事故。

⑥ 在铸造前或在日常检修铸造井时，如果炉台防护措施不到位或操作人员注意力不集中，就容易造成高空坠落事故。

⑦ 铸造过程中由于设备设施安全防护不到位，容易发生机械伤害事故。

⑧ 铸造结束起吊铸锭时，由于吊钳问题或捆绑方式不对，容易造成铸锭坠落事故。

⑨ 铸锭堆放区安全管理不到位，容易发生铸锭堆垛倒塌事故。

相应的安全措施包括：

① 吊运铝熔体吊包的起重设备必须符合标准 JB/T 7688.5—2012《冶金起重机技术条件　第 5 部分：铸造起重机》的规定和要求。

② 吊包盛装的铝熔体液面与吊包外沿的距离不得小于 150mm。

③ 铸造用的工具及铸造炉台要保持干燥。

④ 铸锭堆放区地基要夯实、平整，用于垫放铸锭的木方或铁轨要符合要求，垛与垛之间要留有一定的安全距离。

⑤ 对于容易崩裂的合金硬铝与超硬铝扁铸锭，要合理安排该类铸锭储放的安全位置或专门的防爆区，并要有警示牌，防止人员靠近，避免发生伤人事故。

⑥ 要加强设备设施的定期维护，保证设备完好，避免因设备问题发生事故。

⑦ 铸造车间要按照国家标准设计，留有自由通行的安全通道，宽度不小于 1.5m。

⑧ 车间要有良好的通风和照明设施，尽可能利用出入口和门窗进行自然通风，保证良好的生产条件。

⑨ 铸造使用的工具和铸造场地要保持干燥，防止铝水遇潮湿发生迸溅伤人事故。

⑩ 保证氯气系统完好，氯气尽量储存在空旷、通风、无人的地方，并悬挂"有毒物品，禁止靠近"的安全警示牌。要教育职工正确使用氯气。

⑪ 要加强对职工的安全教育，增强安全意识，按章操作。特别是在操作时要按照规

定穿戴好必要的防护用品。

7.2.3　铝材加工安全

（1）轧制安全

生产铝和铝合金板、带、箔材的主要加工方法就是轧制。它是借助旋转轧辊的摩擦力将轧件拽入轧辊间，同时依靠轧辊施加的压力使轧件在轧辊间发生压缩变形的一种压力加工方法。

全油润滑轧制时，由于使用了大量用于降温润滑的轧制油、作动力用的高压油等易燃物质，故容易发生火灾爆炸事故。在板带的轧制过程中，常常由于油压、张力、卷取力和轧制力等参数发生波动而导致断带，极易发生静电积累和打火现象，增大了全油润滑轧机的火灾爆炸危险性。同时，轧机的附属油库也是典型的危险源。此外，作业人员稍有疏忽或操作不当，就易发生手或其他接近轧辊的部位沿轧辊旋转方向被卷入轧辊之间的危险，造成人员重伤或死亡等恶性事故。

相应的安全措施包括：

① 轧制工艺油要每年更换一次。

② 轧制工艺油不能超过安全使用温度。轧机工艺油系统要有温度控制装置，当油温超过轧机规定的最高温（根据轧机不同一般为 45～80℃）时，控制系统能够发出警报。

③ 轧机要设有完好、有效的排风系统，防止油雾或油气积聚引发爆炸。

④ 轧机系统要有良好的电气接地和静电导出系统。

⑤ 轧机电气线路要全部采用穿管的方式，尽量减少接头，要有专人负责对轧机电气系统进行检查。

⑥ 清理或修理轧制工艺油储存或输送系统及其相关设备时，要使用有色金属工具，严禁使用黑色金属工具。

⑦ 对油库及其输送系统或相关的设备设施，要制定有效的定期清理制度。

⑧ 整个轧机系统要配备良好的灭火系统，并按定期检查制度进行检修，以确保系统灵敏好用。

⑨ 各轧机及其地下油库要制定完善的防火、检查、值班和责任制度。

⑩ 禁止在轧机运转状态下进行清理、清扫、检修、维护，清辊必须在停机或"反转"状态下进行。

⑪ 轧机本体应有紧急停车装置，且该装置能够使处于危险作业的人员在伤害发生前进行操作自救。

⑫ 轧机的进料部位应设置安全防护挡板，使物料恰好通过，而作业人员的手等即使接触该部位也不能被卷入。

（2）挤压安全

挤压生产过程是一种高温作业过程，若管理不善容易造成烫伤事故。另外，挤压机在"闷车"时，容易发生模具损坏崩出伤人和挤压轴折断事故。

安全措施包括：

① 挤压机开动前首先要确认回水阀门已经打开，否则不能开动设备。

② 开动挤压机时，一定要先开低压阀门后开高压阀门，停车时顺序则相反。

③ 对挤压出的制品应制作专用工具进行承接和控制，防止其颤动而打伤或烫伤操作

人员。

④ 挤压机开动时，操作人员严禁进入压挤筒和水压机活动横梁间的部位，更不准在开动工作台时将头部伸向前机架或压型嘴处探视制品，以免发生危险。

⑤ 当"闷车"或挤压时，操作人员不得俯身往导路口内窥看，以免模子压碎或制品崩出伤人，不准在制品压出后俯视制品，以免制品突然翘起伤人。

⑥ 发生"闷车"后，要及时停车进行处理，不可蛮干，以防止事故发生。

⑦ 换水压机挤压筒、挤压轴和其他主要工具前，必须把低压罐中的压缩空气放掉。

⑧ 在对刚挤压出的制品进行质量检查时，防护用品要佩戴齐全，并按章作业。

⑨ 残料要及时装入废料箱内，不得随地堆放，以免烫伤人。

⑩ 停机前一定要把低压罐内的压缩空气全部放出。

（3）锻压安全

锻压是对塑性材料施加冲击力或静压力，使其在固态范围内发生分子流动，从而获得具有一定形状、尺寸、内部组织和良好力学性能制件的压力加工方法。锻压可分自由锻压、胎模锻压和模型锻压三种。尽管锻压方法比较落后，机械化和自动化程度不高，手工操作比较多，劳动强度也比较大，但由于其具有的优点和其他方法所无法替代的原因，目前在我国的铝加工生产中仍普遍采用锻压方法。

该方法的安全隐患如下：

① 炽热的锻坯、锻件和加热炉的热辐射容易灼伤工人，并使车间温度升高。特别是在炎热的夏季，操作人员容易因出汗过多而发生虚脱和中暑。

② 由于锻锤与工件接触应力大，所以在锻压时车间的振动很大，噪声也大，工人经常在高分贝的噪声中工作，容易引起疲劳和耳聋。

③ 锻压过程中可能发生模具的突然破裂和工件、工具、料头飞出，造成人身击伤和烧伤等事故。

④ 劳动强度大，体力劳动多，导致工人疲劳。

⑤ 锻件形状中常常有圆形、棒形等难以堆放的形状，如果堆放过高，管理不当，容易发生锻件滚落，造成伤害。

⑥ 老式的锻压机大多以水压作为动力，高压水的压力一般都在 30MPa 左右，如果密封不严或其他故障导致高压水泄漏，会造成人身或设备事故。

⑦ 为了防止锻件与锻坯粘连，保证锻件表面质量，锻压过程中往往要在模具上涂一层含有石墨的润滑油。在高温下，该润滑油燃烧产生大量的烟气，对操作人员的呼吸系统会造成严重的影响。

相应的安全措施包括：

① 现场各通道应保持畅通无阻，毛坯、锻件、工具都应放在特定地方。

② 严禁操作人员直接用手清除砧上的氧化铁皮或触摸锻件，防止刮伤和烫伤。

③ 搬运锻件要遵守操作规程，控制单人搬运的锻件重量，严防由于操作不当或配合不默契而导致扭伤和砸伤事故的发生。

④ 润滑冲模及毛料时，必须使用长把油刷，把的长度不得小于 0.5m，脸部要尽量远离模子和毛料。

⑤ 工作中不许任何人到活动横梁下部探视冲模及半成品，需要检查时必须将工作台移出。

⑥ 用起吊棒起吊模具时，一定要将起吊棒插到位，并在吊运过程中不能离地面

太高。

⑦ 进行锻压操作时，操作人员要站在安全位置，防止热润滑油或锻件飞出伤人。

⑧ 工作结束后要将操作手柄归到零位。

7.2.4　热处理安全

（1）盐浴炉安全

盐浴炉主要用于对铝材进行淬火或高温回火。而在该工艺过程中常常会发生爆炸事故，主要表现在盐浴遇水后，水在高温状态下会被迅速汽化，容积急剧增大，压力骤然上升，产生物理爆炸，造成烧伤或烫伤。硝盐是强氧化剂，有助燃作用，盐浴中带进可燃的有机物（生物有机物、有机化合物、活性炭等）后，会引起强烈的化学爆炸。资料表明，硝盐温度超过 600℃ 时发生分解，其分解产物与钢铁反应而产生爆炸，而铝的还原性比钢铁强，所以高温熔融的硝盐与铝反应的爆炸危险性更大。另外，盐浴炉开炉时，炉底和侧面的盐首先熔化，而顶部表面仍结有固体盐壳，随着温度升高，内部液体不断膨胀，产生很大压力，最后冲击表壳产生物理爆炸。

相应的安全措施包括：

① 保证盐浴炉房顶完好，不漏雨水。

② 补充的新盐或要入炉的工件、夹具等必须充分烘干。

③ 盐浴炉启动时，应将表面的固体壳打碎，使熔盐与大气相通。

④ 硝盐温度不得超过 550℃，要设有双重自动控温、报警的保护装置。

⑤ 严禁将棉织物、木炭、油脂和石墨带入硝盐中。

⑥ 硝盐必须保存在金属容器中，严禁用木箱、布袋包装。

⑦ 硝盐炉发生火灾时，应使用干砂扑火，切不可使用泡沫灭火。

⑧ 严禁用硝盐炉处理镁质量分数大于 10％ 的铝合金。

⑨ 在进行盐浴热处理时，要打开硝盐炉的抽风装置，保持车间空气清新。

⑩ 工作场地不许吸烟、进食，操作人员应穿戴好劳动防护用品。

（2）电阻炉安全

电阻炉可能存在的安全隐患有：

① 容易发生触电或电弧烧伤，即电击和电伤。电击经常会导致死亡。电伤害包括皮肤烧伤、眼睛的电弧灼伤等。产生触电伤害的根源是导线破断、裸线，以及设备的金属带电部分接触和短路等。在拆换保险时，偶然短路，也会造成灼伤。

② 接触高温零件，容易发生烫伤事故。

③ 如果高温电炉周围存放可燃、易燃物质，就容易引发火灾。

④ 如果加热零件摆放不好，就容易发生倒塌、跌落伤人事故。

相应的安全措施包括：

① 为防止热处理人员在操作电炉时触电，当进出料开启炉门时，电源应有自动切断的连锁功能。

② 对电热设备的高压带电部分应尽可能隔离和屏蔽，设备上不带电的金属部分还要做好接地或接零保护。

③ 变压器和电路都应设继电器保护。

④ 设备的控制仪表和操作台离工作位置愈近愈好。

⑤ 热工仪表、电表应装在独立的控制柜上。当电力装置和热工仪表都在一个电控柜时，接触器应分别安装在相互分隔的两块配电盘上。

⑥ 所有电炉都应设温度自动调节器。

⑦ 导电部分应有良好的绝缘。应经常监控电炉设备的接地和电缆绝缘，发现异常现象应及时处理。

⑧ 必要时采用 12~36V 的低压操作，或用绝缘棒、绝缘钳等手段防止触电。

⑨ 固定式和移动式照明降压变压器外壳必须接地，移动式照明降压变压器（12~36V）要用软电缆连接，绝不容许使用普通电线连接。

⑩ 装炉时要将工件排列整齐或用料筐、料架、料箱装好，不得随意将加工件装入炉内，以免工件损坏炉衬、炉底板或与炉子电阻丝接触。

（3）感应炉安全

感应炉进行感应加热处理时，各种频率的强电流和电磁辐射对人体会造成一定伤害。若对电气设施管理不善，也容易发生电伤害。

安全措施包括：

① 中频发电机应安装在隔离的生产场地，如直接装在车间和生产流水线上时要使用特制防护罩。

② 车间内的电容器组应设置在封闭上锁的金属柜中，如放置在单独场所中时，必须用丝网隔离，设网门并上锁。变压器应置于淬火间内或其带电部分用外壳封闭。变压器次级线圈和感应器若不屏蔽，则感应器的一个接头必须接地。如果工艺允许，感应器和淬火器应放在专用空间内。

③ 电子管式高频电源应有机械和电气连锁，以及避免和带电部分接触的栏杆。

④ 高频电源的阳极回路上的交流和直流高压最危险，因此除感应器外的其他带电部分都必须封闭，而高压部分必须闭锁。

⑤ 电子管式电源外壳必须接地，接地电缆要接在设备或淬火机的基座上。在墙壁和天花板上安装金属板和网，防止无线电广播的干扰。

⑥ 从事感应加热作业的人员，应穿戴好合格的防护用品，经培训合格后才可作业。

7.2.5 表面处理安全

酸、碱，特别是强酸、强碱会对人体造成化学灼伤。硫酸腐蚀皮肤，轻者局部发红，中等者烧成水泡。发烟硫酸的蒸气会引起呼吸道刺激症状，严重者发生喉头水肿、支气管炎、肺炎甚至水肿。盐酸会对皮肤造成烧伤，且痊愈较慢。氢氧化钠烧伤皮肤后，皮肤变白、刺痛、周围红肿、起水泡，严重者可引起糜烂。

安全措施包括：

① 对酸、碱要严加保管、密闭封存，严格遵守相应的保管、使用制度。

② 在搬运酸、碱时，一定要做到轻拿、缓倒，采取相应的防护措施，防止酸、碱溅出伤人。

③ 接触酸、碱的作业人员必须穿专用的工作服、胶鞋，戴橡胶手套和护目眼镜等防护用品。

④ 工作场所应有充足的冲洗用水和应急使用的稀醋酸等溶液。

7.3　铝加工环保技术

7.3.1　铝加工中污染物的主要来源及危害

国内铝板带材、箔材、管棒型线材、模锻件的主要生产工艺流程和加工过程中产生的主要污染因素分析如图 7-5 所示。

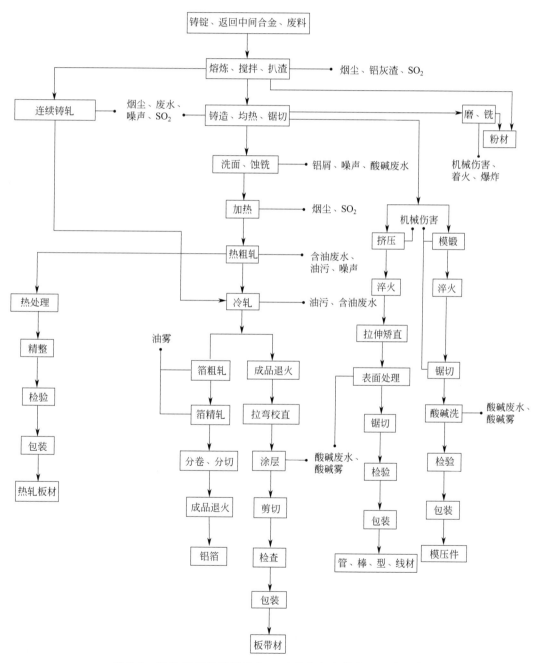

图 7-5　铝生产工艺流程和加工过程中产生的主要污染因素

7.3.2 铝加工中的污染治理

7.3.2.1 工业废水治理

(1) 废水治理程度分类

废水的治理程度决定着治理后污水的出路及再利用的情况。若废水纳入城市污水管网，一般着眼于一级治理或预处理。考虑到水资源的综合利用，最大限度地节约水资源，应进行深处理并循环使用。

一级治理是用机械方法或简单的化学方法，使废水中的悬浮态或胶体态物质沉淀下来，以及中和酸碱度等。一级治理是主要治理。

二级治理主要是指好氧性生物处理，用来降解溶解性的有机污染物。一般能够去除 90% 左右的可被生物分解的有机物、90%～95% 的固体悬浮物以及 80%～95% 的 BOD。二级处理可以大大改善水质，甚至可使出水达到排放标准。

三级治理又称深度处理，只在有特殊要求时才使用。它是将二级处理后的污水，再用物理化学技术进一步处理，以便去除可溶性的无机物、去除不能分解的有机物，最后达到工业用水或生活杂用水的水质标准。

(2) 废水治理程度分类

物理治理法。这是用于废水一级治理或预处理的常用工业废水净化治理技术，主要用来分离废水中的悬浮物质。常用的物理治理方法有重力分离法、离心分离法和隔截过滤法等。

化学处理法。这是处理废水中溶解性或胶体性污染物质的一种常用方法。它主要是通过投入化学药剂或材料改变污染性物质的性质，使污染性物质与水分离。常用的化学处理法有中和法、混凝沉淀法和氧化还原法等。

物理化学法。这种方法主要是用来分离废水中溶解的有害污染物质，回收有用的成分，使废水得到深度净化。常用的物理化学方法有吸附法、萃取法、电渗析法、电解法等。在处理铝加工生产过程产生的某些废水中，除吸附法有时使用外，其他物理化学法目前还很少使用。

生物治理方法。这种方法主要是利用微生物具有氧化分解复杂的有机物和某些无机物，并能将这些物质转化为简单的物质，或将有毒物质转化为无毒物质的能力来处理工业废水。利用微生物处理工业废水中的有机物具有投资少、效率高、操作稳定、运行费用低、出水水质好、污泥沉降性能好等优点。这种方法又分为好氧生物治理法、厌氧生物治理法两种。

(3) 含油废水的治理

铝加工业排放的废水主要是含油废水，而且都属石油类废水，排放浓度一般为每升几十到几百毫克，连续排放乳化液废水时浓度可高达每升几千毫克。

对于含油废水，由于所含油的种类、性质、浓度的不同，处理的方法和流程也不尽相同。对于废水中的浮油，通常采取物理的方法和构筑物来分离处理，处理的方法较多，处理的效率也较高。而以分散油特别是乳化油形态存在于废水中的油，其处理方法较为复杂，效率也较低。尤其当废水中存在某种皂类等表面活性物质时，会在油粒表面形成一层界膜，使之带有电荷形成双电层而更加稳定。铝加工轧制用乳化液中必须加入一定量的皂类物质，因此，这类含油废水的分离处理十分困难。

对于乳化油（液）的处理，主要是要破坏油粒的界膜（即双电层结构），使油粒相互接近聚集形成较大的油粒而易于浮到水面，在水处理中一般称破乳。在铝加工的废水处理中，破乳效果的好坏将直接影响废水处理的最终效果，关系到其能否达标排放。目前常用的方法有以下几种：

① 高压电场法。利用电场力对乳化油粒的吸引和排斥作用，使微小的油粒在运动中相互碰撞，以达到破坏其界膜（双电层结构）的目的。高压电可采用交流、直流或脉冲电源。

② 药剂法。药剂法就是向乳化液中投入某种电解质破乳剂，破坏油粒的水化膜，压缩双电层，使油粒与水分离。药剂破乳又分盐析法、凝聚法、盐析-凝聚法、酸化法四种。

（4）中水回用技术

在国家节能减排政策的指引下，中水回用和企业生产污水零排放技术得到了积极的采用和推广。中水回用不仅能够减轻污染、保护环境，还能为企业开拓廉价的水源，带来巨大的经济效益，做到经济与环境协调发展，进而实现可持续发展。

（5）酸碱废水处理

无论什么样的酸碱废水、废液，目前在处理上大都以中和法为主，用酸（碱）性废水中和碱（酸）性废水，废酸（碱）液中和废碱（酸）液。这种方法不仅处理成本低，而且效果也比较好。此外，还有一种方法就是酸碱废液回收法。在从国外引进的铝材氧化着色工艺中，废酸、废碱都是采用此法处理。在回收法中，碱的回收是将碱液中的铝除去，使溶液重新得到利用，酸的回收是通过浓缩蒸发使硫酸铝结晶析出。现在主要介绍酸性、碱性废水和废酸、碱液处理的中和法的应用。中和法处理酸性、碱性废水和酸性、碱性废液的工艺流程见图 7-6。

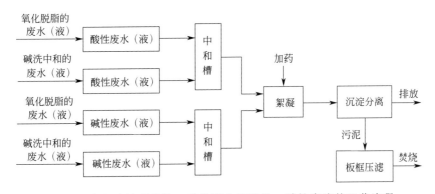

图 7-6　中和法处理酸性、碱性废水和酸性、碱性废液的工艺流程

在处理过程中，首先要将铝材氧化、着色和蚀洗中产生的酸性废水、碱性废水以及蚀洗一段时间后需要报废的高浓度废酸液、废碱液分别按规定的比例送入中和槽中，通过搅拌进行中和。中和过程中蚀洗产生的大量 Al^{3+} 与碱性溶液反应生成氢氧化铝凝胶。中和后再送入沉淀池，并向沉淀池投入少量的絮凝剂，使镁、铁等离子和氢氧化铝等形成较大的絮凝体，在沉淀池中沉淀。清水则从沉淀池上边槽中溢出，其悬浮物浓度小于 $20mg/L$、pH 值达到 $6.5\sim7.5$ 时可排放。沉到池底的泥渣通过排泥管送入板框压滤机进行脱水处理，压出的干泥饼经焚烧后达到无害化排放。

（6）含铬废水的处理

铬及其化合物在工业生产上的应用很广泛，特别是电镀行业，但污染十分严重。在铝加工业中使用的氧化上色和电镀液大都是铬酐与重铬酸钾等物质，会产生大量的含铬废水和废液。总铬和三价铬均属一类污染物，《污水综合排放标准》（GB 8978—1996）规定：总铬小于 1.5mg/L，六价铬小于 0.5mg/L。含铬废水的治理方法很多，主要有化学还原法、电解法、气浮分离法、离子交换法、吸附法和膜分离法等。但常用的还是化学还原法和电解法。

7.3.2.2 工业废气治理

凡各种工业生产过程中排放的含有污染物质的气体，都称为工业废气。通常，把工业废气按其状态分成两大类，一类是直接从生产装置中经过化学、物理和生物化学过程排放的气体，它既有有机污染气体（如烃类、苯类等），也有无机污染气体（如硫氧化物、氮氧化物、碳氧化物等）；另一类是在与生产过程有关的燃料燃烧、物料储存、装卸等过程中散发的气溶胶颗粒，如油类颗粒物、矿物尘、氧化物粉尘等。在许多情况下，废气中既有气态污染物，又有颗粒物。这在治理上就增加了难度。

在铝合金表面处理过程中，会有大量的废气产生，这些废气产生于碱蚀、除油、化学抛光、电解抛光、阳极氧化、封闭等，处理这些废气并将其对环境的影响降到最低是废气处理的重要内容。下面就对这些废气的处理方法进行简单介绍。

（1）铝表面处理废气的分类

铝表面处理所产生的废气可分为两大类。

① 氮氧化物废气。主要由含有硝酸的化学抛光工序产生。氮氧化物特别是二氧化氮的无害化处理比普通的酸碱气要复杂得多。首先，要对氮氧化物进行还原处理，使其被还原为无害的氮气，然后再与普通的酸碱废气一起进行中和处理。对氮氧化物的处理方法主要有水吸收法、碱液吸收法、氧化吸收法以及还原吸收法等。其中氧化吸收法净化率高，但运行成本也高。还原吸收法比碱液吸收法效率高，同时运行成本低，所以还原吸收法是一种容易采用的方法。还原剂可用亚硫酸盐、尿素、硫化物、铵盐等。两种被采用过的组合配方是 0.5%氨水＋1%硫化钠、8%氢氧化钠＋10%硫化钠。也有的先采用二级氢氧化钠吸收再经第三级硫化钠还原吸收，其吸收率可达90%以上。但是硫化物和氨水如果管理不当容易造成环境事故。在此，可以采用碳酸铵作为还原剂进行处理，其反应式如下：

$$NO+NO_2+(NH_4)_2CO_3 \longrightarrow 2N_2+CO_2+4H_2O$$

在处理时，可采用二级进行，每一级废气行程时间不应低于 8s，这需要处理塔有足够的行程，否则会使吸收率下降而达不到处理的要求。

② 酸碱废气。主要由碱蚀、除油、无硝酸的化学抛光、电解抛光、阳极氧化及封孔工序产生，这些酸碱废气通过中和处理即可排放。

（2）废气处理方案

① 废气混合碱吸收塔。如将所有废气分开处理，会增加设备投入成本并占有更大的安装场地。根据铝氧化处理的废气性质，可以采用将废气混合后统一处理的方式进行。在这一级处理塔中其吸收液采用 8%左右的氢氧化钠溶液，废气行程时间以不低于 10s 为宜。废气需采用二级碱吸收塔进行处理，经碱吸收塔处理的废气 pH 值应在 6 左右。

② 碳酸铵还原吸收塔。经第一级处理后的废气进入本级进行还原处理，其处理级数依氮氧化物的量而定，量少可采用一级处理，量大则应采用二级处理。当采用二级处理时，每级的废气行程时间应不低于 7s；当采用一级处理时，废气行程时间不应低于 12s。吸收液为 10％左右的碳酸铵溶液。经还原处理后的废气 pH 值应在 7 左右。

③ 水洗塔。经碱吸收和还原处理后的废气中还有很多的残留物，还要进行水洗，使废气进一步净化。一般采用一级水洗即可，废气在水洗塔中的行程时间以不低于 10s 为宜。

④ 废气排放塔。废气排放塔即废气排放烟囱。按要求，排放烟囱不应低于周边半径 2km 以内的最高建筑物，如周边无高大建筑，则其高度不应低于园区最高建筑物的二倍以上。如果处理后的废气能达到无色无味，则可以降低其排放高度。废气经过各种处理塔后，其气流速度是递减的，这个递减的过程是通过大直径的处理塔及长路径的处理行程来实现的。废气处理的关键并不在于处理剂的优劣，而在于废气在处理塔或处理管道中的反应时间。反应时间越长，处理得越充分，对周边环境影响就越小。

参考文献

[1] 中华人民共和国自然资源部编.中国矿产资源报告 [R].北京：地质出版社，2020.

[2] 臧金鑫，邢清源，陈军洲，等.800MPa 级超高强度铝合金的时效析出行为 [J].材料工程，2021，49（4）：71-77.

[3] 隋育栋.铝合金及其成形技术 [M].北京：冶金工业出版社，2020.

[4] 潘复生.铝合金及应用 [M].北京：化学工业出版社，2006.

[5] 张建国，刘维广，李龙.国内外铝加工业的发展现状、特点及水平对比分析 [J].世界有色金属，2020，12：30-32.

[6] GB/T 16474—2011，变形铝及铝合金牌号表示方法 [S].

[7] 佘欣未，蒋显全，谭小东，等.中国铝产业的发展现状及展望 [J].中国有色金属学报，2020，30（4）：709-718.

[8] 邓运来，张新明.铝及铝合金材料进展 [J].中国有色金属学报，2019，29（9）：2115-2141.

[9] 罗启全.铝合金熔炼与铸造 [M].广州：广东科技出版社，2002.

[10] 杜科选.铝电解和铝合金铸造生产与安全 [M].北京：冶金工业出版社，2012.

[11] 唐剑，王德满.铝合金的熔炼与铸造技术 [M].北京：冶金工业出版社，2009.

[12] 赵渊.铝合金立式半连续铸造机的发展现状和应用浅析 [J].有色金属加工，2021，45（2）：39-41.

[13] 王睿，左玉波，左玉波，等.半连续铸造铝合金铸锭疏松的形成机制及其影响因素 [J].轻合金加工技术，2021，49（2）：17-26.

[14] 周亮.低温铝电解、铝电解工艺与控制技术的研究 [J].冶金冶炼，2021：14-15.

[15] 肖亚庆，谢水生，刘静安，等.铝加工技术实用手册 [M].北京：冶金工业出版社，2005.

[16] 谢建新，刘静安.金属挤压理论与技术 [M].北京：冶金工业出版社，2004.

[17] 刘静安，谢建新.大型铝合金型材挤压技术与工模具优化设计 [M].北京：冶金工业出版社，2003.

[18] 田荣璋，王祝堂.铝合金及其加工手册 [M].2 版.长沙：中南大学出版社，2004.

[19] 何树权，刘静安，何伟洪.现代铝挤压工业的发展特点及挤压技术发展新动向 [J].铝加工，2010（6）：16-21.

[20] 李冰峰.异步轧制技术及其在铝合金中的应用 [J].有色金属加工，2013，42（5）：5-7.

[21] 谢广明，周立成，骆宗安，等.高强铝合金特厚板的真空轧制复合制备技术 [J].东北大学学报，2021，42（5）：633-638.

[22] 姬浩.先进铝合金锻件在大型飞机上应用研究 [J].热加工工艺，2014，43（11）：12-15.

[23] 刘静安，张宏伟，谢水生.铝合金锻造技术 [M].北京：冶金工业出版社，2012.

[24] 何旭贵，张荣清.冲压工艺与模具设计 [M].北京：机械工业出版社，2012.

[25] 杨甄鑫，廖抒华.轻质合金在汽车轻量化中的应用 [J].汽车部件，2021，1：107-113.

[26] 张国峰.汽车铝合金板冲压成形工艺与预时效处理工艺研究 [J].汽车装备，2019：58.

[27] 黄旺福，黄金刚.铝及铝合金的焊接焊接指南 [M].湖南：湖南科学技术出版社，2004.

[28] 于增瑞.钨极氩弧焊 [M].北京：化学工业出版社，2014.

[29] 王国庆，赵衍华.铝合金的搅拌摩擦焊接 [M].北京：中国宇航出版社，2010.

[30] 王宗杰.熔焊方法及设备 [M].北京：机械工业出版社，2016.

[31] 李志强，陈辰.铝合金材料搅拌摩擦焊焊接参数概述 [J].焊接技术，2021，50（11）：1-5.

[32] 王祝堂.变形铝合金热处理工艺 [M].长沙：中南大学出版社，2011.

[33] 刘静安，谢水生.铝合金材料的应用与技术开发 [M].北京：冶金工业出版社，2004.

[34] 刘念奎，凌杲，聂博，等.铝合金材料及其热处理 [M].北京：冶金工业出版社，2012.

[35] 王祝堂，田荣璋.铝合金及其加工手册 [M].3 版.长沙：中南大学出版社，2005.

[36] YS/T 591-2017.变形铝及铝合金热处理规范 [S].

[37] 李学朗.铝合金材料组织与金相图谱 [M].北京：冶金工业出版社，2010.

[38] 田宏伟，陈添慧，卢亚平，等.铝合金热处理的研究进展 [J].热加工工艺，2020，49（16）：28-31.

[39] 熊志平，辜蕾钢，刘显军，等.铝及其合金表面铬酸盐处理替代工艺的研究进展 [J].广州化工，2012，40（19）：14-16.

[40] 王双红，刘常升，单凤君，等.铝及其合金无铬钝化的研究进展 [J].电镀与涂饰，2007，26（7）：

48-51.

[41] 王文忠. 铝及其合金化学转化膜处理 [J]. 电镀与环保，2002，22（6）：24-25.

[42] 秘雪，满瑞林，李波. 铝及其合金化学转化法的研究进展 [J]. 山东化工，2017，46（11）：68-71.

[43] 高镜涵，李菲晖，巩运兰. 铝合金阳极氧化技术研究进展 [J]. 电镀与精饰，2018，40（8）：18-23.

[44] 孙衍乐，宣天鹏，徐少楠，等. 铝合金的阳极氧化及其研发进展 [J]. 电镀与精饰，2018，40（8）：18-21.

[45] 李响，姚忠平，李雪健，等. 微弧氧化技术在热控涂层中的应用 [J]. 表面技术，2019，48（7）：24-36.

[46] 王奎民. 铝合金微弧氧化技术在海洋大气环境中的应用 [J]. 黑龙江科学，2019，10（4）：12-16.

[47] 雷涛，雷仕强. 微弧氧化工艺在高速铁路棘轮装置上的应用 [J]. 电气铁道，2018，（4）：36-39.

[48] 孙丽荣，赵国伟，张立岩，等. 超硬铝合金微弧氧化技术在子母弹抗烧蚀性能方面的应用 [J]. 表面技术，2019，45（6）：167-172.

[49] 马臣，王颖慧，曲立杰. 钛合金微弧氧化技术的研究现状及展望 [J]. 中国陶瓷工业，2007，14（1）：46-49.

[50] 陈晋日，余刚，刘开云，等. 铝合金中温直接化学镀镍 [J]. 中国陶瓷工业，2012，39（7）：60-64.

[51] 刘春阁，邱星武. 铝合金化学镀 Ni-P 技术 [J]. 有色金属加工，2010，39（6）：38-40.

[52] 刘海萍，邹忠利，毕四富. 铝合金、镁合金表面强化技术 [M]. 北京：化学工业出版社，2019.

[53] 杨丁，杨崛. 铝合金阳极氧化及其表面处理 [M]. 北京：化学工业出版社，2019.

[54] 唐一梅，扈本荃，高苏亚. 表面处理与防锈剂——配方、工艺及设备 [M]. 北京：化学工业出版社，2018.

[55] 李宁. 化学镀实用技术 [M]. 北京：化学工业出版社，2012.

[56] 张允诚，胡如南，向荣. 电镀手册 [M]. 北京：国防工业出版社，2011.

[57] 蒙铁桥. 铝合金化学镀镍前处理工艺的探讨与实践 [J]. 表面技术，2000，29（1）：43-44.

[58] 张天顺，张晶秋，张琦. 铝及铝合金化学镀 Ni-P 合金工艺研究 [J]. 电镀与涂饰，2006，25（8）：41-43.

[59] 王向荣. 铝合金化学镀镍及阳极氧化着色研究 [D]. 沈阳：东北大学，2005.

[60] 侯世忠. 汽车用铝合金的研究与应用 [J]. 铝加工，2019（06）：8-13.

[61] 陈文博，屈闯，丁介然，等. 简述汽车用铝合金防护方式 [J]. 汽车应用技术，2021，46（13）：202-204.

[62] 唐靖林，曾大本. 面向汽车轻量化材料加工技术的现状及发展 [J]. 金属加工（热加工），2009（11）：11-16.

[63] 王孟君，黄电源，姜海涛. 汽车用铝合金的研究进展 [J]. 金属热处理加工，2006（09）：34-38.

[64] 蔡曾清. 中国铝合金再生资源发展研究 [M]. 北京：冶金工业出版社，2010.

[65] 田树，陈思仁，范生艳，等. 铝合金生产安全及环境保护 [M]. 北京：冶金工业出版社，2009.

[66] 汪旭光，潘家柱. 21 世纪中国有色金属工业可持续发展战略 [M]. 北京：冶金工业出版社，2001.

[67] 工业污染治理技术丛书编委会. 有色冶金工业烟气治理 [M]. 北京：中国环境科学出版社，1993.

[68] 周国泰. 危险化学品安全技术全书 [M]. 北京：化学工业出版社，1997.

[69] 阮崇武，李伯勇. 安全知识实用大全 [M]. 上海：文汇出版社，1990.

[70] GB 30078—2013，变形铝及铝合金铸锭安全生产规范 [S]

[71] T/NAPA—2019，铝合金圆铸锭熔铸防爆安全技术规范 [S]

[72] GB 15735—1995，金属热处理生产过程安全卫生要求 [S]

[73] 国家发改委. 2025 年再生铝产量将达 1150 万吨 [J]. 铸造工程. 2021，45（5）：11.

[74] 南山铝业成立再生资源公司将新增 100kt 再生铝合金材料 [J]. 铝加工. 2021（04）：1-2.